普通高等院校工程教育专业认证著作

工程教育专业认证下 自动化专业核心课程建设研究

刘忠超 杨 旭 ◎ 著

电子科技大学出版社
University of Electronic Science and Technology of China Press
·成都·

图书在版编目（C I P）数据

工程教育专业认证下自动化专业核心课程建设研究 / 刘忠超，杨旭著. — 成都 : 电子科技大学出版社，2023.9

ISBN 978-7-5770-0581-2

Ⅰ. ①工… Ⅱ. ①刘… ②杨… Ⅲ. ①自动化技术－课程建设－教学研究－高等学校 Ⅳ. ①TP2

中国国家版本馆 CIP 数据核字（2023）第 178645 号

工程教育专业认证下自动化专业核心课程建设研究

GONGCHENG JIAOYU ZHUANYE RENZHENG XIA ZIDONGHUA ZHUANYE HEXIN KECHENG JIANSHE YANJIU

刘忠超　杨　旭　著

策划编辑　罗国良
责任编辑　罗国良
助理编辑　许　薇

出版发行　电子科技大学出版社
　　　　　成都市一环路东一段 159 号电子信息产业大厦九楼　邮编 610051
主　　页　www.uestcp.com.cn
服务电话　028-83203399
邮购电话　028-83201495

印　　刷　三河市九洲财鑫印刷有限公司
成品尺寸　170mm×240mm
印　　张　24
字　　数　443 千字
版　　次　2023 年 9 月第 1 版
印　　次　2024 年 1 月第 1 次印刷
书　　号　ISBN 978-7-5770-0581-2
定　　价　88.00 元

前言

工程教育专业认证是国际通行的工程教育质量保障制度，也是实现工程教育国际互认和工程师资格国际互认的重要基础，可以有效促进本专业进行各个环节改进，全面提升工程类人才培养质量。地方本科院校工程教育认证是我国工程师质量保证体系中的重要组成部分，参与工程专业认证可有效提高地方本科院校工程教育专业水平和毕业生的就业能力。同时，在经济全球化背景下，也是促进地方本科院校工程技术人才参与国际流动的重要保证。因此，深入展开对地方本科院校工程教育认证制度的研究，对提高地方本科院校工程教育的国际竞争力以及确保我国地方本科院校的教育质量均具有重要的意义。

南阳理工学院作为应用型地方本科高校，深入地参与了全国的工程教育认证。自动化专业作为南阳理工学院优先进行工程专业认证的专业之一，积极全面落实立德树人根本任务，积极响应教育部一流课程建设“双万计划”，推动课堂教学革命，深化教育教学改革，取得了丰硕的课程建设成果。该专业教师主持国家级一流本科课程1门，河南省一流本科课程3门，有力地促进了教学水平和教学质量的提高。

南阳理工学院自动化专业积极进行专业认证建设，积极提高人才培养质量，但也存在适应工程教育专业认证的需求和专业核心课程建设问题。本书通过研究工程教育专业认证的需求特点，结合南阳理工学院（地方性应用本科高校）自动化专业人才培养的现状，从培养目标、培养方案、课程建设、教学内容、教学方法、教学评价等方面探讨面向工程教育专业认证体系的课程建设思路。本书有助于揭示目前我国地方性应用型本科院校工程认证中的问题，并就如何促进地方性应用型本科，特别是自动化专业工程教育认证达到国际实质等效性提出合理化建议。

本书比较系统全面地介绍了南阳理工学院自动化专业工程教育认证建设及专业核心课程建设成果。第1章介绍了工程教育专业认证的理念及认证的相关程序；第2章主要分析了地方型本科高校在专业课程建设改革中存在的问题及解决对策；第3章介绍专业培养目标制定的依据及评价；第4章主要介绍了毕业要求的分解及内涵观测点的设计；第5章重点介绍了持续改进的机制、做法；第6章介绍了毕业要求达成度评价体系的构建；第7章重点介绍了基于OBE理念的专业人才培养方案研制；第8章介绍了河南省一流本科课程"可编程序控制器"的建设及改革研究；第9章介绍了专业核心课程"电机及电力拖动基础"的课程建设及教学改革研究；第10章介绍了国家级一流本科课程"自动控制原理"的课程建设及教学改革研究；附录给出了课程建设中的一些具体实例及教学实施中的方案。

本书由南阳理工学院刘忠超、杨旭撰写，其中第1章、第2章、第9章、第10章、附录由杨旭撰写，共计21万余字；第3章、第4章、第5章、第6章、第7章、第8章由刘忠超撰写，共计22万余字。刘忠超负责本书的结构和组织安排，并对全书进行了整理。南阳理工学院翟天嵩、刘尚争对本书进行了通读、校对并提出了宝贵的意见。

本书的出版获得了国家级一流本科课程建设项目"自动控制原理"(教高函〔2023〕7号)、河南省2022年本科高校课程思政项目：电气控制类课程思政教学研究特色化示范中心(教高函〔2022〕400号)、河南省高等教育教学改革研究与实践项目"审核评估背景下应用型本科人才培养质量标准体系研究与实践"(2021SJGLX263)、河南省示范校建设专项研究项目：基于智能制造专业集群建设的自动化专业人才培养模式研究与探索(SFX202313)、河南省一流本科课程建设项目"可编程序控制器"、南阳理工学院2022年度课程思政建设项目"智能控制类课程群课程思政教学团队”、南阳理工学院2021年度课程思政建设项目“电机及电力拖动基础”课程思政示范课、南阳理工学院“智能检测与控制创新型科技团队”、南阳理工学院教育教学改革研究项目“基于OBE的《可编程序控制器》课程教学改革与实践”的资助，特此感谢！

由于作者水平和时间有限，书中难免有疏漏和不足之处，恳请广大读者批评指正。

目录

第1章

工程教育专业认证及其核心理念

1.1 中国工程教育认证的简要发展历程

自20世纪80年代中期至今，我国工程教育专业认证制度的建设已近40年。1985年发布的《中共中央关于教育体制改革的决定》强调，“教育管理部门要组织教育界、知识界和用人部门定期对高等学校的办学水平进行评估”，由此高校办学水平评估的概念进入学界视野。1986年，中国国家教委组织考察团赴美国、加拿大等国家对国外工程教育专业认证的情况以及注册工程师制度进行学习。归国后，考察团翻译出版了《高等学校工科类专业的评估》等著作。1987年，国家教委发布《关于正式开展高等工程教育评估试点工作的几点意见》，从学校、专业、课程三个层次阐明如何建设系统化的工程教育评估体系。1990年，为加强国家对普通高等教育的宏观管理，国家教委出台了《普通高等学校教育评估暂行规定》，标志着高等教育评估开始走向规范化。同年，全国高等学校建筑学专业教育评估委员会正式组建，旨在科学评价各高等学校建筑学专业的办学质量，开展相关专业评估实践。为此，1992年开始，在决定建立注册建筑师制度的同时，增加了建筑学专业认证制度，并于1993年成立了第一届全国高等学校建筑工程专业教育评估委员会。之后，专业认证逐渐受到教育界和关心教育的人士重视。

中国工程院也于2001年开始了工程教育认证相关情况的调研，并在重庆召开的中日韩三国工程教育认证学术报告会上进行了交流研讨。2004年，教育部高等教育教学评估中心正式成立(2022年更名为教育部教育质量评估中心)，旨在对高等教育教学改革以及评估相关政策法规进行理论研究，并制定指标体系对高等院校本科教学水平开展专业评估。2005年，国务院批准成立了“全国工程师制度改革协调小组”，负责工程师制度的分类和设计、工程教育认证和工程师的对外联系。根据全国工程师制度改革工作的总体安排，2006年开始建立工程教育认证体系并开始认证试点工作；2007年，成立全国工程教育专业认证专家委员会。全国工程教育专业认证专家委员会参考国际工程教育界的通行做法和国内认证试点情况，研究制定了一套指导中国工程教育认证的文件体系，包括认证标准、认证程序、认证政策及一系列的管理办法及工作指南，并每年进行修订完善。该委员会工作到2011年12月31日届满，认证工作由2012年新筹建的中国工程教育认证协会接手。

2013年6月19日，中国科学技术协会代表中国在韩国首尔召开的国际工程联盟(international engineering alliance)大会上以全票通过成为《华盛顿协议》(washington accord，WA)的预备会员。这对于中国工程教育认证事业来说是一个里程碑的日子，它不仅意味着目前我国工程教育认证工作已经得到国际同行的认可，而且为将来认证工作指明了发展方向。2016年6月，我国正式加入国际工程教育"华盛顿协议组织"，教育部用"六个一"总结："一个里程碑——标志着我国从模仿到比肩而行；一张通行证——我国毕业生与国际学位互认，有了走向世界的通行证；一套新标准——我国教育标准与国际实质等效；一张入场券——为中国工程师获得国际职业资格提供资质；一个新声音——制定国际标准时有中国声音；一个新跨越——中国逐渐从教育大国走向教育强国。"中国工程教育认证的简要发展历程如图1-1所示。

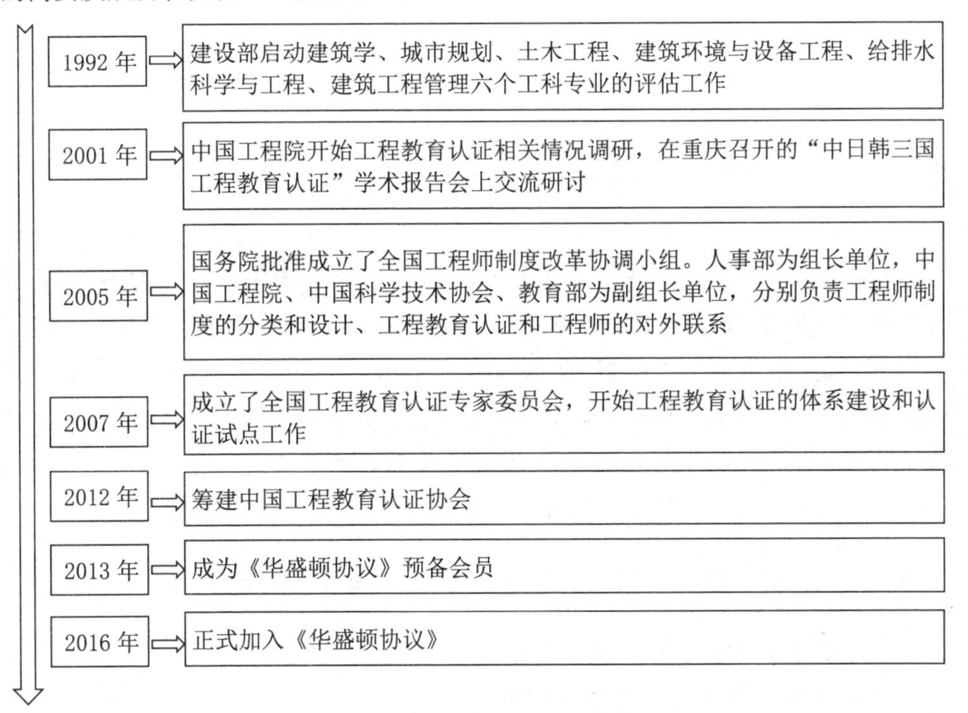

图1-1　中国工程教育认证简要发展历程

《华盛顿协议》即国际本科工程学位权威互认协议，是1989年由美国、英国、加拿大等6个国家共同签订。自协议签订以来，《华盛顿协议》的影响就在不断扩大。2016年6月，我国成为华协正式成员。截至同年8月，华盛顿协议共有18个正式成员和6个预备成员，成为国际上公认的专业化水平最高、缔约国家及地区最多、在世界范围具有高知名度的工程教育专业国际认证协议。华盛顿协议的目的是推进工程技术人员具备跨国执业资格。《华盛顿协议》实质等效性是指经过成员组织认证的专业培养方案实质等效，即华盛顿成员国之间能够承认和认可其他签约成员专业的制定培养方案及政策、认证标准、过程以及结果，通过认证专业的毕业生均达到相应的学术要求和质量标准。

2023年6月，教育部高等教育司转发了《中国工程教育专业认证协会教育部教育质量评估中心关于发布已通过工程教育认证专业名单的通告》(工程教育通告〔2023〕第1号)。专业认证是高等教育质量保障体系的重要组成。截至2022年年底，全国共有321所高等学校的2385个专业通过工程教育专业认证。为充分发挥认证专业的示范辐射作用，助推新工科建设，通知要求各高校持续深化工程教育改革，贯彻落实"学生中心、产出导向、持续改进"的理念，扎实推进一流专业建设，提升工程人才自主培养能力，推动高等教育高质量发展。

1.2 工程教育专业认证标准

实质等效性是"华盛顿协议"的核心和互认的基础。为此，由"华盛顿协议"等六个互认协议组成的国际工程教育联盟(international engineering alliance)制定了共同的"毕业生素质和职业能力"(graduate attribute and professional competencies)，作为等效和互认的参照系，包括针对专业教育产出的毕业生素质要求(graduate attribute profiles)和针对从业人员的职业能力要求(professional competency profiles)。其中工程教育认证标准(2015版)通用标准如下。

1.2.1 工程教育认证标准(2015版)通用标准

1. 工程教育专业认证标准的作用

(1)具有吸引优秀生源的制度和措施。

(2)具有完善的学生学习指导、职业规划、就业指导、心理辅导等方面的措施并能够很好地执行落实。

(3)对学生在整个学习过程中的表现进行跟踪与评估，并通过形成性评价保证学生毕业时达到毕业要求。

(4)有明确的规定和相应认定过程，认可转专业、转学学生的原有学分。

2. 工程教育专业认证标准的培养目标

(1)有公开的、符合学校定位的、适应社会经济发展需要的培养目标。

(2)培养目标能反映学生毕业后 5 年左右在社会与专业领域预期能够取得的成就。

(3)定期评价培养目标的合理性并根据评价结果对培养目标进行修订，评价与修订过程有行业或企业专家参与。

3. 工程教育专业认证标准的毕业要求

专业必须有明确、公开的毕业要求，毕业要求应能支撑培养目标的达成。专业应通过评价证明毕业要求的达成。专业制定的毕业要求应完全覆盖以下内容。

(1)工程知识：能够将数学、自然科学、工程基础和专业知识用于解决复杂工程问题。

(2)问题分析：能够应用数学、自然科学和工程科学的基本原理，识别、表达、并通过文献研究分析复杂工程问题，以获得有效结论。

(3)设计/开发解决方案：能够设计针对复杂工程问题的解决方案，设计满足特定需求的系统、单元(部件)或工艺流程，并能够在设计环节中体现创新意识，考虑社会、健康、安全、法律、文化以及环境等因素。

(4)研究：能够基于科学原理并采用科学方法对复杂工程问题进行研究，包括设计实验、分析与解释数据、并通过信息综合得到合理有效的结论。

(5)使用现代工具：能够针对复杂工程问题，开发、选择与使用恰当的技术、资源、现代工程工具和信息技术工具，包括对复杂工程问题的预测与模拟，并能够理解其局限性。

(6)工程与社会：能够基于工程相关背景知识进行合理分析，评价专业工程实践和复杂工程问题解决方案对社会、健康、安全、法律以及文化的影响，并理解应承担的责任。

(7)环境和可持续发展：能够理解和评价针对复杂工程问题的专业工程实践对环境、社会可持续发展的影响。

(8)职业规范：具有人文社会科学素养、社会责任感，能够在工程实践中理解并遵守工程职业道德和规范，履行责任。

(9)个人和团队：能够在多学科背景下的团队中承担个体、团队成员以及负责人的角色。

(10)沟通：能够就复杂工程问题与业界同行及社会公众进行有效沟通和交

流，包括撰写报告和设计文稿、陈述发言、清晰表达或回应指令。并具备一定的国际视野，能够在跨文化背景下进行沟通和交流。

(11)项目管理：理解并掌握工程管理原理与经济决策方法，并能在多学科环境中应用。

(12)终身学习：具有自主学习和终身学习的意识，有不断学习和适应发展的能力。

4. 工程教育专业认证标准还需持续改进

(1)建立教学过程质量监控机制。各主要教学环节有明确的质量要求，通过教学环节、过程监控和质量评价促进毕业要求的达成；定期进行课程体系设置和教学质量的评价。

(2)建立毕业生跟踪反馈机制以及有高等教育系统以外有关各方参与的社会评价机制，对培养目标是否达成进行定期评价。

(3)能证明评价的结果被用于专业的持续改进。

5. 工程教育专业认证标准课程体系

课程设置能支持毕业要求的达成，课程体系设计有企业或行业专家参与。工程教育专业认证标准的课程体系必须包括如下内容。

(1)与本专业毕业要求相适应的数学与自然科学类课程(至少占总学分的15%)。

(2)符合本专业毕业要求的工程基础类课程、专业基础类课程与专业类课程(至少占总学分的30%)。工程基础类课程和专业基础类课程能体现数学和自然科学在本专业应用能力培养，专业类课程能体现系统设计和实现能力的培养。

(3)工程实践与毕业设计(论文)(至少占总学分的20%)。设置完善的实践教学体系，并与企业合作，开展实习、实训，培养学生的实践能力和创新能力。毕业设计(论文)选题要结合本专业的工程实际问题，培养学生的工程意识、协作精神以及综合应用所学知识解决实际问题的能力。对毕业设计(论文)的指导和考核有企业或行业专家参与。

(4)人文社会科学类通识教育课程(至少占总学分的15%)，使学生在从事工程设计时能够考虑经济、环境、法律、伦理等各种制约因素。

6. 工程教育专业认证标准师资队伍

(1)教师数量能满足教学需要，结构合理，并有企业或行业专家作为兼职教师。

(2)教师具有足够的教学能力、专业水平、工程经验、沟通能力、职业发展能力，并且能够开展工程实践问题研究，参与学术交流。教师的工程背景应能满足专业教学的需要。

(3)教师有足够时间和精力投入本科教学和学生指导中，并积极参与教学研究与改革。

(4)教师为学生提供指导、咨询、服务，并对学生职业生涯规划、职业从业教育有足够的指导。

(5)教师明确他们在教学质量提升过程中的责任，不断改进工作。

7. 工程教育专业认证标准支持条件

(1)教室、实验室及设备在数量和功能上满足教学需要。有良好的管理、维护和更新机制，使得学生能够方便地使用。与企业合作共建实习和实训基地，在教学过程中为学生提供参与工程实践的平台。

(2)计算机、网络以及图书资料资源能够满足学生的学习以及教师的日常教学和科研所需。资源管理规范、共享程度高。

(3)教学经费有保证，总量能满足教学需要。

(4)学校能够有效地支持教师队伍建设，吸引与稳定合格的教师，并支持教师本身的专业发展，包括对青年教师的指导和培养。

(5)学校能够提供达成毕业要求所必需的基础设施，包括为学生的实践活动、创新活动提供有效支持。

(6)学校的教学管理与服务规范，能有效地支持专业毕业要求的达成。

1.2.2　工程教育专业认证标准团体标准对电子信息与电气工程类专业的补充标准

中国工程教育专业认证协会发布的 T/CEEAA 001—2022《工程教育认证标准》团体标准对电子信息与电气工程类专业的补充标准如下。

1. 专业适用领域

按照教育部规定设立的，授予工学学士学位电气类、电子信息类与自动化类专业。

2. 电子信息与电气工程专业课程体系的补充标准

(1)提供与专业名称相符的，具有相应的广度和深度的现代工程内容。

(2)覆盖数学和自然科学(物理学，可以包括化学、生命科学、地球科学和空间科学等)等知识领域及其应用，以及分析和设计与专业名称相符的复杂对象(包括硬件、软件和由硬件及软件组成的系统)所必需的现代工程内容。

(3)各专业应分别涵盖以下知识领域：①电气类专业应包括电磁理论、能量转换原理等核心知识领域，能够支撑在电气工程(包括电能生产、传输、应用等)中的认知识别、规划设计、运行控制、分析计算、实验测试、仿真模拟等能力的培养；②电子信息类专业应包括物理机制、电子线路、信号/信息的获取与处理、信息计算与存储、通信传输、网络互联、移动应用等核心知识领域，能够支撑在电子、信息以及通信工程(包括电子、光子、信息等)中相应的材料、元器件、电路、信号、信息、网络及应用等分析与设计能力的培养；③自动化类专业应包括建模、检测、控制、系统集成与应用技术等核心知识领域，能够支撑在现代自动化工程中的系统建模、检测与识别、信息处理与分析、自动控制、优化决策、系统集成原理以及人工智能应用等能力的培养；④未来特设专业的课程可选择相近专业的核心知识领域或者根据专业特色进行设置。

3. 电子信息与电气工程类专业师资队伍的补充标准

(1)讲授专业核心课程的教师，应了解相应专业领域及其工程实践的最新进展。

(2)讲授主要设计类课程的教师应具有足够的教育背景和设计经验，且这些设计类课程的教学不能仅依赖于某一位教师。

工程教育向来是各国各界关注的重点，而专业认证标准又是工程教育的核心内容之一，与工程教育的发展密不可分。我国现行的《工程教育认证标准(2015)》适用于高校本科层次各工程专业，认证标准涵盖了通用标准和各专业补充标准，内容覆盖了 WA 提出的毕业生素质要求(graduate attributes)，具有实质等效性。专业补充标准建立于通用标准的基础之上，是对特定工程专业在课程体系、师资队伍和支撑条件三方面提出的特殊要求。

通用标准在“学生发展”“培养目标”“毕业要求”“持续改进”“课程体系”“师资队伍”和“支持条件”七个指标中对专业提出具体要求，这些要求是工程专业必须达到的最低标准。认证标准的逻辑关系是：体现以全体学生为中心，以毕业要求和培养目标为导向，通过课程体系、师资和其他支持条件来有效实施教学，最后建立和完善内外部质量保障机制，形成不断持续改进。专业认证标准基本架构如图 1-2 所示。

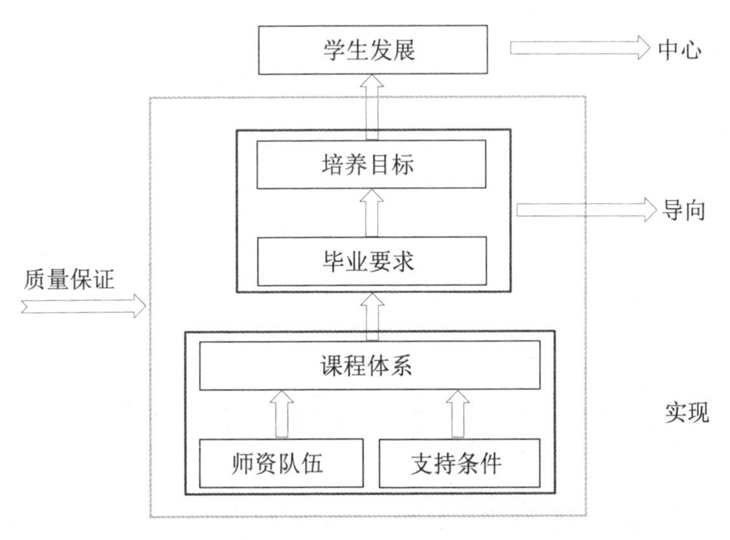

图 1-2　专业认证标准基本架构

其中，课程体系向上支撑毕业要求的达成，毕业要求向上支撑培养目标的达成。认证标准对第 3 条毕业要求，要求专业必须有适宜自身的明确、公开的毕业要求，即 12 条毕业生素质要求。这 12 条毕业生素质由一系列独立、可评价的毕业能力指标组成，用于表征学生毕业时应具备的从业能力和技能，12 项毕业要求可以分为对毕业生知识、思维、素养和能力四个方面具体要求，见表 1-1 所列。

表 1-1　12 项毕业要求分类

四个方面	具体要求
知识方面	工程知识； 环境与可持续发展
思维方面	设计/开发解决方案； 研究； 问题分析
素养方面	工程与社会； 职业规范

续表

四个方面	具体要求
能力方面	使用现代工具； 个人与团队； 沟通； 终身学习

1.3 工程教育专业认证核心理念

工程专业认证倡导三大理念：学生中心理念、成果导向理念、持续改进理念。这三大理念也是国际高等教育界非常关注的人才培养新观点和新思路。学生中心理念强调学生是学习过程中的主人，是学习的主体，高校应重点关注学生的学习和需要。教师在教学过程中起导向性作用，教师的角色从传授者转变为引导者。成果导向理念指教学设计和教学实施的目标是学生的学习成果，通过预期学习产出来组织、实施和评价教育的结构模式。持续改进理念强调专业必须建立符合自身要求的行之有效的质量监控和改进机制，并能持续跟踪改进效果并用于推动人才培养质量的不断提升。

1.3.1 学生中心理念

以学生为中心(student centered，SC)的理念作为工程教育专业认证中的基本理念之一，指教师在教学过程中应以学生的学习和发展为中心，不应把学生的学习成绩作为评价学生好坏的唯一标准，学生是大学的主角，教师是学生学习的资源，大学为学生的学习和成长提供环境、资源和平台。以学生为中心，还指教学的目的、任务不在于“教”，而在于“学”，同时要求教师应改变传统模式的以“教”为中心，转向以学生“学”为中心的新型教育模式，使学生获得在知识、能力和素质上的全面提升。以学生为中心，主要体现在以下几个方面。

(1)以学生为中心的教学模式强调学生在教学中的主体地位。在教学过程中始终把学生放在“中心位置”，充分体现了“以人为本”的教学理念。

(2)以学生为中心的教学模式强调知识的创新性和实践性。注重通过研究和实践来建构知识与发展知识；强调从传递和继承知识转向体验与发现知识，从记忆知识转向运用知识来发展创新思维与创新品质。

(3)以学生为中心的教学模式强调知识、能力、素质三维度的教学目标和“全面发展”的教学理念。教学目标不只是为了传授知识，而是积累知识、发展能力和提高素质并进。以学生为中心的教学模式强调能力和素质对人才成长与发展的重要性，强调知识、能力、素质在教学过程中互相促进、相辅相成的辩证关系。

(4)以学生为中心的教学模式强调教与学的密切结合。老师的“教”与学生的“学”应融为一体。教学过程为师生共同参与、互动、互进的过程，师生间应建立起一种民主、平等、合作的关系。

(5)以学生为中心的教学模式强调课内与课外的密切结合。这种结合有两层含义：其一是指课程教学的开放性，即课堂教学在内容、时间和空间上的延伸性；其二是指教育与教学的密切结合。

1.3.2 成果导向理念

成果导向教育(outcome based education，OBE)是1981年由斯派迪(William G. Spady)等提出的教育理念，之后得到了教育界的广泛关注和认可。“成果导向教育”是以学生学习成果的水平及其达成度来组织和开展教学的，它强调毕业生对学习结果的明确性，即学生在课程学习之后，能够将课程所学运用于实践，并达到一定的标准。

成果导向即OBE理念，可以说是学生中心理念的延伸，指教学设计和教学实施的目标是学生的学习成果，通过预期学习产出来组织、实施和评价教育的结构模式，依据学生毕业时必须要具备的毕业能力和要求，反向设计并评价专业培养目标、教学设计、教学管理是否合理，教师必须对学生毕业时应具备能力和水平有清楚的构想，然后寻求设计和实施恰当的教育形式来保证学生实现并达到预期能力目标。OBE的实施要点，或者说关键性步骤如下。

(1)确定学习成果。最终学习成果(顶峰成果)既是OBE的终点，也是其起点。学习成果应该可清楚表述和直接或间接测评，因此往往要将其转换成绩效指标。

(2)构建课程体系。学习成果代表了一种能力结构，这种能力主要通过课程教学来实现。因此，课程体系构建对达成学习成果尤为重要。

(3)确定教学策略。OBE特别强调学生学到了什么而不是老师教了什么，特别强调教学过程的输出而不是其输入，特别强调研究型教学模式而不是灌输型教学模式，特别强调个性化教学而不是“车厢”式教学。

(4)自我参照评价。OBE的教学评价聚焦在学习成果上，而不是在教学内容以及学习时间、学习方式上。采用多元和梯次的评价标准，评价强调达成学习成果的内涵和个人的学习进步，不强调学生之间的比较。

(5)逐级达到顶峰。将学生的学习进程划分成不同的阶段，并确定出每个阶段的学习目标，这些学习目标是从初级到高级，最终达成顶峰成果。

1.3.3 持续改进理念

持续改进(continuous quality improvement，CQI)理念是实施OBE人才培养模式的重要概念。持续改进作为工程教育认证的基本理念，贯穿于认证工作的各个环节，从课程设计到专业设置再到培养方案，CQI持续跟踪，强调对人才培养体系中各环节、各单元的质量提升，并要求通过精确地评价、反馈提高质量。

如何判断专业的持续改进是否满足工程教育专业认证标准的要求？工程教育专业认证的通用标准有七条，包括学生发展、培养目标、毕业要求、持续改进、课程体系、师资队伍、支持条件等。其中第四条标准专指持续改进，但应该指出的是，在评价专业的持续改进时不能孤立地考察第四条标准，而是以第四条标准为核心、结合其余六条标准进行全面考察。第四条持续改进标准有三个要点：内部评价；外部评价；反馈与改进。

(1)内部评价要求专业要建立教学质量的内部实时监控与定期评价机制，要有评价标准，评价对象为课程体系设置和教学质量。

(2)外部评价要求专业建立毕业生跟踪反馈机制以及定期的社会评价机制，评价对象是培养目标的符合度与达成度。

(3)反馈与改进要求专业建立有效的反馈机制，能根据评价结果采取纠正与预防措施、配置必要的资源、实施有效改进。

1.4 工程教育专业认证程序

工程教育认证工作的基本程序包括六个阶段：申请和受理、学校自评与提交自评报告、自评报告的审阅、现场考查、审议和做出认证结论、认证状态保持。

工程专业认证主要环节及提交材料时间点如图 1-3 所示。

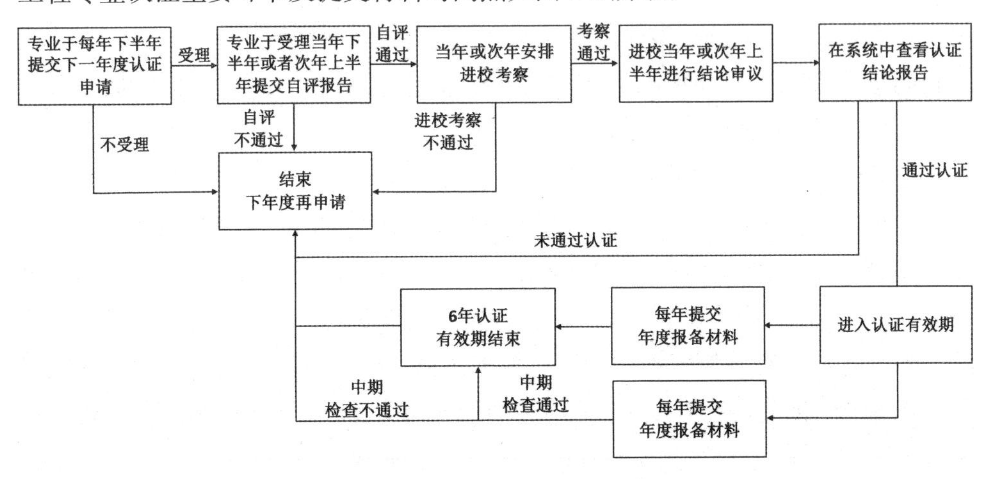

图 1-3　工程专业认证主要环节及提交材料时间点

(1)申请和受理。工程教育认证工作在学校自愿申请的基础上开展。按照教育部有关规定设立的工科本科专业，属于中国工程教育专业认证协会的认证专业领域，并已有三届毕业生的，可以申请认证。申请认证由专业所在学校向秘书处提交申请书。申请书按照《工程教育认证学校工作指南》的要求撰写。中国工程教育专业认证协会秘书处收到申请书后，会同相关专业类认证委员会对认证申请进行审核。重点审查申请学校是否具备申请认证的基本条件，根据认证工作的年度安排和专业布局，做出是否受理决定。必要时可要求申请学校对有关问题做出答复，或提供有关材料。根据审核情况，可做出以下两种结论，并做相应处理：①受理申请，通知申请学校开展自评；②不受理申请，向申请学校说明理由。学校可在达到申请认证的基本条件后重新提出申请。已受理认证申请的专业所在学校应在规定时间内按照国家核定的标准交纳认证费用，交费后进入认证工作流程。

(2)自评与提交自评报告。自评是学校组织接受认证专业依照《工程教育认证标准》对专业的办学情况和教学质量进行自我检查，学校应在自评的基础上撰写自评报告。自评的方法、自评报告的撰写要求参见《工程教育认证学校工作指南》。学校应在规定时间内向秘书处提交自评报告。

(3)自评报告的审阅。专业类认证委员会对接受认证专业提交的自评报告进行审阅，重点审查申请认证的专业是否达到《工程教育认证标准》的要求。根据审阅情况，可做出以下三种结论之一，并做相应处理：①通过审查，通知接受认证专业进入现场考查阶段及考查时间；②补充修改自评报告，向接受认证专业说明补充修改要求。经补充修改达到要求的可按①处理，否则按③处理；③不通过审查，向接受认证专业说明理由，本次认证工作到此停止，学校须在达到《工程教育认证标准》要求后重新申请认证。

(4)现场考查。现场考查包括基本要求及其程序。

①现场考查的基本要求。现场考查是专业类认证委员会委派的现场考查专家组到接受认证专业所在学校开展的实地考查活动。现场考查以《工程教育认证标准》为依据，主要目的是核实自评报告的真实性和准确性，并了解自评报告中未能反映的有关情况。现场考查时间一般不超过 3 天，且不宜安排在学校假期进行。专业类认证委员会应在入校考查前两周通知学校。工程教育认证现场考查专家组成员应熟知《工程教育认证标准》，进入学校前至少 4 周收到自评报告，并认真审阅。考查期间专家组按照《工程教育认证现场考查专家组工作指南》开展工作。现场考查专家组的组建规定以及现场考查方式参见《工程教育认证现场考查专家组工作指南》。

②现场考查的程序包括五个方面。第一，专家组预备会议。进校后专家组召开内部工作会议，进一步明确考查计划和具体的考查步骤，并进行分工。第二，见面会。专家组向学校及相关单位负责人介绍考查目的、要求和详细计划，并与学校及相关单位交换意见。第三，实地考查。考查内容包括考查实验条件、图书资料等在内的教学硬件设施；检查近期学生的毕业设计(论文)、试卷、实验报告、实习报告、作业，以及学生完成的其他作品；观摩课堂教学、实验、实习、课外活动；参观其他能反映教学质量和学生素质的现场和实物。第四，访谈。专家组根据需要会晤包括在校学生和毕业生、教师、学校领导、有关管理部门负责人及院(系)行政、学术、教学负责人等，必要时还需会晤用人单位有关负责人。第五，意见反馈。专家组成员向学校反馈考查意见与建议。

③现场考查报告。工程教育认证现场考查报告，是各专业类认证委员会对申请认证的专业做出认证结论建议和形成认证报告的重要依据，需包括下列内容：专业基本情况；对自评报告的审阅意见及问题核实情况；逐项说明专业符合认证标准要求的达成度，重点说明现场考查过程中发现的主要问题和不足，以及需要关注并采取措施予以改进的事项。

专家组在现场考查工作结束后 15 日内向相应专业类认证委员会提交现场考查报告及相关资料。

(5)审议和做出认证结论。

①征询意见。专业类认证委员会将现场考查报送接受认证专业所在学校征询意见。学校应在收到现场考查报告后核实其中所提及的问题，并于 15 日内按要求向相应专业类认证委员会回复意见。逾期不回复，则视同没有异议。学校可将现场考查报告在校内传阅，但在做出正式的认证结论前，不得对外公开。

②审议。各专业类认证委员会召开全体会议，审议接受认证专业的自评报告、专家组的“现场考查报告”和学校的回复意见。

③提出认证结论建议。各专业类认证委员会在充分讨论的基础上，采取无记名投票方式提出认证结论建议。全体委员 2/3 以上(含)出席会议，投票方为有效。同意票数达到到会委员人数的 2/3 以上(含)，则通过认证结论建议。各专业类认证委员会讨论认证结论建议和投票的情况应予保密。

工程教育认证结论建议应为以下三种之一：通过认证，有效期 6 年：达到标准要求，无标准相关的任何问题；通过认证，有效期 6 年(有条件)：达到标准要求，但有问题或需关注事项，不足以保持 6 年有效期，需要在第三年提交改进情况报告，根据问题改进情况决定“继续保持有效期”或“中止有效期”；不通过认证：存在未达到标准要求的不足项。

④提交工程教育认证报告和相关材料。各专业类认证委员会根据审议结果，撰写认证报告，须写明认证结论建议和投票结果，连同自评报告、现场考查报告和接受认证专业所在学校的回复意见等材料，一并提交认证结论审议委员会审议。

⑤认证结论审议委员会审议认证结论。认证结论审议委员会召开会议，对各专业类认证委员会提交的认证结论建议和认证报告进行审议。认证结论审议委员会如对提交结论有异议，可要求专业类认证委员会在限定时间内对认证结论建议重新进行审议，也可直接对结论建议做出调整。认证结论审议委员会审议认证结论建议时，按照协商一致的方式进行审议，有重要分歧时，可采用无记名投票方式投票表决。全体委员 2/3 以上(含)出席会议，投票方为有效。同意票数达到到会委员人数的 2/3 以上(含)，认证结论建议方为有效。认证结论审议委员会审议认证结论建议时，可根据需要要求专业类认证委员会列席会议，接受质询。

⑥批准与发布认证结论。理事会召开全体会议，听取认证结论审议委员会对认证结论建议和认证报告的审议情况，并投票表决认证结论建议。理事会全体会议须邀请监事会成员列席。理事会全体会议采用无记名投票方式批准认证结论。全体理事 2/3 以上(含)出席会议，投票方为有效。同意票数达到到会理事人数的

2/3 以上(含)，认证结论方为有效。如理事会未批准认证结论审议委员会审议通过的认证结论建议，认证结论审议委员会需按原程序重新审议。重新审议后，再次向理事会提交新的认证结论建议。如果理事会再次投票后仍未批准认证结论，则由理事会直接做出认证结论。理事会批准的认证报告及认证结论应在 15 日内分送相关学校，如果学校对认证结论有异议，可向监事会提出申诉，由监事会做出最终裁决。理事会批准的认证结论或监事会做出的裁决由认证协会负责发布。

⑦认证结论。认证结论分为三种：通过认证，有效期 6 年：达到标准要求，无标准相关的任何问题；通过认证，有效期 6 年(有条件)：达到标准要求，但有问题或需关注事项，不足以保持 6 年有效期，需要在第三年提交改进情况报告，根据问题改进情况决定“继续保持有效期”或是“中止有效期”；不通过认证：存在未达到标准要求的不足项。结论为“不通过认证”的专业，一年后允许重新申请认证。

(6)认证状态的保持与改进。通过认证的专业所在学校应认真研究认证报告中指出的问题和不足，采取切实有效的措施进行改进。认证结论为“通过认证，有效期 6 年”的，学校应在有效期内持续改进工作，并在第三年提交持续改进情况报告，认证协会备案，持续改进情况报告将作为再次认证的重要参考。认证结论为“通过认证，有效期 6 年(有条件)”的，学校应根据认证报告所提问题，逐条进行改进，并在第三年年底前提交持续改进情况报告。认证协会将组织各专业类认证委员会对持续改进情况报告进行审核，根据审核情况给出以下三种意见：“继续保持有效期”(已经改进，或是未完全改进但能够在 6 年内保持有效期)；“中止认证有效期”(未完全改进，难以继续保持 6 年有效期)；“需要进校核实”(根据核实情况决定“继续保持有效期”或是“中止认证有效期”)对“中止认证有效期”的专业，认证协会将动态调整通过认证专业名单。如学校未按时提交改进报告，秘书处将通知其限期提交；逾期仍未提交的，则终止其认证有效期。

通过认证的专业在有效期内如果对课程体系做重大调整，或师资、办学条件等发生重大变化，应立即向秘书处申请对调整或变化的部分进行重新认证。重新认证通过者，可继续保持原认证结论至有效期届满；否则，终止原认证的有效期。重新认证工作参照原认证程序进行，但可以视具体情况适当简化。认证协会可根据工作需要，随机抽取部分专业在认证有效期内开展回访工作，检查学校认证状态保持及持续改进情况。回访工作参照原认证程序进行，但可以视具体情况适当简化。通过认证的专业如果要保持认证有效期的连续性，须在认证有效期届满前至少一年重新提出认证申请。

第2章

地方高校自动化专业课程改革

2.1 自动化专业概述

2.1.1 自动化的作用和地位

自动化专业主要研究的是自动控制的原理和方法，自动化单元技术和集成技术及其在各类控制系统中的应用。它具有“控(制)管(理)结合，强(电)弱(电)并重，软(件)硬(件)兼施”等鲜明的特点，是理、工、文、管多学科交叉的宽口径工科专业。它以自动控制理论为基础，以电子技术、电力电子技术、传感器技术、计算机技术、网络与通信技术为主要工具，面向工业生产过程自动控制及各行业、各部门的自动化。

从科学技术对“现代工业”发展影响的角度，世界范围的工业化进程大致分为顺序发展的三个阶段——机械化、电气化和自动化，见表 2-1 所列。

表 2-1　世界范围内工业化发展的三个阶段

工业化阶段	主要特征	起源时间	大量用于工业时间	备注
机械化	使用机器动力机、传动机、工作机	1760 年（蒸汽机）	1870 年前后	英美等国成为工业化国家
电气化	应用电机、电网络	1870 年前后（发电机）	20 世纪初（输电网）	日本等国成为工业化国家
自动化	应用电子控制器	1927 年（电子反馈放大器）	1950 年前后	韩国等国成为工业化国家

工业化起源于 1760 年开始的工业革命。而工业革命起源于以蒸汽机为标志的动力机械的应用，即第一次技术革命。用机器生产机器，从动力机、传动机到工作机组成的机器系统，可以说，工业革命创造了机器体系，完成了工厂手工业向机器大工业的过渡，逐步实现了所谓的工业机械化。无疑，机械化奠定了工业化的基础，是实现工业化的基石。

在欧美等国的工业生产基本实现机械化的同时，19 世纪下半叶，以电的发明与大范围的推广应用为标志的第二次技术革命，使电机与供电网络逐步成为各生产机械的高效、安全方便的动力源，逐步替代由动力机、传动机和工作机组成的机器系统中的动力机和传动机，使机器系统与机器大工业发生了革命性的变化，使劳动生产率再次大幅度提高，工业化迈上了第二个台阶——电气化，人类社会也同时进入了电气时代。

机械化与电气化使生产力大大提高，但工业生产的每个环节都必须有人参与。随着电子反馈放大器的应用，应用自动控制的方法来代替人工控制各种机械、电气设备逐步成为可能。自动控制的引入，使由动力机、传动机和工作机组成的机器系统能更有效、更安全地运行，生产出的产品质量明显提高，并由此形成大规模的自动化生产线，工业化迈上了更高的台阶——自动化。

形象地说，工业化的三个阶段可表示为：机械化——在各种生产中大规模地使用机器设备或系统，电气化——在机器系统中普遍地使用电机与供电网络，自动化——在机电系统中进一步加入自动控制器。前文已经指出，随着“现代工业”科技含量的提高，工业化的标准也在不断提高。

自动化、数字化和智能化是当今社会发展的三大趋势，它们之间有着密不可分的关系。自动化技术的发展离不开数字化技术的支持，数字化技术的发展也离不开自动化技术的应用。自动化技术的发展使得生产、制造、加工等过程实现了自动化，数字化技术的应用使得自动化技术更加智能化，提高了生产效率和质量。智能化技术的应用使得自动化过程更加灵活、高效、智能化，提高了生产效率和质量。未来，自动化、数字化和智能化的融合将会带来更加高效、智能、绿色的生产和生活方式。

2.1.2　自动化专业的特点

伴随着国家经济与国防建设，我国的自动化专业从最初的“专才”逐步发展到宽口径的“通才”，涉及机械、电子、计算机、通信等多个领域交叉的综合性学科，包括自动化技术、控制系统、机器人技术、智能制造等方面，被广泛应用于制造业、能源、交通等众多领域。随着我国经济的不断发展以及科技水平的日益提升，自动化专业的发展前景也越来越广阔，并在发展中形成了一些鲜明的特点。

1. 多学科交叉的特点——适合通才教育

自动化学科是一门多学科交叉的高技术学科，自动化学科覆盖面非常宽，并且在自动化学科体系中，还包含了其他学科的一些交叉分支，如计算机学科、数学学科和其他工科学科。

为了适应自动化学科内涵丰富、外延宽广、综合交叉性的学科特点，这就要求自动化专业知识面要宽、要扎实，这无疑有利于培养宽口径、多面手、综合复合型人才，符合当前淡化专业、开展通才教育的教育改革方向，同时也使得自动化专业的学生需要学习更多的知识。在所有学工的学生中，学自动化需要的数学知识更多，需要的计算知识仅次于计算机专业。

由于自动化专业学生需要学习的知识多、基础和知识面宽，从而毕业生工作的适应面宽，且工作易取得成功，因而长期以来一直是招生人数多和分配受用人单位欢迎的专业之一。自动化专业学生学习的知识多、基础和知识面宽、适应面宽，也常被人戏称为“万金油”。这既是宽口径专业的长处，也是短处。实际上，高等教育中的“通才”培养与“专才”培养一直是一对矛盾，“通”了可能不“专”，“专”了可能不“通”。自动化专业要发展，一方面要坚持基础和知识面宽、适应面宽的发展方向，另一方面更要突出自动化专业的特色——信息、控制系统与集成。此外，根据各个学校的不同情况、不同的培养对象、不同的培养目标选择不同类型的课程体系，也有助于解决“通才”与“专才”培养的矛盾。

2. 突出的方法论特点——利于培养创新人才

在自动化科学的产生与发展过程中，出现了许多重要的科学方法与科学思想，不仅对自动化学科的发展起了极其重要的推动作用，使自动化科学技术学科成为最具方法论性质的学科之一，也对其他技术学科以及自然科学、管理科学乃至哲学的发展都作出了贡献。典型的自动化闭环控制系统如图 2-1 所示。

如图 2-1 所示，自动化学科的知识大厦首先建立了这样的核心概念框架——自动化的核心是控制与系统，反馈闭环控制是自动控制的最基本形式，现代复杂系统的控制是自动化学科研究的主要问题。

源于自动化科学、具有方法论性质的一些常用方法有：

(1)反馈的方法——利用偏差进行控制的方法。

(2)黑箱的方法——与传统的“解剖”分析方式不同，采取考察系统的输入和输出特性来从整体上把握系统的方法。

(3)功能模拟方法——不考虑系统的具体形态(可以是机器、动物和人)，只考虑不同系统在行为功能上的等效性与相似性。

(4)系统的方法——从系统的观点出发，从系统与其组成部分以及系统与环境的相互关系、相互作用中，综合地考察对象，以达到最优的处理问题的方法。

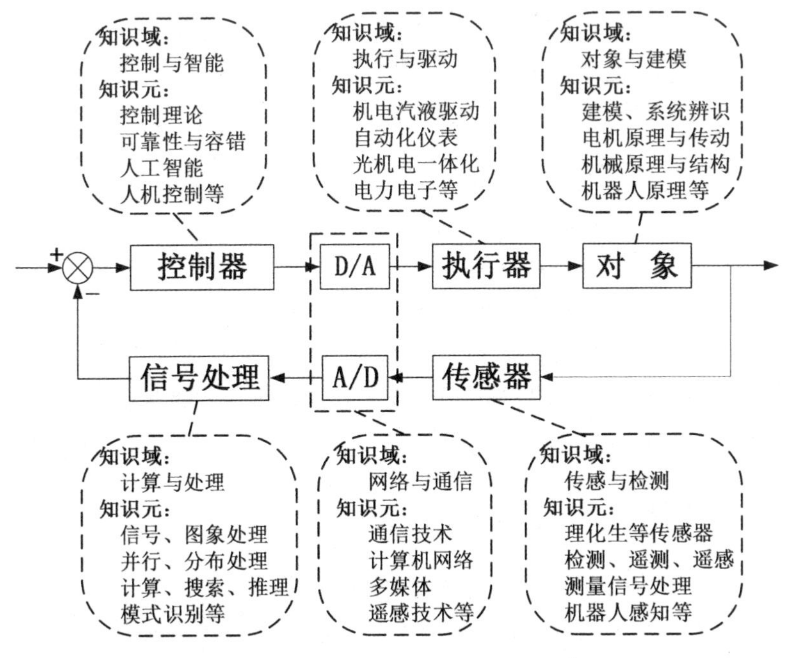

图 2-1　典型的自动化闭环控制系统

此外，在自动化科学技术产生与发展过程中出现了具有突出的方法论特点的一些概念、科学思想，如：稳定性概念与鲁棒性概念即稳定压倒一切，进一步有全局稳定、渐进稳定、稳定边界、稳定余量等一系列非常有用的概念；分层、分级控制的思想；自适应、自学习、自组织控制的思想。正因为自动化学科的突出的方法论特点，使学习自动化专业的学生潜移默化地受到科学方法、科学方法论的熏陶，思维严谨，思想开阔、有深度，非常利于培养具有创新能力的人才。

3. 系统集成的特点——利于培养将才、帅才

自动化的核心是控制与系统。控制的最基本问题是如何对系统施加控制作用使其表现出预定的行为，而系统指的是由若干相互依存和相互作用的部分(称为子系统)为达到某些特定目的所组成的完整综合体。系统的性能主要取决于各子系统间的配合与协调，缺乏有效的协调与控制，系统甚至无法正常运行，更谈不上有好的性能。

因此，自动化工程师在大型工程项目中扮演着“系统集成者”的角色。而作为“系统集成者”，往往是跨学科的，要能做到别的专业会的我懂，别的专业懂的我了解，别的专业不会不懂的我也懂或了解。相应地，自动化专业的学生被宽口径

地培养，以便应付跨学科(专业)的综合应用。

作为“系统集成者”，特别需要具有以下几方面的能力：对系统全局的洞察力，和从工程实际问题中抽象出系统问题的分析与综合能力；理解许多其他学科的技术细节的能力，与其他许多不同领域专家有效地沟通的能力；综合集成(分析建模控制和优化)解决系统问题的能力；组织管理、系统协调的能力和处理复杂问题的能力。

无疑，对自动化专业学生跨学科思维的和系统集成能力的高要求，非常有利于培养出具有“将才”“帅才”素质的综合复合型人才。

这些特点使得自动化专业在知识、能力以及素质培养方面有独到之处，能培养出知识、能力和素质均出色的创新型人才。这些特点同时也是我国自动化高等教育的特点、我国自动化人才的特点。

2.1.3 自动化专业发展前景与趋势

1. 自动化科学技术的发展趋势

自动化将人从单调而繁重的重复性工作中解放出来，进而使人更多地投入创造性的工作中，极大地拓展了人认知和改造世界的范畴。当今世界，以自动控制和信息处理为核心的自动化技术已经成为推动生产力发展、改善人类生活以及促进社会前进的动力之一，因而自动化科学也成为衡量一个国家科技发展水平和综合国力的重要标准之一。

自动化是一门涉及学科多且应用广泛的综合学科，在我国的研究生培养体系中，自动化对应的一级学科“控制科学与工程”下属有五个二级学科：“控制理论与控制工程”“检测技术与自动装置”“系统工程”“模式识别与智能系统”“导航、制导与控制”。自动化学科未来的研究重点，一方面要在已有的研究方向持续推进，另一方面要重点关注交叉学科的兴起，以及不断涌现的创新性应用。

(1)生物信息学与自动化融合。生物信息学是信息与系统科学和生命科学高度交叉的前沿学科，是自动化学科群中的重要部分，包括计算生物学、系统生物学与合成生物学等方向。生物信息学涉及多个学科领域，信息、控制与系统的理论、方法和技术在其中发挥着重要作用，同时，它也把控制科学与工程的研究对象从机械、电子、物理、化学等系统扩展到了以分子和细胞为基本元件的生命系统。

(2)人工智能和自动化技术融合。对于人工智能和自动化技术的融合，最显著的体现就是在制造业和工业自动化领域。例如，工厂生产线上的机器人已经不仅仅是单一的执行机械任务，而是可以通过人工智能技术，实现更加智能化、高效化的操控和管理。同时，智能制造、智能交通、智能医疗等领域也都涉及了人工智能和自动化技术的广泛应用。除此之外，人工智能和自动化技术的融合在服务、教育、医疗、金融等领域都有着重要作用。例如，在金融领域，AI 技术可以更好的根据市场需求为用户提供个性化的投资建议。在医疗领域，自动化技术可以控制医疗设备执行手术任务，而人工智能可以辅助医生进行疾病诊断和治疗，提高精准度和有效性。

(3)智能机器人与自动化技术融合。智能化机器人是指能够自主感知和自主控制，并进行交互式的工作任务的机器人。智能化机器人不仅仅是自动化控制技术的一种展示，它更是一种新型的工业生产方式、新型的工业标准。智能化机器人在工业生产中起着至关重要的作用，有效降低了人工成本、提高了生产效率和生产质量。

(4)复杂系统。复杂工业系统是指由多个不同部分组成，其关系非线性、非同步、非稳态并且非常灵敏、不可预测的大规模系统，如自动化生产线的控制系统、航空飞行器的自控系统等。为使这些系统能够稳定高效地运行，需要对其进行完整、准确的系统建模。对于复杂系统，反馈控制也需要进行优化，以避免控制过程中发生的局部极小化。在这种情况下，需要使用更高级的控制方法，如广义预测控制(generalized predictive control，GPC)、智能控制等。

(5)流程工业。流程工业主要是通过对原材料进行混合、分离、粉碎、加热等物理或化学工艺，使原材料增值，典型行业如石化、化工。流程工业自动化系统自上而下分为管理层、控制层、感知层，控制系统是控制层的核心，一般可分为集散控制系统(DCS)、安全仪表系统(SIS)和网络化控制系统。

(6)信息物理融合系统。信息物理融合系统的概念主要是指利用计算机资源以及物理资源的协调作用，将二者紧密地结合起来，使其能够在未来的工业生产、信息发展以及经济发展过程中具备一定的适应性、自主性、可靠性和安全性等，通过信息物理融合系统的发展其自身的作用将远远地超过当前各个系统的发展模式，信息物理融合系统能够通过响应速度更快、精度更高、规模更大的功能系统来实现智能化的控制和管理。信息物理融合系统是一种安全可靠的检测、控制体系，能够实现深度的信息交互功能。因此信息物理融合系统就是一个综合于计算、网络以及物理环境的复杂系统，在未来的计算机发展过程中具有较大的应用前景。

2. 自动化高等工程教育的发展趋势

高等教育是为当前与未来的经济、社会发展输送合格人才的。因此，高等学校在考虑专业发展中，应充分关注经济、社会的发展与变化，并且要有预见性。自动化专业的发展理念与发展现状应符合整个高等工程教育的改革方向与发展趋势。

当人们普遍接受“跨行业的专业”的理念，并打破专业之间的壁垒，着手组建各类新的类似于环境、生命科学那样“跨行业的专业”的时候，自动化专业完全有可能率先发展成为一个包含目前许多专业的大学专业，成为真正的“跨行业的专业”，并在新的专业体系中起更重要的作用。自动化专业应该：

(1)进一步厚基础、宽口径，并向重(视)系统与管理的方向发展。

(2)进一步淡化机、电计算机、通信等“单机”概念，突出含机、含电、含计算机、含通信网络的“复合”与复杂系统的概念。

(3)进一步满足经济、社会、科技发展的需求，培养出能处理各行各业复杂的系统问题的“系统集成者”，为现代化建设做出新的贡献。

2.2 地方高校自动化专业存在的问题

2.2.1 课程目标设置笼统

在高校人才培养目标的指导下，课程目标作为课程设计的根本原则始终贯穿于课程的结构和所有元素之中。课程目标是课程编制、课程结构和课程组织的起点和落脚点，课程内容的选择、课程实施的运作以及课程评价的开展都依赖于课程体系目标的确定。根据认证的核心理念，课程目标的价值取向应侧重于外在价值、认知实用价值和内在价值三个方面，即社会需求、学科知识和学生本体论发展三个价值取向的有机协调关系，从而实现学生的知识、能力和素质全面发展。目前，地方高校在自动化类课程目标的确定和选择上都存在不足，上述价值取向不能有机统一，具体体现在以下几个方面。

1. 课程目标定位不清，缺乏特色

目前，一些地方高校的自动化专业对自身的定位和教育理念比较模糊，这就导致了课程目标不明确。若没有一个明确的课程体系总体目标的指导，地方高校往往忽视各自的学校条件和学生基础等因素，互相借鉴对方的培训方案和课程设置，导致了不同学校层次、不同类型的高校(研究型、应用型)在其课程目标中对人才的知识、能力和素质有着相似的要求。专业缺乏特色的根本在于没有根据地方经济和社会发展的需求来确立专业的培养目标，专业的课程设置与区域、行业、企业脱节，导致培养目标过于宽泛而无特色，社会的认知度和认可度较低，主动与学校洽谈校企合作和科研项目合作的企业很少，这是影响地方本科高校专业发展的一个困境。

2. 课程目标过度宽泛，无法满足社会需求

部分地方高校存在“课程设置不合理，课程内容过于单一、教学方法不多样化、考核方式不科学”等问题。甚至一些高校将教育部工科专业教学指导委员会规定的培养目标直接进行“裁剪拼接”，导致制定的课程体系与社会需求不符合，课程体系与市场需求不匹配、课程教学与职业需求不匹配等问题。另外，部分地方高校制定的课程体系无法合理反映成果导向教育(outcome based education，OBE)理念，学生在学习过程中也无法实现预期的结果，自然无法满足社会实际需求。

3. 课程目标重知识本位，缺少素质本位

传统的教育理念和课程目标是典型的“以知识为基础”，强调教学过程中的“传道”。部分地方本科高等学校工程教育也是如此，更注重理论知识的传授，而忽视了工科学生的工程知识、工程实践能力和人文素养。这样的课程目标既无法满足我国产业界对高等应用人才的实际需求，更不利于学生的后续职业发展。应用型人才培养突出实践性和应用性，旨在培养某一专业(或职业)领域内具有坚实的基础理论和宽广的专业知识，具有较强的解决实际问题能力的人才。它强调学生的动手能力，注重实践技能的培养，要求毕业生能够掌握特定的专业技能，达到企业岗位对人才素质的要求，胜任专业领域或相关领域的工作，并在工作中继续学习和进步，以适应未来企业发展的新形势，达到未来企业的人才需求目标。工程教育专业认证理念完全符合应用型人才培养的目标要求。

2.2.2　课程结构组织失衡

课程结构是课程目标转化为教育成果的纽带，是课程实施活动顺利开展的依据。课程结构是针对整个课程体系而言的，课程的知识构成是课程结构的核心问

题，课程的形态结构是课程结构的骨架。一些地方应用型本科高校专业课程设置的一大弊端是各高校间的差异程度弱，同质化程度高，培养目标雷同，学生知识结构和能力近似，缺少特色。整体表现为学科壁垒严重，交叉课程和综合课程较少，课程结构弹性不足，这与工程专业认证所要求的毕业生应具有的综合知识体系架构不符，主要体现在三个方面。

1. 重专业，轻通识

人才培养目标的实现需要具体的课程作为实施载体，缺乏合理的通识教育课程，高素质人才的培养可能也只剩下一句空话。目前，部分高校课程设置中仍然太过重视专业教育，并未很好的兼顾到通识教育课程的安排与实施。主要表现在高校专业教育课程多，通识教育课程少，每周、每一学期的课程安排主要以专业课为主，有利于学生人格培养、人性发展，提高综合素质的选修课开设较少。通识教育课程设置广泛涉猎文学、历史、哲学等，这些知识不与专业知识直接相关，但各专业学生都应去学习。

专业教育针对具体岗位和行业所需的人才要求，培养出的学生能够利用自己的专业知识很快胜任工作岗位，并且在短时期内具有不可替代性。学生在进入高校之前就要选择相应的专业进行学习，期望能够在校期间学习专业知识、专业技能，获得大学文凭，好在毕业之后找到一份与专业学习相关的好工作。专业教育与社会的快速发展更为切合，可以更快地培养出社会所需的专业人才。但这种工具主义倾向势必导致只重视专业人才对社会发展的需要而忽略了人自身全面发展的内在要求。而随着时代的不断进步，社会发展对现代人才也提出了新的要求，只有通识教育与专业教育的结合，才能培养出通专结合的复合型人才。

2. 重理论，轻实践

大多数地方院校出于教学管理的方便，工科课程设置仍以理论课为主，实践课程占据的比例相当低。即使是开设了实践类课程的院校，其整个课程体系中理论知识与实践技能相脱离的问题也在一定程度上存在。部分地方本科高校尽管开设了一系列集中实践和分散实践课程，但在思想上仍认为实践课程只是理论课程的辅助，许多综合性的实训实验并没有深入企业调研，不能与社会需求对接，学生缺乏实际工程的分析能力和解决问题能力。另外，目前存在“加学时即强实践”的误区，依附于理论课程的实践，在课程与课程之间是相对独立，导致了实践教学的“碎片化”，学生达不到对知识的综合应用能力。

3. 重课内，轻课外

根据认证核心理念，工科专业毕业生除了掌握基础理论知识和基本技能之外，还需具有发展自身兴趣、独立探索知识能力、自主学习能力、终身学习能力。地方本科高校的课时量普遍较多，除了课内学时外，学生也没有较好的进行课前预习和课后复习。另外，学生参与学术类讲座的机会较少、参加学科竞赛等各类社会实践活动也较少，导致学生课外学习机会较少，这不利于学生的专业学习，也不利于学生的个性发展，自主学习能力和终身学习能力的培养。

2.2.3　课程内容社会应用性不强

根据认证的核心理念，高等工程教育的课程体系必须能够支持毕业要求的目标点。因此，课程内容需要尽可能满足行业和社会的需求。应用性课程应与工作要求密切相关，并具有一定的实用性，具有一定的灵活性和较好的动态调节机制。目前，一些地方高校工程专业的课程内容存在以下几个问题。

(1)课程设置不适应社会需求。新技术和新兴领域的发展日新月异，高校的课程设置没有及时更新，导致学生学到的知识和技能不能满足社会需求。

(2)课程内容单一，不够综合。现在的课程体系存在一些单一的知识点和技能，难以给学生全面的知识和技能，而且课程内容之间缺少联系，不够综合。

(3)少数学校和学科存在好高骛远的现象，课程改革过于激进，导致学生学习难度加大、效果不好。

2.2.4　课程实施手段滞后

教学方法是课程实施的重要组成部分，灵活运用教学方法可以提高教学效果。在课程实施中，可以采用多种教学方法，如讲授、讨论、案例分析、实验等。根据不同的课程内容和学生特点，选择合适的教学方法，可以使学生更好地理解和掌握知识。目前，一些地方高校工程专业的课程实施手段存在以下几个问题。

(1)教学方法不够灵活。传统的教学方法多是教师为主，学生为被动接受者，难以充分发挥学生的自主、创新和批判思维能力。

(2)在课程实施中，案例式教学、讨论式教学、项目式教学、小组合作学习、网络学习即便有，也仅占较少的部分。

(3)传统的讲授式课程的实施方式，不能从学生对于知识和能力培养的实际需求出发，无法做到“以学生为中心”。

2.2.5 课程评价机制落后

一些地方本科高校教学推进过程中存在“重建设、轻评价，重形式、轻内容”等问题，会导致在教育评价的过程中出现一系列的现实问题。当前，一些地方本科高校教学评价面临的主要问题为：①评价主体、评价方式单一封闭，过程评价不够充分；②教学管理者无法真正听到师生的声音；③评价结果无法精准诊断教学过程和指引学校科学评测；④评价结果无法准确支撑师生进行自我诊断学习；⑤传统评价内容重学生认知水平，缺乏对学生综合能力的评价；⑥课程考核方式单一。现在的课程考核方式多是以考试为主，难以适应社会需求和学生的个性化发展。

2.3 地方高校自动化专业课程改革需求与方法

2.3.1 地方高校自动化专业课程改革需求

以自动化专业为依托，以开展工程教育专业认证为契机，通过多年来参与完成的省高等教育教学改革研究与实践项目、省级工程项目、校级教改项目、教育部教指委项目和教育部高教司产学合作协同育人项目等所进行的研究与实践，总结自动化专业课程改革的需求如下。

1. 以学生为中心的课程质量标准的建设

在原有课程质量要求的基础上针对各教学环节进一步完善、明确了基于“学生为中心，产出为导向”的质量标准，确保各教学环节的实施、过程监控和质量评价等能够体现学习成果，使教学与学习活动有效运行。重点关注：使学生明晰“课程目标”；教学内容与课程目标相吻合；体现如何引导学生“学”；体现评价学生的“产出”；考核内容和方式体现检验学生取得什么样的学习成果；通过“学、教、做、评”的交互达到提升学生的学习产出的目的。

2. 课程体系合理性评价机制的建立与实施

课程体系的合理性评价主要从是否符合《普通高等学校本科专业类教学质量国家标准》《普通高等学校自动化专业规范》《工程教育认证标准》和专业补充标准，

同时结合学校和专业定位，评价其能否全面支撑专业毕业要求和培养目标的能力达成，能否满足学生更好地适应社会经济、行业、企业的人才需求等。

3. 面向产出的课程评价体系的建设与实施

通过开展面向产出的课程教学评价，判断学生课程目标(学习成果)的达成情况，并将评价结果用于课程教学的持续改进。实施的过程中，分别从班级、年级、学生个体，以及各年级之间进行多个维度评价，并以此为依据开展教学和学生个体帮扶措施等的持续改进。

4. 成果推动示范课建设见成效

通过师资培训，教师能够深入贯彻 OBE 教学理念和课程质量标准，开展以学生为中心的教学，提升了实践能力培养水平。同时，通过开展线上、线下教学资源建设，教学方式改革，提高了学生学习效率。依托专业申请并建设校级和省级一流课程。

5. 研究成果推动专业建设有序开展

依托自动化专业获批省级一流专业建设点，并获得认证受理，持续开展专业的自评自建，积极推动了我校自动化专业工程教育专业认证的开展。

2. 3. 2　地方高校自动化专业课程改革方法

为全面推进专业建设(以南阳理工学院自动化专业为依托)，强化专业内涵，争创国家级一流专业，本成果以工程教育专业认证的教学理念和具体要求为出发点，不断更新观念，完善课程标准，深入开展教学研究与改革，建立健全课程评价与改进机制，并应用于教学活动，以实现对毕业要求的深度支撑。解决教学问题的具体方法如下。

(1)建立健全课程建设标准。根据对自动化专业毕业要求的支撑需求，审视课程体系，确定各课程在课程体系中的地位与作用，将教学内容与体系进行重组和改造，建立和健全课程标准，根据 OBE 人才培养理念，明确课程所担负的任务、实现的目标，课程教学的模式与规范需求，课程修读的基本要求等，为课程建设确立目标。

(2)按照课程建设标准，以毕业要求达成为目标，制定课程目标，梳理教学内容对课程目标、毕业要求观测点的支撑途径，规划课程教学内容。剔除与课程目标关联度低、对毕业要求支撑不强的内容，使内容反映前沿性和时代性，打造“金课”，合理提升课程的挑战度、难度、深度，培养学生解决复杂问题的综合能力，切实提高课程教学质量。

(3)注重课程与其他相关课程各教学环节的有机衔接，实施以提升实践能力为核心的教学，建立理论与实验教学融合、虚拟仿真与现实实践融合、课内与课外融合的教学模式；建立从专业实验室、实习基地到校外实践基地，多元化的实验、实践教学平台，形成完整、科学的教学体系，实现大学生工程应用能力的提升。

(4)深入贯彻“以学生为中心”的教育理念，改变传统教学方法，探讨课内与课外有机融合，线上、线下、线上线下混合式的教学模式，将部分课堂移到实验室，使学生边学边练，提高学习的兴趣和效率。

(5)完善教学条件，满足课程教学需要。首先是开展实验室建设，根据课程目标，购置配套的实验设备，为实验、课程设计、课外专题研究等实践提供硬件支持；选用优秀教材或进行契合需求的教材建设，为学生的自主学习和研究性学习开列并提供有效的文献资料，使之与教学培养目标、进行开放式教学方式相配套。

(6)改革考核方法，探讨卷面考试与实际操作相结合，形成性评价与终结性评价相结合的课程考核方法，促进学生工程实践能力的培养。

(7)聚焦评价，通过定期开展课程体系合理性评价，用于人才培养方案的修订(两年微调，四年修订)，持续改进课程体系；通过定期开展课程目标达成性评价，查找学生个体，以及课程本身存在的问题和短板，及时进行帮扶或教学调整，以实现课程教学的良性闭环持续改进。

第3章

面向产出的培养目标

培养目标是人才培养的规格和标准，是人才培养活动得以发生的基本依据，是对经过专业培养的人才提出的具体要求，是保证高校人才培养质量的首要前提，也是高校人才培养工作的出发点和归宿。从逻辑来看，高校的人才培养质量首先取决于人才培养目标设计的质量，明确人才培养目标是确保高校人才培养应有质量的基本前提，是专业整个培养方案的“成果”。

2022版工程教育专业认证通用标准解读对培养目标的定义描述为：培养目标是对本专业毕业生在毕业后5年左右能够达到的职业能力和专业成就的总体描述，应体现培养德智体美劳全面发展的社会主义建设者和接班人的教育方针。专业制定培养目标时必须充分考虑内外部需求，包括学校定位、专业特色、社会需求和利益相关者的期望，能体现社会发展对本领域职业工程师的能力要求等。

2022版工程教育专业认证的通用标准中关于培养目标的描述包括两个方面：一是有公开的、符合学校定位的、适应社会经济发展需要的培养目标；二是定期评价培养目标的合理性并根据评价结果对培养目标进行修订，评价与修订过程有行业或企业专家参与。

3.1 培养目标制定依据

培养目标是学生毕业后5年左右能够达到的职业能力和专业成就的总体描述。它是专业人才培养的总纲，是构建专业知识、能力、质量结构，形成课程体系和开展教学活动的基本依据。人才培养目标的确定是为满足教育利益相关方的需求，突出实际能力的培养和训练。一方面是外部需求，包括国家、社会及行业、产业发展需求，学生家长及校友的期望等；另一方面是内部需求包括学校定位及发展目标、学生发展需求等。

专业培养目标的制定一般需要遵循以下四个方面：第一，从学校的办学定位出发；第二，从社会与行业的用人需求出发；第三，从专业评估和专业认证的角度出发；第四，从专业的未来发展角度出发。在制定培养目标时要广泛听取利益相关者的意见和建议，利益相关者包括校友、应届毕业生、用人单位雇主、学界专家、学生家长和专业教师等。可以利用应届生就业问卷调查、毕业生问卷调查、用人单位满意度问卷调查以及座谈等形式获取需求信息。

在培养目标制定过程中需要注意的是，职业能力的预期不能与毕业要求混淆，应站在职场角度和社会环境下描述能力，职业能力应高于或强于毕业要求；培养目标的制定应体现专业特色，特色可体现在服务领域、支撑学科、职业能力预期等方面。另外，培养目标预期应当与目标定位和特色相呼应。

3.2　自动化专业培养目标定位

培养目标的定位要求专业应明确服务面向和人才定位。南阳理工学院自动化专业主要面向制造业，在分析社会经济发展和行业需求的基础上，结合学校定位及相关利益方的期望，通过开展充分调研，制定了适应地方经济建设和社会发展的专业培养目标。专业主要通过招生宣传、学院网站、新生入学教育、专业导论课程、校友及用人单位走访等渠道公开培养目标。

3.2.1　本专业培养目标

本专业立足河南，面向全国，培养能够适应智能制造行业自动化工程设计技术需求，德智体美劳全面发展的社会主义事业合格建设者和可靠接班人，具有良好的社会责任感、职业道德、创新能力、国际视野和扎实的自动化专业知识，能够在自动化、智能化工程及相关技术领域从事工程项目和相关产品的设计开发、系统集成、运行维护、工程管理等工作，能够解决自动化领域复杂工程问题的应用型工程技术人才。学生毕业五年左右能达到的目标如下。

(1)能够应用基础理论、专业知识、行业技术标准、工程管理与决策等多学科知识，分析和研究自动化领域的复杂工程问题，提出系统性的解决方案。

(2)具备良好的创新能力，能够熟练运用现代工具从事自动控制系统的集成、运行、维护和管理，自动化产品的设计开发等工作。

(3)具有良好的家国情怀、人文科学素养、工程职业道德，较强的社会责任感，遵守法律法规和行业规范，在工程实践中考虑环境、安全与可持续性发展等因素。

(4)具有沟通、交流和团队合作能力，能在工作团队中发挥骨干作用；能够跟踪自动化行业国内外发展动态，具有自主学习和终身学习的意识和能力，适应自动化技术的发展变化。

3.2.2 专业培养目标制定依据及内外部需求关系

本专业的培养目标在制订过程中进行了详细的论证，主要依据以下几个方面：首先，符合学校人才培养定位，是学校人才培养目标的细化，与学校的学科和专业布局相适应；其次，与专业人才培养特色一致，能够体现出自动化专业发展过程中形成的培养模式和岗位目标；最后，与社会需求状况相适应，满足国家、地区和行业经济建设需求及科技进步和社会发展的需要。

1. 专业培养目标与学校人才培养定位的关系

南阳理工学院是一所以工科为主、多学科协调发展的普通本科院校，以本科教育为主，兼有研究生和留学生教育，是河南省示范性应用技术类型本科院校。学校“十四五”规划明确指出：学校坚持立德树人，为社会培养德智体美劳全面发展的社会主义建设者和接班人的历史使命，坚持“立本、立真、立特、立新”的办学理念，坚定“植根南阳、立足河南、面向全国”的办学定位，面向地方经济社会发展第一线，培养理想信念坚定，专业知识扎实，实践能力较强，具有创新意识，追求工匠精神，综合素质优良的应用型人才。学科专业建设围绕地方经济社会发展需要，重点做大做强工科，积极发展特色学科，稳步发展应用理科和人文学科，逐步形成了结构优化、特色鲜明、契合地方经济发展需要的专业集群。

本专业的服务定位为“立足河南，面向全国”，与学校定位“植根南阳，立足河南，面向全国”保持了一致；本专业培养“能够适应智能制造行业自动化工程设计技术需求”，“从事工程项目和相关产品的设计开发、系统集成、运行维护、工程管理等工作，能够解决自动化领域复杂工程问题的应用型工程技术人才”，能够体现学校“面向地方经济社会发展第一线的应用型人才”培养的定位；本专业提出的“具有良好的社会责任感、职业道德、创新能力、国际视野和扎实的自动化专业知识”的“德智体美劳全面发展的社会主义事业合格建设者和可靠接班人”，与学校人才定位“理想信念坚定，专业知识扎实，实践能力较强，具有创新意识，追求工匠精神，综合素质优良”保持了一致。

另外，学校的人才培养总目标在自动化学生毕业后五年左右达到的职业能力有具体体现。在学校定位中指出的“专业基础知识扎实”，本专业提出“应用基础理论、专业知识、行业技术标准、工程管理与决策等多学科知识，分析和研究自动化技术领域的复杂工程问题，提出系统性的解决方案”；在学校定位中指出的“培养理想信念坚定”，“追求工匠精神，综合素质优良”，本专业提出“具有良好的家国情怀、人文科学素养、工程职业道德，较强的社会责任感，遵守法律法规和行业规范，在工程实践中考虑环境、安全与可持续性发展等因素”；在学校定位中指出的“实践能力较强，具有创新意识”，本专业提出“具备良好的创新能力，能够熟练运用现代工具从事自动控制系统的集成、运行、维护和管理，自动化产品的设计开发等工作”。

所以本专业培养目标符合学校人才培养定位。

2. 专业培养目标与专业人才培养特色的关系

自动化专业经过近20年的发展，逐渐形成了“以实践能力培养为手段，以工程意识和创新思维培养为目标，为自动化行业培养高水平自动化工程设计人才”的人才培养特色，专业以实验室建设、自制实验设备、横向科研项目为载体，通过课程设计、毕业设计等实践环节培养学生的专业设计能力和工程实践能力；以学科竞赛为载体，面向专业组织全覆盖的学科竞赛，并通过开放实验室、学生工作室、教授博士工作室、社团等形式，进行第二课堂活动，鼓励学生积极申报实验室开放项目、大学生科研基金项目等校级创新实践项目，参加全国大学生电子设计竞赛、“挑战杯”全国大学生课外科技学术作品竞赛、“西门子杯”中国智能制造挑战赛、中国机器人大赛等国家级、省级学科竞赛，提升学生的工程实践能力、团队合作和创新能力。多年来，自动化专业的毕业生在郑州、长三角和珠三角地区深受用户的好评，为自动化专业赢得了良好的口碑。特别是在郑州自动化界，南工自动化学子创新创业，开设多家自动化公司，逐渐形成重要的自动化力量，这些校友开设的自动化公司也和母校形成教学科研互动。

本专业培养目标中“能够在自动化、智能化工程及相关技术领域从事工程项目和相关产品的设计开发、系统集成、运行维护、工程管理等工作，能够解决自动化领域复杂工程问题的应用型工程技术人才”与专业多年来形成的人才培养特色中培养自动化工程设计工程师、自动化产品设计工程师和自动化设备运维工程师的高水平自动化工程设计人才定位高度一致。而且，培养目标中对毕业生能力的描述“能够熟练应用基础理论、专业知识、行业技术标准、工程管理与决策等多学科知识，分析和研究自动化领域的复杂工程问题，提出系统性的解决方案”和“具备良好的创新能力，能够熟练运用现代工具从事自动控制系统的集成、运行、维护和管理，自动化产品的设计开发等工作”，体现了专业注重培养学生工程意识、实践能力和创新思维能力。

总之，自动化专业培养目标能够体现专业人才培养特色。

3. 专业培养目标与社会经济发展需要的关系

制造业是国家生产能力和国民经济的基础和支柱，自动化作为连接传统与现代工业的纽带，是现代管理技术、信息技术转化为生产力的关键，自动化科学与技术在国民经济和社会发展中发挥着越来越重要的推动、引领作用。国家 2035 远景目标指出经济建设目标是基本实现新型工业化、信息化、城镇化、农业现代化，建成现代化经济体系。国家“十四五”规划中经济社会发展的主要目标是实现经济持续健康发展，优化经济结构，提升创新能力。强调要大力推动制造业优化升级，深入实施智能制造和绿色制造工程，发展服务型制造新模式，推动制造业高端化、智能化、绿色化；培育先进制造业集群，推动集成电路、航空航天、船舶与海洋工程装备、机器人、先进轨道交通装备、先进电力装备、工程机械、高端数控机床、医药及医疗设备等产业创新发展。制造业的智能化创新发展离不开自动化技术的强有力支撑，自动化水平不仅直接关系到产业的核心竞争力，也是体现国家综合实力和竞争力的重要技术之一，更是将我国由工业大国转变为工业强国的核心体现。国家经济发展对智能制造业的自动化工程技术人才有着迫切的需求，对高校自动化专业人才的培养提出了更高的要求，重点加强创新型、应用型、技能型人才培养。

河南省“十四五”时期经济社会发展主要目标：现代化经济体系建设取得重大进展，经济结构更加优化，制造业比重保持基本稳定，产业基础高级化、产业链现代化水平明显提升。《河南省“十四五”科技创新和一流创新生态建设规划》部署了我省重点产业技术创新的主要任务是围绕信息技术、先进制造、先进材料、新能源和智慧农业等重点领域。信息化已上升到新的战略高度，成为驱动经济发展的新动力、国家治理能力现代化的强力支撑和提升公共服务能力的重要手段。新兴产业重点围绕大型成套装备及智能装备开展装备制造智能化研究，推进生产全程智能化，其中大量涉及自动化领域的技术。因此，河南亟需大量自动化系统研发和集成专业人才。

从国家和区域经济社会发展需求来看，要实现新型工业化、信息化、农业现代化，推动制造业高端化、智能化、绿色化，必须首先实现自动化；同时，国家和区域经济社会发展也提出需要提升创新能力，加强创新型、应用型、技能型人才培养，壮大高水平工程师和高技能人才队伍。因此，国家和区域经济社会发展中急需掌握自动化领域的基本理论、专业知识和专业技能的专业人才。本专业立足河南，面向全国，为满足国家和地区经济建设的需求，围绕自动化技术的发展，积极培养智能制造行业能够解决自动化领域工程实际问题的应用型工程技术人才，培养目标中"具有良好的社会责任感、职业道德、创新能力、国际视野和扎实的自动化专业知识，能够在自动化、智能化工程及相关技术领域从事工程项目和相关产品的设计开发、系统集成、运行维护、工程管理等工作，能够解决自动化领域复杂工程问题的应用型工程技术人才"，能够反映国家和区域经济发展对人才的需求。

根据用人单位对自动化人才能力需求调研发现，用人单位认为自动化专业的毕业生应具备独立分析及解决核心问题的能力、工程实践及创新能力、沟通交流及团队合作能力、工程管理能力，并且具有较好的职业素养和社会责任感、可持续发展理念等。用人单位在选择自动化专业的毕业生时更看重综合能力和综合素质，工作经验可以在后期学习和积累。独立工作及解决问题的能力、学习及创新能力、沟通合作能力、工程管理等能力和较高的综合素质在我校自动化专业的培养目标均有体现。

综上所述，本专业的培养目标与国家发展战略和区域经济相适应，能够契合社会经济发展的需要。

3.2.3　本专业培养的公开渠道

专业非常重视培养目标的公开与宣传工作，为确保专业培养目标的达成，通过招生宣传资料、学院网站、入学教育、座谈会等多种渠道向学生、教师和社会公开、宣传专业培养目标，使教师能够及时准确调整自己的教学方案以契合培养目标，使在校学生能够做好自己的职业生涯发展规划，使用人单位和家长能够了解毕业生的能力和发展预期。

1. 培养目标向学生公开的渠道

入学教育：每年的新生入学教育是大学教育的第一课。学院领导、专业负责人对培养目标进行宣讲，让新生了解专业发展沿革、学科发展、主要就业领域和未来主要社会竞争优势等内容，加深学生对专业人才培养目标的理解。

专业引导：按照《智能制造学院专业学习引导讲座实施细则》要求，每年新生进校后，专业都要开设以专业负责人、学业导师为讲授主体的专业学习引导讲座，每学年面向各年级学生举办，主要介绍本学年开设的课程在专业知识体系中的地位和作用，本学年的课程目标的达成对毕业要求的支撑作用和对培养目标达成的重要性。学业导师还通过定期召开主题班会宣传专业培养目标，为将来毕业要求的有效达成和个人职业规划打下良好的基础。

课堂教学：本专业在新生入学的第一学期开设了《专业导论与职业发展规划》课程，由授课教师为学生讲解本专业的专业特色、专业的社会需求和专业影响力、学科支撑与前沿动态等，使学生对未来主要就业领域和专业培养目标建立全面的认识，明确毕业 5 年后应具备的主要社会竞争优势，并做好为之努力的准备。

教学环节：本专业通过大学四年的教学活动，特别是通过专业理论课教学、实习实训、课程设计、毕业设计等教学环节，持续进行培养目标宣传，加深学生对本专业培养目标的认识。

学生日常管理与辅导：辅导员、学业导师在日常管理中，通过主题班会、座谈、个别辅导等方式对专业学习、学业规划等进行指导，帮助学生理解、掌握本专业的培养目标，使学生及早了解和明确学习的专业内容及今后的发展方向。学业导师负责向学生就专业问题进行答疑、解惑。

2. 培养目标向教师公开的渠道

教师主要通过学院工作例会、教研活动等方式了解专业培养目标。学院在组织修订专业培养方案时，教师在参与讨论和修订培养方案的过程中能够充分了解用人单位对学生毕业 5 年后的能力评价，从而更深入全面理解专业培养目标。教师通过教学大纲修订、课程目标和毕业要求的达成评价等途径能够更充分理解专业培养目标、毕业要求、课程体系以及持续改进机制，把握专业人才的培养方向。

3. 培养目标向社会公开的渠道

(1)网络公开：所有人均可通过学校、学院公共互联网平台查阅本专业培养方案，包含培养目标、毕业要求等。学校与学院安排有专人负责维护、更新内容。

(2)招生宣传：通过学校制作的招生宣传材料公开本专业的培养目标。学院通过招生咨询等途径大力宣传专业培养目标，每年 6 月，学校举行“校园开放日”活动，广泛邀请高考考生及家长到学校参观，进行高考现场咨询，由专业教师向考生、家长介绍专业培养目标、毕业生主要就业领域与社会竞争优势。每年 9 月份，在迎新现场为到校的新生家长现场解答有关培养目标与就业和升学问题。

(3)社会宣传：专业通过实践教学基地建设、教师与企业开展科技合作研发、学生赴企业开展认识实习和生产实习、毕业设计等机会，向企业宣传本专业的人才培养目标和毕业生能力。同时，每年通过毕业生供需见面双选会、专场招聘会、与用人单位和校友座谈等方式，向用人单位、校友宣传本专业的培养目标。

3.3 培养目标的合理性评价

培养目标制定或修订结束需要定期评价其合理性，即评价专业的目标期望与内外需求是否吻合，并根据评价结果对培养目标进行修订，评价与修订过程有行业企业专家参与。根据利益相关者(学校、毕业生、用人单位、教师)的需求进行评价，即评价学校发展对人才培养定位的要求是否准确，校友职业发展对学校教育的需求，应届生的职业期待与对专业教育的需求，用人单位对人才发展潜力、专业技能、综合素质的需求。

依据《南阳理工学院本科人才培养方案管理办法》和《南阳理工学院专业建设与管理暂行办法》，学院制定了《智能制造学院人才培养方案修订实施办法》和《智能制造学院培养目标评价实施办法》，明确了培养目标评价修订机制及要求，针对合理性评价建立了较为完善的实施办法。依据这些制度和措施，以及对校友、用人单位、行业和企业专家、专业教师及在校生的调查反馈，专业针对 2018 版培养目标的合理性进行了有效分析和评价，进而开展了 2021 版培养目标的修订工作。

3.3.1 专业培养目标合理性评价机制

为确保专业培养目标科学合理，适应现代工程技术发展和社会需求，专业需要定期进行培养目标合理性评价，及时了解用人单位、校友、行业企业专家等各利益相关方对本专业人才培养目标的建议，及时发现学生培养过程中存在的问题和不足，评价结果用于专业培养目标的持续改进。依据《智能制造学院培养目标评价实施办法》，培养目标的合理性评价机制如下。

1. 评价工作责任机构

学院由教学副院长和副书记负责组织开展培养目标评价工作，成立以专业负责人为组长、专业骨干教师为主要成员的培养方案工作小组，进行培养目标合理性评价。

2. 评价周期

每年调研采集信息，每 2 年评价一次。

3. 评价内容及信息搜集方法

培养目标合理性评价内容主要包括培养目标与学校人才培养定位是否相符、培养目标与专业具备的资源条件是否相符、培养目标与社会经济发展及行业企业需求的吻合度，培养目标与利益相关者期望的吻合度等。培养方案工作小组针对校友、行业专家、用人单位等设计了不同的调查问卷，并针对不同评价主体分别采用问卷调查、走访、座谈、研讨等方式搜集评价信息，便于后期整理、分析形成培养目标的合理性评价报告。培养目标合理性评价的主体、方式和内容见表 3-1 所列。

表 3-1　培养目标合理性评价的评价方式及评价内容

评价主体	评价方式	评价内容
行业企业专家	座谈	行业发展对人才的需求与培养目标的吻合度、培养目标的定位准确性、满足社会需求的程度
用人单位	问卷调查、走访座谈	用人单位对人才的需要与培养目标的吻合度、对本专业毕业生的评价、专业发展建议
校友	问卷调查	校友职业发展与培养目标的吻合度、校友的就业领域及岗位、自身职业发展状况及满意度
专业教师	调研、座谈	培养目标与学校定位及专业人才培养定位的吻合度；培养目标是否符合专业的发展特点、培养目标定位及满足社会需求的情况
在校生	座谈	培养目标是否符合其期望

4. 评价结果的形成过程

培养目标合理性评价采用校内和校外相结合的评价方式，校内评价主要来自专业教师、在校生，校外评价主要来自校友、用人单位和行业企业专家等。不同评价人员对培养目标进行客观评价，培养方案工作小组将评价结果进行收集、整理、分析，并撰写合理性评价报告，反馈给学院教学委员会审核，最终形成培养目标合理性评价意见，作为培养目标修订的依据。

3.3.2　2018 版人才培养方案培养目标合理性评价

2020 年 10 月至 2021 年 7 月，自动化专业对 2018 版人才培养方案中的培养目标进行了合理性评价，针对收集的合理性评价原始材料进行整理分析，形成了评价结果《自动化专业 2018 版培养目标的合理性评价结果及分析报告》。具体评价过程和结果如下。

1. 校友调查情况

调查对象：自动化专业校友。

调查方法：问卷调查法。

调查过程：调查问卷由自动化培养方案工作小组设计，学院团委负责发放并回收，问卷内容包括工作单位、职业领域、职业能力以及对 2018 版培养目标是否符合社会需求的合理性评价、建议等。调查问卷借助于“问卷星”平台，面向自动化专业校友发布，共收到校友反馈的 119 份调查问卷。

问卷链接网址：https：//www. wjx. cn/vm/tH3djyk. aspx。

问卷电脑版及手机版首页如图 3-1 所示。

南阳理工学院自动化校友职业发展调查表

亲爱的自动化校友，你们好！

自动化专业要参加工程教育专业认证，需要收集众校友的一些基本信息，请大家在百忙中填写此问卷（约十分钟，可用手机或电脑填写），谢谢！

南工一别，匆匆数年，期待自动化校友有机会再回母校一游，我们畅叙感情！

自动化教研室

2021年7月7日

*1. 姓名：　　　性别：

班级：　　　届别（四位年度数）：

电话：　　　QQ：

*2. 现工作单位：

所在城市：

工作岗位：

工作内容：

*3. 职业发展过程1（即曾经历过哪些工作单位，包括考研上学，没经历填无）：

，岗位

职业发展过程2（即曾经历过哪些工作单位，包括考研上学，没经历填无）：

，岗位

图 3-1　校友调查问卷电脑版首页及手机问卷二维码

通过对线上问卷星收回的 119 份调查问卷进行统计分析获知，参与问卷调查的校友的职业发展领域如图 3-2 所示。

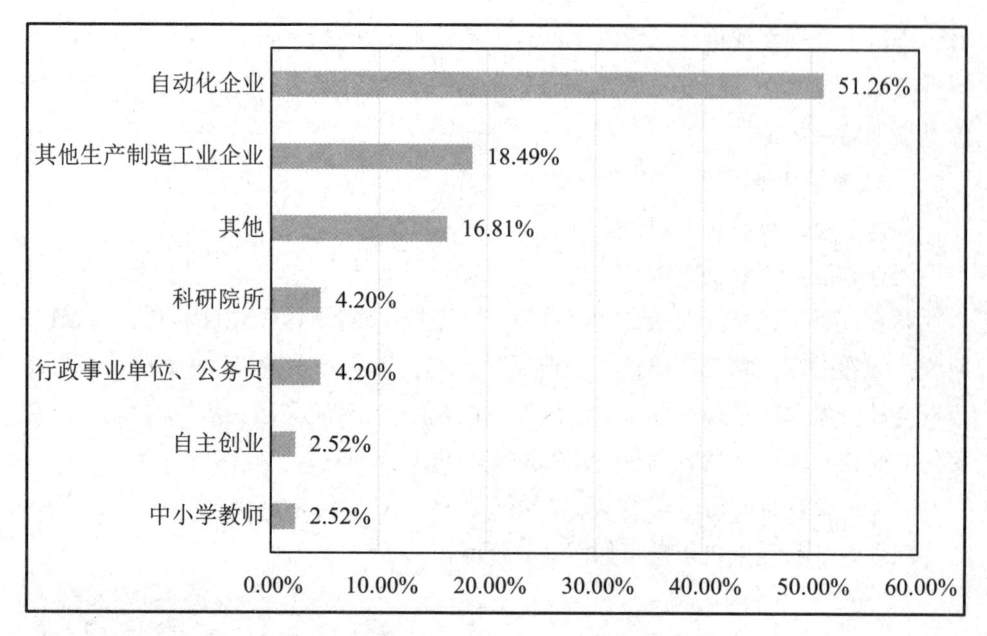

图 3-2　参与校友调查问卷人员工作性质比例

依据校友调查问卷获取的培养目标的合理性评价数据汇总见表 3-2 所列，各培养目标合理性评价分值的占比情况如图 3-3 所示。

表 3-2　校友培养目标合理性调查问卷统计数据

培养目标	合理性评价分值					归一化认同度
	非常认同 5 分	比较认同 4 分	认同 3 分	基本不认同 2 分	不认同 1 分	
具有解决自动控制系统分析、设计、开发、集成、营销、服务或自动化工程项目施工、运行、维护等实际工程问题的能力	75	39	5	0	0	0.918
能够跟踪自动化行业国内外发展现状和趋势，熟练运用自动化技术、自动化系统工程、行业技术标准、工程管理与决策等多学科知识解决自动化工程问题，并能够主动适应科技进步以及社会发展的变化	69	28	20	2	0	0.876

续表

培养目标	合理性评价分值					归一化认同度
	非常认同 5 分	比较认同 4 分	认同 3 分	基本不认同 2 分	不认同 1 分	
具有良好的人文社科素养、工程职业道德、团队合作和沟通交流能力，较强的社会责任感，熟悉相关的法律法规和行业规范，有意愿并有能力服务社会	72	36	11	0	0	0.903
能在自动化相关领域承担工程管理、工程设计、技术开发、科学研究等工作，成为所在单位相关领域的专业技术骨干或管理骨干	78	31	5	5	0	0.906

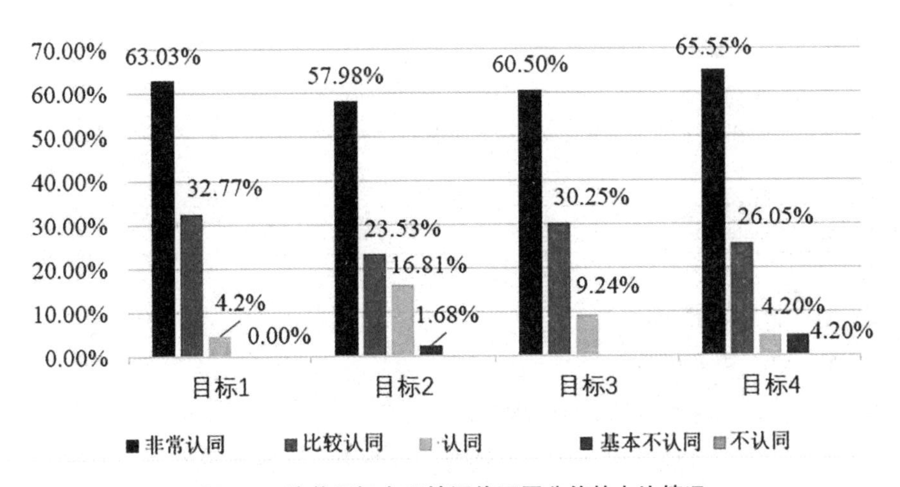

图 3-3　培养目标合理性评价不同分值的占比情况

由上述数据统计分析结果可知，本专业有 51.26%的校友在各类自动化企业工作，有超过 69.75%的校友在制造业行业领域工作，工作性质上，近 70%的校友从事研究、开发、技术管理、工程设计、售后服务等技术性工作。上述数据与本专业“能在自动化相关领域承担工程管理、工程设计、技术开发、科学研究等工作”培养目标一致。超过 90%的校友认为该培养目标符合行业发展和人才需求，并且校友对 2018 版培养方案的各个培养目标的评价较高，合理性评价均值在 0.87 分以上，总体评价合理，认为四个具体目标不合理的比例分别仅为 0%、

1.68%、0%和4.20%。同时校友还针对自动化专业发展和培养方案修订提出建议，汇总整理的部分建议见表3-3所列。

表3-3 校友针对专业发展和培养方案修订提出的建议

序号	校友对专业发展的建议
1	希望加强自动化系统的实践，加强实践环节教学、提高动手能力的培养，以便更快地融入企业生产实践中
2	拓展专业知识的广度，特别是要增强物联网与自动化关联技术、编程能力、控制等方面的基础知识与新技术学习
3	加强实操性训练，加强吃苦耐劳精神的培养
4	紧跟社会需求前沿，顺应时代行业发展
5	自动化专业更专注于行业解决方案，关注未来结合新的人工智能的发展，提升传统自动化水平层次；加强培养自下而上解决问题的思维，提高解决实际工程问题的能力
6	加强人工智能方向培养，让传统的过程自动化从简单的逻辑处理变成具有自学习、自分析能力的AI系统，更好地解决现场问题
7	加强人文和自主学习能力培养，加强吃苦耐劳精神的培养，提高心理素质和心理调节能力
8	锻炼学生的表达和交流能力，加强组织与管理能力的培养，增强团队精神和凝聚力

2. 用人单位调查情况

调查对象：用人单位。

调查方法：问卷调查法、走访座谈。

调查过程：针对自动化专业学生就业较为集中、具有代表性的企业进行走访座谈，并邀请填写调查问卷。调查问卷由自动化专业教学责任小组设计，问卷内容包括用人单位情况、培养目标与其人才需求是否相符、对本专业毕业生的能力、素质评价及对专业发展的建议等多方面内容。参与访谈调研的8家用人单位具体见表3-4所列，部分访谈照片及调查问卷首页分别如图3-4和图3-5所示。

表3-4 访谈用人单位列表

序号	联系人姓名	单 位	职务/职称
1	乔书勇	河南油田亚盛电气有限公司	高工

续表

序号	联系人姓名	单　位	职务/职称
2	杜新耕	南阳防爆电气有限公司	高工
3	丁润芳	西门子(中国)有限公司	工程师
4	闫建阳	上海先德电气系统工程有限公司	技术总监
5	孙杨	浙江浙大中控技术有限公司	综合办主任
6	邢清强	郑州科威腾自动化有限公司	总经理
7	米路	郑州多元装备有限公司	销售部部长
8	张英超	郑州德凯机电有限公司	总经理

图 3-4　用人单位走访座谈和问卷调查部分照片

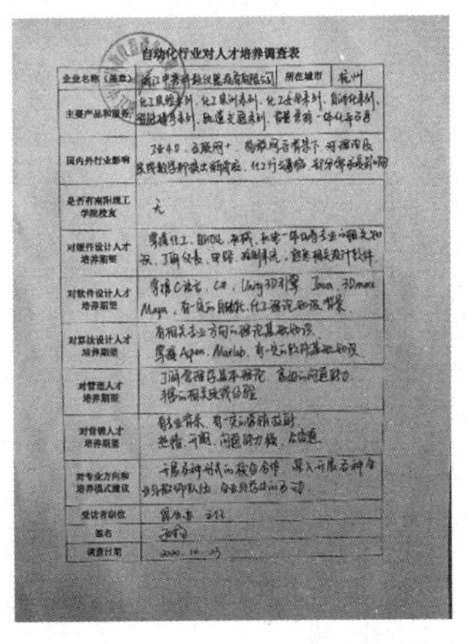

自动化行业对人才培养调查表

企业名称（盖章）	[illegible]	所在城市	杭州
主要产品和服务	[illegible]		
国内外行业影响	[illegible]		
是否有南阳理工学院校友	无		
对硬件设计人才培养期望	[illegible]		
对软件设计人才培养期望	[illegible]		
对算法设计人才培养期望	[illegible]		
对管理人才培养期望	[illegible]		
对营销人才培养期望	[illegible]		
对专业方向和培养模式建议	[illegible]		
受访者职位	[illegible]		
签名	[illegible]		
调查日期	[illegible]		

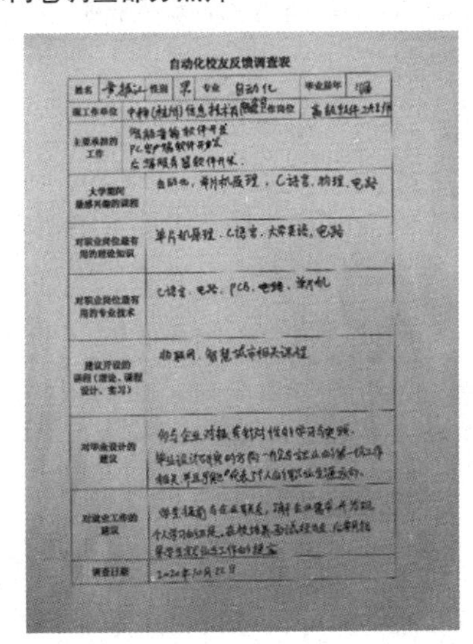

自动化校友反馈调查表

姓名	[illegible]	性别	男	专业	自动化	毕业届年	[illegible]
现工作单位	[illegible]			现岗位	[illegible]		
主要承担的工作	[illegible]						
大学期间最感兴趣的课程	[illegible]						
对职业岗位最有用的理论知识	单片机原理、C语言、大学英语、电路						
对职业岗位最有用的专业技术	[illegible]						
建议开设的课程（理论、课程设计、实习）	物联网、智慧城市相关课程						
对毕业设计的建议	[illegible]						
对就业工作的建议	[illegible]						
调查日期	[illegible]						

图 3-5　部分用人单位调查问卷

本专业调查的8家用人单位中，被调查对象均认为本专业的培养目标与社会对人才的需求基本相符，同时也针对专业发展和培养方案修订提出了建议，见表3-5所列。

表3-5 用人单位针对专业发展和培养方案修订提出的建议

序号	用人单位对专业发展的建议
1	加强数学、物理等基础知识学习，加强新技术能力的培养，增强学生的社会责任感
2	提升学生使用现代工具的能力，使其面对与学科领域相关的复杂工程问题时，能运用工具快速获得解决方案
3	建议加强实践能力的培养，将思想道德教育融入专业技能中，提升学生工程素质和职业道德，培养学生忠诚工作岗位，做事勤奋踏实
4	专业技术学精学透，编程绘图技术熟练，项目设计能快速上手
5	随着国家对环境保护和工业安全的重视，要求学生能对技术问题中涉及的安全、环保、健康等因素予以关注了解
6	增加项目管理知识，提升学生项目协作能力、团队工作能力。增强学生语言文字组织能力的培养，使其能清晰明了地展示自己的工作思路或成果
7	加强专业基础知识的广度，提高学生综合分析工程问题的能力，注重增强学生的创新意识和研发能力的培养
8	深入开展横向科研，加强校企合作，学校企业双环境教学，对接行业企业和工作岗位，能让学生顺利融入职业生涯

3. 专业教师座谈情况

座谈会对象：自动化专业教师。

座谈会内容：培养方案工作小组组织自动化专业教师进行座谈，针对2018版培养目标与学校办学定位、专业具备的资源、社会需求以及他们的期望是否相符展开研讨，同时，结合学院前期组织专业教师赴北京信息科技大学、河南理工大学、郑州轻工业大学、常熟理工学院、杭州电子科技大学、河南工学院智能工程学院等院校进行同行调研交流学习的结果，获得了培养目标的评价与修订建议，部分座谈照片如图3-6所示。

教师座谈结果：培养目标基本符合预期，建议为进一步契合学校的服务定位，在培养目标的总目标中增加“立足河南，面向全国”描述；依照专业具备的资源条件，应该增加“智能制造行业自动化工程设计技术”专业领域以及“系统集成、工程管理”职业特征的描述。

图 3-6　自动化专业召开教师座谈会

4. 在校生座谈情况

座谈会对象：自动化专业教师、在校生代表。

座谈会内容：培养方案工作小组组织专业骨干教师和自动化专业 36 位在校生进行座谈，其中包括 24 位大四应届毕业生，了解学生获知培养目标的渠道以对培养目标的理解，重点了解 2018 版培养目标是否符合学生的期望，如图 3-7 所示。

图 3-7　学生座谈部分照片

结合学生代表的发言，发现大部分学生都能够通过一些宣传渠道了解培养目标，并认为和自己的期望基本符合，也有个别同学认为培养目标在对知识、专业领域和职业能力方面的描述低于其期望，希望能够体现“多学科知识”的“智能制造”行业领域的描述。

5. 行业企业专家调查情况

调查对象：行业企业专家。

调查方法：走访座谈。

调查过程：对自动化相关领域的行业企业进行走访和邀请到访，通过座谈或访谈形式，约请行业企业专家对自动化专业的培养方案进行了探讨，针对现行培养目标和课程设置等方面存在的问题，提出修订意见和建议。参与调研的行业企业专家具体见表 3-6 所列。

表 3-6　访谈行业企业专家列表

序号	联系人姓名	单　位	职务/职称
1	侯平智	杭州电子科技大学	教授
2	孟昕元	河南工学院智能工程学院	教授
3	王星星	汇川科技应用软件开发部	经理/高工
4	陈华兴	深圳鼎极智慧科技有限公司	GOS 网格链技术专家
5	姚杰新	郑州赛为机电设备有限公司	总经理/高工
6	丁润芳	西门子(中国)有限公司 (西门子智能制造成都创新中心)	工程师
7	孙杨	浙江浙大中控技术有限公司	综合办主任/高工
8	邢清强	郑州科威腾自动化有限公司	总经理/高工
9	张英超	郑州德凯机电有限公司	总经理/高工
10	林涛	江苏北人机器人系统股份有限公司	联合创始人/教授
11	闫建阳	上海先德电气系统工程有限公司	技术总监/工程师

专家认为：培养目标与学校的人才培养定位基本符合；培养目标相比专业具备的资源条件而言，应该增加“智能制造行业”自动化工程及技术领域的描述；培养目标与社会对人才的需求基本符合，建议根据社会发展的需要继续改进。针对行业企业专家提出的建议进行梳理综合后，形成了培养方案的修订意见，归纳要点如下。

(1)人才培养目标的制定要以学生为中心，培养高素质应用型工程技术人才。

(2)目前在智能制造行业背景下，急需掌握物联网技术、人工智能、伺服运动控制技术等的自动化工程师，希望加强培养学生控制理论的应用能力，关注社会发展前沿知识的能力，以及学生的吃苦耐劳精神等。

(3)应加入立德树人，德智体美劳等标准。

(4)将思想道德融入学生专业技术领域的学习和工作中，注意培养学生职业道德、敬业精神和团队协作意识，促进综合素质全面发展，提升组织与管理能力。

(5)要加强学生在专业技术领域的沟通能力，包括语言表达能力、书面表达能力及撰写各类技术文件的能力。

5. 培养目标合理性评价结果

2021 年 7 月，专业综合上述调查问卷、座谈会、研讨会等多种渠道的评价调研结果，形成的培养目标合理性评价结果为：本专业培养目标与学校定位、专业人才培养特色较为契合，基本适应社会经济发展需求，一定程度上能满足区域经济建设和社会发展中自动化相关领域高素质应用型工程技术人才的需求。同时本专业的培养目标需要在以下四个方面进行改进。

（1）在人才定位方面，本专业的培养目标应增加"立足河南，面向全国"的服务面向，并加入立德树人，德智体美劳的培养标准。

（2）在专业领域方面，应该增加"智能制造行业"等具有自动化专业特征的专业领域。

（3）在职业特征方面，应该增加"系统集成""工程管理"等自动化专业相关的职业特征。

（4）在职业能力方面，专业的培养目标应重视实践能力、创新能力、学生终身学习能力等的培养，同时加强学生的环保和可持续发展的意识。

3.3.3　培养目标修订的相关制度

依据《南阳理工学院本科人才培养方案管理办法》，学院制定了《智能制造学院人才培养方案修订实施办法》和《智能制造学院培养目标评价实施办法》。培养目标的具体修订机制如下。

1. 修订周期

四年整体修订，两年局部修订。

2. 修订依据

培养目标修订的依据是专业培养目标合理性评价结果。培养目标修订要确保培养目标符合学校定位、专业特色以及适应社会经济发展需要。本专业在修订培养目标时，在调查研究、充分论证的基础上，广泛征求专业教师、校友、用人单位、行业企业专家等对培养目标合理性的评价意见，形成修订意见。

3. 修订程序

（1）教务处下达培养方案修订任务，学院教学委员会负责组织实施，成立培养方案工作小组，由专业负责人担任组长。

（2）培养方案工作小组制定工作计划，针对校友、用人单位、专业教师、教学管理者、在校学生、行业企业专家等不同的评价主体，分别采用问卷调查、研讨、座谈等方式进行沟通交流，广泛征集对专业培养目标的建议。

(3)培养方案工作小组针对培养目标合理性调研的反馈信息进行整理、总结、分析，提出修订意见，组织专业教师讨论修订方案。

(4)培养方案工作小组起草培养目标修订草案，提交学院教学委员会审议。

(5)由培养方案工作小组组织论证会，邀请行业企业专家、校友等召开学院人才培养方案论证会，根据论证意见进行进一步完善，形成培养目标修订稿。

(6)学院将新的培养目标提交学校教务处，经审核批准后，形成本专业最新的培养目标。微调培养目标时，由学院组织召开校内外专家进行审议制定，提交学校备案后执行。

4. 主要参与人员

专业教师、行业企业专家、校友、用人单位代表、教学委员会委员。

3.3.4 2021版人才培养方案培养目标修订

培养目标的完善是一个动态调整的过程。修订后的培养目标，会根据教学效果、意见反馈等实际情况对专业的培养目标进行完善。持续关注行业发展，切合用人单位需求，通过问卷调查、师生座谈、市场调研等手段对培养目标进行后期论证，并根据论证结果及时调整培养目标，以进一步完善学生的知识架构，提高基本素质，增强核心能力，将应用型高级专门人才的培养目标落到实处。

1. 培养目标修订的时间

按照学校培养方案2年一小修，4年一大修的修订周期，本应在2020年进行培养方案的修订，由于疫情原因导致该项工作延迟了一年。2021年7月，根据学校《南阳理工学院2021版高水平应用型本科人才培养方案研制实施方案》《南阳理工学院关于制订2021版本科专业人才培养方案的指导意见》以及《智能制造学院人才培养方案修订实施办法》的要求，结合工程教育专业认证标准以及合理性评价报告，专业对2018版的培养目标进行了修订，形成了2021版培养目标。

2. 培养目标修订的内容和依据

培养方案工作小组依据前期对2018版培养目标的调研和合理性评价结果，起草修订了本专业的培养目标，形成了培养目标修订草案。学院组织了校内、外专家论证，最终确定了2021版培养目标，上报学校经审核备案后予以公示。具体的培养目标修订的内容和依据的合理性评价意见见表3-7所列。

表 3-7 培养目标修订内容的说明

2018 版培养目标	2021 版培养目标	修订依据
专业培养具有良好的文化修养、职业道德、扎实的理论基础，以及一定的组织管理能力和创新能力，在生产过程控制、自动化系统集成等相关领域从事自动化工程或产品的设计与开发、运行与维护等工作的高素质应用型工程技术人才。 学生经过毕业后五年左右的实际工作，应当具有以下能力：①具有解决自动控制系统分析、设计、开发、集成、营销、服务或自动化工程项目施工、运行、维护等实际工程问题的能力；②能够跟踪自动化行业国内外发展现状和趋势，熟练运用自动化技术、自动化系统工程、行业技术标准、工程管理与决策等多学科知识解决自动化工程问题，并能够主动适应科技进步以及社会发展的变化；③具有良好的人文社科素养、工程职业道德、团队合作和沟通交流能力，较强的社会责任感，熟悉相关的法律法规和行业规范，有意愿并有能力服务社会；④能在自动化相关领域承担工程管理、工程设计、技术开发、科学研究等工作，成为所在单位相关领域的专业技术骨干或管理骨干	本专业立足河南，面向全国，培养能够适应智能制造行业自动化工程设计技术需求、德智体美劳全面发展的社会主义事业合格建设者和可靠接班人，具有良好的社会责任感、职业道德、创新能力、国际视野和扎实的自动化专业知识，能够在自动化、智能化工程及相关技术领域从事工程项目和相关产品的设计开发、系统集成、运行维护、工程管理等工作，能够解决自动化领域复杂工程问题的应用型工程技术人才。 学生毕业五年左右应具有如下职业能力：①能够应用基础理论、专业知识、行业技术标准、工程管理与决策等多学科知识，分析和研究自动化领域的复杂工程问题，提出系统性的解决方案；②具备良好的创新能力，能够熟练运用现代工具从事自动控制系统的集成、运行、维护和管理，自动化产品设计开发等工作；③具有良好的家国情怀、人文科学素养、工程职业道德，较强的社会责任感，遵守法律法规和行业规范，在工程实践中考虑环境、安全与可持续性发展等因素；④具有沟通、交流和团队合作能力，能在工作团队中发挥骨干作用；能够跟踪自动化行业国内外发展动态，具有自主学习和终身学习的意识和能力，适应自动化技术的发展变化	①根据学校定位和行业、企业专家的意见，增加服务定位“立足河南，面向全国”；修改人才定位为“能够解决自动化领域复杂工程问题的应用型工程技术人才”；增加“德智体美劳全面发展的社会主义事业合格建设者和可靠接班人”。 ②根据教师、在校生和专家的意见，增加知识描述“基础理论、专业知识、行业技术标准、工程管理与决策等多学科知识”；明确专业领域“能够适应智能制造行业自动化工程设计技术需求”。增加职业特征“系统集成”“工程管理”。 ③根据校友、用人单位和专家的建议，强调“熟练运用现代工具”，“良好的创新能力”的培养。 ④根据专家的建议，将学生具有“良好的家国情怀”放在首位，并有“遵守法律法规和行业规范，在工程实践中考虑环境、安全与可持续性发展等因素”的意识。 ⑤根据专家的建议，增加学生“跟踪自动化行业国内外发展动态，具有自主学习和终身学习”的意识。 ⑥对文字描述进行调整处理

3.3.5 行业企业专家参与培养目标评价与修订

1. 行业企业专家参与培养目标的相关规定

《南阳理工学院本科人才培养方案管理办法》《智能制造学院人才培养方案修订实施办法》以及《智能制造学院培养目标评价实施办法》中明确规定在培养目标的合理性评价和修订过程中，必须有企业行业专家的参与。

《南阳理工学院本科人才培养方案管理办法》要求“在培养方案修订过程中，组织专家对各专业培养方案进行审议、修改”，《南阳理工学院关于制订2021版本科专业人才培养方案的指导意见》中强调，“在培养方案制订的过程中须广泛征求行业和企业代表、用人单位、校友、骨干教师、学生、家长等多方意见，最终版培养方案必须要组织校内外相关专家进行充分论证并修改”，《智能制造学院人才培养方案修订实施办法》明确指出“修订过程中，专业要与企业、行业专家、校友等进行广泛深入的交流，听取多方意见，使修订真正能符合最新的产业发展和技术创新对专业人才培养的需求”。《智能制造学院培养目标评价实施办法》同样规定要获取“企业行业专家”针对“行业发展对人才的需求与培养目标的吻合度、培养目标的定位准确性、满足社会需求的程度”的培养目标合理性评价信息。

在培养目标修订过程中，行业企业专家的主要任务是对培养目标与社会经济发展需求的吻合度、培养目标与行业企业需求的吻合度提出意见和建议。具体由专业培养方案工作小组组织论证会，邀请行业企业专家进行论证，根据论证意见进一步完善，形成培养目标修订的终稿。

2. 在最近一次评价与修订工作中发挥的作用

最近一次的培养目标合理性评价中，11位企业行业专家参与了评价，参与培养目标合理性评价的专家见表3-6所列。

最近一次的培养目标修订过程中，9位行业企业专家、校友参与了论证，参与培养目标修订的专家见表3-8所列。专业根据企业专家的建议，制定了2021版培养目标。

表3-8 最近一次参与培养目标修订的行业企业专家及校友建议

序号	姓名	职务/职称	单位名称	修订主要建议
1	张英超	总经理/工程师	郑州德凯机电有限公司	加强PLC、变频器、伺服为核心的自动化工程设计能力培养，加强ARM嵌入式控制产品设计培养。加强学生诚信品德培养

续表

序号	姓名	职务/职称	单位名称	修订主要建议
2	侯平智	教授	杭州电子科技大学	在控制技术培养上适当加强 DCS 控制技术培养，加强计算机作图能力培养
3	孟昕元	教授	河南工学院智能工程学院	在实践教学中，多安排 CDIO 性质的项目。开展课程思政教育，加强学生思想道德教育。加强校际交流，推动教学进步
4	李志谦（校友）	工程师	苏州夏丰自控工程有限公司	在 PLC 控制技术的教学中，从 PLC 编程教学走向 PLC＋组态监控＋电路设计＋CAD 绘图＋调试的综合能力教学
5	曾元（校友）	工程师	上海了森自动化公司	加强嵌入式控制技术教学，拓展自动化产品设计就业道路。以 ARM 编程＋PCB＋电源电路＋算法＋modbus 通信为核心安排教学内容
6	陈华兴	GOS 网格链技术专家	深圳鼎极智慧科技有限公司	嵌入式控制技术是物联网技术的基础，建议从底层软硬件技术学习和培养，将来学生可以从事控制产品开发设计。实习环节直接到一线企业去，了解新技术，把握新趋势
7	王星星	高级工程师/应用软件开发部经理	汇川科技有限公司	重视基础知识和实际工作应用的有效关联。如一套完整的 DCS(软硬件)实施，正常周期 1 年左右。从简单的 IO 传感器到控制链路搭建，从驱动器调试到主控编程，再加上上位机的组态以及实时/关系数据库搭建、服务配置，其中涉及知识点非常广，建议学生在课程之外，能够真正关注从开发到实施的全过程；PLC 方面，如当前火热的口罩机，让学生从机构设计到动作分解，从电气选型到控制器开发，从 IO 配置到伺服调试，整体走一遍；不仅经历项目，也对整体流程各环节、各职位的负责能力、相互协作管理有清晰的认知，避免走上工作岗位时不知所措，也有助于选择发展方向。重视企业实习，有助于学生成长

续表

序号	姓名	职务/职称	单位名称	修订主要建议
8	宋满堂（校友）	工程师	郑州微力机器人有限公司	过程控制和运动控制两个方向都要培养，能够熟练作图表达设计意图。实习环节很重要，对学生开阔眼界、培养专业热情很有意义，有机会让学生多出去交流，增长见识，具有一定的国际视野
9	闫建阳（校友）	技术总监/工程师	上海先德电气系统工程有限公司	重视非技术能力培养，重视《工程项目管理》课程。培养 CAD 或 EPLAN 作图能力

根据行业企业专家针对 2018 版培养目标合理性评价以及 2021 培养目标修订提出的建议，我们拟定出如下的 2021 版培养目标修订意见。

(1)人才定位明确为“能够解决自动化领域复杂工程问题的应用型工程技术人才”。

(2)增加知识描述“基础理论、专业知识、行业技术标准、工程管理与决策等多学科知识”。

(3)体现“德智体美劳全面发展的社会主义事业合格建设者和可靠接班人”培养标准。

(4)将学生具有“良好的家国情怀”放在首位，并能够“遵守法律法规和行业规范，在工程实践中考虑环境、安全与可持续性发展等因素”。

(5)强调“熟练运用现代工具”“良好的创新能力、国际视野”的培养。

(6)突出对学生“跟踪自动化行业国内外发展动态，具有自主学习和终身学习”的能力培养。

在本专业培养目标的评价和修订过程中，充分征求了行业企业专家的意见和建议，了解社会对自动化专业人才的需求方向，行业企业专家全程参与了本专业培养目标的评价和修订过程，保证了本专业的培养目标与行业发展、企业岗位的需求相符合。

第4章

明晰支撑培养目标的毕业要求

毕业要求又称毕业生能力，是对学生毕业时所应该掌握的知识和能力的具体描述，包括学生通过本专业学习所掌握的技能、知识和能力，是学生完成学业时应该取得的学习成果。毕业要求是依据培养目标进行制定的，是对学生毕业时和毕业五年后所应该掌握的知识、能力和素质的具体描述，是学生完成学业时应该取得的学习成果。从这种意义上讲，培养目标是确定毕业要求的依据，毕业要求是达成培养目标的支撑。

在工程教育专业认证标准中，培养目标是专业依据学校定位和利益群体的期望，制定出的毕业生毕业 5 年后能够达到的职业和专业成就的总体描述，即培养目标更加关注的是学生“能做什么”，而毕业要求是学生毕业时的能力体现，即毕业要求更加关注的是学生“能有什么”。

工程教育专业认证通用标准中的 12 条毕业要求分别为：工程知识、问题分析、设计/开发解决方案、研究、使用现代工具、工程与社会、环境和可持续发展、职业规范、个人与团队、沟通、项目管理、终身学习。

4.1 毕业要求的制定及分解

根据工程教育认证标准要求，以实现专业人才培养目标为原则，在听取专业教师、校友和行业企业专家意见和建议的基础上，制定了本专业 2021 版 12 项毕业要求。

(1)工程知识：能够运用所学的数学、自然科学、工程基础和专业知识等解决自动化领域的复杂工程问题。

(2)问题分析：能够应用数学、自然科学和工程科学的基本原理，识别、表达自动化领域复杂工程问题，并结合文献研究分析自动化领域复杂工程问题，以获得有效结论。

(3)设计/开发解决方案：能够针对自动化领域的复杂工程问题提出解决方案，设计满足特定控制需求的系统、单元(部件)或工艺流程，包括硬件系统、软件系统、人机界面等单元，并能够在设计环节中体现创新意识。同时设计方案能够考虑社会、健康、安全、法律、文化以及环境等因素。

(4)研究：具备初步的科学探究能力，能够基于科学原理并采用科学方法对自动化领域中的复杂工程问题进行研究，包括设计实验方案、开展实验验证、分析与解释实验数据，并通过信息综合得到合理有效的结论。

(5)使用现代工具：能够针对自动化领域中的复杂工程问题，开发、选择与使用恰当的软硬件平台、各类信息资源、现代仪器仪表和工程工具，以及信息技术工具，对复杂工程问题进行预测与模拟，并能够对结果的优势和不足进行科学的解释和分析。

(6)工程与社会：能够基于自动化工程背景知识，对专业工程实践和复杂工程问题的解决方案进行合理分析，评价其对社会、健康、安全、法律和文化的影响，并理解不同社会文化对工程实践活动的影响及工程师应承担的责任。

(7)环境和可持续发展：具有环境和可持续发展意识，能够理解和评价自动化领域复杂工程问题的工程实践对环境、社会可持续发展的影响，并给出改进的合理化建议。

(8)职业规范：具有人文社会科学素养和社会责任感，能理解并遵守自动化领域工程实践中的工程职业道德和规范，履行法定或社会约定的责任。

(9)个人和团队：理解团队合作的意义，能够在多学科背景下的团队中承担个体、团队成员以及负责人的角色，并履行相应的工作职责，开展有效的工作。

(10)沟通：能够就自动化领域复杂工程问题中的系统集成、运行、维护和管理以及产品设计、开发等问题，通过口头发言、撰写报告、设计文稿、图表等方式，与业界同行及社会公众进行有效沟通和交流。具备一定的国际视野，能够在跨文化背景下进行沟通和交流。

(11)项目管理：能够在自动化工程项目或产品的设计、实施过程中，理解并掌握工程管理原理与经济决策方法，并能在多学科交叉与多方面利益冲突环境中应用。

(12)终身学习：对自主学习和终身学习的重要性有正确的认识，关注自动化的前沿发展现状和趋势，具备开展自主学习以满足工程项目开展需求和适应社会、技术发展的能力。

南阳理工自动化专业在制定 2021 版培养方案毕业要求时遵循了两个原则：一是要能支撑专业培养目标，能体现本专业的特色；二是要能满足工程认证标准，能够覆盖通用标准的 12 条毕业要求，能体现解决“复杂工程问题”的能力。

4.2　毕业要求内涵观测点

为什么要分解毕业要求？因为将毕业要求细化为可衡量、可评价、有逻辑性和专业特点的指标点，可以引导教师有针对性的教学，引导学生有目的学习。教师能从指标点中找到本课程应承担的责任，知道如何组织教学，如何通过考核评价判定其达成状况。学生能从指标点中看出自己应具有的能力，知道如何通过作业、试卷、报告、论文等表达自己的相应能力。

根据“明确、公开、可衡量、支撑、覆盖”原则，结合专业特点，专业在组织学院教学督导、专业教师及学生代表对本专业学生毕业能力充分研讨的基础上，对12项毕业要求进行内涵观测点的分解，明确毕业要求内涵，体现专业特色，使之更加有利于毕业要求落实到具体的教学环节。在自动化专业2021版人才培养方案中，12项毕业要求、30项内涵观测点以及相关内涵分析、支撑课程和权重见表4-1所列。

表4-1　毕业要求、内涵观测点分解及内涵分析

毕业要求	内涵观测点	内涵理解及分解依据	支撑课程	权重
毕业要求1 工程知识：能够运用所学的数学、自然科学、工程基础和专业知识等解决自动化领域的复杂工程问题	1-1：掌握数学、自然科学的知识，能将其用于自动化领域复杂工程问题的表述	掌握高等数学、概率论与数理统计等数学知识，物理等自然科学知识，以及自动控制原理等专业基础知识，具备对自动化工程问题分析和表达的能力	高等数学A1，A2	0.3
			大学物理A1，A2	0.2
			自动控制原理	0.3
			复变函数与积分变换B	0.2
	1-2：能够利用数学、自然科学和工程基础知识，对自动化领域复杂工程问题中的对象或系统建立数学模型并求解	掌握线性代数等数学知识以及电路理论、模电、数电等工程基础知识，具有对自动化工程中的对象或系统建模求解的能力	线性代数B	0.1
			电路理论	0.3
			模拟电子技术	0.3
			数字电子技术	0.3
	1-3：能够将自动化学科相关知识和数学模型用于推演、分析自动化领域复杂工程问题	掌握自动控制原理、现代控制理论、ARM微处理器技术等专业知识，具有解决自动化工程问题的能力	概率论与数理统计B	0.1
			自动控制原理	0.3
			现代控制理论	0.3
			ARM微处理器技术	0.3

续表

毕业要求	内涵观测点	内涵理解及分解依据	支撑课程	权重
	1-4：能够将自动化专业知识和方法应用于自动化领域复杂工程解决方案的比较和综合	掌握可编程序控制器、计算机控制技术、机器人控制以及伺服运动控制技术等专业知识，具有对自动化领域复杂工程问题解决方案进行比较和综合的能力	可编程序控制器	0.2
			计算机控制技术	0.2
			机器人控制技术	0.3
			伺服运动控制技术	0.3
毕业要求 2 问题分析：能够应用数学、自然科学和工程科学的基本原理，识别、表达自动化领域复杂工程问题，并结合文献研究分析自动化领域复杂工程问题，以获得有效结论	2-1：能够运用数学、自然科学和工程科学的基本原理，识别和判断自动化领域复杂工程问题的关键环节和主要参数之间的关系	能够运用高等数学、自动控制原理、传感器与检测技术等知识，对自动化领域复杂工程问题的关键环节和主要参数之间的关系进行识别和判断	高等数学 A1、A2	0.2
			自动控制原理	0.4
			传感器与检测技术	0.4
	2-2：能够基于科学原理和数学模型，对自动化领域复杂工程问题进行正确表达	能够运用线性代数、电机及电力拖动、计算机控制技术、机器人控制技术等数学知识和工程科学的基本原理，通过建立合适的模型，正确表达自动化领域内的复杂工程问题	线性代数 B	0.1
			电机及电力拖动基础	0.3
			计算机控制技术	0.3
			机器人控制技术	0.3
	2-3：能认识到解决自动化领域复杂工程问题方案的多样性，并能够通过文献研究，运用工程科学原理和专业知识分析自动化领域复杂工程问题的影响因素与解决途径，寻求可选择的解决方案，并获得有效结论	能够运用计算机控制技术、控制系统仿真、过程控制工程等知识，通过综合文献研究以及毕业设计(论文)等环节，分析自动化领域复杂工程问题，寻求解决方案，获得有效结论	计算机控制技术	0.2
			控制系统仿真	0.2
			过程控制工程	0.2
			毕业设计(论文)	0.4

续表

毕业要求	内涵观测点	内涵理解及分解依据	支撑课程	权重
毕业要求3 设计/开发解决方案：能够针对自动化领域的复杂工程问题提出解决方案，设计满足特定控制需求的系统、单元(部件)或工艺流程，包括硬件系统、软件系统、人机界面等单元，并能够在设计环节中体现创新意识，同时设计方案能够考虑社会、健康、安全、法律、文化以及环境等因素	3-1：掌握自动化领域复杂工程问题的设计与开发的基本方法和技术手段，能够制定自动化领域复杂工程问题的解决方案，包括系统架构、硬件设计方案、软件实现方案、控制算法及人机界面，并了解影响设计目标和技术方案的各种因素及相互关系	能够通过嵌入式控制课程设计、过程控制工程课程设计、机器人控制系统集成实训等教学环节，针对自动化领域内的复杂工程问题，提出解决方案	嵌入式控制课程设计	0.3
			过程控制工程课程设计	0.3
			机器人控制系统集成实训	0.4
	3-2：能够针对自动化领域的复杂工程问题，分析特定需求，设计对应的检测单元、控制单元、通信单元及控制系统，体现创新意识	通过可编程序控制器课程设计、伺服运动控制课程设计、工业控制网络以及毕业设计(论文)等教学环节，能够设计完成满足特定需求的自动化领域内复杂工程问题的相关单元，并在设计环节中体现创新意识	可编程序控制器课程设计	0.2
			伺服运动控制课程设计	0.2
			工业控制网络	0.2
			毕业设计(论文)	0.4
	3-3：能够在系统设计与集成中综合考虑社会、健康、安全、法律、文化以及环境等因素，并优化设计方案	能够通过嵌入式控制课程设计、过程控制工程课程设计、计算机控制课程设计等教学环节，在设计过程中综合考虑社会、健康、安全、法律、文化以及环境等因素，并对方案进行优化	嵌入式控制课程设计	0.3
			过程控制工程课程设计	0.4
			计算机控制课程设计	0.3

续表

毕业要求	内涵观测点	内涵理解及分解依据	支撑课程	权重
毕业要求 4 研究：具备初步的科学探究能力，能够基于科学原理并采用科学方法对自动化领域中的复杂工程问题进行研究，包括设计实验方案、开展实验验证、分析与解释实验数据，并通过信息综合得到合理有效的结论	4-1：能够基于科学原理，采用文献研究或相关方法，对自动化领域中的复杂工程问题进行分析并制定解决方案	能够通过大学物理实验、伺服运动控制技术、过程控制工程课程设计等教学实践环节，确定自动化复杂工程问题的研究路线，设计仿真或实验的方案	大学物理实验 A1、A2	0.4
			伺服运动控制技术	0.3
			过程控制工程课程设计	0.3
	4-2：能够根据控制系统的对象特征，选择研究路线，制定实验方案，并构建实验系统，安全地开展实验，获取有效的实验数据	能够基于电子技术实训、可编程序控制器课程设计、伺服运动控制课程设计等实践环节，正确构建实验系统，并能够采集、整理实验所得的数据	电子技术实训	0.2
			可编程序控制器课程设计	0.4
			伺服运动控制课程设计	0.4
	4-3：能够对实验数据和结果进行处理、分析和解释，并通过信息综合得到合理有效的结论	能够基于传感器与检测技术、嵌入式控制课程设计、过程控制工程课程设计等课程环节，对实验数据和结果分析和解释，得出合理有效的结论	传感器与检测技术	0.2
			嵌入式控制课程设计	0.4
			过程控制工程课程设计	0.4

续表

毕业要求	内涵观测点	内涵理解及分解依据	支撑课程	权重
毕业要求5使用现代工具：能够针对自动化领域中的复杂工程问题，开发、选择与使用恰当的软硬件平台、各类信息资源、现代仪器仪表和工程工具，以及信息技术工具，对复杂工程问题进行预测与模拟，并能够对结果的优势和不足进行科学的解释和分析	5-1：掌握解决自动化领域复杂工程问题所需的仪器仪表、系统设计软件、信息技术工具、工程工具和模拟仿真软件的原理和使用方法，理解其局限性	能够在工程制图、C语言程序设计B、ARM微处理器技术、控制系统仿真等实践中掌握现代专业设备、技术工具、模拟软件的原理和使用方法，并理解其局限性	工程制图	0.4
			C语言程序设计B	0.2
			ARM微处理器技术	0.2
			控制系统仿真	0.2
	5-2：针对复杂工程问题中自动控制系统的开发、设计、集成等问题，能够根据需求正确选择与使用现代工程工具	在计算机控制课程设计、工业控制网络、毕业设计(论文)等教学活动中，能够正确选择与使用现代工程工具	计算机控制课程设计	0.2
			工业控制网络	0.2
			毕业设计(论文)	0.6
	5-3：能够运用恰当的工具对自动化领域的复杂工程问题进行预测和模拟，并分析其局限性	在解决复杂工程问题活动中，能够运用合适工具对自动化领域复杂工程问题进行预测与模拟，并分析其局限性	电子技术实训	0.2
			ARM微处理器技术	0.3
			控制系统仿真	0.5

续表

毕业要求	内涵观测点	内涵理解及分解依据	支撑课程	权重
毕业要求 6 工程与社会：能够基于自动化工程背景知识，对专业工程实践和复杂工程问题的解决方案进行合理分析，评价其对社会、健康、安全、法律和文化的影响，并理解不同社会文化对工程实践活动的影响及工程师应承担的责任	6-1：知晓自动化领域的相关技术标准体系、知识产权、产业政策和法律法规，理解不同社会文化对工程活动的影响	通过可编程序控制器、工程项目管理、过程控制工程、工程与社会等教学活动，能掌握自动化工程领域的技术标准、知识产权、产业政策和法律法规	可编程序控制器	0.2
			工程项目管理	0.3
			过程控制工程	0.2
			工程与社会	0.3
	6-2：能够分析和评价自动化专业工程实践和复杂工程问题解决方案对社会、健康、安全、法律和文化等方面的影响，以及上述制约因素对项目实施的影响，并理解应承担的责任	能够基于工程与社会中获得的相关背景知识，在生产实习等专业教学环节中，能分析和评价自动化专业工程实践和复杂工程问题解决方案对社会、健康、安全、法律和文化等方面的影响，以及上述制约因素对项目实施的影响，并理解应承担的责任	工程与社会	0.6
			生产实习	0.4
毕业要求 7 环境和可持续发展：具有环境和可持续发展意识，能够理解和评价自动化领域复杂工程问题的工程实践对环境、社会可持续发展的影响，并给出改进的合理化建议	7-1：树立科学发展观，了解国家环境保护相关政策法规，理解环境保护和社会可持续发展的内涵和意义	通过工程项目管理、PCB 电路板设计、工程与社会等教学活动，树立科学发展观，了解国家环境保护相关政策法规，理解环境保护和社会可持续发展的内涵和意义	工程项目管理	0.4
			PCB 电路板设计	0.2
			工程与社会	0.4
	7-2：能够合理评价自动化领域复杂工程问题的工程实践对环境、经济和社会可持续发展的影响	通过 PCB 电路板设计、过程控制课程设计、生产实习等教学活动，能够合理评价自动化领域工程实践对环境、经济和社会可持续发展的影响	PCB 电路板设计	0.2
			过程控制工程课程设计	0.4
			生产实习	0.4

续表

毕业要求	内涵观测点	内涵理解及分解依据	支撑课程	权重
毕业要求8职业规范：具有人文社会科学素养和社会责任感，能理解并遵守自动化领域工程实践中的工程职业道德和规范，履行法定或社会约定的责任	8-1：具有人文社会科学知识、素养和社会责任感，树立和践行社会主义核心价值观，了解中国国情，自觉维护国家利益	通过思想道德与法治、国家安全教育、形势与政策、中国近现代史纲要、毛泽东思想和中国特色社会主义理论体系概论等教学活动，使学生具有人文社会科学知识、素养和社会责任感，树立和践行社会主义核心价值观，了解中国国情，自觉维护国家利益	思想道德与法治	0.2
			国家安全教育	0.2
			形势与政策	0.2
			中国近现代史纲要	0.2
			毛泽东思想和中国特色社会主义理论体系概论	0.2
	8-2：理解工程师的职业性质和社会责任，能够在工程实践中恪守工程伦理、自觉遵守工程职业道德和规范，尊重相关国家和国际通行的法律法规，并履行对公众的安全、健康和福祉、环境保护的社会责任	通过认知实习、工程与社会、机器人控制系统集成实训等教学环节，能够在自动化工程实践中理解并遵守自动化领域职业道德和规范，履行相应的社会责任	认知实习	0.4
			工程与社会	0.2
			机器人控制系统集成实训	0.4
毕业要求9个人和团队：理解团队合作的意义，能够在多学科背景下的团队中承担个体、团队成员以及负责人的角色，并履行相应的工作职责，开展有效的工作	9-1：具备多学科背景下的团队合作精神，能够与其他团队成员有效沟通，合作共事	在大学生心理健康教育、嵌入式控制课程设计、伺服运动控制课程设计、机器人控制系统集成实训等教学活动中，通过分组协作，培养团队成员之间有效沟通，合作共事	大学生心理健康教育	0.1
			嵌入式控制课程设计	0.3
			伺服运动控制课程设计	0.3
			机器人控制系统集成实训	0.3
	9-2：能够在团队中独立或合作的方式开展工作；具有组织、协调和管理的能力	在工程训练、伺服运动控制课程设计、机器人控制系统集成实训等教学活动中，培养能在团队中以独立或合作的方式开展工作；具有组织、协调和管理的能力	工程训练	0.2
			伺服运动控制课程设计	0.4
			机器人控制系统集成实训	0.4

续表

毕业要求	内涵观测点	内涵理解及分解依据	支撑课程	权重
毕业要求 10 沟通：能够就自动化领域复杂工程问题中的系统集成、运行、维护和管理以及产品设计、开发等问题，通过口头发言、撰写报告、设计文稿、图表等方式，与业界同行及社会公众进行有效沟通和交流。具备一定的国际视野，能够在跨文化背景下进行沟通和交流	10-1：能够就自动化领域复杂工程问题中的系统集成、运行、维护和管理以及产品设计、开发等问题，通过口头发言、撰写报告、设计文稿、图表等方式，准确表达自己的观点，与业界同行及社会公众进行有效的沟通、回应质疑	在可编程序控制器课程设计、伺服运动控制课程设计、毕业设计(论文)中，能够就自动化领域内复杂工程问题以口头、文稿、图表等方式准确表达自己的观点，与业界同行及社会公众进行有效的沟通、回应质疑	可编程序控制器课程设计	0.3
			伺服运动控制课程设计	0.3
			毕业设计(论文)	0.4
	10-2：了解自动化领域相关技术的国际发展趋势、研究热点；掌握一种外语应用能力，能够阅读本专业外文文献、资料，能就专业问题在跨文化背景下进行有效沟通和交流	了解本专业发展趋势和热点，掌握一种外语应用能力，能够阅读本专业外文文献资料，能够在跨文化环境下进行沟通与表达	专业英语	0.1
			专业导论与职业发展规划	0.2
			计算机控制课程设计	0.1
			大学英语	0.3
			毕业设计(论文)	0.3
毕业要求 11 项目管理：能够在自动化工程项目或产品的设计、实施过程中，理解并掌握工程管理原理与经济决策方法，并能在多学科交叉与多方面利益冲突环境中应用	11-1：掌握工程项目中涉及的工程管理原理与经济决策方法；了解产品及工程全周期、全流程的成本构成，理解其中涉及的工程管理与经济决策问题	通过工程项目管理、机器人控制系统集成实训、生产实习等教学环节，能够掌握工程项目中涉及的工程管理原理与经济决策方法；了解产品及工程全周期、全流程的成本构成，理解其中涉及的工程管理与经济决策问题	工程项目管理	0.5
			机器人控制系统集成实训	0.3
			生产实习	0.2
	11-2：能够在多学科环境下，在设计开发解决方案的过程中，运用工程项目管理与经济决策方法	在涉及工程项目管理、可编程序控制器课程、计算机控制课程设计等教学活动中，能够合理运用工程项目管理与经济决策方法	工程项目管理	0.4
			可编程序控制器课程设计	0.3
			计算机控制课程设计	0.3

续表

毕业要求	内涵观测点	内涵理解及分解依据	支撑课程	权重
毕业要求 12 终身学习：对自主学习和终身学习的重要性有正确的认识，关注自动化的前沿发展现状和趋势，具备开展自主学习以满足工程项目开展需求和适应社会、技术发展的能力	12-1：在社会发展的大背景下，能认识不断探索和学习的必要性，具有自主学习和终身学习的意识	通过专业导论与职业发展规划、认知实习、就业技能指导等教学环节，能认识不断探索和学习的必要性，具有自主学习和终身学习的意识	专业导论与职业发展规划	0.4
			认知实习	0.4
			就业技能指导	0.2
	12-2：关注自动化领域的前沿发展现状和趋势，能够通过学习不断提升自我，适应工程技术的发展，满足个人或职业发展的需求	通过机器人控制技术、生产实习、毕业设计(论文)等教学环节，能关注自动化领域的前沿发展现状和趋势，掌握自主学习的方法，具备针对技术问题有针对性自主学习的能力	机器人控制技术	0.3
			生产实习	0.3
			毕业设计(论文)	0.4

4.3 毕业要求对培养目标的支撑

4.3.1 专业培养目标

根据学校定位和自动化专业 2021 版人才培养方案的要求，专业制定的培养目标如下。

本专业立足河南，面向全国，培养能够适应智能制造行业自动化工程设计技术需求，德智体美劳全面发展的社会主义事业合格建设者和可靠接班人，具有良好的社会责任感、职业道德、创新能力、国际视野和扎实的自动化专业知识，能够在自动化、智能化工程及相关技术领域从事工程项目和相关产品的设计开发、系统集成、运行维护、工程管理等工作，能够解决自动化领域复杂工程问题的应用型工程技术人才。

学生毕业五年左右能达到的目标如下：①能够应用基础理论、专业知识、行业技术标准、工程管理与决策等多学科知识，分析和研究自动化领域的复杂工程问题，提出系统性的解决方案；②具备良好的创新能力，能够熟练运用现代工具从事自动控制系统的集成、运行、维护和管理，自动化产品的设计开发等工作；③具有良好的家国情怀、人文科学素养、工程职业道德，较强的社会责任感，遵守法律法规和行业规范，在工程实践中考虑环境、安全与可持续性发展等因素；④具有沟通、交流和团队合作能力，能在工作团队中发挥骨干作用；能够跟踪自动化行业国内外发展动态，具有自主学习和终身学习的意识和能力，适应自动化技术的发展变化。

4.3.2　专业毕业要求对培养目标的支撑

依据培养目标，制定修订了自动化专业明晰且可衡量的 12 条毕业要求，包括技术性和非技术性毕业要求。2021 版毕业要求对培养目标的支撑关系见表 4-2 所列，从表中可以看出本专业 12 条毕业要求对培养目标中职业能力预期有较好的支撑关系，支撑了培养目标的达成。

表 4-2　2021 版毕业要求与培养目标的支撑关系

毕业要求	培养目标			
	培养目标 1	培养目标 2	培养目标 3	培养目标 4
1. 工程知识	√			
2. 问题分析	√			
3. 设计/开发解决方案	√	√		
4. 研究	√	√		
5. 使用现代工具		√		
6. 工程与社会	√		√	
7. 环境与可持续发展			√	
8. 职业规范			√	
9. 个人和团队				√
10. 沟通				√
11. 项目管理		√		
12. 终身学习				√

4.3.3 支撑分析

(1)培养目标1强调解决自动化领域复杂工程问题的知识应用能力的培养，属于专业技术能力要求。本专业以行业需求为导向，培养适应社会主义现代化建设需要、德智体美劳全面发展、具有创新精神和创新能力的自动化领域高素质应用型专门人才。需要具备必要的工程基础知识，能够应用掌握的数学、自然科学和自动控制系统的基本原理，构建工程问题模型，并通过文献研究，识别、表达自动化领域的复杂工程问题，提出系统性的解决方案。因此，按照“工程知识”“问题分析”“设计/开发解决方案”“研究”的递进关系，毕业要求1、2、3、4、6培养学生具备自动化专业基本的工程专业知识和解决工程问题的基本能力，同时要求学生综合运用这些基本知识和技能，发现、分析并研究自动化领域复杂工程问题，提出系统性的解决方案。因此后者对培养目标1形成有力的支撑。

毕业要求1“工程知识”使学生掌握必要的数学、自然科学、工程基础、自动化专业知识等，并通过一定的实践过程，训练其应用能力。

毕业要求2“问题分析”使学生能够应用掌握的数学、自然科学和工程科学的基本原理，识别、表达自动化领域复杂工程问题，并结合文献研究分析自动化领域复杂工程问题，以获得有效结论。

毕业要求3“设计/开发解决方案”使学生能够针对自动化领域的复杂工程问题提出解决方案，设计满足特定控制需求的系统、单元(部件)或工艺流程，包括硬件系统、软件系统、人机界面等单元，并能够在设计环节中体现创新意识。同时设计方案能够考虑社会、健康、安全、法律、文化以及环境等因素。

毕业要求4“研究”使学生能够基于科学原理并采用科学方法对自动化领域中的复杂工程问题进行研究，包括设计实验方案、开展实验验证、分析与解释实验数据，并通过信息综合得到合理有效的结论。

毕业要求6“工程与社会”使学生掌握自动化领域相关的技术标准、法律法规以及工程项目管理等相关知识，可以对培养目标1中行业技术标准、工程管理与决策进行有效的支撑。

(2)培养目标2对毕业要求的技术因素进行了全面深入的分析和分解，考虑利用解决复杂工程问题的“现代工具”使用能力以及通过学习获取新知识的能力，努力培养学生解决复杂工程问题的能力，使学生能够胜任自动控制系统集成、运行、维护和管理等工作。同时强调，作为工程技术人员，必须具备一定的工程组织管理能力和一定的创新能力。

毕业要求 3“设计/开发解决方案”使学生能够针对自动化领域的复杂工程问题提出解决方案，设计满足特定控制需求的系统、单元(部件)或工艺流程，包括硬件系统、软件系统、人机界面等单元，并能够在设计环节中体现创新意识。同时设计方案能够考虑社会、健康、安全、法律、文化以及环境等因素。

毕业要求 4“研究”使学生具备初步的科学探究能力，能够基于科学原理并采用科学方法对自动化领域中的复杂工程问题进行研究，包括设计实验方案、开展实验验证、分析与解释实验数据，并通过信息综合得到合理有效的结论。

毕业要求 5“使用现代工具”使学生能够针对自动化领域中的复杂工程问题，开发、选择与使用恰当的软硬件平台、各类信息资源、现代仪器仪表和工程工具，以及信息技术工具，对复杂工程问题进行预测与模拟，并能够对结果的优势和不足进行科学的解释和分析。

毕业要求 11“项目管理”使学生能够在自动化工程项目或产品的设计、实施过程中，理解并掌握工程管理原理与经济决策方法，并能在多学科交叉与多方面利益冲突环境中应用。

(3)培养目标 3 强调坚守职业规范、工程与社会、法律法规及行业规范，属于非技术能力要求。工程师需要具备一定的人文社会科学素养和职业道德、社会责任感，主要包括工程实践对社会的影响、工程实践与环境和可持续发展的关系、工程师职业规范等。因此，人文素养的培养主要包括工程与社会、环境和可持续发展、职业规范等几个方面。毕业要求 6、7、8 培养学生具有正确的道德及价值取向，同时具有在解决复杂工程问题时具有社会、健康、环境和文化等外部因素的约束意识。因此后者对培养目标 3 形成有力的支撑。

毕业要求 6“工程与社会”使学生能够基于自动化工程背景知识，对专业工程实践和复杂工程问题的解决方案进行合理分析，评价其对社会、健康、安全、法律和文化的影响，并理解不同社会文化对工程实践活动的影响及工程师应承担的责任。

毕业要求 7“环境和可持续发展”使学生具有环境和可持续发展意识，能够理解和评价自动化领域复杂工程问题的工程实践对环境、社会可持续发展的影响，并给出改进的合理化建议。

毕业要求 8“职业规范”使学生具有人文社会科学素养、社会责任感，能理解并遵守自动化领域工程实践中的工程职业道德和规范，履行法定或社会约定的责任。

(4)培养目标 4 强调在解决自动化领域复杂工程问题时，能够具备沟通、交流与团队合作能力。同时随着科技的进步，复杂工程问题的解决对团队协作的要求越来越高。强调自主学习、终身学习的意识和能力，要求学生能够跟踪自动化行业国内外发展现状和趋势，主动适应科技进步以及社会发展的变化。科学技术的发展日新月异，工程技术人员在工作实践中必须不断了解技术前沿，更新知识，掌握新技能，适应时代发展。毕业要求 9、10、12 培养学生具有个人和团队、沟通和终身学习的能力。后者对培养目标 4 形成有力的支撑。

毕业要求 9“个人和团队”使学生了解团队合作的意义，能够在多学科背景下的团队中承担个体、团队成员以及负责人的角色，并履行相应的工作职责，开展有效的工作。

毕业要求 10“沟通”使学生能够就自动化领域复杂工程问题中的系统集成、运行、维护和管理以及产品设计、开发等问题，通过口头发言、撰写报告、设计文稿、图表等方式，与业界同行及社会公众进行有效沟通和交流。掌握一门外语，能熟练阅读本专业外文资料，能够在跨文化背景下进行沟通和交流。

毕业要求 12“终身学习”使学生对自主学习和终身学习的重要性有正确的认识，关注自动化的前沿发展现状和趋势，具备开展自主学习以满足工程项目开展需求和适应社会、技术发展的能力。

4.4 毕业要求对通用标准的覆盖

本专业的毕业要求涵盖了对学生专业能力和非专业能力素养的要求，所提的复杂工程问题是指生产过程控制、自动化系统集成和自动化产品开发等工作需求的产品设计与开发、运行与维护管理等方面的综合问题，该问题受到专业和非专业等多方面因素的制约，需要通过详细分析研究才能得以解决。

本专业 2021 版培养方案设定的毕业要求完全覆盖 2020 版工程教育认证通用标准的 12 项毕业要求和工程教育认证电子信息与电气工程类专业补充标准，并且符合自动化专业国家标准的相关要求，描述的学生能力和素养不低于 12 项标准的基本要求。本专业的毕业要求共 12 条，分解为 30 个内涵观测点。

本专业毕业要求从宽度和深度上完全覆盖中国工程教育专业认证协会工程教

育认证通用标准的毕业要求，见表 4-3 所列。

表 4-3　本专业 2021 版培养方案毕业要求与工程教育认证通用标准对应关系

工程认证通用标准毕业要求	自动化专业毕业要求											
	1	2	3	4	5	6	7	8	9	10	11	12
毕业要求 1	√											
毕业要求 2		√										
毕业要求 3			√									
毕业要求 4				√								
毕业要求 5					√							
毕业要求 6						√						
毕业要求 7							√					
毕业要求 8								√				
毕业要求 9									√			
毕业要求 10										√		
毕业要求 11											√	
毕业要求 12												√

专业明确了毕业要求及内涵观测点分解的思路，体现了专业特色，遵循“可分解、可实施、可衡量”的基本原则，保证了对本专业的“知识运用”“工程能力”“综合素质”“终身学习”等四个培养目标的支撑。

专业梳理了毕业要求所面向的“技术因素”和“非技术因素”，明确了培养解决“技术因素”和“非技术因素”能力的整体设计思路。依托毕业要求及其课程支撑体系进行整体设计，毕业要求 1～5 主要支撑工程实践能力和创新意识的培养，由数学、自然科学类课程、工程基础类课程、学科基础与专业必修课程、专业选修课程以及实践实习环节来支撑，属于“技术因素”范畴。毕业要求 6～12 主要支撑“非技术因素”能力的培养，由实践实习环节和人文社科公共基础、公共选修课程来支撑。由属于“技术因素”范畴的工程实践能力和创新意识培养的相关课程以及属于“非技术因素”能力培养中的实践实习环节构成了培养解决“复杂工程问题”能力的体系。

4.5 毕业要求公开及认知情况

本专业非常重视毕业要求的公开与宣传工作，通过多渠道、全方位地公开和宣传毕业要求，使教师和学生深刻理解毕业要求，使教师能够将毕业要求落实到教学实施方案中，有助于学生毕业要求和培养目标的达成。本专业采取了以下措施使学生和教师了解本专业的毕业要求。

4.5.1 学生对毕业要求的认知

(1)网络宣传：通过南阳理工学院智能制造学院工程认证专栏网站介绍本专业培养方案，包含培养目标、毕业要求等。

(2)新生入学教育：每年新生入学，学院会组织专业负责人、专业任课教师开展新生入学教育，向新生详细介绍宣讲专业人才培养方案，让学生了解专业历史、专业培养目标、毕业要求、课程体系、专业学科发展现状与未来趋势等，同时也会在新生起航教育中安排专业培养方案的讲解。

(3)专业导论：通过开设《专业导论与职业发展规划》课程，进一步向学生宣传、讲解本专业的毕业要求。

(4)学业导师：班级学业导师工作实行校、院两级负责制，教务处负责进行整体规划、检查、监督和指导，各教学院主管教学的副院长负责此项工作。每个行政班配备一名学业导师，对本科生的人生价值观、学业规划、专业学习、创新创业能力、综合素质培养等方面进行指导，发挥专业教师在本科生学业发展过程中的“导学”作用，促进学生全面发展、达成毕业要求。通过学业导师向所负责班级的学生讲解本专业的培养目标和培养方向，也是学生了解专业毕业要求的有效途径。

(5)学习指导和课程学习：任课教师定期对学生专业课程进行指导，通过一系列融合毕业要求的课程教学、各种体现毕业要求的教学实践和社会实践，使学生知悉、理解本专业的毕业要求，并以达成毕业要求为目标进行学习。通过专业教育，学生对于毕业要求具有充分的认知，能够理解毕业要求是针对全体学生的“合格”线。专业教师在教学过程中，根据课程支撑毕业要求内涵观测点，确定课程目标，根据课程目标设计教学内容、方法以及与毕业要求内涵观测点的对应关系，在此基础上撰写教学大纲、教案、作业题、试题和课程评价等，在上述教学文件中明确说明该教学环节所支撑和考核的毕业要求内涵观测点，在教学中采用利于达成毕业要求内涵观测点的授课方式，结合授课内容，让学生充分理解毕业要求内涵观测点。教师命题时，每道考题都对应课程支撑的内涵观测点，每个内涵观测点都有相应的考核题目。试卷分析报告中，教师需要分析每一个课程目标和毕业要求内涵观测点的达成情况。根据课程目标确定教学内容，设计教学模式和教学方法，在课程评价时，从课程目标、教学内容、课程考核与内容方式合理性、学生学习效果、学生对课程的评价等几方面评价课程是否支撑(计算毕业要求达成度)毕业要求内涵观测点的达成。教师在课堂教学、布置作业、教学过程中，贯彻本专业的毕业要求，使学生深入了解课程支撑的毕业要求，并督促学生在相关课程学习过程中认真领悟毕业要求。

4.5.2　教师对毕业要求的认知

(1)参与培养方案修订：本专业根据学校部署每隔四年全面修订培养方案，每两年对培养方案进行局部调整。在修订和调整专业培养方案过程中，全体专业教师根据用人单位、毕业生以及行业企业专家对培养方案合理性的调研结果，组织教师一起进行充分研讨，由专业负责人起草，经学院教学指导分委员会审核后形成审议稿。教师通过全程参与培养方案修订，从而全面深入充分了解本专业毕业要求。

(2)参与课程大纲修订：修订课程大纲时，各课程负责人需要充分分析本专业毕业要求，要明确课程对某个或几个内涵观测点的支撑情况，并结合课程性质、内容、能力培养、学分等属性修订课程大纲。

(3)开展或参加教学工作研讨会：学院召开“人才培养工作研讨会”，邀请兄弟院校教学成果丰硕的专家、教授来校介绍教学改革、人才培养、专业认证等方面的经验；专业教师定期召开会议讨论并修订教学文档，交流教学方法与考核方法改革，促进教师进一步了解本专业的毕业要求；鼓励专业教师参加教育部、河南省教育厅等各级主管部门举办的相关专业建设研讨会，深刻领悟自动化专业建设与趋势、一流专业建设与发展、一流本科专业教学质量保障体系建设、专业工程教育认证毕业要求内涵把握、专业课程体系与师资队伍建设和一流专业支撑条件建设等内涵。

(4)参加工程教育认证培训班：学院每年都会安排教师参加工程教育认证培

训班，如工程教育认证受理专业培训和工程教育认证专业自评辅导答疑会等，深入学习并追踪最新的专业认证政策，认真解读毕业要求的内涵。

(5)对学生进行毕业要求达成度评价分析：根据本专业应用型工程技术人才培养目标定位，结合中国工程教育专业认证协会《工程认证教育认证工作指南》中“毕业要求达成度评价”要求，制定了自动化专业毕业要求达成情况评价实施办法。本专业毕业要求达成度以直接评价(即内部评价)为主，以间接评价收集的数据作为补充。内部评价基于课程对毕业要求达成的评价，采用考核成绩分析法。外部评价采用问卷调查等方式开展毕业生跟踪调查。

综上所述，本专业具有明确、公开、可衡量的毕业要求，毕业要求能支撑培养目标的达成，满足认证标准对毕业要求的所有相关要求。

第5章

基于持续改进，完善课程评价和反馈机制

南阳理工学院自动化专业深入贯彻 OBE 理念，明确了各教学环节的质量要求，建立了一套完善、高效的质量监控、评价与持续改进机制。通过定期开展培养目标和课程体系的合理性评价，进行课程目标、毕业要求和培养目标的达成情况分析，检验人才培养质量、教学组织与管理，以及监控与质量评价机制，持续改进教育教学的各个环节，促进毕业要求和培养目标的达成，保证对教学过程和主要教学环节的全方位监控。专业质量监控与保障系统的基本逻辑关系如图 5-1 所示。

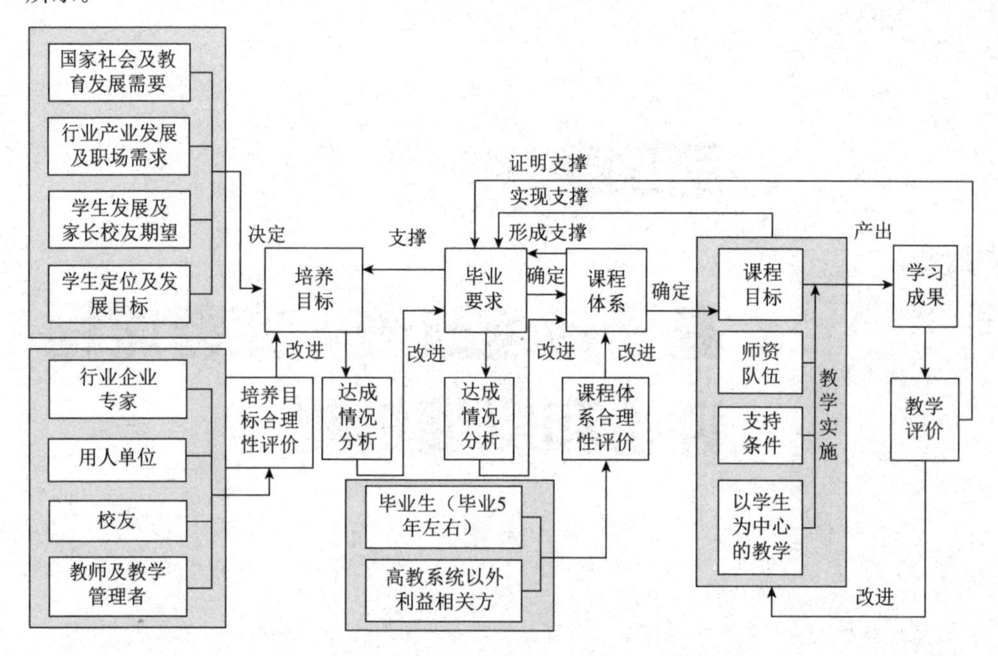

图 5-1　专业质量监控与保障系统的基本逻辑关系

5.1　建立教学过程质量监控机制

5.1.1　各主要教学环节的质量要求及监控措施

校院两级针对各教学环节制定了明确的质量标准，确保各教学环节的实施、过程监控和质量评价等能够有效运行。各主要教学环节的质量要求及教学质量保障环节见表 5-1 和表 5-2。以教学质量保证为重心，促进学生毕业要求的达成。

主要教学环节包括理论教学、实验教学、实习实训、课程设计和毕业设计等。各环节的课程目标、质量要求及考核方案明确，考核的基本数据翔实，改进措施具体，形成的记录文档完整。

5.1.2　教学过程质量监控

1. 教学过程质量监控组织结构

表 5-1　主要教学环节的质量要求

教学环节	主要质量要求	质量控制责任人	质量监控的基本依据	质量监控周期、措施	形成的文件和记录性档案
理论教学	①所有教学活动围绕能力培养和达成课程目标为目的；②贯彻 OBE 理念，使学生明晰课程目标，以及教学内容与课程目标达成的对应关系、课程目标与毕业要求的支撑关系；③以学生为中心，采用启发式、案例式、反转课堂等多种教学方法与手段，调动学生学习的积极性；线上线下教学资源充分；④及时跟踪学生学习状态，通过形成性评价，定期为学生答疑，发现问题及时帮扶解决；⑤根据课程产出目标，设计合理的考核方式，聚焦学生学习成效开展考核与课程评价；⑥根据前一个周期的课程目标达成评价结果，持续开展教学改进	任课教师 课程负责人 专业负责人 督导专家组 教学副院长	学院教师教学工作基本规范；教学大纲；教学计划进度表；前一轮课程评价制定的课程持续改进意见	周期：每学期 措施：随机听课及课堂监督；期中教学检查；专项教学资料检查；教师评学；课程过程考核；学生座谈会；学生评教；课程目标达成情况分析	教学档案；课程考核材料；教师评学记录；学生评教记录；学生课程问卷（学生评学）；课程质量（课程目标达成情况）评价报告；课程持续改进措施

续表

教学环节	主要质量要求	质量控制责任人	质量监控的基本依据	质量监控周期、措施	形成的文件和记录性档案
实验教学	①各实验项目的开展对目标能力产出和对应课程目标达成；②指导教师鼓励学生独立完成实验，并及时指导、解决实验过程中存在的问题；③学生通过操作实验设备、真实记录实验结果，能够正确分析和解释实验数据，提升学生对复杂工程问题的研究能力；④根据课程产出目标，设计合理的考核方式，聚焦学生学习产出开展考核与课程评价；⑤根据期末课程目标达成评价分析结果，提出改进建议，持续改进教学	实验指导教师 课程负责人 专业负责人 督导专家组 教学副院长 实验副院长	学院实践教学工作规程；学院实验教学工作管理办法；教学大纲；前一轮课程评价制定的课程持续改进意见	周期：每学期 措施：随机听课及课堂监督；期中教学检查；专项教学资料检查；教师评学；课程过程考核；实验过程指导记录与实验结果验收；学生座谈会；学生评教；课程目标达成情况分析	教学档案；课程实验报告；课程考核材料；教师评学记录；学生评教记录；学生课程问卷（学生评学）；课程质量（课程目标达成情况）评价报告；课程持续改进措施
实习实训	①使学生明确实习（实训）的课程目标，及课程目标对毕业要求的支撑关系；②通过实习（实训），学生能在加深对理论的理解与掌握的基础上，开展专项或综合性的应用实践，提升工程应用能力；③在实习（实训）中，指导教师应结合工程实际关注学生学习成效，及时解答学生遇到的问题；④根据课程产出目标，设计合理的考核方式，科学评价学生学习成效；⑤指导教师客观评价课程目标的达成情况，并提出持续改进措施	指导教师 专业负责人 教学副院长	学院实践教学工作规范；学院实习（实训）教学管理办法；实习（实训）教学大纲；实习（实训）实施方案；前一轮课程评价制定的课程持续改进意见	周期：每学期 措施：专项教学资料检查；教师评学；课程过程考核；实习实训过程指导记录；学生座谈会；学生评教；课程目标达成情况分析	实施方案；任务书；实习（实训）的报告、总结等；学生评教记录；学生课程问卷（学生评学）；课程质量（课程目标达成情况）评价报告；课程持续改进措施

续表

教学环节	主要质量要求	质量控制责任人	质量监控的基本依据	质量监控周期、措施	形成的文件和记录性档案
课程设计	①课程设计内容应与课程目标相吻合，能有效支撑毕业要求，使学生得到有针对性的能力训练；②选题要合理、可行、符合工程实际，能体现培养学生解决复杂工程问题的能力；③使学生明晰课程目标，并充分了解任务书中要求的设计内容，并根据要求独立或小组合作完成设计任务；④指导教师应及时关注学生设计进展情况，开展形成性评价，及时指导并解答学生遇到的问题；⑤根据课程产出目标，设计合理的考核方式；⑥聚焦学生学习成效，开展课程评价，拟定持续改进措施并实施	指导教师 专业负责人 教学副院长	学院实践教学工作规范；学院课程设计管理办法；课程设计大纲；课程设计实施方案；前一轮课程评价制定的课程持续改进意见	周期：每学期 措施：教师听课；专项教学资料检查；教师评学；课程过程考核；课程设计过程指导记录及结果验收；学生座谈会；学生评教；课程目标达成情况分析	实施方案；任务书；课程设计报告；课程设计总结；学生评教记录；学生课程问卷（学生评学）；课程质量（课程目标达成情况）评价报告；课程持续改进措施

续表

教学环节	主要质量要求	质量控制责任人	质量监控的基本依据	质量监控周期、措施	形成的文件和记录性档案
毕业设计	①指导教师应根据课程目标的能力要求拟定毕业设计题目，明确毕业设计课程目标对毕业要求的支撑关系；②选题以工程设计类题目为主，有一定的综合性，注重提升学生解决复杂工程问题的能力；鼓励学生到企业进行毕业设计，或参与企业课题；③毕业设计过程中注意引导学生开展自主学习、文献检索，提倡学生体现个性化设计及创新；④及时指导学生开展设计工作，考核和评价方式能够反映毕业设计课程目标的达成情况；⑤学生必须以严谨科学的态度高质量独立完成毕业设计，禁止弄虚作假和学术不端行为的发生；⑥毕业设计完成后，及时进行达成情况评价，根据评价结果提出持续改进措施并实施	指导教师 评阅教师 答辩小组 专业负人 督导专家组 教学副院长	学院本科毕业实践工作方案；教学大纲；题目申请表及论证记录；任务书；学生开题报告；前一轮课程评价制定的课程持续改进意见	周期：每学年 措施：校院两级随机检查；中期检查；教师阶段性检查；学生评教；教师评学；学生座谈会；论文质量抽查；论文相似性检测；课程目标达成情况分析	题目申报及论证记录；任务书；开题报告；毕业论文；指导教师、评阅教师意见；答辩情况记录；毕业设计质量分析报告及持续改进意见

表 5-2　各教学质量保障环节

环节名称	质量要求要点	质量控制责任人	质量监控的基本依据	质量监控措施	形成的文件或记录性资料
教师任课资格与条件	①具有高校教师任职资格；②新进教师需通过岗前培训，考核合格后方可授课；③明确本专业的培养目标和毕业要求，明确所授课程在专业培养中的地位和作用，以及课程对毕业要求的支撑关系；④能够根据课程目标，在教学设计与教学过程中贯彻 OBE 理念，科学合理开展以学生为中心的教学；⑤根据课程目标制定恰当的考核方案，并能对教学成果进行合理评价，持续改进教学；⑥应具有一定的工程背景，或参与过学校组织的企业锻炼，能引导学生开展工程实践	院考核小组 学校人事处	学院课堂教学工作规范	每年对所有教师进行教学质量考评，考核结果分为优秀、良好、合格、不合格；对于考核结果不合格的教师，提出改进意见，限期改进，并继续组织评价	新入职教师研习营工作报道；听课记录，年度质量考评结果

续表

环节名称	质量要求要点	质量控制责任人	质量监控的基本依据	质量监控措施	形成的文件或记录性资料
培养方案的制订与修订	①培养方案的制订与修订必须符合学校关于制订(修订)培养方案的工作程序与基本要求；②培养方案的制订(修订)工作需本专业教师的共同参与，且必须有企业或行业专家、校友、兄弟院校专家等的参与；③培养目标必须符合学校定位及发展目标、国家社会及教育发展需要、行业产业发展及职场需求、学生发展及家长校友期望等；④毕业要求必须能够支撑培养目标，且须明确毕业要求对培养目标的支撑关系；⑤课程体系必须对毕业要求的达成进行有效支撑，明确课程体系对毕业要求的支撑关系；⑥课程体系中各类课程所占比例需符合《工程教育认证标准》；⑦培养方案须经学院和学校两级审核通过后方可实施；⑧培养方案一经通过，必须严格执行，并向师生和社会公布	专业负责人 教学副院长 院长	学院人才培养方案修订实施办法；学院培养目标评价实施办法；毕业生反馈意见；用人单位反馈意见；行业企业专家意见；其他高校专家意见；培养目标的合理性评价	培养方案两年一次微调，四年一次修订。结合培养目标的合理性评价，毕业5年左右毕业生培养目标的达成分析情况，以及应届毕业生毕业要求的达成情况等，在充分进行调研，广泛征询用人单位、行业企业专家、校友等广泛利益方意见的前提下，根据本专业的社会需求和毕业生反馈信息，结合学校定位，对培养目标、毕业要求、课程体系进行修订，由教学副院长、教务处主管处长审批	人才培养方案修订调研报告；培养方案院级论证总结

续表

环节名称	质量要求要点	质量控制责任人	质量监控的基本依据	质量监控措施	形成的文件或记录性资料
课程教学大纲的编制与修订	①教学大纲贯彻 OBE 理念，必须包含以下几部分：课程目标、教学内容、基本要求、学时分配及考核方案等；②明确课程目标，以及与毕业要求的支撑关系；③教学内容必须覆盖课程目标的达成需求，且明确课程内容对教学目标的支撑关系；④教学内容应注重培养和提升学生解决复杂工程问题的能力；⑤对照课程目标，明确课程的考核方式，考核内容和考核方式须能反映学生对课程目标的达成情况	主讲教师 课程负责人 专业负责人 教学副院长	学院教学大纲制（修）订实施办法	根据课程体系的合理性评价，以及对毕业要求的支撑情况，或根据每学年学生课程目标达成评价情况，由任课教师和课程负责人确定课程大纲改进意见；针对课程大纲改进意见，由课程负责人和主讲教师进行修改，由专业负责人和教学副院长审核。课程负责人、主讲教师和专业负责人应根据专业发展和社会需求，不断完善教学大纲	课程教学大纲

续表

环节名称	质量要求要点	质量控制责任人	质量监控的基本依据	质量监控措施	形成的文件或记录性资料
课程考核	①课程考核方式和内容应能对课程目标达成情况进行合理评价，能够反映教学内容对课程目标的支撑关系，以及课程目标对毕业要求的支撑关系；②考核内容对课程目标达到全覆盖；③制订合理的课程考核方案，考核方式与所支撑课程目标相匹配，填写《课程考核内容与方式合理性审核表》，经专业负责人、教学副院长审核后方可实施；④试卷可采用A、B卷或试题库，由教研室主任审核，主管教学副院长审批，并随机指定考试用卷；⑤试卷评阅严格按照标准答案及评分标准，采用流水作业方式进行；⑥考核结束后，及时进行课程目标达成情况分析，根据课程目标达成情况提出持续改进意见及措施，在后续教学中进行实施	主讲教师 课程负责人 教研室主任 专业负责人 教务办公室主任 教学副院长 教务处	南阳理工学院课程考核管理规定；学院教师教学工作基本规范；教学大纲；课程考核内容与方式合理性审核表	课程结束，拟定课程考核方案，经专业负责人（或教研室主任）、教学副院长审核后实施期末考核；考核成绩必须包含过程考核内容，考核结束及时进行课程目标达成情况分析，并制定课程持续改进方案	课程归档材料；课程目标达成情况评价报告及持续改进方案

教学过程的质量监控实行“校、院两级管理”的体制。校内组成了由校长负责，教务处牵头，教学评估与质量监控中心监督，学院为基础，各职能部门协调配合的教学过程监控体系，其组织构架如图 5-2 所示。

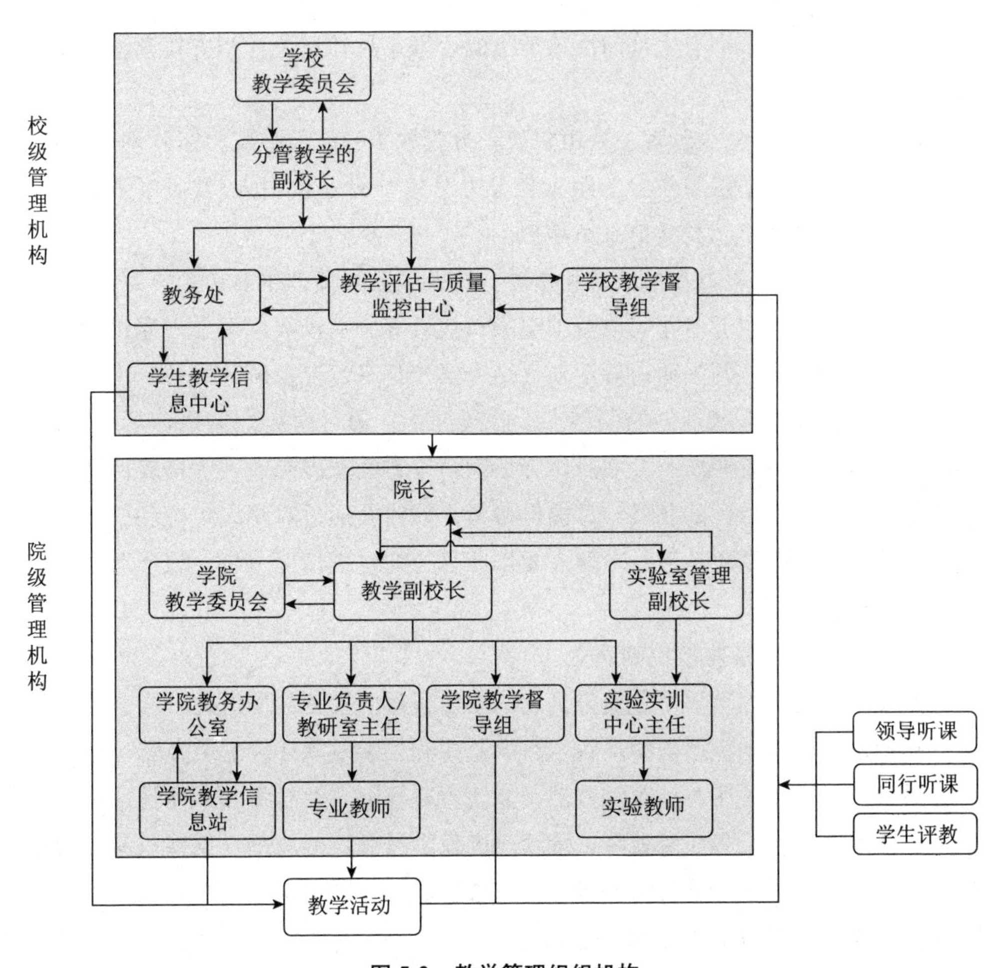

图 5-2　教学管理组织机构

(1)校级管理。校级管理主要由学校教学委员会、分管教学工作的副校长、教务处、教学评估与质量监控中心、学校教学督导组、学生教学信息中心承担。学校教学委员会为学校教学质量管理的指导机构。分管教学工作的副校长负责学校教学质量管理工作，实施学校人才培养定位的制定，是教学质量管理的重要决策者。教务处具体负责学校教学运行及质量管理工作。教学评估与质量监控中心实施教学质量监控和评估工作的总体设计、规划与实施。学校教学督导组负责学校教学质量的评估和教学活动的督查、指导，并对教学质量信息进行收集、分析、反馈；为学校教学运行及管理的持续改进提出意见、建议；帮助各学院及教师改进教学质量，保障毕业要求的达成。学生教学信息中心由各学院教学信息站组成，由教务处管理，设在教学质量管理科，具体负责教与学的各类基础信息的收集、整理及核实；向有关部门反馈学生的合理意见和建议；相关教学整改工作跟踪等。

(2)院级管理。院级管理主要由院长、分管教学副院长、实验室管理副院长、学院教学委员会、学院教学督导组、教务办公室、专业负责人/教研室主任、实验实训中心主任和学院教学信息站承担。

(3)校外利益相关方参与监督和指导。校外利益相关方主要包括：用人单位、同行业校友、行业企业专家，以及学生家长代表等。从校级层面上，通过对校外利益相关方的调研、开展研讨等活动，结合学校自身情况及所处地域，进行校级顶层设计与各专业发展规划的研制。学院层面上，通过对行业调研，专家走访，以及开展座谈、问卷调研、开展研讨等活动，一方面开展专业人才培养目标的合理性评价，为培养目标的制(修)订提供参考；同时，通过对用人单位和毕业 5 年左右的校友的跟踪调研，进行专业人才培养目标的达成情况分析，为毕业要求的持续改进提供依据。

2. 教学过程质量监控机制建立

专业要有完整的教学质量监控机制，教学质量监控工作制度化、常态化。教学过程质量监控机制包括教学检查、教学监督和教学效果评价三个方面。

另外，对重点关注对象跟踪监控，如新入职教师，及时将教学质量评价意见反馈给课程开设单位和任课教师，持续改进教学过程，形成闭环反馈机制，助推提升课程目标、毕业要求与培养目标的达成度。

3. 教学过程质量监控机制的运行

以“建完备机制、行有效监控”为目标，切实开展了以学校为主导，以学院为主体，以持续改进为主线，涵盖人才培养全过程的全闭环教学质量监控过程。

(1)计划：每学年根据监控机制的周期安排，结合上一周期的教学监控结果和每个教学环节的质量标准，制定出切实可行的工作计划，包括培养方案的制(修)订、专业与课程建设、教学大纲的制(修)定、重点被关注对象的听课与指导、考核材料的检查与评估、课程及毕业要求的达成性评价、持续改进的方案与措施等，并细化分解，落实责任到人。

(2)实施：根据计划的安排，相关责任人按计划开展教学质量监控与改进活动。

(3)检查：检查教学监控计划实施的情况和效果，查找其存在的困难和问题。通过对各主要教学环节的信息、资料与数据的汇总整理，总结存在的问题，形成总结报告，为反馈、改进提供依据。

(4)改进：各教学过程质量监控管理机构将发现的问题反馈给相关部门和责任人员，分析问题原因，总结经验教训，制定措施进行整改，构成持续改进闭环。

教学过程质量监控过程的原始记录见表 5-1 和表 5-2。

5.1.3　课程体系合理性评价机制

对课程体系的合理性进行分析和评价，有助于开展课程体系的持续改进，使其能够更好地支撑毕业要求的达成。

评价主要根据《智能制造学院课程体系合理性评价办法》开展工作，由学院教学副院长和副书记负责统一组织，由专业负责人和团学办主任具体落实。具体承担评价的主体、评价内容、对应方式，以及评价周期见表 5-3 所列。

表 5-3　课程体系合理性评价的主体及评价内容

评价主体	责任人	评价方法	评价内容	评价周期
校内专家	教学副院长	座谈会、信息反馈	课程体系是否符合《普通高等学校本科专业类教学质量国家标准》；是否符合认证标准和专业补充标准的要求；能否体现学校人才培养特色；能否全面支撑毕业要求的达成；能否支持解决“复杂工程问题”，是否能够支撑“非技术要素”	二年
专业教师	教学副院长、专业负责人	调研、研讨	课程体系各类课程比例是否满足认证标准的要求；能否支持毕业要求各观测点的达成；课程体系设置是否考虑了企业或行业专家的意见；课程设置能否很好实现解决“复杂工程问题”能力的培养；对比前一个版本的专业培养方案的课程设置，是否体现持续改进；课程教学大纲中课程目标、课程内容是否能够较好支撑毕业要求观测点	二年

续表

评价主体	责任人	评价方法	评价内容	评价周期
兄弟院校专家	院长、教学副院长	专家走访、信息反馈	课程体系是否符合认证标准和专业补充标准的要求；能否达到对毕业要求的全支撑；能否支持解决“复杂工程问题”，是否能够支撑“非技术要素”	二年
行业企业专家	教学副院长、副书记	座谈会、专家走访	课程设置与当前社会、行业、企业的人才能力需求是否吻合，能否实现解决“复杂工程问题”能力的培养	二年
用人单位	副书记、团学办主任	问卷调查、走访、信息反馈	课程体系的能力培养能否满足用人单位对人才的需要；对本专业毕业生的能力评价、专业发展建议	二年
行业内往届毕业生	副书记、团学办主任	问卷调查、走访、座谈会	基于所从事的具体岗位和职业发展需求，与课程体系的评价和满意度，提出修改建议；对专业发展的建议	二年
应届毕业生	教学副院长、副书记、专业负责人	座谈会、问卷调查	课程体系对毕业要求能否全覆盖并较好支撑；课程设置能否满足个人职业发展的需求；是否有利于培养个人解决“复杂工程问题”的能力。课程目标和课程内容是否能够较好支撑毕业要求观测点	一年
说明：课程体系的合理性评价机制是以两年为一评价周期，但在2020年由于疫情影响，原计划开展的课程体系合理性评价推迟到2021年开展，相应培养方案修订工作也从2020年推迟到2021年				

依照课程体系合理性评价机制，专业定期开展评价工作，并由专业负责人做好信息收集与分析，形成课程体系修改的初步意见，提交学院教学委员会论证，用于课程体系的持续改进。

5.1.4　课程体系合理性评价机制的运行

课程体系的合理性评价一方面是对正在实施的课程体系进行的一次总体评价，另一方面是搜集多方建议，用于课程体系的持续改进。我校培养方案根据“四年一次大修订，两年一次小修订”的原则进行，其他时间如有必需，需经学院申请，由教务处审批，经校教学委员会审议通过后方可调整。课程体系随着培养方案的修订开展调整工作。

1. 课程评价时间

目前主要执行的专业人才培养方案为 2018 版。本专业于 2020 年 10 月至 2021 年 6 月针对 2018 版培养方案进行了最近一次课程体系的合理性评价，为 2021 版培养方案的课程体系修订提供依据。

2. 课程评价依据

课程体系的合理性评价主要从是否符合《普通高等学校本科专业类教学质量国家标准》，是否符合《普通高等学校自动化专业规范》(自动化专业教学指导分委员会制定)，以及是否符合《工程教育认证标准》及电子信息与电气工程类专业补充标准，以及是否符合《南阳理工学院关于制订本科专业人才培养方案的指导意见》等进行评价，同时结合学校和专业定位，评价其能否全面支撑本专业毕业要求和培养目标的能力达成，能否满足学生毕业后能更好地适应社会经济、行业、企业的人才需求等。主要聚焦以下几方面问题。

(1)每个毕业要求观测点是否有 3～4 门课程进行支撑，是否有强有力的支撑课程。

(2)各门课程对所支撑的毕业要求观测点的支撑权重设置是否合理。

(3)课程先修、后修关系是否明确，衔接是否合理。

(4)各门课程的课程目标与所支撑的毕业要求观测点的对应是否合理。

(5)课程主要学习内容对课程目标的支撑是否合理，是否体现当前的社会、行业需求，以及是否体现较为先进的知识与技术需求。

3. 课程评价方法

按照《智能制造学院课程体系合理性评价办法》，参考 2020 和 2021 届毕业要求达成情况评价报告，以及 2018 级和 2019 级课程目标达成情况评价报告，广泛开展了各级各类调研、座谈和访谈。主要从“校内外高校专家评价”“行业企业专家评价”和“应届往届毕业生评价”三个方面开展，征集了各相关利益方的意见和建议，形成课程体系调整的初步方案。

在评价过程中，对 80 余名往届毕业生和近 10 家用人单位进行问卷调查，对 20 余名应届毕业生开展座谈，对 20 名行业企业专家和同行专家分别进行调研和个别交流，着重针对课程体系设置进行研讨和征求意见。专业将反馈意见进行整理与总结，形成对课程体系合理性评价意见及修订意见。

参与课程体系评价的校外专家见表 5-4。应届毕业生座谈会和专业教师座谈会如图 5-3 所示。

表 5-4　参与课程体系合理性评价的校外专家

序号	专家	单位	职务/职称
1	张兰	河南中光学集团南阳机电装备有限公司	研究员级高级工程师
2	李波	河南中原智能电梯公司/项目经理	高级工程师
3	乔书勇	河南亚盛电气股份有限公司	高级工程师
4	林涛	江苏北人智能制造科技股份有限公司	联合创始人/教授
5	张英超	郑州德凯机电有限公司	总经理/工程师
6	宋满堂	郑州微力工业机器人有限公司	技术总监/工程师
7	刘海亮	郑州科威腾机电设备有限公司	项目负责人/工程师
8	赵强	卧龙电气南阳防爆集团股份有限公司	高级工程师
9	张勇	南阳二机石油装备集团股份有限公司	教授级高工
10	曾元	上海了森自动化公司	项目经理/工程师
11	李志谦	苏州夏丰自控工程有限公司	项目经理/工程师
12	陈华兴	深圳鼎极智慧科技有限公司	GOS 网格链技术专家
13	王星星	汇川科技有限公司	应用软件开发部经理/高级工程师
14	闫建阳	上海先德电气系统工程有限公司	技术总监/工程师
15	侯平智	杭州电子科技大学	教授
16	王福忠	河南理工大学电气工程与自动化学院	教授
17	王红旗	河南理工大学实验室建设与设备管理处	副处长/副教授
18	孟昕元	河南工学院智能工程学院	教授
19	周哲海	北京信息科技大学仪器科学与光电工程学院	副院长/教授
20	王君	北京信息科技大学仪器科学与光电工程学院	系主任/教授

图 5-3　学生座谈会和骨干专业教师座谈会

4. 专业课程评价结果

对本专业正在执行的 2018 版培养方案的课程体系，综合评价如下。

(1)课程体系中数学与自然科学类课程，工程基础、专业基础与专业类课程，工程实践与毕业设计(论文)，人文社会科学类通识教育课程，四类课程比例设置合理；工程基础知识领域和专业基础知识领域所涵盖的核心内容数量符合《工程教育认证标准》及《电子信息与电气工程类专业补充标准》，能够体现以能力培养为核心，以学生为中心的教育教学理念。

(2)课程体系能够达到对专业毕业要求所涉及的能力、素养的全覆盖，且对毕业要求的支撑情况基本合理，但也存在以下问题：①对个别毕业要求观测点支撑的课程较为分散，权重较平均，没有突出强、弱支撑关系，例如，表 4-1 的 1-3 和 8-1；②对某些毕业要求观测点支撑的课程数量偏少，只有两门课程，例如，表 4-1 中的 5-2、5-3、7-1、11-1；③个别毕业要求观测点的支撑课程还不够充分，例如，表 4-1 中的 1-1 只有数学和物理课程，没有专业性课程，不能很好支撑解决复杂工程问题。

(3)各类课程的学时分配基本恰当，对各毕业要求观测点的支撑作用明确，课程体系为毕业要求的达成奠定了基础。

(4)课程的先修、后修关系，以及课程间相互联系和支撑关系基本合理。个别课程衔接不够紧凑，可适当前置或后移。如“机器人控制技术”课程在第 5 学期，而“机器人控制系统集成实训”开设在第 7 学期，间隔时间有点长，可适当调节，使其在同一学期，或前后连续学期。

(5)各门课程的课程目标与所支撑的毕业要求基本合理。

(6)由于素能拓展课程的 9.5 学分未计入总学分，所以总体来说，学生在校期间要求达到的学分为 179.5，总体偏高，应进一步优化课程体系，压缩学分，给学生更多独立思考和发挥个性的时间。

(7)对于毕业要求 9-1 涉及学生在多学科背景团队中沟通、交流能力的培养，也就是强调要在跨学科的维度下展开，其支撑课程略显单薄，不够充分。

评价结果在 2021 版本科专业人才培养方案的修订过程中得到实施，体现课程体系的持续改进。

5.1.5 课程目标达成情况评价机制

1. 课程评价工作责任机构、责任人和主要职责

课程评价工作由课程负责人带领各任课教师共同组织、实施，主要职责是：负责所承担课程的课程目标达成情况评价方案制定、组织实施、结果审核、评价分析、反馈，并制定持续改进措施，将其用于下一轮的教学活动，具体见表 5-5 所列。

表 5-5　课程目标达成情况评价机构人员及职责

序号	评价工作	工作内容	实施责任人	审核责任人
1	审定课程考核方案的合理性，审定用于评价的考核材料的合理性，提供评价数据	根据教学大纲审定考核方案、方式、内容及成绩评定标准等是否以课程目标为导向，与课程性质是否匹配；审定试卷命题是否聚焦学生的学习成效；提供用于课程达成情况评价的原始数据	任课教师 课程负责人	专业负责人 教学副院长
2	课程问卷调查	组织课程目标的达成情况问卷调查	任课教师 课程负责人	专业负责人 教学副院长
3	评价数据合理性审核	对评价所基于的数据内容是否针对课程目标；课程考核对不同的能力要求是否采取合理的方式；考核内容是否体现所支撑毕业要求观测点的难度、所占权重和覆盖面；考核结果是否合理等	课程负责人	专业负责人 教学副院长

续表

序号	评价工作	工作内容	实施责任人	审核责任人
4	课程目标达成情况评价分析	实施课程目标达成情况评价，并分析评价结果，提出持续改进意见，形成课程质量评价报告； 对于需用于毕业要求达成情况分析的课程，计算课程所支撑毕业要求观测点的支撑值	任课教师 课程负责人	专业负责人
5	持续改进	将课程达成情况评价结果用于改进教学活动、改善教学条件、完善教学过程质量监控机制等	任课教师 课程负责人	专业负责人 院教学督导组 教学副院长

2. 评价对象和评价周期

课程目标达成情况的评价对象是自动化专业的全体在校生，且所有授课课程都需要开展课程目标的达成情况评价与分析，并将评价结果用于开展日常教学的持续改进。评价周期为一年，评价时间为课程修课学期末。

3. 评价过程

课程目标达成情况的评价分为以下步骤。

(1)任课教师制定考核方案，专业负责人和教学副院长审核课程考核内容和方式与教学大纲是否一致，以及对课程目标和毕业要求观测点支撑的合理性。

(2)学院组织课程考核及问卷调查，收集数据，开展课程评估。

(3)专业负责人组织审查原始评价数据的合理性，对评价所基于的数据内容是否针对课程目标；课程考核对不同的能力要求是否采取合理的方式；考核内容是否体现所支撑毕业要求观测点的难度、所占权重和覆盖面；考核结果是否合理等，另外，确认各项课程考核材料，例如实践考核材料是否合理有效，试卷评阅是否符合评分标准，平时作业等与课程目标的支撑关系是否合理等。

(4)任课教师实施课程目标达成情况评价并整理数据。

(5)课程负责人分析课程目标达成情况，给出持续改进建议，组织任课教师撰写课程质量评价报告。

(6)将上述评价情况提交专业负责人审核。

(7)将课程目标达成情况评价结果反馈到所有任课教师，根据反馈意见制定教学活动的持续改进方案。

(8)对课程目标达成情况评价机制、方法等进行合理性评价，持续改进达成情况评价工作。

4. 课程目标评价方法

课程目标的达成情况评价主要根据课程教学大纲和“自动化专业课程目标达成情况评价办法”进行。评价方法主要包括：课程过程考核分析法(直接分析法)和修课学生调查问卷法(间接分析法)。前者根据学生课程的过程考核内容、考核成绩，以及各种考核方式在总评成绩中所占比例，参照目标分数进行评价；后者则是通过对各课程目标设计达成情况的自我评价问卷，通过学生评学结果来反映学生对课程知识与能力的掌握情况。专业教师可以根据课程性质、课程目标的能力考核特点等采用其中一种或两种方法。

5. 课程目标结果使用要求

课程目标达成情况分析结果，主要用于具体分析课程的教学质量，详细了解每一个学生对课程目标达成存在的问题和短板，形成课程评价报告，对教学内容、教学方法、考核方式、评价方式，以及个体帮扶等方面提供持续改进的依据。部分课程可用于开展毕业要求达成情况的分析。

5.1.6 毕业要求达成情况评价机制

1. 评价工作责任机构、责任人和主要职责

学院成立了“自动化专业毕业要求达成情况评价小组”，主要由院长、教学副院长、副书记、院教学委员会、院教学督导组、专业负责人、团学办主任、专业教师等组成，主要职责是负责自动化专业毕业要求达成情况评价方案制定、组织实施、结果审核和分析、反馈、监督等，具体见表5-6所列。

表5-6 毕业要求达成情况评价机构人员及职责

序号	评价工作	工作内容	实施责任人	审核责任人
1	毕业要求达成评价数据收集	①收集支撑毕业要求达成评价的所有相关课程的课程目标评价结果(主要是课程过程考核分析法评价结果)； ②设计毕业要求达成情况分析问卷，组织开展毕业要求达成情况问卷调查	任课教师 课程负责人 团学办主任	专业负责人

续表

序号	评价工作	工作内容	实施责任人	审核责任人
2	评价数据合理性审核	①确认用于进行毕业要求达成分析的课程体系要覆盖所支撑的全部毕业要求，每门课程在课程体系中的设置合理、支撑合理、作用合理；②毕业要求达成情况评价数据是否是基于学习成果的客观评价，评价样本是否有代表性，是否能覆盖所有学生，提供的课程的数据和毕业要求的相关性是否能反映学生能力要求；③问卷是否是基于学生学习表现的主观评价，采样样本是否有统计意义，问卷设计是否合理，问卷问题是否有代表性，是否容易判断，是否能明确指向所要评价的内容	专业负责人	教学副院长 院教学委员会主任
3	毕业要求达成情况评价	收集开展毕业要求达成情况评价的数据，包括所支撑课程的对应课程目标达成评价结果，以及相关问卷等，分不同方法计算毕业要求达成情况	专业负责人	教学副院长 副书记
4	分析毕业要求达成情况	分析、比较、综合毕业要求达成情况数据，撰写评价报告，评价毕业要求达成情况，提出持续改进建议	专业负责人	教学副院长 副书记
5	持续改进	将毕业要求达成情况评价结果用于改进教学活动、改善教学条件、完善教学过程质量监控机制，以及后续培养方案的修订等	专业教师、 专业负责人	院教学督导组 教学副院长

2. 评价对象和评价周期

毕业要求达成情况的评价对象为自动化专业的应届毕业生，每年对应届毕业生进行毕业要求达成情况评价的数据收集，隔年做一次达成情况评价，评价周期为二年。

3. 评价过程

毕业要求达成情况的评价分为以下步骤。

(1)收集数据：收集用于毕业要求达成评价分析的数据，主要包括两方面，一是收集支撑毕业要求达成评价的所有相关课程的课程目标评价结果(主要是课程过程考核分析法评价结果)；二是设计毕业要求达成情况分析问卷，组织开展毕业要求达成情况问卷调查。

(2)数据合理性审核：由专业负责人组织对毕业要求达成分析的评价数据进行合理性审核，确认支撑课程能够合理、全面、准确支撑毕业要求的各观测点，并能够达到全覆盖；参与评价的学生样本能够覆盖到所有学生；评价问卷能够体现学生能力的达成；评价数据是否是基于学习成果的客观评价；所设计问卷是否合理，问卷问题是否有代表性，是否能明确指向所要评价的内容等。

(3)由专业负责人组织进行毕业要求达成情况评价与分析。

(4)专业负责人根据毕业要求达成情况，撰写毕业要求达成情况总结报告，提出持续改进意见，并将评价情况及结果提交学院审核。

(5)将毕业要求的达成情况评价结果反馈到所有本专业教师，根据反馈意见制定教学活动的持续改进方案，相关内容作为后续修订培养方案的参考依据。

(6)对毕业要求达成情况评价机制、方法等进行合理性评价，持续改进达成情况评价工作。

4. 评价方法

毕业要求的达成情况评价采用课程目标达成分析法和调查问卷法。前者是根据各支撑课程的课程目标达成值及其对毕业要求观测点的支撑关系和支撑权重，通过加权累加得到对应的观测点达成值；毕业要求的达成值取该毕业要求所有观测点达成值的最小值。调查问卷法则针对毕业要求观测点设计评价问卷，向毕业生发放，通过统计各等级评价的人数并赋予一定分值得到定性评价结果，与课程目标达成分析法得到的结果互为参考。评价方法如图 5-4 所示。

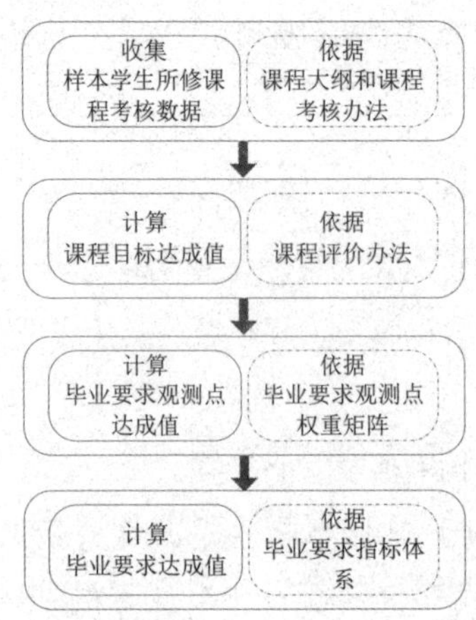

图 5-4　毕业要求达成情况评价

5. 结果使用要求

毕业要求的达成情况分析结果，一方面用于考量本专业的教学质量，查摆教学过程中存在的问题，用于持续改进课程体系、课程教学，以及课程考核等，另一方面也可用于进一步优化、改进毕业要求观测点的分解。

5.2　建立毕业生跟踪反馈机制以及社会评价机制

为了及时掌握自动化专业培养目标的达成情况，不断提高教育教学质量，持续推进专业建设，学院制定了较为完善的毕业生跟踪反馈机制和社会评价机制，即外部跟踪评价制度，其工作流程如图 5-5 所示，定期对培养目标的达成情况进行分析，为人才培养的持续改进提供依据。

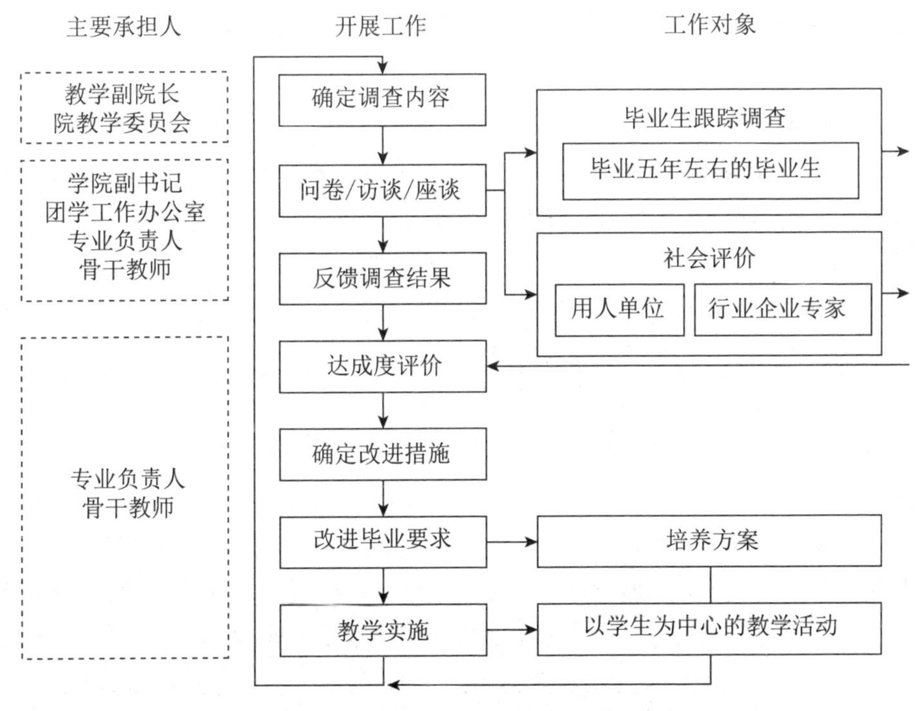

图 5-5　对培养目标跟踪反馈工作流程

毕业生跟踪调查和社会评价工作由教学副院长和学院主管学生工作的副书记负责，由团学办公室组织实施，专业负责人和骨干教师配合。重点实施对毕业生、用人单位、行业企业等进行调研，了解毕业生职业发展情况、职业发展能力、对专业的评价及建议等。调查结果反馈给院教学委员会备案，副院长、专业负责人组织骨干教师根据调查结果分析培养目标的达成情况，提出对毕业要求的持续改进意见，经学院教学委员会审议通过后，作为修订培养方案的重要依据。

5.2.1 毕业生跟踪反馈机制

1. 毕业生跟踪反馈机制

毕业生跟踪反馈主要针对本专业毕业5年左右的学生(校友)，对其在工作岗位上的职业适应能力和职业发展状态进行跟踪调查，一方面为培养目标的达成情况分析采集数据，另一方面收集专业建设与改革的意见和建议，构成持续改进的闭环管理。具体机制如下：

(1)责任机构：由教学副院长和学院主管学生工作的副书记负责，团学工作办公室组织实施，专业负责人和骨干教师配合。

(2)工作周期：每两年一次。

(3)跟踪对象：本专业毕业5年左右的毕业生。

(4)评价方法与信息的收集：每两年对毕业5年左右的毕业生进行一次外部跟踪评价，利用座谈、走访、问卷调查等形式，及时收集用于分析专业培养目标达成情况的数据。

(5)结果的利用：依据跟踪调查所获得的信息，对培养目标达成情况进行分析，评价结果作为下一轮毕业要求持续改进的依据。

2. 最近一次毕业生跟踪反馈情况

2021年7月，针对2015和2016届毕业生开展了职业发展跟踪反馈调查，问卷采用“问卷星”平台发放，问卷首页及“问卷星”二维码如图5-6所示，问卷网址为：https：//www.wjx.cn/vm/tH3djyk.aspx。2015和2016届分别有毕业学生45名和42名，共计87人，收回问卷43份，参与问卷调查的校友工作性质共分为六类，人数和所占比例如图5-7所示。具体收集数据及分析情况见表5-7，即利用2021版人才培养方案中的培养目标对毕业五年左右的校友开展调研。各个培养目标不同分值的占比情况及各培养目标达成情况如图5-8、图5-9所示。

图 5-6　毕业跟踪反馈调查问卷

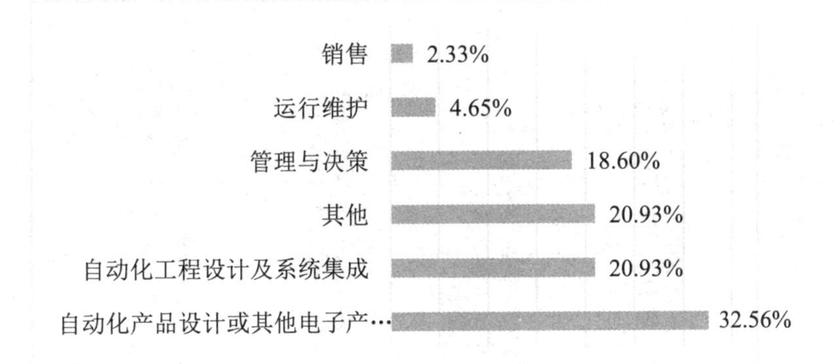

图 5-7　参与跟踪反馈校友工作性质比例

表 5-7　毕业跟踪反馈调查问卷统计数据

培养目标	达成情况评价分值					达成度
	A5 分	B4 分	C3 分	D2 分	E1 分	
能够应用基础理论、专业知识、行业技术标准、工程管理与决策等多学科知识，分析和研究自动化领域的复杂工程问题，提出系统性的解决方案	18	19	5	1	0	0.851

续表

培养目标	达成情况评价分值					达成度
	A5 分	B4 分	C3 分	D2 分	E1 分	
具备良好的创新能力，能够熟练运用现代工具从事自动控制系统的集成、运行、维护和管理，自动化产品的设计开发等工作	18	14	10	1	0	0.828
具有良好的家国情怀、人文科学素养、工程职业道德，较强的社会责任感，遵守法律法规和行业规范，在工程实践中考虑环境、安全与可持续性发展等因素	20	19	4	0	0	0.874
具有沟通、交流和团队合作能力，能在工作团队中发挥骨干作用；能够跟踪自动化行业国内外发展动态，具有自主学习和终身学习的意识和能力，适应自动化技术的发展变化	19	19	4	1	0	0.860
平均达成度						0.853

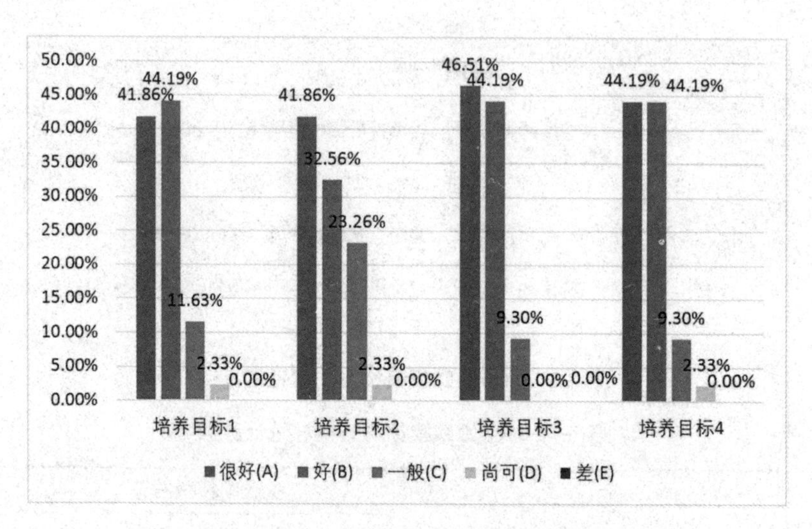

图 5-8　各个培养目标不同分值的占比情况

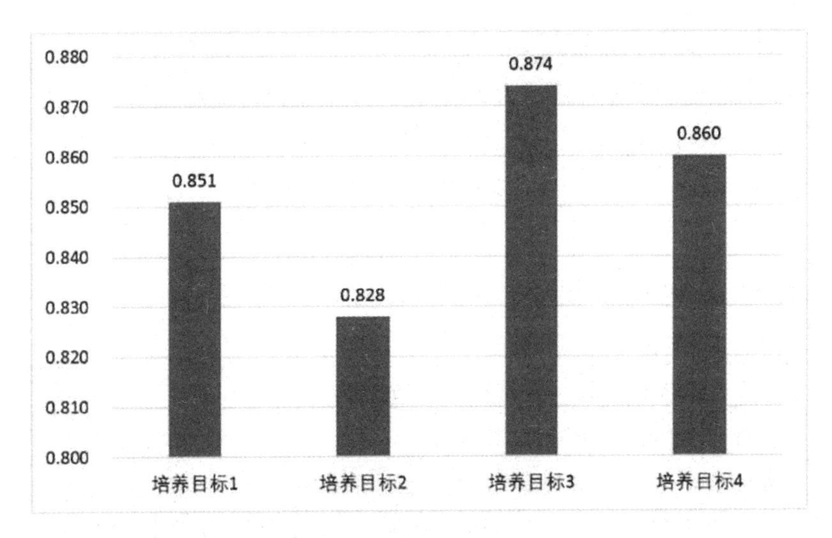

图 5-9　培养目标达成情况

由上述分析结果可见，培养目标达成情况均在 0.8 以上，整体职业发展状态较好。即毕业后经过在工作岗位上的锻炼，能够很好地适应当前社会的需要，具有较强的社会责任感，能在生产过程控制、自动化系统集成等相关领域较好地从事自动化工程或产品的设计与开发、运行与维护、营销与推广等工作。据统计，参与调研的学生中，目前为技术骨干的人数约占 72.9%。

相对来说，培养目标 2 达成情况略低，即校友自我评价在“具备良好的创新能力，能够熟练运用现代工具从事自动控制系统的集成、运行、维护和管理，自动化产品的设计开发等工作”方面，能力还有所欠缺。通过进一步了解，主要体现在创新能力自我评价不高。目前，很大比例的校友在郑州、长三角、珠三角等地的自动化公司工作，公司产品多以定制的自动化设备、产品或产线，对工程师技术能力和创新能力均具有较高的要求，而这些能力需求与毕业要求 3、5 是紧密相关的，和毕业要求 12 也有一定的联系，这就要求我们从毕业要求 3、5 和 12 的观测点的分解、所支撑的课程体系，以及对应课程目标的达成等方面分析改进措施，完善课程内容，提高教学的针对性。

对于正在执行的 2018 版培养方案，支撑毕业要求 3、5 和 12 的课程主要有三类，包括：相关通识课、设计类专业方向课和专业实践类的课程设计、毕业设计。改进措施是：着重在专业实践类课程的教学内容、教学过程，以及课程考核中加强文献检索和自主学习能力的培养，提升学生及时了解新进展、追踪新技术的能力，提升其创新意识和创新能力，并在系统集成、设计、开发等方面进行深入实践，使其能够更好地主动适应社会和行业的需求。

在专业建设及培养方案修订方面，校友提出的部分建议见表 5-8。针对这些建议，在正在开展的 2021 版培养方案的修订上会合理地进行考虑和融入。

表 5-8　校友针对专业发展提出的建议

序号	校友对专业发展的建议
1	教学内容中建议增加物联网与自动化关联技术，这是未来发展的风口
2	加强学生编程能力的训练
3	加强实操性训练，加强学生吃苦耐劳精神的培养
4	紧跟社会需求前沿，顺应时代行业发展
5	未来的自动化专业应在传统的经典控制理论基础上，大量的增加现代控制理论的内容，学习 IT 方面的知识，具备一定的 IT 方面思维，能够将 IT 的内容融合到 OT 上来。让传统的过程自动化从简单的逻辑处理变成具有自学习、自分析能力的 AI 系统，更好地解决现场问题。自动化专业更专注于行业解决方案，IT 方面人员基本不熟悉行业，这也是现在社会上一些互联网企业涉足工业控制领域，却一直都是在做非常表面的 UI 展示和基础分析的原因。目前社会上非常缺少既懂 IT 又懂 OT 的人才，自动化的未来发展也一定是结合新的人工智能的发展，将传统的自动化水平提升一个层次。希望母校可以多培养同学们自下而上解决问题的思维，从根本上提高解决实际工程问题的能力
6	建议开设人工智能方面课程
7	加强学生高数、英语以及计算机基础的学习
8	建议教学重理论，多实践
9	加强学生自动化系统的实践，PLC 编程要求学生用 STL 语言编写(柔性化程度高的程序都是用 STL 语言编写)，加强 C 语言实践能力培养，加强电气硬件系统的设计，加强机器人、机器视觉、人工智能方向的实践和研发
10	加强人文和自主学习能力培养
11	关注社会前沿领域，加强与公司合作，开展定向培养
12	增加对 DCS、SIS 系统的教学和实践
13	增加数字化双胞胎在教学上的应用
14	增设智能化网络化方向课程
15	可以让学生学习一些工厂的工艺流程
16	扩大学生自主管理的实验室规模，多做项目，多编程，多做工程

5.2.2　社会评价机制

1. 社会评价机制

高教系统以外的利益相关方参与的社会评价主要针对本专业毕业 5 年左右的校友，通过对用人单位走访或问卷调查，了解其对毕业生职业发展情况的评价和满意度，为评价毕业生是否达成培养目标提供依据；另外，通过走访或采用问卷的方式对行业企业进行调研，或通过第三方机构开展社会评价，了解专业培养目标与行业企业人才需求的契合度，辅助进行毕业生培养目标达成情况分析，同时为下一轮修订人才培养方案，持续改进毕业要求，开展专业建设与改革提供依据。具体机制如下。

(1)责任机构：由学院主管学生工作的副书记负责，团学工作办公室组织实施，专业负责人和骨干教师配合。此外，学校招生就业处每年委托第三方机构开展校友职业发展调查，形成调查报告，为专业的社会评价提供补充。

(2)评价周期：每两年一次。

(3)评价方法与信息的收集：由团学办组织辅导员和骨干教师对就业相对比较集中的就业基地、企业进行走访，或进行问卷调研；专业负责人组织骨干教师对相关行业企业进行走访调研，针对毕业 5 年左右的校友，收集其职业适应度和职业发展状态情况数据。

(4)结果的利用：用于分析毕业 5 年左右的校友专业培养目标的达成情况，同时进一步了解企业对毕业生能力的需求和行业技术的新进展，为专业建设和毕业要求的持续改进提供依据。

2. 最近一次社会评价的开展情况

最近一次社会评价于 2020 年 10 月至 2021 年 6 月开展，主要针对 2015—2016 届毕业生的用人单位及自动化专业相关行业企业，采用问卷调查、走访座谈和邀请企业到访等方法进行。用人单位调查问卷首页如图 5-10 所示，走访用人单位及部分行业企业照片如图 5-11 所示。

南阳理工学院自动化专业用人单位回访调查表

尊敬的__________：

非常感谢贵单位多年来对南阳理工学院自动化专业的支持！

为进一步提高学校、学院和自动化专业的教学水平，推动教育教学工作的持续改进，明确专业人才定位和培养目标，优化学生的培养模式，培育适应社会需要的人才，特请贵单位填写此调查问卷，您的意见和建议是促进我们完善工作的宝贵资源！

邮寄地址：河南省南阳市宛城区长江路80号南阳理工学院

收件人：刘忠超

邮　编：473004

手　机：13782105230

南阳理工学院 智能制造学院

自动化专业

一、基本情况

1. 贵单位属于（ ）

A 政府机关 B 科研单位 C 教学单位 D 金融单位 E 国有企业

F 三资企业 G 民营企业 H 军队 I 其他

2. 近五年贵单位招聘我院自动化专业毕业生的规模（ ）

A 2-5人　B 6-10人　C 11-20人　D 21 以上人

3. 贵单位对我院毕业生的整体印象（ ）

A 优　B 良　C 中　D 差

图 5-10　用人单位调查问卷首页

图 5-11　走访企业座谈和邀请企业到校座谈部分照片

首先，共对 8 家用人单位开展了访谈，并进行了问卷调查，访谈单位具体见表 5-9，问卷结果及分析见表 5-10 所列。

表 5-9　访谈用人单位列表

序号	单　位	联系人	职务/职称
1	河南油田亚盛电气有限公司	乔书勇	高工
2	南阳防爆电气有限公司	杜新耕	高工
3	西门子(中国)有限公司	丁润芳	工程师
4	上海先德电气系统工程有限公司	闫建阳	技术总监
5	浙江浙大中控技术有限公司	孙杨	综合办主任
6	郑州科威腾自动化有限公司	邢清强	总经理
7	郑州多元装备有限公司	米路	销售部部长
8	郑州德凯机电有限公司	张英超	总经理

表 5-10　用人单位问卷情况统计

对应培养目标	评价项目	评价等级						达成情况归一化结果	培养目标达成情况
		很好5分	好4分	一般3分	尚可2分	差1分	非常差0分		
1	工程问题分析能力	2	6	0	0	0	0	0.850	0.892
	解决复杂工程问题能力	4	4	0	0	0	0	0.900	
	提出系统性解决方案能力	5	3	0	0	0	0	0.925	
2	跟踪行业新知识、新技术，体现创新意识的能力	3	4	1	0	0	0	0.850	0.838
	运用有效专业工具开展系统或产品的开发、集成或维护、管理等能力	2	5	1	0	0	0	0.825	
3	具有实现民族复兴的家国情怀与社会责任担当方面	5	3	0	0	0	0	0.925	0.870
	人文素养与自觉遵守职业道德，职业规范情况	3	4	1	0	0	0	0.850	
	环境与可持续发展意识	3	4	1	0	0	0	0.850	
	具有吃苦耐劳精神	4	3	1	0	0	0	0.875	
	遵守法律法规和行业标准情况	4	2	2	0	0	0	0.850	
4	沟通能力，以及团队合作开展技术开发与实验研究能力	4	4	0	0	0	0	0.900	0.863
	跟踪行业发展动态，不断在岗学习提高能力	2	5	1	0	0	0	0.825	

由上表用人单位评价数据，以及各项评价指标与培养目标的对应关系，通过求均值，可得各培养目标的达成情况。将校友跟踪反馈和用人单位评价得到的培养目标达成情况对比如图 5-12 所示。可见，用人单位对毕业 5 年左右毕业生的评价与校友的自我评价相比略高，但变化趋势基本一致，即培养目标 2 相对略低。可见，用人单位对毕业生的整体职业发展和工作能力、工作态度等满意度较高，在创新能力提升，以及跟踪自动化行业国内外新技术方面还期望有更好的表现。

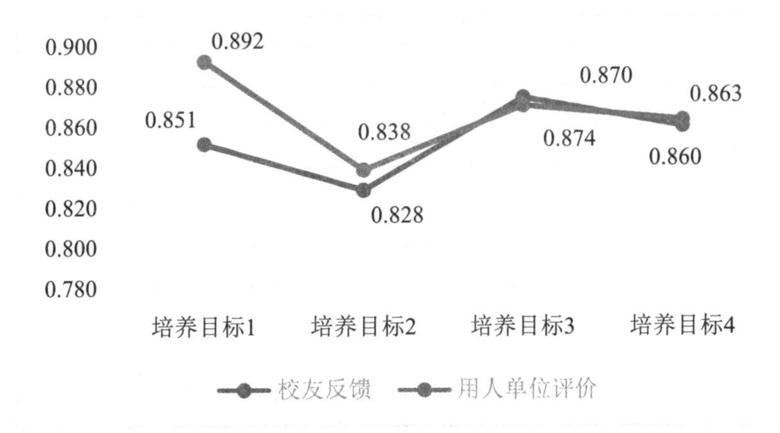

图 5-12　校友跟踪反馈和用人单位评价得到的培养目标达成情况对比

另外，通过走访相关领域行业企业，如江苏北人智能制造科技股份有限公司、台达电子有限公司、西门子智能制造成都创新中心等十余家企业，了解到目前在智能制造行业背景下，急需掌握物联网技术、人工智能、伺服运动控制技术等的自动化工程师，希望加强培养学生控制理论的应用能力，关注社会发展前沿知识的能力，以及学生的吃苦耐劳精神等。根据这些意见和建议，本专业在修订 2021 版人才培养方案的毕业要求及课程体系时会加以考虑，也为后续开展专业建设明晰了思路。

5.2.3　培养目标达成情况的分析与结果

对培养目标的定期评价重点在于了解毕业生职业发展状态，为培养目标达成情况分析和毕业要求的持续改进提供定量和定性的数据支撑。利用上述两个机制，一是毕业生跟踪反馈机制，通过对毕业 5 年左右的校友进行问卷调查，获取其综合自身职业发展所得出的自我评价数据，经分析得到了一组培养目标达成情况的定量评价结果，见表 5-7。二是社会评价，分定量和定性分析两个层次，一方面通过调研用人单位，了解毕业 5 年左右的毕业生其在工作岗位上的表现及发展状态，获取数据，得到了另一组培养目标达成情况的定量评价数据，见表 5-10；另一方面通过对行业内企业走访调研，定性分析了本专业培养目标的达成情况，并结合目前行业发展，获取了在一些教育教学中需进一步改善、改进的意见和建议，为后续毕业要求的改进提供依据。

结合上述两项定量分析结果，对每项培养目标达成数值通过求均值，得到综合评价结果，见表 5-11 和图 5-13。

表 5-11 毕业生跟踪反馈与社会评价综合达成情况分析

培养目标	毕业生跟踪反馈分析结果	社会评价分析结果	综合评价
1	0.851	0.892	0.872
2	0.828	0.838	0.833
3	0.874	0.870	0.872
4	0.860	0.863	0.862
均值	0.853	0.866	0.860

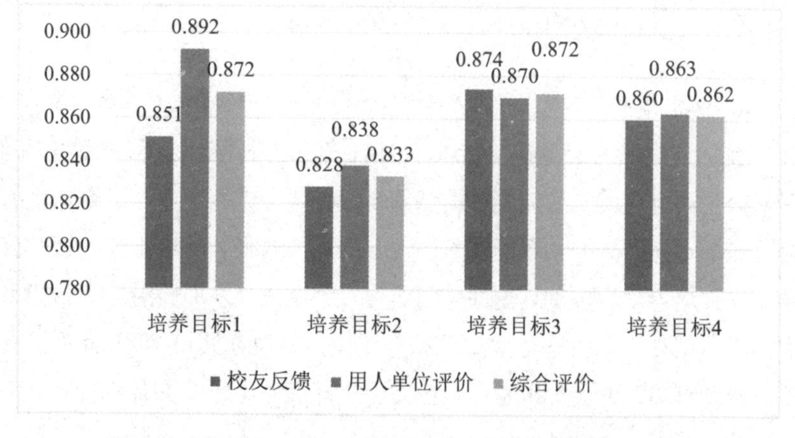

图 5-13 毕业生跟踪反馈与社会评价综合达成情况分析图

由图 5-13 和表 5-11 的分析结果可有如下结论。

(1)培养目标 1 达成情况较好，即毕业生经过 5 年左右的岗位适应与锻炼，能够较好应用基础理论、专业知识、行业技术标准、工程管理与决策等多学科知识，分析和研究自动化领域的复杂工程问题，提出系统性的解决方案。但经调研发现，毕业生在开展控制算法研究等方面还存在一定的欠缺，尤其在控制理论的深入研究与实际项目中应用方面存在一定的障碍，需要后续针对毕业要求 3 所支撑课程的教学及实践中加强学生该方面能力的培养。

(2)培养目标 2 的达成情况相比最低，根据访谈情况，主要原因是毕业生在发挥创新意识，体现创新能力等方面有一定欠缺，表现在快速跟踪自动化行业国内外发展现状和趋势，并能够主动适应科技进步以及社会发展的变化方面存在一定不足，而该项指标与毕业要求 3、5 和 12 紧密相关，需要后续通过改进相关毕业要求的观测点分解、支撑的课程体系，以及对相应课程目标的达成方法等方面进行持续改进，从而提高学生跟踪新技术新知识的能力，提高其创新精神和创新

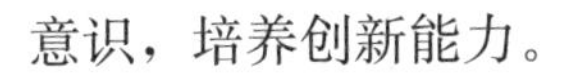

意识，培养创新能力。

(3)培养目标 3 与培养目标 1 达成情况一致，反映毕业生整体在人文素养、工程职业道德、社会责任感等方面具有较好的素养，同时能自觉遵守相关法律法规和行业规范，有主动为社会服务的意识，受到用人单位的好评。

(4)培养目标 4 达成情况略低，根据毕业生反馈和企业评价数据了解到，虽然有 72.9%的校友已成为所在单位相关领域的专业技术骨干，但是在系统、科学地跟踪自动化行业国内外发展动态，提升团队合作和项目管理效能方面还存在一定的欠缺，需要后续针对毕业要求 11 和 12，以及对其所支撑的课程在教学与实践中进一步加强学生的能力提升。

5.3　评价结果用于专业持续改进

评价的根本目的是要推进教育教学工作的持续改进。要将评价结果以及客观反映出来的教学问题反馈到相关责任部门和责任人，并制定出有针对性的改进措施，落实到位，形成一个动态调整的循环反馈系统。同时，评价结果也为教育教学改革、学科发展等提供了依据和方向。

本专业将教学质量评价、课程目标达成情况、课程体系合理性，以及毕业要求和培养目标的达成评价、分析结果作为专业持续改进的重要依据，建立了“评价—结果反馈—改进—执行—再评价”的持续改进循环机制，确保评价结果被用于专业持续改进，不断提高教育教学质量。

5.3.1　专业持续改进的制度

专业持续改进工作落到实处，学院及专业成立了“专业教学持续改进责任小组”，由教学副院长任组长，由专业负责人和团学办主任担任副组长，主要成员包括课程负责人、专业教师、任课教师、班级学业导师等。通过一系列制度来保证各项评价结果用于专业的持续改进，主要包括智能制造学院关于评价结果用于专业持续改进的实施办法、培养方案修订实施细则、教学大纲制(修)订实施办法、教学条件保障与评价实施办法，以及课程教学改进实施细则等院级教学管理文件，具体规定了将评价结果用于专业持续改进的详细实施办法、改进周期、过程及责任主体等。持续改进循环机制主要内容见表 5-12 所列。

表 5-12　持续改进循环机制主要内容

序号	改进依据	持续改进项目	责任机构	评价结果的收集	评价结果的分析	反馈渠道	持续改进责任人	改进效果跟踪措施
1	培养目标合理性评价结果	培养目标	专业教学持续改进责任小组	学工办	专业负责人	问卷调查、访谈、研讨、座谈	专业负责人、专业教师	根据培养目标合理性评价反馈情况，召开研讨、座谈会，形成分析及改进培养目标的报告，改进意见体现在新一轮培养方案的修改中
2	培养目标达成情况分析结果	毕业要求		学工办、专业负责人	专业负责人	达成情况评价、问卷调查、访谈、研讨、座谈	专业负责人、专业教师	根据培养目标达成情况，专业进行专题研讨，分析存在短板的原因，持续改进毕业要求（含观测点的分解）和课程体系，达到对培养目标的更好支撑
3	毕业要求达成情况评价结果	课程体系		专业负责人	专业负责人	课程目标达成分析法、问卷调查、访谈、研讨、座谈	专业负责人、专业教师	根据毕业要求达成情况结果，分析课程对专业能力培养的支撑存在哪些不足，形成改进课程体系的意见和措施，并体现在新一轮的人才培养方案修订中

续表

序号	改进依据	持续改进项目	责任机构	评价结果的收集	评价结果的分析	反馈渠道	持续改进责任人	改进效果跟踪措施
4	课程体系合理性评价结果	课程体系、课程目标	专业教学持续改进责任小组	专业负责人	专业负责人	问卷调查、访谈、研讨、座谈	专业负责人、课程负责人、专业骨干教师	根据课程体系合理性评价结果，分析课程对毕业要求支撑存在哪些不足，形成改进课程体系和修改课程目标的意见和措施，并体现在新一轮的培养方案修订和教学大纲的修改中
5	课程目标达成情况评价结果	课程教学内容、教学方法、考核方式等教学过程		专业负责人、课程负责人	课程负责人	过程考核成绩分析，问卷调查，课程目标达成情况评价、分析、研讨	课程负责人、任课教师	根据课程目标达成情况，分析课程教学质量、教学方法、考核方法中的不足，制定改进课程教学内容、教学过程、考核方式等措施，使其能更好地支撑课程目标的达成

5.3.2 基于培养目标达成情况评价结果的持续改进

1. 改进依据

本专业 2020 年 10 月至 2021 年 7 月期间以 2021 版人才培养方案的培养目标作为评价标准，对 2015—2016 届毕业生开展了培养目标的达成情况评价。根据校友、行业、企业等的反馈意见和培养目标达成情况，由专业负责人召集教师进行专题研讨，分析存在短板及原因，提出毕业要求的持续改进意见(含观测点的分解)，经院教学委员会审核用于 2021 版人才培养方案中毕业要求的修订。

2. 改进措施及效果

根据对培养目标达成情况分析专题研讨的结果，明确并达成一致意见，重点需进行改进的毕业要求包括 3、5、11、12。因此，专业本着“明确、公开、可衡量、支撑、覆盖”的基本要求，对上述毕业要求的描述和观测点的分解进一步优化，具体见表5-13所列。

表5-13　2018版和2021版毕业要求改进对比

序号	2018版		2021版		
	毕业要求	观测点	毕业要求	观测点	改进说明
1	3. 设计/开发解决方案：能够设计针对自动化产品和工业自动控制系统设计中的复杂工程问题的解决方案，设计满足特定需求的检测单元、控制单元、通信单元及系统，并能够在设计环节中体现创新意识，考虑社会、健康、安全、法律、文化以及环境等因素	3-1能够设计针对自动化产品和工业自动控制系统设计中的复杂工程问题的解决方案，包括算法、系统架构、人与机器间功能分配、子系统间功能分配、确定仪器及控制系统硬件、选择系统软件和应用软件等	3. 设计/开发解决方案：能够针对自动化领域的复杂工程问题提出解决方案，设计满足特定控制需求的系统、单元(部件)或工艺流程，包括硬件系统、软件系统、人机界面等单元，并能够在设计环节中体现创新意识。同时设计方案能够考虑社会、健康、安全、法律、文化以及环境等因素	3.1掌握自动化领域复杂工程问题的设计与开发的基本方法和技术手段，能够制定自动化领域复杂工程问题的解决方案，包括系统架构、硬件设计方案、软件实现方案、控制算法及人机界面，并了解影响设计目标和技术方案的各种因素及相互关系	1. 在2021版毕业要求3和观测点3.1中，将实现方案按照硬件和软件进行分类，鼓励学生专业能力达到要求的同时，突出个性发展；在观测点3.2中突出解决复杂工程问题能力和学生创新能力的培养；在观测点3.3中增加系统集成，强调对学生系统优化能力培养
		3-2能够根据特定需求，设计对应的检测单元、控制单元、通信单元及控制系统		3.2能够针对自动化领域的复杂工程问题，分析特定需求，设计实施过程中的控制单元、控制系统和控制流程，体现创新意识	
		3-3在确定解决方案和功能单元、控制系统设计、开发过程中能够考虑社会、健康、安全、法律、文化以及环境等因素，并且具有创新意识		3.3能够在系统设计与集成中综合考虑社会、健康、安全、法律、文化以及环境等因素，并优化设计方案	

续表

<table>
<tr><th rowspan="2">序号</th><th colspan="2">2018 版</th><th colspan="3">2021 版</th></tr>
<tr><th>毕业要求</th><th>观测点</th><th>毕业要求</th><th>观测点</th><th>改进说明</th></tr>
<tr><td rowspan="3">2</td><td rowspan="3">5. 使用现代工具：能够针对自动化产品和工业自动控制系统设计中的复杂工程问题，开发、选择与使用恰当的技术、资源、现代工程工具和信息技术工具，包括对复杂工程问题的预测与模拟，并理解其局限性</td><td>5-1 能够掌握常用的现代仪器、信息技术工具、工程工具和模拟仿真软件的原理和使用方法</td><td rowspan="3">5. 能够针对自动化领域中的复杂工程问题，开发、选择与使用恰当的软硬件平台、各类信息资源、现代仪器仪表和工程工具，以及信息技术工具，对复杂工程问题进行预测与模拟，并能够对结果的优势和不足进行科学的解释和分析</td><td>5.1 掌握解决自动化领域复杂工程问题所需的仪器仪表、系统设计软件、信息技术工具、工程工具和模拟仿真软件的原理和使用方法，理解其局限性</td><td rowspan="3">在毕业要求 5 和观测点 5.1 中突出了系统设计软件的应用能力要求，并在相关课程中强化学生编程能力的培养，提高算法设计能力</td></tr>
<tr><td>5-2 能够开发、选择与使用恰当的技术、资源、现代工程工具和信息技术工具，对自动化产品和工业自动控制系统设计中的复杂工程问题进行分析、设计与模拟</td><td>5.2 针对复杂工程问题中自动控制系统的开发、设计、集成等问题，能够根据需求正确选择与使用现代工程工具</td></tr>
<tr><td>5-3 能够理解现代工具对复杂工程问题设计与仿真的优势和局限性</td><td>5.3 能够运用恰当的工具对自动化领域的复杂工程问题进行预测和模拟，并分析其局限性</td></tr>
</table>

续表

序号	2018版		2021版		
	毕业要求	观测点	毕业要求	观测点	改进说明
3	11. 项目管理：理解并掌握工程管理原理与经济决策方法，并能在多学科环境中应用	11-1 掌握工程项目管理的原理和方法，能够对工程项目进行有效的管理	11. 能够在自动化工程项目或产品的设计、实施过程中，理解并掌握工程管理原理与经济决策方法，并能在多学科交叉与多方面利益冲突环境中应用	11.1 掌握工程项目中涉及的工程管理原理与经济决策方法；了解产品及工程全周期、全流程的成本构成，理解其中涉及的工程管理与经济决策问题	观测点表述更加具体突出项目管理的要求，培养学生系统、科学地进行工程项目管理的能力，以及对于工程管理原理与经济决策方法的应用
		11-2 能够针对自动化工程问题，提出经济、合理的解决方案		11.2 能够在多学科环境下，在设计开发解决方案的过程中，运用工程项目管理与经济决策方法	
4	12. 终身学习：具有自主学习和终身学习的意识，有不断学习和适应发展的能力	12-1 能够理解和认识工程技术不断发展的趋势，能够认识到自主学习和终身学习对于工程技术人员的必要性	12. 对自主学习和终身学习的重要性有正确的认识，关注自动化的前沿发展现状和趋势，具备开展自主学习以满足工程项目开展需求和适应社会、技术发展的能力	12.1 在社会发展的大背景下，能认识不断探索和学习的必要性，具有自主学习和终身学习的意识	缩减原有支撑课程数量，观测点12.1的支撑课程由7门减到4门，观测点12.2的支撑课程由4门减到3门，使对该项观测点的支撑更加集中、明确、可衡量
		12-2 具有自主学习的能力，能够自觉学习新知识、新思维和新技术以适应发展		12.2 关注自动化领域的前沿发展现状和趋势，能够通过学习不断提升自我，适应工程技术的发展，满足个人或职业发展的需求	

5.3.3　基于毕业要求达成情况评价结果的持续改进

1. 改进依据

基于毕业要求达成情况评价结果的持续改进主要依据两种方法的分析结果，即课程目标达成分析法和调查问卷法对毕业要求达成情况的分析，根据达成情况，经专业研讨，确定对课程体系及相关课程的课程目标的持续改进方案。

2. 改进措施

2021 年 6—7 月，对 2021 届毕业生开展了毕业要求达成情况分析与评价，结果如图 5-14 所示。可见，毕业要求 1、2、7 相对较低，反映了学生对于应用相关知识进行复杂工程问题的分析能力还有欠缺，对自动化领域复杂工程问题的工程实践对环境及社会可持续发展的影响还不能很好评价，相关意识有一定欠缺，还需加强引导与培养。

具体分析相关支撑的课程，主要问题有三个方面：首先是《复变函数与积分变换》《自动控制原理》《电机及电力拖动基础》几门专业基础课达成度相对较低，说明在重视学生实践能力培养的同时，对学生专业基础知识的要求还不够，同时部分学生对于一些理论知识的学习也不够重视，不能潜下心来学理论，需要后续在这方面加强引导；其次，《伺服运动控制》《过程控制工程》《过程控制项目设计》三门专业课程达成值偏低，究其原因，这几门课由于疫情原因，首次采取线上授课方式，缺少实践条件，教学经验也还不足；而且是等学生后续学期返校后进行的线下期末考试，跨度时间较长，虽对学生进行了辅导，但学生仍旧对所学知识掌握不牢，理解不透，因此成绩比较不理想。

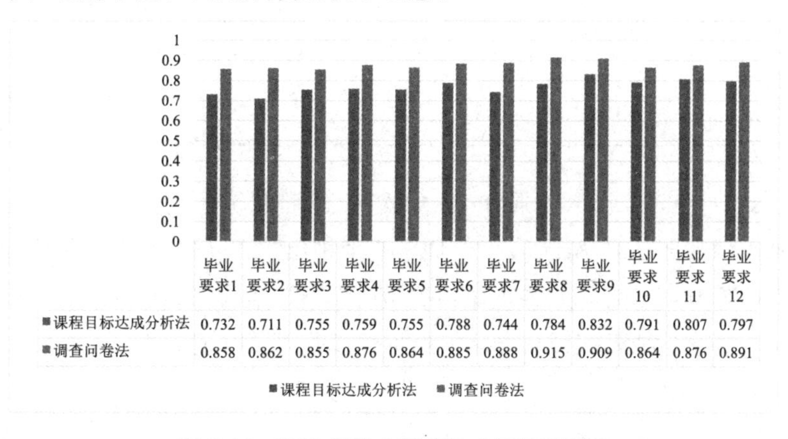

	毕业要求1	毕业要求2	毕业要求3	毕业要求4	毕业要求5	毕业要求6	毕业要求7	毕业要求8	毕业要求9	毕业要求10	毕业要求11	毕业要求12
■课程目标达成分析法	0.732	0.711	0.755	0.759	0.755	0.788	0.744	0.784	0.832	0.791	0.807	0.797
■调查问卷法	0.858	0.862	0.855	0.876	0.864	0.885	0.888	0.915	0.909	0.864	0.876	0.891

图 5-14　2021 届毕业要求达成情况示意图

另外，公共基础课对于毕业要求的支撑与达成情况不甚理想，究其原因是专业教学和公共课教学还不能很好地互相支撑和融合，有待于后续在培养方案的修订及执行过程中通过充分研讨与沟通确定最优的支撑关系，同时通过教学大纲的修订进一步优化课程目标和教学内容。

3. 改进效果

基于毕业要求达成情况评价结果的持续改进主要从以下两个方面进行改进并体现改进效果。

(1)开展课程教学过程的持续改进。为了充分体现持续改进的教育教学理念，各年级每学期末开展课程目标评价的同时，根据课程目标对毕业要求的支撑关系，分别计算课程对毕业要求观测点的支撑值，根据计算结果，开展课程教学过程的持续改进。根据上述分析，重点对2021届毕业要求达成度偏低的观测点所支撑的主要课程进行教学改进，对比2022届，除了《过程控制项目设计》略有下降以外，其余课程在2022届达成情况明显提升，改进效果见表5-14所列。

表5-14　基于毕业要求达成分析所开展的课程教学持续改进效果对比

序号	课程名称	2021届		2022届	
		支撑毕业要求观测点	观测点达成值	支撑毕业要求观测点	观测点达成值
1	复变函数与积分变换	1—1	0.695	1—1	0.698
2	自动控制原理	1—3	0.690	1—3	0.746
3	电机及电力拖动基础	1—3	0.663	1—3	0.738
4	伺服运动控制技术	1—4	0.602	1—3	0.834
5	过程控制工程	2—2	0.674	2—2	0.892
6	过程控制项目设计(2021届) 过程控制课程设计(2022届)	7—2	0.680	7—2	0.654

鉴于此，重点对比2021届和2022届采用课程目标达成分析法得到的毕业要求达成情况，如图5-15所示，2022届毕业生相比2021届，绝大多数毕业要求达成值均有所提升，只有毕业要求9和12略有下降，但达成值也在0.75以上，可见基于毕业要求达成情况评价结果的持续改进获得了一定成效。

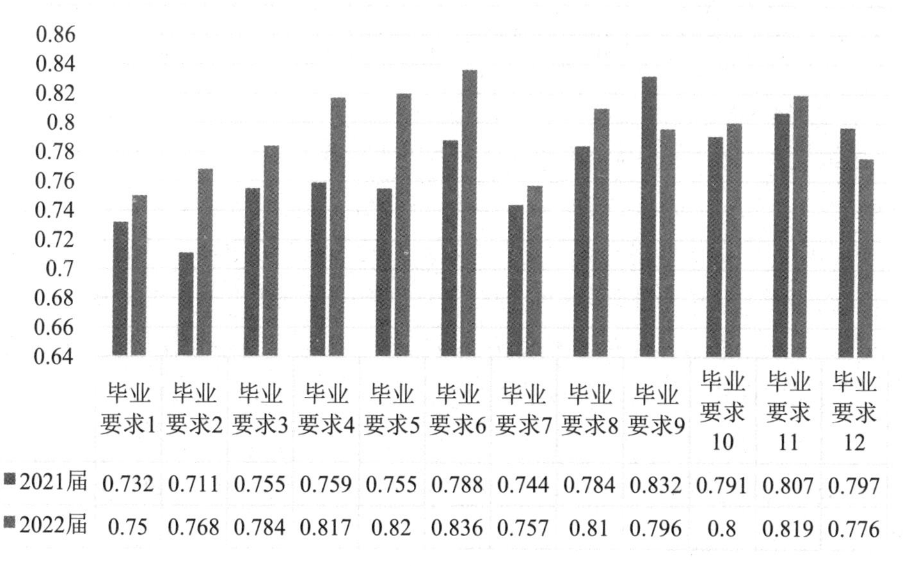

	毕业要求1	毕业要求2	毕业要求3	毕业要求4	毕业要求5	毕业要求6	毕业要求7	毕业要求8	毕业要求9	毕业要求10	毕业要求11	毕业要求12
2021届	0.732	0.711	0.755	0.759	0.755	0.788	0.744	0.784	0.832	0.791	0.807	0.797
2022届	0.75	0.768	0.784	0.817	0.82	0.836	0.757	0.81	0.796	0.8	0.819	0.776

图 5-15　2021 届和 2022 届毕业要求达成情况对比（课程目标达成分析法）

(2)开展课程体系的持续改进。依据专业人才培养方案的修订要求，分析毕业要求的达成情况分析结果，考量课程体系对毕业要求的支撑关系，以及各课程的课程目标、教学内容中存在的问题，用于持续改进课程体系、课程教学，以及课程考核等，也可用于进一步优化改进毕业要求观测点的分解。具体课程体系的改进包括以下几方面。

①由图 5-15 可见，2021 和 2022 届毕业生的毕业要求 1 和毕业要求 7 达成值均相对偏低，在本次对 2021 版专业人才培养方案的修订中，对毕业要求 1 进行了进一步地分解，由 3 个观测点改为 4 个，强调通过工程知识的掌握能够分别进行问题表述、建立数学模型、问题推演与分析，以及进行问题比较与综合，便于通过课程更好的支撑。

②对于毕业要求 7，为了更好支撑“使学生了解国家环境保护相关政策法规，理解环境保护和社会可持续发展的内涵和意义，并能合理进行评价”这一能力目标，增设了《工程与社会》课程，使学生通过深入学习，提高该项毕业要求的达成度。

5.3.4 基于课程体系合理性评价结果的持续改进

1. 改进依据

根据最近一次对2018版人才培养方案中课程体系所开展的合理性评价(评价结果见5.1.4节)，即综合校内外高校专家评价、行业企业专家评价和应届往届毕业生评价三个方面所提出的意见、建议、整改措施等，结合当前高等教育发展趋势和新的要求，由专业教学持续改进责任小组分析课程对毕业要求支撑存在哪些不足，形成改进课程体系和修改课程目标的意见和措施，并体现在2021版人才培养方案的课程体系修订和教学大纲的修改中。

2. 改进措施

根据对课程体系持续改进专题研讨的结果，明确并达成一致意见，主要改进措施包括如下几个方面。

(1)课程体系突出围绕立德树人根本任务。

(2)加大课程思政改革力度，将思政课程与课程思政有机结合，实现全员全程全方位育人。

(3)加强课程体系对非技术性因素的支撑力度，使其能够更好体现对学生非技术性能力的提升。

(4)通过审视课程目标，强调高支撑课程与低支撑课程的差异性；对于同一毕业要求观测点有过多或过少课程支撑的情况进行优化、调整，突出重点支撑课程。

(5)加强核心课程建设，突出核心课程在培养学生“解决复杂工程问题”能力的知识、方法的储备及综合应用能力的积累。

(6)加强实践教学环节的课程建设，通过开展实验室建设，开发工程实践项目，提高学生综合应用能力的培养水平，强化学生运用所学知识解决复杂工程问题的能力。

(7)根据学校、学院人才培养定位的调整，结合社会和行业的需求，增加相关特色课程和一些体现新技术的课程。

3. 改进效果

综合上述改进措施，由专业负责人牵头，全体专业教师经过多次研讨，课程体系改进逐一得到了落实，主要包括以下内容。

(1)通识平台课增加了：国家安全教育、劳动教育、党史，各1学分，突出立德树人根本任务，提高学生爱国、爱党情怀。

(2)增加了课程思政的教学改革覆盖面，在专业课教学大纲的课程目标中增加了“德育目标”，普遍开展课程思政课程的研究与实践。

(3)必修课当中增加了：计算机控制课程设计，与 PLC 课程设计、嵌入式控制课程设计形成互补，增强学生控制器和控制算法的实践应用能力。

(4)将专业英语和工业控制网络由限定选修课调整为必修课。调整专业英语目的在于提高学生阅读专业外文资料的能力，以及与业界用外语沟通的能力，以更好支撑 10.2；调整工业控制网络目的在于突出培养学生网络技术的应用能力，以更好满足《普通高等学校自动化专业规范》和工程教育认证电子信息与电气工程类专业补充标准的要求(2018 方案的网络技术能力培养是通过“嵌入式控制及网络技术课程设计”进行支撑)，同时，也是为了满足当前网络技术的普遍应用的需要。

(5)选修课程中增加了智能制造导论、Python 语言程序设计、EPALN 电气设计技术、人工智能与机器学习、最优控制理论五门课程，体现了当前的技术发展与需求。

(6)通过实验室建设，改善了过程控制、运动控制、自动控制原理、计算机控制技术等课程的实验条件，推动课程将部分课堂教学或全部课堂教学移到实验室开展，加强了项目式教学落实的深度，强化了学生解决复杂工程问题能力的培养。

(7)补充对 7.1 的支撑课程，2018 版只有形势与政策和工程项目管理两门课程对其支撑，2021 版在保留工程项目管理的基础上，添加了 PCB 电路板设计和工程与社会两门课；另外对 10.2 增加一门专业实践课“计算机控制技术课程设计”，以达到更好支撑相关非技术因素的作用。

(8)调整了部分课程对毕业要求观测点的支撑权重，以突出“高支撑”与“低支撑”的差异。

具体 2018 和 2021 版课程体系改进对比见表 5-15 所列。

表 5-15　2018 和 2021 版课程体系改进对比

序号	改进课程/问题	2018 版存在问题	2021 版改进情况
1	通识平台课	缺少党史教育和劳动教育类课程	增加了三门课：国家安全教育、劳动教育、党史，各 1 学分，突出立德树人根本任务，提高学生爱国、爱党情怀
2	课程思政	只有少数课程系统开展了课程思政的教学改革	在专业课教学大纲的课程目标中增加了“德育目标”，普遍开展课程思政课程的研究与实践
3	必修课当中增加了计算机控制课程设计	算法的实践与应用能力支撑不足	与 PLC 课程设计、嵌入式控制课程设计形成互补，增强学生控制器和控制算法的实践应用能力
4	专业英语	限定选修	改为必修，目的在于提高学生阅读专业外文资料的能力，以及与业界用外语沟通的能力，以更好支撑 10.2
5	工业控制网络	限定选修，原有网络技术能力培养由嵌入式控制及网络技术课程设计支撑	改为必修，突出培养学生网络技术的应用能力
6	选修课程中增加了智能制造导论、Python 语言程序设计、EPALN 电气设计技术、人工智能与机器学习、最优控制理论五门课程	能够体现新技术的课程较少	体现了当前的技术发展与需求
7	过程控制工程、伺服运动控制技术、自动控制原理、计算机控制技术	开展项目式教学不够深入	加强了项目式教学落实的深度，强化了学生解决复杂工程问题能力的培养
8	7.1 的支撑课程	形势与政策和工程项目管理两门课程对其支撑	保留工程项目管理的基础上，添加了 PCB 电路板设计和工程与社会两门课使该项能力支撑关系更为合理

续表

序号	改进课程/问题	2018 版存在问题	2021 版改进情况
9	10.2 的支撑课程	大学英语、自动化专业导论、毕业设计(论文)作为支撑课程，不够充分	添加支撑课程：计算机控制课程设计、专业英语，通过文献检索等能力的锻炼，培养学生通过查阅资料提高自身跟踪行业发展趋势及研究热点能力

第6章

毕业要求达成度评价体系的构建

毕业要求代表毕业生所具备的各项知识、能力和素质达成情况，是衡量整个教学活动各个环节质量是否满足预期目标的重要参考依据。同时毕业要求达成情况评价，处于培养目标评价和课程体系以及课程质量评价的中间环节，起到承上启下的作用。

毕业要求达成度评价是工程教育认证持续改进的主线工作，是支撑人才培养目标的主要环节，是搭建课程体系平台的重要依据，更是检测学生学习效果的有力手段。工程教育专业认证要求评价是手段，持续改进是目的。通过构建“评价—反馈—改进—评价”的闭环评价模式，并将评价结果用于持续改进，能够促使毕业要求对专业培养目标形成强有力的支撑，提高人才培养质量。

6.1 构建毕业要求达成度评价的框架

针对毕业要求达成度评价，专业在培养方案制订期间，需要对毕业要求指标点进行分解，课程体系对毕业要求指标点要能够支撑，并对支撑度进行分析，形成各指标点达成度的目标值。

毕业要求达成度评价主要依据两部分来完成：一是校内评价反馈环节，旨在考察毕业生相关知识、能力和素质的达成情况；二是校外的满意度调查和社会舆论反馈等稳定长效的综合评价体系。在建立毕业要求达成度评价整体框架时，首先应明确毕业要求达成度评价的责任主体；然后依据标准毕业要求分解指标点，明确指标点权重；接着建立毕业要求与课程的支撑关系矩阵，确定各教学环节对于毕业要求的支撑情况；最后以成果导向教育理念为基础，针对毕业要求指标点侧重能力的不同，采用不同的评价方法对毕业要求达成度情况进行直接判定。达成度评价结果将反馈到人才培养过程中各环节，作为实施持续改进的依据。

即评价机制的基本框架是反向设计，正向评价与反馈，需要根据人才培养目标和专业特色，明确毕业生的毕业要求和毕业 5 年预期目标，毕业要求需要再合理分解细化为具体可衡量的指标点，每一个指标点下要设计能够支撑该毕业要求的课程和教学环节，以及课程环节对应的定量评价权重值。实施评价时由各个课程和环节达成度评价的结果支撑毕业要求的达成度，结合校外社会评价结果，共同支撑培养目标的达成度。

6.2　毕业要求达成度评价运行

毕业要求达成情况的评价与课程质量评价具有紧密联系，又不同于课程质量评价。从时间上来说，课程评价要早于毕业要求的评价，课程考试结束后，就可以着手进行课程质量评价，而毕业要求评价在所有的教学环节完成以后才可以进行。

为了保证毕业要求达成度评价机制有效运行，充分发挥诊断、管理、导向作用，需要明确构成评价机制的关键要素。

6.2.1　评价对象

毕业要求达成度评价机制的评价对象为自动化专业培养的应届毕业生。

6.2.2　评价周期

校内教学环节评价周期为 1 年/次。

应届毕业生认同度调查评价周期为 1 年/次。

往届毕业生跟踪调查和用人单位反馈问卷调查周期为 1 年/次。

基于学生毕业要求的相对稳定性和教师精力的有限性，学院专业教学指导委员会确定毕业要求的达成情况评价周期为 2 年/次。

6.2.3　评价依据

达成度校内评价的依据材料分为两类：一类是学生在大学 4 年的培养过程中所有教学环节的考核材料，包括试卷及成绩表、作业、实验实习报告、课程设计、毕业设计及答辩成绩、实物作品等；另一类为应届毕业生的调查反馈表、毕业率、就业率等数据。达成度校外评价的依据材料主要是用人单位及社会舆论反馈调查表等。评价依据的各项材料，在进行达成度评价之前，需通过专业评价工作小组的合理性确认，才可以用来评价。

6.2.4　评价方法

毕业要求达成度评价方法主要包括直接评价和间接评价两种。

直接评价主要通过量化考核的课程，通过课程对毕业要求指标点达成度的支撑评价实现，以各门课程对某一毕业要求分解指标点的达成度评价结果为基础，辅以相应的课程支撑权重，计算得到达成度评价结果。

间接评价主要对应届毕业生和用人单位等进行问卷调查，了解用人单位以及毕业生对本专业人才培养的认可度与满意度，是一种定性的间接评价方式。并以收集的所有调查问卷为基础，综合分析得到达成度评价结果。

每项毕业要求指标点的达成度评价值取直接评价、间接评价两项评价的最低值作为该项毕业要求的评价值。

毕业要求达成评价流程如图 6-1 所示。

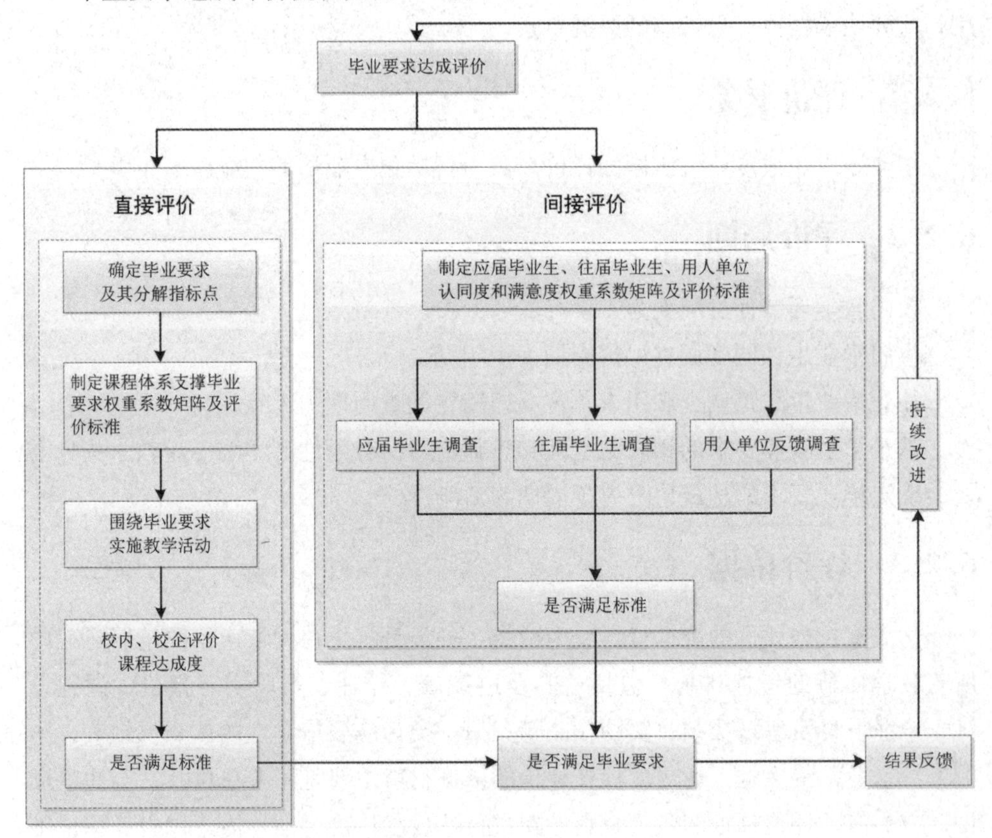

图 6-1　毕业要求评价流程

6.2.5　直接评价办法及标准

1. 权重系数

由毕业要求达成度评价委员会会同专业负责人，将毕业要求分解为若干指标

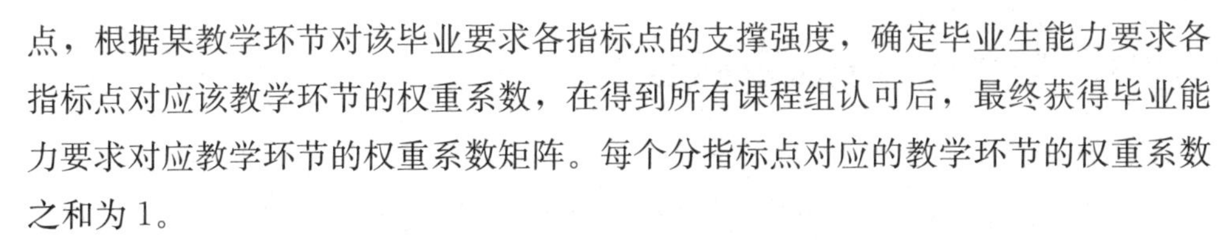

点，根据某教学环节对该毕业要求各指标点的支撑强度，确定毕业生能力要求各指标点对应该教学环节的权重系数，在得到所有课程组认可后，最终获得毕业能力要求对应教学环节的权重系数矩阵。每个分指标点对应的教学环节的权重系数之和为 1。

2. 直接评价标准

根据专业实际情况，将分指标点的各门支撑课程的达成度评价标准均设定为 0.65，毕业要求分指标点的达成度标准为 0.65。即若某分指标点的达成度评价值大于 0.65，则说明该毕业要求分指标点达成；否则说明未达成。每项毕业要求的达成度评价值为其所包含的所有分指标点达成度评价值的最小值。若该数值大于 0.65，则认为该项毕业能力要求达成；否则说明未达成。

3. 直接评价计算方法

课程的直接评价主要通过学生在校期间的各类教学环节的考核成绩进行评价。根据教学环节的全部被评价学生的平均考核成绩来计算其对相关指标点的评价值，直接评价包括课程目标达成度评价和毕业要求指标点达成度评价两个阶段。

课程目标达成度评价主要以课程的考试、作业、讨论、实验等各种考核方式对课程支撑指标点达成度进行计算。对于校外实习实训、毕业设计等教学环节，在考核成绩中按照一定的比例系数计入校外实习基地老师或毕业设计企业导师对学生学习情况的评价。

课程目标达成度评价包括课程分目标达成度评价和课程总目标达成度评价，具体计算方法如下：

$$\text{课程分目标达成度}=\frac{\text{总评成绩中支撑该课程目标相关考核环节平均得分}}{\text{总评成绩中支撑该课程目标相关考核环节目标总分}}$$

$$\text{课程总目标达成度}=\frac{\text{该课程学生总评成绩平均值}}{\text{该课程总评成绩总分(100 分)}}$$

分指标点达成度评价是将支撑该毕业要求分指标点的多门课程的对应分目标达成度进行统计计算，其计算方法为课程指标点权重系数与课程对应该指标点的分目标达成度评价值乘积的总和。

计算全部毕业要求的达成情况，取某一毕业要求对应的所有指标点达成情况评价值的最小值，即得到该毕业要求的达成情况。

6.2.6 间接评价方法及标准

1. 间接评价措施

间接评价主要通过应届毕业生、往届毕业生、用人单位三方调查问卷结果进行研判。

2. 间接评价计算方法

根据对毕业要求的支撑强度，确定应届毕业生、往届毕业生、用人单位认同度对各项毕业要求的权重系数，每项毕业要求的权重系数总和为1。

根据调查反馈，将“非常好、好、一般、差、非常差”五个评价等级依次取“5、4、3、2、1”进行五分制量化。

应届毕业生、往届毕业生、用人单位认同度中每一分项评价值采用统计样本的平均值，其计算公式为

$$分项评估值=\frac{\sum 每个样本分项评价值}{样本总数}$$

每一分项毕业要求达成度评价需考虑应届毕业生、往届毕业生、用人单位三方对各项毕业要求的权重系数，计算公式如下：

$$分项毕业要求达成度=\frac{\sum 各方权重系数\times 各方分项评价值}{目标值}$$

3. 间接评价标准

根据本专业实际情况，若计算后的每项毕业要求达成度的间接评价值均大于0.65，则认为毕业要求达成；否则，为未达成。

6.2.7 数据来源

毕业要求达成度直接评价的数据主要来源于各教学环节的考核材料，包括作业、课堂表现、课堂小测验、课堂讨论、课程试卷、实习报告、实验报告、设计说明书、课程论文、毕业设计(论文)等。间接评价的数据主要来源于应届毕业生、往届毕业生、用人单位的调查问卷。具体分为三类。

(1)基于课程成绩的毕业要求达成情况评价：评价数据来源为各门课程(包括实践教学在内的所有教学环节)的考核材料，实验(实习、设计)报告、毕业设计(论文)等。

(2)基于毕业生调查问卷的毕业要求达成情况评价：评价数据来源于毕业生

调查问卷及其分析报告。

(3)基于用人单位调查问卷的毕业要求达成情况评价：评价数据来源于聘用本专业毕业生的用人单位调查问卷及其分析报告。

6.2.8　评价机构

学院成立毕业要求达成度评价委员会，由主管教学副院长担任主任，成员包括专业负责人、教研室主任、实验实训中心主任、教务办主任、团学办主任等。

毕业要求达成度评价委员会主要负责审查毕业要求指标点分解的合理性及各项指标点的支撑教学环节的合理性，制定评价办法，根据直接评价和间接评价数据分析毕业要求是否达成，并进行结果反馈。

各专业主干课程成立课程组，由教学经验丰富的骨干教师担任课程负责人，负责组织任课教师在审定支撑毕业要求指标点的合理性的基础上，根据课程需要支撑的毕业要求制定教学大纲、实施教学活动、并对课程达成度进行直接评价，再由课程负责人将课程达成度的直接评价结果反馈给专业负责人。

毕业要求达成度的间接评价由团学办主任负责，学生工作队伍全员参与，根据毕业要求达成度评价委员会制定的间接评价方法和标准，组织应届毕业生和用人单位等进行间接评价，并将评价结果反馈给毕业要求达成度评价委员会。

毕业要求达成度评价委员会收到直接评价和间接评价数据后，对毕业要求达成度进行分析、比较，得出结论，并将毕业要求达成度评价结果及时反馈给学院教学委员会、课程组及任课教师，为后续持续改进提供依据。

6.2.9　结果应用

学院每学期以教学环节考核材料作为评价依据，组织任课教师对课程目标是否达成进行直接评价，并由课程负责人将直接评价结果《课程达成度评价表》提交给学院毕业要求达成度评价委员会；间接评价的结果由团学办公室反馈给学院毕业要求达成度评价委员会。学院毕业要求达成度评价委员会根据直接评价和间接评价的数据，每2年对毕业要求的达成情况进行全面评价，计算出毕业要求达成度的评价结果，并判定是否“达成”，并将毕业要求达成度评价表反馈给学院教学委员会审议，作为不断改进的参考依据。教学委员会根据反馈结果，对培养方案进行修订。

评价是过程，改进是目的。专业针对毕业要求达成度评价结果，进行合理性分析，提出改进措施，优化专业毕业要求，使之对培养目标形成有力支撑。同时，根据评价结果，相关任课教师加强后续课程建设，学业导师加强学生学业指导，以及引导学生对照专业毕业要求的各项要求，开展主动学习和探究性学习，从而提高人才培养质量。

6.3 问卷调查法实施原则

为避免只采用直接评价的成绩分析法统计毕业要求达成度客观评价的片面性和局限性，还需要结合毕业要求达成度主观评价。针对全部毕业要求下设的指标点，设置不同的满意度对应分值，制订调查问卷。毕业要求达成度主观评价可采用应届毕业生调查、往届毕业生调查、用人单位调查等多个环节相结合的方法，利用邮件、问卷、微信小程序、座谈、电话等方式进行。调查结束后，对通过问卷、座谈等方式获取的调查结论和数据进行统计、分析和综合研判，确保其有效性并最终用于判定毕业要求的主观达成情况。问卷调查法可按如下两种方式进行。

(1)针对应届毕业的全体学生发放调查问卷，让全体应届毕业生对毕业要求达成情况进行自我评价，调查问卷内容应该涵盖所有毕业要求内容。对即将毕业的大四学生，在离校前期收集一次大四毕业生对自己知识、能力的评价和满意度。对已经毕业的学生，主要调研毕业五年左右的学生，采取以班级为样本单元的毕业生群体调研和企业走访调研相结合的方式，调研分析学生毕业五年左右的成长发展情况以及对毕业要求达成的核心能力认同情况。

(2)针对用人单位(调查聘用本专业毕业生的用人单位)发放本专业调查问卷“毕业要求达成度用人单位调查问卷表”，跟踪本专业往届毕业生的职业发展和在各自岗位上取得的成就，专业重视毕业生及用人单位对专业课程体系设置的评价意见，通过问卷调查、座谈、调研等形式与毕业生和用人单位保持密切联系和沟通，不断听取反馈意见。根据反馈意见，逐步完善课程设置，进而在满足用人单位对专业人才需求的同时，帮助学生更好地实现职业生涯规划。通过调查问卷分析，对往届毕业生在毕业目标达成方面进行科学评估。

为获得不同对象的问卷对毕业要求达成情况的评价结果，对问卷调查结果进行量化，将毕业要求指标点达成度评价结果的五个等级选项，并赋予不同的满意度分值。根据每项毕业要求指标点的问卷结果和满意度分值，通过加权求和方法计算出指标点达成度；并根据指标点达成度评价表，选择各指标点最小达成度评价值作为该毕业要求达成度。

第7章

基于OBE理念的专业人才培养方案研制

成果导向教育(outcomes-based education，OBE)是以学生的学习成果(产出)为导向的教育理念，要求“把教育系统中的一切都围绕着学生在学习结束时必须能达到的能力去组织与设计”。经过四十多年的不断发展，形成了比较完整的理论体系。2016 年，我国正式加入了《华盛顿协议》，开始将 OBE 理念正式引用到工程教育认证标准中。相较于传统模式的教学方法，OBE 理念并不拘泥于课堂的教学内容和教学时间，而是将重心转移到了学生的学习成果上。在教学过程中，教育者也不再是课堂主体，而是突出以学生为中心的教学原则。

成果导向教育遵循反向设计原则、从需求开始，由需求决定培养目标，由培养目标决定毕业要求，再由毕业要求决定课程体系。OBE 在课程教学中的具体体现首先要明确课程对毕业要求的支撑和贡献，再根据支撑情况设置课程目标，最后根据课程目标确定与之对应的教学内容和教学方法。

专业的培养目标一般有 4～6 条表述，每一条必须由一个或多个毕业要求支撑。当培养目标正式确立之后，专业需要合理设计毕业要求。毕业要求的设计应该遵循两条原则：一是毕业要求能够支撑培养目标的实现，二是毕业要求应全面覆盖工程教育专业认证标准要求。

为更好地建立课程体系对毕业要求的支撑关系，一般可将一条毕业要求分解成若干个指标点，指标点和毕业要求之间应该具有明确的对应关系，在表述指标点时，可以使用合适的动词，表达学生能力在程度上的差异，体现解决复杂工程问题的能力。指标点分解时需要注意：①指标点是毕业要求的内涵解读，是为课程支撑和评价提供的观测点，不是毕业要求的简单拆分；②指标点分解应体现学生能力形成的内在逻辑或要素，内涵可衡量，有专业特色，有助于师生准确理解毕业要求，能有效引导课程建设。

毕业要求是对毕业生应具备的知识、能力、素质结构提出了具体要求，这种要求必须通过与之相对应的课程体系才能在教学中实现。也就是说，毕业要求必须逐条地落实到每一门具体课程中。毕业要求与课程体系之间的对应关系一般可以用矩阵形式表达，通常称之为课程矩阵。它能一目了然地表明每门课程教学对达到毕业要求的支撑和贡献，还可以用作研究课程与课程之间的关系。通过课程矩阵可以分析各门课程知识点之间是互补、深化关系，还是简单重复关系，从而为重组和优化课程教学内容提供依据。课程矩阵设计的合理性需要考虑以下几方面因素：一是布局合理，即所有的毕业要求，特别是非技术要求，都有相应教学环节支撑，无明显的薄弱环节，且支撑课程覆盖了所有必修教学环节；二是定位准确，即每项毕业要求都应有重点支撑的课程，高度支撑的教学环节能体现专业核心课程和重要实践性环节的作用，可用于证明毕业要求达成情况；三是任务明确，即每门课程都应当在矩阵中找准位置，在此基础上，再进一步细化任务，落实到指标点。

7.1　基于 OBE 理念的专业人才培养方案简介

南阳理工学院自动化专业始建于 1995 年，为“河南省特色专业”“河南省本科工程教育人才培养改革试点专业”“国家卓越工程师教育培养计划”试点专业，“河南省综合改革试点专业”，河南省一流专业建设点，建设有河南省“应用型本科自动化专业核心课程教学团队”和河南省“检测技术与自动化装置”重点学科等。

自动化专业依据中国工程教育专业认证的理念和方法，以学生为中心，成果产出为导向，不断加强专业建设和教学改革，建立了系统的教学质量监控体系和持续改进机制。自动化专业的毕业生具有较强的工程实践和创新能力，主要服务于地方经济和社会发展。

7.2　基于 OBE 理念的专业人才培养目标

本专业立足河南，面向全国，培养能够适应智能制造行业自动化工程设计技术需求，德智体美劳全面发展的社会主义事业合格建设者和可靠接班人，具有良好的社会责任感、职业道德、创新能力、国际视野和扎实的自动化专业知识，能够在自动化、智能化工程及相关技术领域从事工程项目和相关产品的设计开发、系统集成、运行维护、工程管理等工作，能够解决自动化领域复杂工程问题的应用型工程技术人才。学生毕业五年左右能达到的目标如下。

(1)能够应用基础理论、专业知识、行业技术标准、工程管理与决策等多学科知识，分析和研究自动化领域的复杂工程问题，提出系统性的解决方案。

(2)具备良好的创新能力，能够熟练运用现代工具从事自动控制系统的集成、运行、维护和管理，自动化产品的设计开发等工作。

(3)具有良好的家国情怀、人文科学素养、工程职业道德，较强的社会责任感，遵守法律法规和行业规范，在工程实践中考虑环境、安全与可持续性发展等因素。

(4)具有沟通、交流和团队合作能力，能在工作团队中发挥骨干作用；能够跟踪自动化行业国内外发展动态，具有自主学习和终身学习的意识和能力，适应自动化技术的发展变化。

7.3 基于 OBE 理念的专业人才培养学制及修读学分规定

7.3.1 学制

基本学制 4 年，实行弹性学制，修业年限为 3～7 年。

7.3.2 毕业学分规定

本专业要求学生必须修满规定学分的必修课、选修课及所有实践性教学环节，成绩合格，且通过毕业设计论文答辩，获得总学分 170 学分，准予毕业，授予工学学士学位。

通识平台选修课程要求修满 10 学分，计入总学分。

7.4 基于 OBE 理念的专业人才培养毕业要求

7.4.1 工程知识

能够运用所学的数学、自然科学、工程基础和专业知识等解决自动化领域的复杂工程问题。

内涵观测点 1－1：掌握数学、自然科学的知识，能将其用于自动化领域复杂工程问题的表述。

内涵观测点 1－2：能够利用数学、自然科学和工程基础知识，对自动化领域复杂工程问题中的对象或系统建立数学模型并求解。

内涵观测点 1－3：能够将自动化学科相关知识和数学模型用于推演、分析自动化领域复杂工程问题。

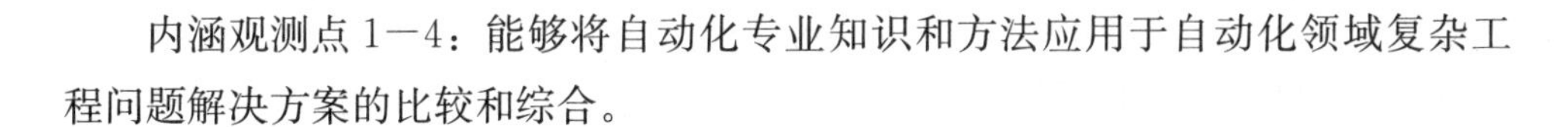

内涵观测点1—4：能够将自动化专业知识和方法应用于自动化领域复杂工程问题解决方案的比较和综合。

7.4.2　问题分析

能够应用数学、自然科学和工程科学的基本原理，识别、表达自动化领域复杂工程问题，并结合文献研究分析自动化领域复杂工程问题，以获得有效结论。

内涵观测点2—1：能够运用数学、自然科学和工程科学的基本原理，识别和判断自动化领域复杂工程问题的关键环节和主要参数之间的关系。

内涵观测点2—2：能够基于科学原理和数学模型，对自动化领域复杂工程问题进行正确表达。

内涵观测点2—3：能认识到解决自动化领域复杂工程问题方案的多样性，并能够通过文献研究，运用工程科学原理和专业知识分析自动化领域复杂工程问题的影响因素与解决途径，寻求可选择的解决方案，并获得有效结论。

7.4.3　设计/开发解决方案

能够针对自动化领域的复杂工程问题提出解决方案，设计满足特定控制需求的系统、单元(部件)或工艺流程，包括硬件系统、软件系统、人机界面等单元，并能够在设计环节中体现创新意识。同时设计方案能够考虑社会、健康、安全、法律、文化以及环境等因素。

内涵观测点3—1：掌握自动化领域复杂工程问题的设计与开发的基本方法和技术手段，能够制定自动化领域复杂工程问题的解决方案，包括系统架构、硬件设计方案、软件实现方案、控制算法及人机界面，并了解影响设计目标和技术方案的各种因素及相互关系。

内涵观测点3—2：能够针对自动化领域的复杂工程问题，分析特定需求，设计实施过程中的控制单元、控制系统和控制流程，体现创新意识。

内涵观测点3—3：能够在系统设计与集成中综合考虑社会、健康、安全、法律、文化以及环境等因素，并优化设计方案。

7.4.4　研究

具备初步的科学探究能力，能够基于科学原理并采用科学方法对自动化领域中的复杂工程问题进行研究，包括设计实验方案、开展实验验证、分析与解释实验数据，并通过信息综合得到合理有效的结论。

内涵观测点 4－1：能够基于科学原理，采用文献研究或相关方法，对自动化领域中的复杂工程问题进行分析并制定解决方案。

内涵观测点 4－2：能够根据控制系统的对象特征，选择研究路线，制定实验方案，并构建实验系统，安全地开展实验，获取有效的实验数据。

内涵观测点 4－3：能够对实验数据和结果进行处理、分析和解释，并通过信息综合得到合理有效的结论。

7.4.5 使用现代工具

能够针对自动化领域中的复杂工程问题，开发、选择与使用恰当的软硬件平台、各类信息资源、现代仪器仪表和工程工具，以及信息技术工具，对复杂工程问题进行预测与模拟，并能够对结果的优势和不足进行科学的解释和分析。

内涵观测点 5－1：掌握解决自动化领域复杂工程问题所需的仪器仪表、系统设计软件、信息技术工具、工程工具和模拟仿真软件的原理和使用方法，理解其局限性。

内涵观测点 5－2：针对复杂工程问题中自动控制系统的开发、设计、集成等问题，能够根据需求正确选择与使用现代工程工具。

内涵观测点 5－3：能够运用恰当的工具对自动化领域的复杂工程问题进行模拟和预测，并分析其局限性。

7.4.6 工程与社会

能够基于自动化工程背景知识，对专业工程实践和复杂工程问题的解决方案进行合理分析，评价其对社会、健康、安全、法律和文化的影响，并理解不同社会文化对工程实践活动的影响及工程师应承担的责任。

内涵观测点 6－1：知晓自动化领域的相关技术标准体系、知识产权、产业政策和法律法规，理解不同社会文化对工程活动的影响。

内涵观测点 6－2：能够分析和评价自动化专业工程实践和复杂工程问题解决方案对社会、健康、安全、法律和文化等方面的影响，以及上述制约因素对项目实施的影响，并理解应承担的责任。

7.4.7 环境和可持续发展

具有环境和可持续发展意识，能够理解和评价自动化领域复杂工程问题的工程实践对环境、社会可持续发展的影响，并给出改进的合理化建议。

内涵观测点7—1：树立科学发展观，了解国家环境保护相关政策法规，理解环境保护和社会可持续发展的内涵和意义。

内涵观测点7—2：能够合理评价自动化领域复杂工程问题的工程实践对环境、经济和社会可持续发展的影响。

7.4.8　职业规范

具有人文社会科学素养和社会责任感，能理解并遵守自动化领域工程实践中的工程职业道德和规范，履行法定或社会约定的责任。

内涵观测点8—1：具有人文社会科学知识、素养和社会责任感，树立和践行社会主义核心价值观，了解中国国情，自觉维护国家利益。

内涵观测点8—2：理解工程师的职业性质和社会责任，能够在工程实践中恪守工程伦理、自觉遵守工程职业道德和规范，尊重相关国家和国际通行的法律法规，并履行对公众的安全、健康和福祉、环境保护的社会责任。

7.4.9　个人和团队

理解团队合作的意义，能够在多学科背景下的团队中承担个体、团队成员以及负责人的角色，并履行相应的工作职责，开展有效的工作。

内涵观测点9—1：具备多学科背景下的团队合作精神，能够与其他团队成员有效沟通，合作共事。

内涵观测点9—2：能够在团队中独立或合作的方式开展工作；具有组织、协调和管理的能力。

7.4.10　沟通

能够就自动化领域复杂工程问题中的系统集成、运行、维护和管理以及产品设计、开发等问题，通过口头发言、撰写报告、设计文稿、图表等方式，与业界同行及社会公众进行有效沟通和交流。具备一定的国际视野，能够在跨文化背景下进行沟通和交流。

内涵观测点10—1：能够就自动化领域复杂工程问题中的系统集成、运行、维护和管理以及产品设计、开发等问题，通过口头发言、撰写报告、设计文稿、图表等方式，准确表达自己的观点，与业界同行及社会公众进行有效的沟通、回应质疑。

内涵观测点 10－2：了解自动化领域相关技术的国际发展趋势、研究热点；掌握一种外语应用能力，能够阅读本专业外文文献、资料，能就专业问题在跨文化背景下进行有效的沟通和交流。

7.4.11　项目管理

能够在自动化工程项目或产品的设计、实施过程中，理解并掌握工程管理原理与经济决策方法，并能在多学科交叉与多方面利益冲突环境中应用。

内涵观测点 11－1：掌握工程项目中涉及的工程管理原理与经济决策方法；了解产品及工程全周期、全流程的成本构成，理解其中涉及的工程管理与经济决策问题。

内涵观测点 11－2：能够在多学科环境下，在设计开发解决方案的过程中，运用工程项目管理与经济决策方法。

7.4.12　终身学习

对自主学习和终身学习的重要性有正确的认识，关注自动化的前沿发展现状和趋势，具备开展自主学习以满足工程项目开展需求和适应社会、技术发展的能力。

内涵观测点 12－1：在社会发展的大背景下，能认识不断探索和学习的必要性，具有自主学习和终身学习的意识。

内涵观测点 12－2：关注自动化领域的前沿发展现状和趋势，能够通过学习不断提升自我，适应工程技术的发展，满足个人或职业发展的需求。

毕业要求与培养目标关系矩阵见表 7-1 所列。

表 7-1　毕业要求对培养目标的支撑关系

毕业要求	培养目标			
	培养目标 1	培养目标 2	培养目标 3	培养目标 4
1. 工程知识	√			
2. 问题分析	√			
3. 设计/开发解决方案	√	√		
4. 研究	√	√		

续表

毕业要求	培养目标			
	培养目标1	培养目标2	培养目标3	培养目标4
5. 使用现代工具		√		
6. 工程与社会	√		√	
7. 环境和可持续发展			√	
8. 职业规范			√	
9. 个人和团队				√
10. 沟通				√
11. 项目管理		√		
12. 终身学习				√

7.5　基于OBE理念的专业人才培养学位授予

达到《南阳理工学院普通学士学位授予工作实施细则》规定的毕业生，授予工学学士学位。

7.6　基于OBE理念的专业人才培养主干学科

控制科学与工程，电气工程。

7.7　基于OBE理念的专业人才培养核心课程

自动化专业核心课程包括自动控制原理、现代控制理论、可编程序控制器、传感器与检测技术、计算机控制技术、过程控制工程、伺服运动控制技术、ARM微处理器技术、电机及电力拖动基础。

7.8 基于 OBE 理念的专业人才培养课程与毕业要求的关系矩阵

课程与毕业要求的关系矩阵见表 7-2 所列。

表 7-2 课程与毕业要求关系矩阵

序号	课程名称	毕业要求																													
		1				2			3			4			5			6		7		8		9		10		11		12	
		1-1	1-2	1-3	1-4	2-1	2-2	2-3	3-1	3-2	3-3	4-1	4-2	4-3	5-1	5-2	5-3	6-1	6-2	7-1	7-2	8-1	8-2	9-1	9-2	10-1	10-2	11-1	11-2	12-1	12-2
1	思想道德与法治																	L				H									
2	大学英语I																										H				
3	军事理论																					L									
4	军事技能																							L							
5	体育I、II、III、IV																							M							
6	国家安全教育																					H									
7	形势与政策																			L		H									
8	大学生心理健康教育																							H							
9	高等数学 A1、A2	H				H																									
10	工程制图	L													H																
11	中国近现代史纲要																					H									
12	大学物理 A1、A2	H	L																												
13	大学英语II																										H				
14	C语言程序设计 B														H																
15	毛泽东思想和中国特色社会主义理论体系概论																			L		H									
16	大学英语III																										H				
17	创新创业教育基础																											L		M	
18	大学物理实验 A1、A2											H	L																		
19	马克思主义基本原理																					M								L	
20	党史																					M									
21	劳动教育																					L									
22	专业导论与职业发展规划																	M									H			H	
23	电路理论		H	L		L																									

续表

序号	课程名称	毕业要求																													
		1				2			3			4			5			6		7		8		9		10		11		12	
		1-1	1-2	1-3	1-4	2-1	2-2	2-3	3-1	3-2	3-3	4-1	4-2	4-3	5-1	5-2	5-3	6-1	6-2	7-1	7-2	8-1	8-2	9-1	9-2	10-1	10-2	11-1	11-2	12-1	12-2
24	模拟电子技术		H			M																									
25	线性代数B	M	H				H																								
26	工程训练																		L						H						
27	数字电子技术		H			M																									
28	自动控制原理	H		H		H	M																								
29	电机及电力拖动基础			M	M		H					L					L														
30	传感器与检测技术				L	H							M	H																	
31	复变函数与积分变换B	H																													
32	概率论与数理统计B			H										L																	
33	现代控制理论			H				M				L																			
34	可编程序控制器				H					L								H													
35	计算机控制技术				H		H	H		L					L																
36	工程项目管理																	H		H								H	H		
37	认知实习																		M				H					M		H	
38	电子技术实训												H				H								L				M		
39	ARM微处理器技术			H						M					H		H														
40	嵌入式控制课程设计								H		H			H										H			M		L		
41	PCB电路板设计																			H	H										
42	机器人控制技术				H		H																				L				H
43	可编程序控制器课程设计								M	H	L		H													H			H		
44	控制系统仿真							H							H	L	H														
45	伺服运动控制技术				H				L			H																			

续表

序号	课程名称	毕业要求																													
		1				2			3			4			5			6		7		8		9		10		11		12	
		1-1	1-2	1-3	1-4	2-1	2-2	2-3	3-1	3-2	3-3	4-1	4-2	4-3	5-1	5-2	5-3	6-1	6-2	7-1	7-2	8-1	8-2	9-1	9-2	10-1	10-2	11-1	11-2	12-1	12-2
46	过程控制工程							H	M									H								L					
47	过程控制工程课程设计								H		H	H		H							H		L								
48	伺服运动控制课程设计									H			H											H	H	H	L				
49	计算机控制课程设计										H					H											H		H		
50	工程与社会																	H	H	H	L		H								
51	机器人控制系统集成实训								H														H	H	H	L		H			
52	专业英语																										H				L
53	工业控制网络								L	H						H															M
54	生产实习																		H		H				M			H			H
55	就业技能指导																													H	
56	毕业设计（论文）							H		H						H										H	H				H

说明：H 表示强支撑，M 表示中等支撑，L 表示弱支撑。

7.9　基于 OBE 理念的专业人才培养课程配置流程

课程配置流程如图 7-1 所示。

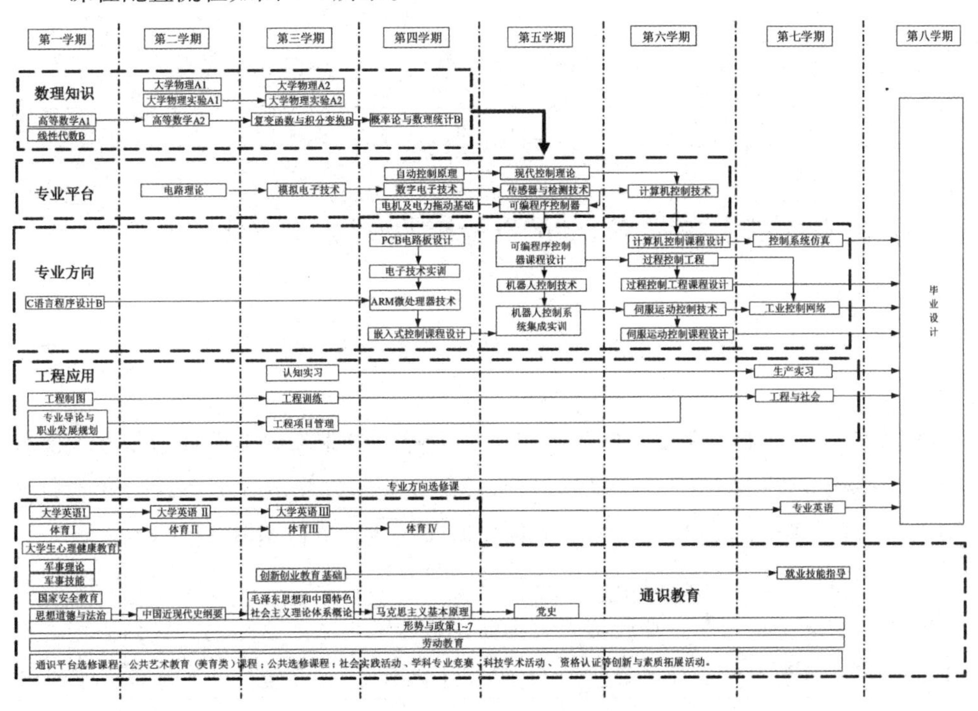

图 7-1　课程配置流程

7.10　基于 OBE 理念的专业人才培养课程结构与学分比例

7.10.1　按照培养方案课程模块统计

南阳理工学院自动化专业 2021 版人才培养方案中课程结构与学分比例见表 7-3 所列。

表 7-3 课程结构与学分比例

课程分类	通识平台课程		专业平台课程	专业方向课程	专业方向课程	合计	实践环节
	必修	选修	必修	必修	选修		
学时数	1116＋3 周	160	608	376＋37 周	96	2356＋40 周	566＋40 周
学分数	64.5	10	38	51.5	6	170	60.875
占总学分比例	37.94%	5.88%	22.35%	30.29%	3.53%	100%	35.81%

备注：实践环节包含实验、实习、实训、课程设计、专业综合训练、毕业设计(论文)等。

7.10.2 按照工程教育认证的标准课程体系统计

工程教育认证的标准课程体系包括如下 4 个要求。

(1)与本专业毕业要求相适应的数学与自然科学类课程(至少占总学分的 15%)。

(2)符合本专业毕业要求的工程基础类课程、专业基础类课程与专业类课程(至少占总学分的 30%)。工程基础类课程和专业基础类课程能体现数学和自然科学在本专业应用能力培养，专业类课程能体现系统设计和实现能力的培养。

(3)工程实践与毕业设计(论文)(至少占总学分的 20%)。设置完善的实践教学体系，并与企业合作，开展实习、实训，培养学生的实践能力和创新能力。毕业设计(论文)选题要结合本专业的工程实际问题，培养学生的工程意识、协作精神以及综合应用所学知识解决实际问题的能力。对毕业设计(论文)的指导和考核有企业或行业专家参与。

(4)人文社会科学类通识教育课程(至少占总学分的 15%)，使学生在从事工程设计时能够考虑经济、环境、法律、伦理等各种制约因素。

南阳理工学院自动化专业 2021 版人才培养方案中按照认证的标准，其课程体系与学分比例见表 7-4 所列。本专业的课程体系及学分比例能否满足工程教育专业认证的要求。

表 7-4 课程体系构成及学分比例

课程分类	人文和社会科学类课程（15%）		数学与自然科学类课程（15%）	学科基础和专业课程（30%）				实践类课程（20%）	合计
				工程基础类课程	专业基础类课程	专业类课程			
	必修	选修	必修	必修	必修	必修	选修		
学分数	40	10	28	22.5	21	8.5	6	34	170
	50			58					
占总学分比例	29.41%		16.47%	34.12%				20%	100%

备注："( )"内百分比为工程教育认证通用标准要求。实践类课程包含独立设课的实验、实习、实训、课程设计、毕业设计(论文)等。

7.11 基于OBE理念的专业人才培养课程设置总表

本专业的课程体系课程先后顺序总体遵循："数学和自然科学类课程→工程基础类课程→专业基础类课程→专业课程→专业实践"原则，课程设置总表见表7-5～表7-9所列。

表 7-5 课程设置总表 1

课程类别		课程编号	开课部门	课程名称	学分	考核方式	理论周学时	学时分配			修读学期
								总计	理论	实践	
通识平台课程	必修课	2114040901	马克思主义学院	思想道德与法治	3	考查	2	48	32	16	1
		2115001901	体育部	体育Ⅰ	1	考试	2	36	0	36	1
		2119010901	学生处	军事理论	2	考查	2	36	36	0	1
		2119010902	学生处	军事技能	2	考查		2周		2周	1
		2116010901	心理健康教育中心	大学生心理健康教育	2	考查	2	32	16	16	1
		2113010901	外国语学院	大学英语Ⅰ	3	考试	4	48	24	24	1

续表

课程类别		课程编号	开课部门	课程名称	学分	考核方式	理论周学时	学时分配			修读学期
								总计	理论	实践	
通识平台课程	必修课	2101010901	智能制造学院	工程制图	2	考查	2	32	24	8	1
		2109031901	数理学院	高等数学A1	4.5	考试	5	72	72	0	1
		2114051901	马克思主义学院	形势与政策1	0.25	考查	2	8	8	0	1
		2112050901	传媒学院	国家安全教育	1	考查	1	16	16	0	1
		2103090905	计算机与软件学院	C语言程序设计B	3.5	考试	4	56	32	24	1
		2100010901	教务处	劳动教育	1	考查	4	32	16	16	1～7
		2114030901	马克思主义学院	中国近现代史纲要	3	考查	2	48	32	16	2
		2114052901	马克思主义学院	形势与政策2	0.25	考查	2	8	8	0	2
		2115002901	体育部	体育Ⅱ	1	考试	2	36	0	36	2
		2113020902	外国语学院	大学英语Ⅱ	3	考试	4	48	24	24	2
		2109032901	数理学院	高等数学A2	4.5	考试	5	72	72	0	2
		2109041901	数理学院	大学物理A1	4	考试	4	64	64	0	2
		2109040903	数理学院	大学物理实验A1	1.5	考试	3	24	0	24	2
		2114053901	马克思主义学院	形势与政策3	0.25	考查	2	8	8	0	3
		2115003901	体育部	体育Ⅲ	1	考试	2	36	0	36	3
		2113030903	外国语学院	大学英语III	2	考试	2	32	24	8	3
		2101000902	智能制造学院	工程训练	1	考查		1周		1周	3
		2109042901	数理学院	大学物理A2	3	考试	4	48	48	0	3
		2109040904	数理学院	大学物理实验A2	1.5	考试	3	4	0	24	3
		2114010901	马克思主义学院	马克思主义基本原理	3	考试	2	48	32	16	3

续表

课程类别		课程编号	开课部门	课程名称	学分	考核方式	理论周学时	学时分配			修读学期
								总计	理论	实践	
通识平台课程	必修课	2118010901	创业学院	创新创业教育基础	2	考查	2	32	8	24	3，4
		2114020901	马克思主义学院	毛泽东思想和中国特色社会主义理论体系概论	5	考查	4	80	64	16	4
		2114054901	马克思主义学院	形势与政策 4	0.25	考查	2	8	8	0	4
		2115004901	体育部	体育Ⅳ	1	考试	2	36	0	36	4
		2114030902	马克思主义学院	党史	1	考试	2	16	16	0	5
		2114055901	马克思主义学院	形势与政策 5	0.25	考查	2	8	8	0	5
		2114056901	马克思主义学院	形势与政策 6	0.25	考查	2	8	8	0	6
		2114057901	马克思主义学院	形势与政策 7	0.5	考查	2	16	16	0	7
		小计			64.5			1116+3 周	716	400+3 周	

表 7-6　课程设置总表 2

课程类别	课程或活动名称	学分
通识平台选修课程	公共艺术教育(美育类)课程：开设《艺术导论》《影视鉴赏》《音乐鉴赏》《美术鉴赏》《戏剧鉴赏》《舞蹈鉴赏》《书法鉴赏》《戏曲鉴赏》八门课程，分别记 2 学分，学生在校期间必须从中选修一门，作为学生公共选修课程	2
	公共选修课程：哲学、历史与心理学；文化、语言与文学；经济、管理及法律；理科(自然科学)；工科(自然科学)；艺术与体育、创业教育类课程。学生毕业时选修课学分分布应不少于上述类别中的五类，不低于 6 学分	8
	社会实践活动(学生在学习期间参加社会调查、生产劳动、志愿服务、科技发明和勤工助学等)、学科专业竞赛、科技学术活动、资格认证等创新与素质拓展活动，按学校文件《南阳理工学院创新学分和素能拓展学分认定办法》中所列的学生创新活动和素能拓展活动进行学分认定	

续表

课程类别	课程或活动名称	学分
	小计	学分 10
		学时 160

表 7-7　课程设置总表 3

课程类别		课程编号	课程名称	学分	考核方式	周学时	学时分配			修读学期
							总计	理论	实践	
专业平台课程	必修课	2109030904	线性代数 B	3	考试	4	48	48	0	1
		2101060800	专业导论与职业发展规划	1	考查	2	16	16	0	1
		2102040820	电路理论	4	考试	4	64	56	8	2
		2102040821	模拟电子技术	3	考试	4	48	40	8	3
		2109030806	复变函数与积分变换 B	3	考试	4	48	48	0	3
		2109030802	概率论与数理统计 B	3	考试	4	48	48	0	4
		2102040822	数字电子技术	3	考试	4	48	40	8	4
		2101060804	自动控制原理	4	考试	4	64	54	10	4
		2101060805	电机及电力拖动基础	3	考试	4	48	40	8	4
		2101060806	传感器与检测技术	2	考试	4	32	32	0	5
		2101060807	现代控制理论	3	考试	5	48	40	8	5
		2101060808	可编程序控制器	3	考试	4	48	48	0	5
		2101060809	计算机控制技术	3	考试	4	48	40	8	6
小计				38			608	550	58	

表 7-8　课程设置总表 4

课程类别		课程编号	课程名称	学分	考核方式	周学时	学时分配			修读学期
							总计	理论	实践	
专业方向课程	必修课	2101060700	工程项目管理	2	考查	4	32	32	0	3
		2101060701	认知实习	1	考查		1 周		1 周	3
		2102040720	电子技术实训	2	考查		2 周		2 周	4
		2101060703	ARM 微处理器技术	3	考试	4	48	36	12	4

续表

课程类别		课程编号	课程名称	学分	考核方式	周学时	学时分配			修读学期
							总计	理论	实践	
专业方向课程	必修课	2101060704	嵌入式控制课程设计	2	考查		2 周		2 周	4
		2101060705	PCB 电路板设计	2	考查	4	32	24	8	4
		2101060706	机器人控制技术	2.5	考试	4	40	32	8	5
		2101060707	可编程序控制器课程设计	3	考查		3 周		3 周	5
		2101060708	机器人控制系统集成实训	3	考查		3 周		3 周	5
		2101060709	伺服运动控制技术	3	考试	4	48	48	0	6
		2101060710	过程控制工程	3	考试	4	48	48	0	6
		2101060711	过程控制工程课程设计	3	考查		3 周		3 周	6
		2101060712	伺服运动控制课程设计	3	考查		3 周		3 周	6
		2101060713	计算机控制课程设计	2	考查		2 周		2 周	6
		2101060714	工程与社会	1	考查	2	16	16	0	7
		2101060715	控制系统仿真	2	考查	4	32	0	32	7
		2101060716	专业英语	2	考查	4	32	32	0	7
		2101060717	工业控制网络	2.5	考查	4	40	0	40	7
		2101060718	生产实习	1	考查		2 周		2 周	7
		2101017801	就业技能指导	0.5	考查	2	8	0	8	7
		2101060719	毕业设计(论文)	8	考查		16 周		16 周	8
		小计		51.5			376＋37 周	268	108＋37 周	
专业方向课程	选修课	最低选够 6 学分								
		2101012871	智能制造导论	1	考查	4	16	16	0	2
		2101012803	专业文献检索与计算机应用技术	1	考查	2	16	0	16	2
		2101060720	电气控制设计基础	3	考试	4	48	40	8	4
		2101060730	Python 语言程序设计	1.5	考查	4	24	24	0	5
		2101060721	电力电子技术	1.5	考试	4	24	24	0	5
		2101060722	EPLAN 电气设计技术	1	考查	2	16	8	8	6
		2101060723	数字图像处理	3	考查	4	48	48	0	6
		2101060724	变频调速技术	2	考查	4	32	24	8	6

续表

课程类别		课程编号	课程名称	学分	考核方式	周学时	学时分配			修读学期
							总计	理论	实践	
专业方向课程	选修课	2101060725	数字信号处理	3	考查	4	48	48	0	6
		2101060726	最优控制理论	1	考查	2	16	16	0	7
		2101060727	人工智能与机器学习	3	考查	4	48	48	0	7
		2101060728	高级语言监控技术	2	考查	4	32	32	0	7
		2101060729	智能控制	2	考查	4	32	32	0	7
		小计		24		400	360	40		

表 7-9　实践教学课程设置表

课程编号	课程名称	学分	考核方式	实践学时/周学时或周数	学期	形式	修读形式	场所
2114040901	思想道德与法治	3	考查	16	1	分散	必修	校内
2115001909	体育Ⅰ	1	考试	36	1	集中	必修	校内
2119010902	军事技能	2	考查	2 周	1	集中	必修	校内
2116010901	大学生心理健康教育	2	考查	16	1	集中	必修	校内
2113010901	大学英语Ⅰ	3	考试	24	1	集中	必修	校内
2101010901	工程制图	2	考查	8	1	集中	必修	校内
2103090905	C 语言程序设计 B	3.5	考试	24	1	集中	必修	校内
2100010901	劳动教育	1	考查	16	1～7	集中	必修	校内
2114030901	中国近现代史纲要	3	考查	16	2	分散	必修	校内
2115002901	体育Ⅱ	1	考试	36	2	集中	必修	校内
2113020902	大学英语Ⅱ	3	考试	24	2	集中	必修	校内
2109040903	大学物理实验 A1	1.5	考试	24	2	集中	必修	校内
2101060801	电路理论	4	考试	8	2	集中	必修	校内
2115003901	体育Ⅲ	1	考试	36	3	集中	必修	校内
2113030903	大学英语Ⅲ	2	考试	8	3	集中	必修	校内
2101000902	工程训练	1	考查	1 周	3	集中	必修	校内
2109040904	大学物理实验 A2	1.5	考试	24	3	集中	必修	校内

续表

课程编号	课程名称	学分	考核方式	实践学时/周学时或周数	学期	形式	修读形式	场所
2114020901	毛泽东思想和中国特色社会主义理论体系概论	5	考查	16	3	分散	必修	校内
2101060802	模拟电子技术	3	考试	8	3	分散	必修	校内
2101060701	认知实习	1	考查	1周	3	集中	必修	校内/校外
2118010901	创新创业教育基础	2	考查	24	3，4	分散	必修	校内
2114010901	马克思主义基本原理	3	考试	16	4	分散	必修	校内
2115004901	体育Ⅳ	1	考试	36	4	集中	必修	校内
2101060803	数字电子技术	3	考试	8	4	集中	必修	校内
2101060804	自动控制原理	4	考试	10	4	集中	必修	校内
2101060805	电机及电力拖动基础	3	考试	8	4	集中	必修	校内
2101060702	电子技术实训	2	考查	2周	4	集中	必修	校内
2101060703	ARM微处理器技术	3	考查	12	4	集中	必修	校内
2101060704	嵌入式控制课程设计	2	考查	2周	4	集中	必修	校内
2101060705	PCB电路板设计	2	考查	8	4	集中	必修	校内
2101060807	现代控制理论	3	考试	8	5	集中	必修	校内
2101060706	机器人控制技术	2.5	考查	8	5	集中	必修	校内
2101060707	可编程序控制器课程设计	3	考查	3周	5	集中	必修	校内
2101060708	机器人控制系统集成实训	3	考查	3周	5	集中	必修	校内
2101060809	计算机控制技术	3	考试	8	6	集中	必修	校内
2101060711	过程控制工程课程设计	3	考查	3周	6	集中	必修	校内
2101060712	伺服运动控制课程设计	3	考查	3周	6	集中	必修	校内
2101060713	计算机控制课程设计	2	考查	2周	6	集中	必修	校内
2101060715	控制系统仿真	2	考查	32	7	集中	必修	校内
2101060717	工业控制网络	2.5	考查	40	7	集中	必修	校内
2101060718	生产实习	1	考查	2周	7	集中	必修	校内
2101017801	就业技能指导	0.5	考查	8	7	集中	必修	校内

续表

课程编号	课程名称	学分	考核方式	实践学时/周学时或周数	学期	形式	修读形式	场所
2101060719	毕业设计(论文)	8	考查	16 周	8	集中	必修	校内/外
	合　　计	566+40 周						

第8章

省级一流本科课程“可编程序控制器”建设及改革研究

8.1 “可编程序控制器”课程介绍

南阳理工学院自动化专业是校级和省级一流专业、省级特色专业、省级专业综合改革试点、国家级卓越工程师试点专业。根据南阳理工学院高水平应用型理工大学的办学定位，自动化专业培养目标定位为培养自动化领域的高素质控制工程应用型人才，能够从事生产过程和控制系统的分析、设计和运行。

“可编程序控制器”课程为自动化专业高端专业课群中核心课程之一，既是专业基础理论的综合应用，又是学生走向工作岗位可直接应用的一门重要专业知识。通过本课程理论和实践一体化的综合学习，学生可以掌握电气控制与可编程控制器的相关知识和技能，培养分析问题和解决生产现场实际问题的能力，提高学生工程职业道德素养，为今后从事自动化工程领域技术工作打下坚实基础。

8.2 “可编程序控制器”课程教学理念

OBE是一种“以生为本”的教育哲学，在实践上，是一种聚焦于学生受教育后获得什么能力和能够做什么的培养模式，一切教育活动、教育过程和课程设计都是围绕预期的教学效果制定。课堂作为教学实施的主要形式，通过课堂教学使学生能够达到毕业要求、达成培养目标。

教学本质是教学是什么，教学就是“教学生学”，教学生“乐学”“会学”“学会”。其中“会学”是核心，要会自己学、会做中学、会思中学。同时把握教学理念，即教学为什么，并遵循教学原则。“教主于学”是教育应该遵循的教学原则，教之主体在于学，教之目的在于学，教之效果在于学，一切以学为中心。“教之主体在于学”就是教学活动要以学生为中心，强调教育的对象是学生，这是教主于学的核心。“教之目的在于学”解释了“为什么教”，教了要有效果，让受众的学生去学习掌握，而不是教师在自编自导，忽略了教学活动实施的目的。“教之效果在于学”是如何评价教学，教的效果不是评价教师的课堂教学活动，而是评价学生的学习效果，从而持续改进课堂教学。要放弃传统的“以教论教”，坚持“以学论教”的评价原则，也就是说，要通过“学得怎么样”来评价“教得怎么样”以产出为目的。

课堂教学实际上主要围绕两个方面进行：一是教师教什么、怎么教、教得怎样、效果如何；二是学什么、怎么学、学得怎样、效果如何。前者是传统以教师为中心的课堂教学，后者是以学生为中心的课堂教学。传统课堂教学主要强调前者而忽视了后者，强调了教师在课堂教学实施中的主导地位，忽略了受众对象学生的作用。OBE 采用以学生为中心的教学理念和教学模式，强调学生在教学中的主体地位，教学的一切活动应围绕学生开展，在教学过程中将学生放在“中心位置”，充分体现了“以人为本”的教学理念。

教学活动的实施主体包括教师和学生。传统课堂教学是教师传授知识的过程，教师处于课堂教学中心地位。教师是课堂的权威与主角，引领着课堂教学活动的进行，把握着课堂话语的主导权，忽略了受众对象学生的感受。学生跟着教师的节奏、步伐，聆听式学习，被动式地去接收课堂教学活动，课堂发言也基本属于非主动发起，即按照“教师发起—学生回应—教师评价”的步骤进行。教师课堂以讲授知识为主，学生展现自己的学习成就、理解、思考的机会就会大大减少。在这种教学模式下，学生看不到学习中自我的重要地位，缺乏自主探索、实践、反思的学习过程，主动参与度不高，学习的积极性不能充分发挥。而 OBE 成果导向教育要求“一切都围绕着学生在学习结束时必须能达到的能力去组织与设计”，体现了以学生为中心地位。教师主要作为教学过程的设计者、推动者和学生学习的指导者，不再是知识的传授者、灌输者和教学的控制者。课堂教学活动中，教师不再是热情激昂地讲授，更多的时候是作为学习过程中的倾听者、观察者、建议者与指导者，学生则是主动学习者、建构者、探索者、操作手和求助者，适时接受教师的指导与建议。以学生为中心的教学，需要从观念上实现从“重教轻学”向“教主于学”转变，从灌输课堂向对话课堂转变，从封闭课堂向开放课堂转变，从重学轻思向学思结合转变，从知识课堂向能力课堂转变。

在教学方法和策略方面，传统的教学模式中，教师依赖课程教学内容来组织课程知识体系，实施教学活动，教师主要关注教学内容完整性和连贯性。OBE 理念则强调将课堂关注重点放到学生的学习成果上，可以从项目化的角度出发来逐步细化教学内容和教学方法，增加课堂趣味性。另外，教师应摒弃满堂灌、填鸭式的传统教学方法和手段，在教学过程中关注学生课堂上的动态化表现，将探究式教学、情景式教学、抛锚式教学、小组式教学逐步渗透到课堂中，进一步激发学生的创新思维和创新意识，促进学习成果的高效率产出。在 OBE 理念下，每一位学生都是课堂主体，每一位学生也都是自己人生的主宰者。但需要强调的是，教育者要关注学生之间的个体差异，根据他们的性格特点、学习能力以及兴趣爱好来制定不同的教学方法。严格落实因材施教，以此来保证每一位学生在校期间都能够学有所成，进而达到符合自身预期的学习成果。

总之，成果导向教育以人人都能成功、注重个性化评价、体现能力本位为核心。教师教学出发点不是教师要教什么，而是教会学生什么。启发引导学生自主学习、探究学习，激发学生的学习兴趣，注重学生的参与度，关注学生的差异性，强调能力培养。师生关系不是处于上位的教师对处于下位的学生进行教化、灌输的"上施下效"活动，教师的教学是围绕着学生的学习发展，带着学生走向知识，而非带着知识走向学生。教师要有学生意识，了解学生知道什么(学习基础)，能做什么(生长点)，精心设计教学内容，让学生对所学内容有充分的体验、感悟和实践。

8.3 基于OBE理念"可编程序控制器"课程大纲设计

OBE是一种以教育产出效果作为教学评估主要导向的教育模式，其理念的核心是"以学生为中心，成果导向，持续改进"。OBE教育模式具有明确的学习成果预期、反向的课程设计、灵活的教学设计、精确的学习成果评估等特点。

毕业要求需要逐条地落实到每一门课程的教学大纲中去从而明确某门具体课程的教学内容对达到毕业要求的贡献。编制教学大纲时必须考虑以下几方面要素：①建立课程目标和毕业要求之间的关系，课程目标能与毕业要求清晰对接，可以体现学生的学习成果，并能引导课程的教学与考核；②建立课程教学与课程目标之间的关系，教学内容能够支撑课程目标的实现，有助于课程目标的达成并体现培养解决复杂工程问题的能力；③建立课程考核与课程目标之间的关系，针对课程目标提出课程考核要求，考核方式有助于课程目标评价且覆盖全体学生，评分标准针对课程目标设计且及格标准能体现课程目标的达成。

传统式教学的教学大纲实际上是对教材所规定的教学内容按照章、节顺序对讲授时间做出的安排。它规定了每一章(节)的讲授学时以及每堂课的讲授内容，教学内容与毕业要求的关系不明确，以致老师"教不明白"、学生"学不明白"。成

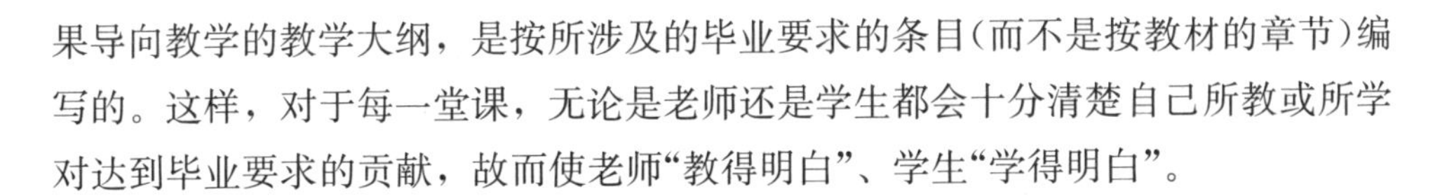

果导向教学的教学大纲，是按所涉及的毕业要求的条目(而不是按教材的章节)编写的。这样，对于每一堂课，无论是老师还是学生都会十分清楚自己所教或所学对达到毕业要求的贡献，故而使老师“教得明白”、学生“学得明白”。

8.3.1　基于 OBE 理念的课程的性质与任务

课程性质：“可编程序控制器”课程是自动化专业的专业平台必修课。该课程是从事控制系统工程、自动化等领域必须掌握的一门重要的专业应用技术课程，是自动化多种技术的综合应用，集传统继电器控制技术、现代 PLC 控制技术为一体，能够为后续的可编程序控制器课程设计、毕业设计等课程提供理论和技术支撑。

课程任务：该课程主要包括电气控制系统和可编程序控制器(PLC)系统两大部分内容。电气控制技术为基础，PLC 技术为重点。通过学习常用低压电器的结构、原理及用途、基本电气控制环节的实现与设计、PLC 构成及工作原理、PLC 编程及仿真软件、PLC 内部资源及指令系统、PLC 控制系统设计方法等内容，学生能掌握并熟练使用一种典型的 PLC 设备解决简单的工程实际问题，具备 PLC 控制系统的软硬件设计、安装、调试和控制等基础知识。

本课程具有较强的实践性及应用性，是目前工业现场应用较多的技术之一，结合专业特点以及 PLC 控制技术发展的趋势，使学生树立工程观点，培养学生运用 PLC 控制技术解决自动化领域实际工程问题的能力。

8.3.2　基于 OBE 理念的课程目标及对毕业要求的支撑关系

德育目标：能够正确认识可编程序控制器在自动化控制系统中的重要作用，理解“中国制造 2025”和“工业 4.0”的内涵，提高学生对专业学习的兴趣，树立正确的学习态度，培养学生具有主动参与、积极进取、崇尚科学、探究科学的学习态度和思想意识；养成理论联系实际、科学严谨、认真细致、实事求是的科学态度和职业道德。

课程目标 1：了解 PLC 技术发展历程、掌握 PLC 系统的构成、工作原理及编程方法；并能够将上述理论、方法用于自动化工程中的 PLC 系统解决方案的比较与综合。

课程目标 2：能够分析控制系统技术需求，设计系统的软硬件方案，掌握 PLC 的程序编写及仿真和调试方法，并能在设计中体现创新意识。

课程目标 3：通过课程学习，了解相应的标准和行业规范，在控制系统设计中规范使用电气元件的图形符号和文字、遵守统一的国家标准及相关的法律、法规等。

课程目标对毕业要求的支撑说明见表 8-1 所列。

表 8-1 课程目标对毕业要求的支撑关系

课程目标	毕业要求观测点	支撑说明	毕业要求
1	1-4：能够将自动化专业知识和方法应用于自动化领域复杂工程问题解决方案的比较和综合	通过掌握 PLC 的相关知识，能够对 PLC 系统的解决方案进行分析、比较	1. 工程知识：能够运用所学的数学、自然科学、工程基础和专业知识等解决自动化领域的复杂工程问题
2	3-2：能够针对自动化领域的复杂工程问题，分析特定需求，设计实施过程中的控制单元、控制系统和控制流程，体现创新意识	能够分析控制系统技术需求，设计系统的软硬件方案，掌握 PLC 的程序编写、仿真和调试，对仿真结果进行分析改进。并能在设计中体现创新意识	3. 设计/开发解决方案：能够针对自动化领域的复杂工程问题提出解决方案，设计满足特定控制需求的系统、单元(部件)或工艺流程，包括硬件系统、软件系统、人机界面等单元，并能够在设计环节中体现创新意识。同时设计方案能够考虑社会、健康、安全、法律、文化以及环境等因素
3	6-1：知晓自动化领域的相关技术标准体系、知识产权、产业政策和法律法规，理解不同社会文化对工程活动的影响	在课程学习中，通过查阅学习自动化领域工程、项目运作的规律以及相关法律、法规、标准等，了解自动化项目实施的相关标准以及法律、法规，在设计中规范图形符号和文字	6. 工程与社会：能够基于自动化工程背景知识，对专业工程实践和复杂工程问题的解决方案进行合理分析，评价其对社会、健康、安全、法律和文化的影响，并理解不同社会文化对工程实践活动的影响及工程师应承担的责任

8.3.3　基于 OBE 理念的课程教学内容、学习要求与学时分配

1. 理论教学

课程理论教学内容、要求与学时分配见表 8-2 所列。

表 8-2　理论学习内容、要求与学时分配表

课程教学内容	思政元素	预期学习成果	重点、难点	推荐学时	教学方式	支撑课程目标
(1)电气控制系统：①常用低压电器的结构和工作原理；②常用低压电器的图形符号和文字符号；③基本电气控制环节的实现与设计	由常用低压电器的选用需要借助参数手册引出"做人做事要以法为据，才能走出正确的人生道路"的道理	能够认知和理解各种电气元件的工作原理以及它们在控制系统中的作用；能够了解与认识继电逻辑控制系统；能够设计继电逻辑控制系统的电气原理图	重点：本课程概述；电气控制系统的基本概念、应用及常用电器元件；常用低压电器、继电器一接触器基本控制电路；电气控制电路设计。难点：电气控制系统点动、连续运转、正反转、顺序控制的基本原理	4	讲授	1、2、3
(2)可编程控制器基础：① PLC 概述；②PLC 工作原理；③PLC 编程语言与编程原则；④PLC 性能指标及分类；⑤国内外 PLC 产品概况	分析中华民族伟大复兴关键时期的需求，阐述 PLC 在工业应用中的发展需求及中国在 PLC 硬软件上的发展短板，激励学生的自主创新意识，为国家、民族制造业发展贡献力量	能够学习和理解 PLC 可编程逻辑控制器的基本原理、组成与发展方向；能够叙述 PLC 编程语言、原则、性能指标及分类；能够了解 PLC 产品概况	重点：PLC 的概念、特点、应用领域；PLC 的产品类别、组成、工作原理；PLC 的国内外状况及发展。难点：PLC 的产品类别、组成、工作原理	4	讲授	1、2

续表

课程教学内容	思政元素	预期学习成果	重点、难点	推荐学时	教学方式	支撑课程目标
(3)S7－1500 PLC 硬件系统：①S7－1500 PLC 产品简介；②S7－1500 PLC 的硬件组态、安装、接线及地址分配；③S7－1500 电源模块、CPU 模块、信号模块和功能模块	介绍工业现场 PLC 的应用方法和意义，了解国家自动化建设的伟大战略，鼓励学生树立建设祖国的理想	能够叙述 S7－1500 PLC 系统各部分构成及硬件结构；能够掌握 S7－1500 PLC 系列 PLC 安装、拆卸及接线；能够了解 S7－1500 PLC 系统常用模块的功能和使用方法	重点：理解 S7－1500 PLC 的硬件组成及功能、S7－1500 PLC 的硬件安装与维护。难点：S7－1500 PLC 的地址分配	4	讲授＋项目测试	1、2
(4)西门子 TIA 博途软件：①TIA 博途软件介绍、安装；②TIA 博途软件的项目创建方法；③仿真 SIMATIC S7－PLCSIM 的使用	介绍我国工业软件的发展水平，对比国内外工业软件的研发进展，帮助学生理解我国在工业自动化设备方面的优势与不足。鼓励学生积极参与实践和创新，帮助学生树立为祖国的工业化现代化战略做出贡献的理想	能够安装 TIA 博途软件；能够利用 TIA 博途软件进行项目创建、程序编写与调试；能够使用 S7－1500 PLC 仿真软件	重点：理解并掌握组态的基本概念、S7 系列组态软件使用。难点：项目调试与诊断工具的使用	4	讲授＋项目测试	1、2

续表

课程教学内容	思政元素	预期学习成果	重点、难点	推荐学时	教学方式	支撑课程目标
(5)西门子 S7－1500 PLC 编程及指令系统：①S7－1500 PLC 编程基础；② S7 － 1500 PLC 基本指令；③S7 － 1500 PLC 功能指令	了解 PLC 的基本编程原理，通过对 PLC 高效和高稳定的控制作用的接触，理解工业化对于一个国家的工业发展的重要性	能够理解 PLC 编程的数据格式和数据类型；掌握 S7－1500 PLC 存储器及其寻址方式；能够理解并掌握西门子 S7－1500 PLC 编程指令	重点：熟练掌握 PLC 的基本指令，了解常用功能指令的使用。难点：互锁，自锁逻辑的熟练运用	18	讲授＋项目测试	1、2
(6)S7－1500 PLC 的用户程序结构：①掌握 PLC 编程方式和程序结构；②组织块和数据块的使用；③函数与函数块的使用		能够了解 S7－1500 PLC 的编程方式和程序结构；能够掌握组织块和数据块的使用；能够掌握函数与函数块的使用	重点：理解并掌握 S7 系列结构化编程、函数和函数块的使用。难点：结构化编程	6	讲授	1、2
(7)模拟量处理与 PID 技术：①模拟量处理的基本概念；②模拟量模块技术特性；③模拟量的采集及数据处理；④PID 控制器的使用		能够叙述模拟量处理基本概念和模块技术特性；能够掌握模拟量数据的采集处理方法；能够理解和掌握西门子 S7－1500 PID 的使用	重点：理解并掌握模拟量的基本概念、采集和处理方法。难点：PID 控制器的使用方法	4	讲授	1、2

续表

课程教学内容	思政元素	预期学习成果	重点、难点	推荐学时	教学方式	支撑课程目标
(8)PLC控制系统设计：①PLC控制系统设计原则；②PLC控制系统软硬件设计方法；③PLC控制系统的调试方法；④自动化项目运作的法律、法规及相关标准	掌握PLC进行系统设计的方法，培养学生的创新设计能力和科技兴国的爱国情怀	能够了解PLC控制系统设计原则；能够掌握PLC控制系统设计、调试方法；能够熟悉自动化领域工程、项目运作的规律以及相关的法律、法规等	重点：了解PLC控制系统设计原则、调试方法和自动化项目运作的法律、法规及相关标准。 难点：PLC控制系统的调试方法	4	讲授	1、2、3

2. 辅导与交流

(1)辅导答疑：为了解学生的学习情况，帮助学生更好地理解和消化所学知识、改进学习方法和思维方式，培养其独立思考问题的能力，课外答疑方式、时间、地点要跟学生商量共同确定，灵活安排。同时开通网络答疑，就学生在学习、作业中遇到的问题进行探讨交流，帮助学生解决学习中的疑难问题，是课堂教学的重要补充。

(2)座谈：在授课期间，安排1～2次师生交流座谈，就学习过程中存在的问题、学习方法等内容进行沟通。

8.3.4 课程的考核与成绩评定方式

1. 考核方式、成绩构成及考核时间

本课程采用过程考核的形式，总成绩由平时作业、项目测试和期末考试构成，采用百分制考核，见表8-3所列。期末考试时间为120分钟。

表8-3 考核方式及占比

考核方式	考核依据	分数	成绩构成（总成绩中占比）
平时作业	作业完成度、完成质量	100	20%

续表

考核方式	考核依据	分数	成绩构成（总成绩中占比）
项目测试	根据项目完成情况，依据项目测试标准	100	40%
期末考核	试卷评阅标准	100	40%

2. 各考核方式与课程目标的对应关系

本课程各考核方式与课程目标的对应关系见表 8-4 所列。

表 8-4　各种考核方式与课程目标的对应关系

课程目标	毕业要求观测点	考核环节与成绩比例			支撑权重(%)
		作业(20%)	项目测试(40%)	期末考试(40%)	
1	1—4	60	10	20	24
2	3—2	20	80	60	60
3	6—1	20	10	20	16
总计		100	100	100	100

注：具体实施时，根据每年具体情况允许上下浮动 5%。

3. 评分标准

(1)期末考试为闭卷，详细评分标准参见试卷答案及评分标准。期末考试评价标准见表 8-5 所列。

表 8-5　期末考试评价标准

课程目标	观测点及权重	评价标准				
		优秀(90～100)	良好(80～89)	中等(70～79)	合格(60～69)	不合格(0～59)
1	PLC 系统概念(0.2)	能够准确阐述 PLC 系统概念、构成、工作原理、编程原则等	能够较好阐述 PLC 系统概念、构成、工作原理、编程原则等	能够阐述 PLC 系统概念、构成、工作原理、编程原则等	阐述 PLC 系统概念、构成、工作原理、编程原则等不够准确，有缺项	不能准确阐述 PLC 系统概念、构成、工作原理、编程原则等，回答问题不能抓住要点

续表

课程目标	观测点及权重	评价标准				
		优秀（90～100）	良好（80～89）	中等（70～79）	合格（60～69）	不合格（0～59）
2	控制系统技术需求，PLC程序编写（0.6）	能正确分析系统需求，在多种正确方案中选择并实现预期功能，程序编写较好	能正确分析系统需求，确定合适的方案实现预期功能，程序编写较好	能分析系统需求，确定方案实现预期功能，程序编写一般	能分析系统需求，确定的方案有部分缺陷，程序编写不完善	不能分析系统需求，无法设计合适的方案，程序编写不完善
3	自动化行业标准和规范、电气元件的图形符号和文字（0.2）	能较好地遵守行业标准和规范，电气元件的图形符号和文字符合标准	遵守行业标准和规范，电气元件的图形符号和文字符合标准	遵守行业标准和规范，电气元件的图形符号和文字部分符合标准	部分遵守行业标准和规范，电气元件的图形符号和文字部分符合标准	不遵守行业标准和规范，电气元件的图形符号和文字不符合标准

(2)作业评价标准见表 8-6 所列。

表 8-6　作业评价标准

课程目标	观测点及权重	评价标准				
		优秀（90～100）	良好（80～89）	中等（70～79）	合格（60～69）	不合格（0～59）
1	PLC基本知识掌握情况(0.6)	概念清晰，作业认真，答题正确率大于90%	概念比较清晰，作业比较认真，答题正确率大于80%	概念基本清晰，作业比较认真，答题正确率大于70%	概念不够清晰，作业不认真，答题正确率大于60%	概念不清晰，作业不认真，答题正确率小于60%

续表

课程目标	观测点及权重	评价标准				
		优秀（90～100）	良好（80～89）	中等（70～79）	合格（60～69）	不合格（0～59）
2	程序设计及创新意识(0.2)	自主完成并按时提交作业，准确率大于 90%，书写工整、清晰，有较好的创新	自主完成并按时提交作业，准确率大于 80%，书写清晰，步骤完整，有较好的创新	自主完成并按时提交作业，准确率大于 70%，书写认真，步骤完整，有一定的创新	自主完成并按时提交作业，准确率大于 60%，书写较为一般，步骤基本规范完整，有部分创新	不按时提交作业或后期补交，准确率小于 60%，步骤不规范完整，没有创新
3	行业规范和标准的作业质量(0.2)	自主完成并按时提交作业，准确率大于 90%，书写工整、清晰	自主完成并按时提交作业，准确率大于 80%，书写清晰，步骤完整	自主完成并按时提交作业，准确率大于 70%，书写认真，步骤完整	自主完成并按时提交作业，准确率大于 60%，书写较为一般，步骤基本规范完整	不按时提交作业或后期补交，准确率小 60%，步骤不规范完整

(3)项目测试评价标准见表 8-7 所列。

表 8-7　项目测试评价标准

课程目标	观测点及权重	评价标准				
		优秀（90～100）	良好（80～89）	中等（70～79）	合格（60～69）	不合格（0～59）
1	方案设计(0.1)	能够熟悉项目测试内容，设计方案先进、可行	能够熟悉项目测试内容，设计方案合理、可行	基本熟悉项目测试内容，设计方案可行	基本了解项目测试内容，设计方案可行	不熟悉项目测试内容，方案可行性差

续表

课程目标	观测点及权重	评价标准				
		优秀(90～100)	良好(80～89)	中等(70～79)	合格(60～69)	不合格(0～59)
2	项目完成情况及创新意识(0.8)	自主设计完成项目任务，回答问题正确率大于90%，有较好的创新	自主设计完成项目任务，回答问题正确率大于80%，有较好的创新	自主设计完成项目任务，回答问题正确率大于70%，有一定的创新	在他人的辅助下能够完成项目任务，回答问题正确率大于60%，有部分创新	不能自主设计完成项目任务，回答问题正确率小于60%，没有创新
3	遵守行业规范和标准(0.1)	操作规范，工程素养表现优秀	操作规范，工程素养表现良好	操作较为规范，工程素养表现良好	操作基本规范，工程素养表现一般	操作不规范，工程素养表现较差

8.3.5 基于OBE理念的课程目标达成评价方式

评价方式可采用修课学生成绩分析法、课程过程考核分析法、调查问卷法等，具体实施办法详见《自动化专业课程目标达成情况评价方法》。

8.4 基于CDIO和OBE的PLC课程教学改革与实践

8.4.1 基于CDIO和OBE的PLC课程改革的必要动力

可编程序控制器(PLC)是一种先进的自动化控制装置，已经成为工农业自动化生产中的重要支柱之一。2014年3月教育部明确提出全国1200所普通本科高等院校将有600多所逐步向应用技术型大学转变，培养应用型人才是高等教育大众化的发展方向。随着国家应用型人才建设计划的提出并实施，PLC应用技术已经成为国内高校电气类相关专业的热门课程。

CDIO代表构思(conceive)、设计(design)、实现(implement)和运作

(operate)的工程教育模式是近年来国际工程教育改革的新成果，是“基于项目教学”和“动手中学”的有机结合。OBE(outcomes-based education)即将学习成果作为导向的教育理念，学生在学习过程中能够清晰地预期将要实现的学习效果。

结合国家应用型人才培养的教育方针，依据 CDIO 和 OBE 教学理念，在 PLC 的教学过程中引入工程应用教育，强调以项目为学习该门课程的载体，掌握实际应用为目标的教学模式，对教学过程中的项目进行分析和实践练习，使学生学习的理论知识和实际应用相结合，从而提高学生的工程应用能力。这也是 PLC 课程教学改革的目的。

8.4.2　基于 CDIO 和 OBE 的 PLC 课程改革目标和思路

可编程序控制器(PLC)是大多数机电类相关专业的核心课程，该课程具有很强的实践性和应用性。PLC 从诞生至今，经过了几十年的发展，已经成为一门发展较快、应用领域非常广泛的课程。并且作为偏向应用性技术的课程，其与工程实践的联系非常紧密。目前国内高校开设 PLC 课程，基本还是遵循传统的教材和教学模式，即从 PLC 基础知识介绍开始，讲解其硬件体系和软件系统，以及编程技术和 PLC 控制系统的设计，主要教学形式采用课堂理论加实验验证，实验室中缺少实际工程对象，学生仅仅通过编程和仿真来进行理论知识消化，并且课程考核主要采用笔试试卷测试，学生纯粹为了考试而去学习，这样的教学模式导致学生理论知识学习枯燥，学习效果与实际工程项目应用脱节，无法培养学生的工程意识和实践应用能力，学习完该门课程后还不能应用 PLC 进行实际工程系统的设计，难以达到 PLC 课程应用型人才培养的目的。

针对传统“课堂理论＋实验”的 PLC 教学模式，通过 CDIO 的教学模式理念指导 PLC 课程教学改革，将 CDIO 理念实施的四个阶段贯穿于教学项目，即明确项目实现的任务(构思)，项目实现的方案(设计)，项目的具体实现(实施)，项目的运行和评价(运作)。也就是在项目教学实施中去理解、接收并应用枯燥的理论知识，引导培养学生的学习热情和工程应用能力，实现理论和实践的紧密结合。

同时基于 OBE 的教育理念，改革课程考核方式，取消以“识记”为主的老旧闭卷考试模式，主要依据项目完成情况，通过项目小组中成员自我评价、相互评价和教师评价作为结果进行学业评价，并根据评价结果不断地调整项目的实施过程。

总之，PLC 课程教学改革以 CDIO 为指导思想，以项目教学为主线，通过项目完成过程来驱动教学，进而在项目的实现过程中去掌握理论知识，提高工程应用能力的培养。以 OBE 教学模式来考评学业掌握情况，摈弃 PLC 教学内容的考核，注重 PLC 学习成果，强调学生实际学习成果的评价。通过 CDIO 和 OBE 的教学理念结合，在 PLC 课程教学中形成一个应用型人才培养的新课程体系。

8.4.3 基于 CDIO 和 OBE 的 PLC 课程教学改革措施

1. 教学内容改革

(1)课程教学大纲改革。根据 PLC 课程改革指导原则，以工程项目为主线贯穿教学，以学习结果为考核导向，进行传统课程教学内容与所设计教学项目的有机融合，编写 CDIO 和 OBE 模式下的 PLC 课程教学大纲，借助于工程案例，将理论和实践教学融入其中，实现培养学生的工程应用能力。

(2)教材改革。鉴于目前的 PLC 教材基本都是以传统教学内容进行安排的，不能满足课程教学改革的需要。为了配合 PLC 课程教学改革，根据工程项目案例教学的需要，由刘忠超编写并由化学工业出版社出版了《西门子 S7－1500 PLC 编程及项目实践》。该教材编写以项目实施为主线，PLC 实际教学内容融入项目，能够满足课程改革教学的需要。

(3)教学内容改革。教学内容改革是 PLC 课程改革的核心，主要以 CDIO 教学理念为指导，进行项目化教学案例的设计。根据学生需要掌握的 PLC 内容，设计了项目教学案例 6 个。在项目的实施过程中主要以学生为中心，强调学生的学习主体地位，授课教师主要结合项目进行学习内容的引导。构建“思考、动手、探索、实施”的 PLC 项目教学模式。学生主动思考项目实现的任务目标为前提，通过实际的动手和实践，发现问题；进而探索问题所涉及的 PLC 相关知识，再通过学习相关理论知识解决项目中的问题，从而完成项目的实施。

用于教学的项目选取应根据工程应用能力的形成以及学生知识掌握的进度，进行由易到难、逐渐深入的合理安排，并精简开发成适合教学的学习项目。为了保证教学项目的工程应用性，教师到南阳市相关企业进行了实地调研，根据学生的知识结构和 PLC 课程改革的要求，开发的基于 CDIO 的工程实际教学项目见表 8-8 所列。

表 8-8　教学工程项目一览表

项目序号	项目名称	学习目标	工程技能训练内容
1	电机起保停控制系统设计	①掌握 PLC 控制系统的设计；②掌握基本的电气控制线路接线；③学会 PLC 编程软件的使用；④学会 PLC 程序的编写并下载调试	训练学生的电气实践和 PLC 基本编程应用能力
2	工厂行车控制系统设计	①掌握开关量逻辑控制的实现；②学会 PLC 地址分配以及端子配线；③进一步熟悉 PLC 程序的编写并调试	训练学生应用 PLC 基本控制指令完成工厂行车的基本控制，培养学生解决基本工程问题的能力
3	十字路口交通灯控制系统设计	①掌握 PLC 内部时间继电器使用方法；②掌握定时器指令的设置和使用；③熟悉控制系统硬件选取的原则；④熟悉控制系统的接线并完善调试	训练学生应用 PLC 指令解决实际问题的能力，以及动手能力
4	车辆出入车库数量管理系统设计	①掌握 PLC 内部计数器的使用方法；②掌握计数器在实际工程中的使用；③熟悉 PLC 的编程及调试技能；④掌握 CDIO 项目工程实施四个阶段	训练学生设计控制系统能力，培养学生的工程应用和创新能力
5	物料分拣控制系统设计	①掌握 PLC 顺序控制的程序编写方法；②学习气动电磁阀的使用；③掌握触摸屏和变频器使用技能；④熟悉 PLC 控制系统的设计并调试	训练学生完成复杂控制系统设计的能力，能够了解熟悉相关自动化生产线的设计
6	小球吹浮位置控制系统设计	①掌握 PLC 模拟量处理技术；②掌握常用传感器的使用；③掌握传感器和 PLC 的接线；④学习掌握 PID 闭环控制技术	训练学生应用传感器和模拟量处理技术完成实际工程项目的能力

(4)教学方式改革。为了保证教学项目的实施效果，摈弃传统的课堂知识讲解方式，主要利用实验室场所，通过项目小组，协同完成项目任务。在项目实施中还可以引入企业团队文化，感受团队协作的重要性。学生为了完成项目任务，

成为挖掘理论知识的主体，教师围绕着学生的需求去协助解决问题，真正体现了“一切为了学生”的教学理念。学生通过选取的项目的学习，可以实现理论学习与工程实际过程相结合，并且能够实现知识和项目应用能力的迁移。

2. 考核方式改革

依据 OBE 教育理念，学生的学习效果评价应以项目实施结果为主要依据，而不是传统教师为主导通过试卷来考核，强调学生为中心的主体地位，提出了项目完成情况为考核驱动力，通过任务的驱动，考查学生的设计操作技能掌握情况。

在项目考核测试时，为了准确记录学生的项目完成情况，对考核结果进行科学评定，要求认真填写《可编程序控制器课程项目考核记录表》，样式见表 8-9。为了分析项目教学实施中存在的问题，以便于反馈改进，在测试完成后要求填写《可编程序控制器课程项目考核分析表》，样式见表 8-10 所列。

表 8-9　可编程序控制器课程项目考核记录表

<table>
<tr><td>考核内容</td><td colspan="5"></td></tr>
<tr><td>考核时间</td><td></td><td>地点</td><td></td><td>班级</td><td></td></tr>
<tr><td colspan="2">学生姓名</td><td colspan="2">考核成绩</td><td colspan="2">学生签名</td></tr>
<tr><td colspan="2"></td><td colspan="2"></td><td colspan="2"></td></tr>
<tr><td rowspan="4">项目考核内容及分值比例</td><td colspan="3">考核内容</td><td>分值</td><td>得分</td></tr>
<tr><td colspan="3">项目功能完成情况</td><td>50</td><td></td></tr>
<tr><td colspan="3">回答问题情况</td><td>30</td><td></td></tr>
<tr><td colspan="3">考核过程工程素质表现</td><td>20</td><td></td></tr>
<tr><td>备注</td><td colspan="5"></td></tr>
</table>

表 8-10　可编程序控制器课程项目考核分析表

<table>
<tr><td>考核时间</td><td></td><td>考核地点</td><td></td></tr>
<tr><td colspan="4">考核目标：（包括认识、了解、理解、掌握、应用知识）</td></tr>
<tr><td colspan="4">考核内容：</td></tr>
<tr><td colspan="4">考核分析：</td></tr>
</table>

续表

考核时间		考核地点	
反思：			

通过考核过程的记录评价，能够激发学生在 PLC 学习过程中注重学习成果，促进学生积极参与项目完成。这种考核方式将学生从传统的死记硬背应付试卷的考试模式中解脱出来，构建了以学生为本的考核新模式，同时通过考核分析不断地优化项目教学过程，为 PLC 教学改革注入新的活力，这也符合当前社会对应用型人才培养的需要。

8.4.4　基于 CDIO 和 OBE 的 PLC 课程教学改革成果

(1)结合 CDIO 和 OBE 先进的教学理念，对 PLC 课程教学进行了有效的改革与创新，把工程项目的实施作为学习 PLC 知识的载体，使学生成为学习的主体，实现了专业知识、工程能力和素质的综合提升。

(2)改革了传统 PLC 课程考核方式，采用“项目过程＋结果”的考核方式能够更加科学的对学生学习情况进行评价。

(3)在课程教学改革的基础上，开发了具有 CDIO 和 OBE 特色的工程项目课程教材，进一步完善了 PLC 课程改革的教学资源。

(4)通过实际工程项目的教学实施，极大地调动了学生学习的积极性和主动性，学生的动手能力得到了很大的提高，培养了学生的工程应用能力，取得了较好的教学效果。

8.5　工程教育专业认证背景下“可编程序控制器”课程改革探索

我国 2006 年开始实施国际实质等效的工程教育专业认证制度。通过工程教育认证的实施，激发了相关课程的深度教学改革，专业建设和发展得到进一步推动和提升，人才培养质量有了明显的提升，毕业生社会认可度不断提高。

“可编程序控制器”课程是南阳理工学院自动化专业的专业平台必修课。该课程是控制系统工程、自动化等领域的一门专业技术课，是自动化多种技术的综合应用，集继电器控制、现代 PLC 控制为一体。该课程理论和实践紧密结合，经过课程组多年的建设和课程改革，该课程 2019 年被认定为河南省首批线下一流本科课程。

“可编程序控制器”传统教学模式重理论轻实践，以“教”为中心，学生的学习脱离工程实际应用，遇到实际工程项目问题时无法解决。针对传统课程教学存在的问题，以我院自动化专业工程教育认证为契机，为了更好地发挥“可编程序控制器”课程在人才培养体系中的地位，适应应用型人才培养目标需求，本文探索了构建以学生为中心、项目引领、任务驱动、理实一体的课程教学模式，为课程目标的较好实现奠定条件。

8.5.1 工程教育专业认证背景下“可编程序控制器”传统教学模式分析

根据工程教育认证的 OBE 理念，课程教学内容要围绕着课程目标，课程的教学组织和质量评价围绕着课程目标达成去开展实施。传统的“可编程序控制器”教学模式主要存在以下问题。

(1)“可编程序控制器”课程与实际结合紧密，但教学内容偏向理论，离应用还有一定的距离。大部分教师实践经验不足，导致在讲授该课程时采用传统的按照知识递进、章节式的方式来进行理论知识的组织与传授。虽然保证了该课程知识的完整性、系统性和学生的可接受性，但是该课程的性质是提高学生的动手能力，学生在学习过程中掌握相当扎实的理论知识，但是如何把理论应用于实践的能力则较弱。

(2)“可编程序控制器”课程旧版教学大纲中所制定的教学目标基于传统知识的掌握度和完整性，既体现不了学生目标的达成，也不能完全支撑该课程所对应的毕业要求。传统的教学内容与工程教育专业认证背景下该课程的教学目标不能完全有效支撑。

(3)“可编程序控制器”传统的课堂教学以教师为中心，学生围绕教师的教学进度转，课堂上以教师理论知识灌输为主，学生只是作为知识的被动接受者，不能有效参与课堂教学活动，造成课堂出现玩手机、抬头率低、课堂注意力不集中的现象，使学生的学习停留在知识认知的表面层次，影响了课程的学习效果，未能实现以学生为中心的工程教育认证理念，对学生的能力达成效果较弱。

8.5.2　工程教育专业认证背景下“可编程序控制器”课程目标

根据“反向设计、正向实施”的工程教育专业认证思想，首先根据南阳理工学院自动化专业的 2021 版人才培养方案，紧扣“以学生为中心、以产出为导向、持续改进”的理念，立足专业课程体系，根据专业的毕业要求以及课程与毕业要求的对应矩阵，去设计“可编程序控制器”的课程目标。本课程所对应的毕业要求是工程知识、设计/开发解决方案和工程与社会，通过该课程的教学目标，使之与学生毕业要求能力达成形成支撑。2021 版新修订的“可编程序控制器”课程大纲将课程目标细化为 3 个：课程目标 1 是了解 PLC 技术发展历程、掌握常用低压电器的使用、PLC 系统的构成、工作原理及编程方法，并能够将上述理论、方法用于自动化工程中的 PLC 系统解决方案的比较与综合。课程目标 2 是能够分析控制系统技术需求，设计系统的软硬件方案，掌握 PLC 的程序设计及仿真和调试方法，并能在设计中体现创新意识。课程目标 3 是通过课程学习，了解相应的标准和行业规范，在控制系统设计中规范使用电气元件的图形符号和文字、遵守统一的国家标准、行业标准及相关的法律、法规等。三个课程目标既包含了知识目标，又涵盖了工程实践能力目标，课程目标对毕业要求的支撑说明见表 8-11 所列。

表 8-11　课程目标对毕业要求的支撑关系

课程目标	毕业要求观测点	支撑说明
1	1-4：能够将自动化专业知识和数学模型用于复杂工程问题解决方案的比较和综合	通过掌握 PLC 的相关知识，能够对 PLC 系统的解决方案进行分析、比较
2	3-2：能够针对自动化领域的复杂工程问题，分析特定需求，设计对应的检测单元、控制单元、通信单元及控制系统，体现创新意识	能够分析控制系统技术需求，设计系统的软硬件方案，掌握 PLC 的程序编写、仿真和调试，对仿真结果进行分析改进，并能在设计中体现创新意识
3	6-1：知晓自动化领域工程技术的标准体系、知识产权、产业政策和法律法规，理解不同社会文化对工程活动的影响	在课程学习中，通过查阅学习自动化领域工程、项目运作的规律以及相关法律、法规、标准等，了解自动化项目实施的相关标准以及法律、法规，在设计中规范使用图形符号和文字

同时，为了实现全方位育人的培养目标，新修订的该课程大纲还制定了课程的德育目标，其德育目标是理解“中国制造 2025”和“工业 4.0”的内涵，能够正确认识可编程序控制器在工业生产和其他生产领域中的重要作用，提高学生对专业学习的兴趣，将思政元素融入专业课堂教学，激发学生勇于创新、科技报国的家国情怀和使命担当。

8.5.3 工程教育专业认证背景下“可编程序控制器”教学改革

1. 对照课程目标，优化教学内容

“可编程序控制器”作为我院自动化专业核心课程，在 48 学时有限的情况下，如何在较少的学时情况下让学生构建可编程序控制器的知识体系，并获得相应的工程实践能力，对该课程的教学内容组织提出了较高的要求。

“可编程序控制器”教学团队针对该门课程的教学目标和过往实际教学中存在的问题，打破传统的章节循序渐进式教学内容组织方式，优选精简典型工程项目案例设计教学项目，设计了 12 个工程教学项目和相应的项目设计任务，遵循学生认知规律、科学合理地覆盖了课程教学内容，通过工程项目，实现了理论学习与工程实践的有机融合，提高了学生解决复杂工程问题的能力。工程教学项目及项目训练任务见表 8-12 所列。

表 8-12 工程教学项目及项目训练任务

教学项目	项目训练任务
(1)三相异步电动机星—三角降压起动控制	①了解接触器、时间继电器等低压电器元件结构，工作原理及使用方法； ②掌握异步电动机星—三角降压起动控制电路的工作原理及接线方法； ③熟悉控制电路的故障分析与排除方法
(2)查阅资料，调研 PLC 市场及应用现状	了解 PLC 的应用以及最新的技术发展，充分认识精益求精的品质精神和不断推动产品升级换代的创新精神；了解我国 PLC 的相关企业以及主流产品。通过与欧美日等国家先进的可编程控制器技术比较，培养以“技”报国的社会责任感和爱国主义精神；了解社会对 PLC 编程、PLC 调试等 PLC 工程师岗位的要求，了解职业规划
(3)S7－1500 的硬件配置、安装与接线	认识 S7－1500 PLC 的相关硬件模块；学会对 S7－1500 PLC 系统进行基本的配置；学会安装和拆卸 S7－1500 PLC 相关模块

续表

教学项目	项目训练任务
(4)电机起保停项目的建立、程序下载与调试	学会西门子 TIA Portal 软件的安装、配置和卸载；熟练掌握 TIA 博途软件的基本操作；掌握项目的建立的方法与步骤；熟练掌握程序的下载与调试方法
(5)振荡电路的设计	掌握项目建立的方法与步骤；熟悉 TIA 软件的基本使用方法，学会运用一些基本指令进行编程；熟练掌握 S7－1500 定时器指令的使用方法
(6)计数器指令综合应用	掌握项目建立的方法与步骤；熟练掌握 S7－1500 计数器指令的类型及使用方法；训练合理应用计数器指令完成相应控制功能的能力
(7)多功能流水灯控制系统设计	掌握项目建立的方法与步骤；熟练掌握 S7－1500 基本指令的使用方法；掌握应用 S7－1500 指令完成相应控制功能的能力
(8)多级分频器系统设计	学会 S7－1500 的结构化程序设计；熟练掌握 S7－1500 函数的使用方法；掌握综合应用 S7－1500 指令完成控制功能的能力
(9)加热炉温度模拟量控制系统设计	熟悉模拟量信号与数字量信号的区别；掌握 S7－1500 PLC 模拟量模块的接线和参数设置；熟练掌握 S7－1500 PLC 模拟量处理技术；掌握 PID 控制、组态和调试的要点
(10)恒压供水控制系统设计	熟悉模拟量信号与数字量信号的区别；掌握 S7－1500 PLC 模拟量模块的接线和参数设置；熟练掌握 S7－1500 PLC 模拟量处理技术；掌握 PID 控制、组态和调试的要点；掌握变频器的使用方法
(11)十字路口交通灯控制人机界面设计	掌握西门子触摸屏的接线和参数设置；熟练掌握 HMI 的画面组态设计方法；掌握触摸屏与 PLC 之间通信和调试的方法；熟悉西门子 PLC 编程软件及触摸屏的使用，能够熟练运用 PLC 编程软件编写一些简单程序并用触摸屏控制
(12)物流线仓库库存控制系统设计	了解 PLC 控制系统典型的应用设计；熟练掌握 HMI 的组态设计方法；掌握 PLC 与触摸屏联合实现人机交互现场控制的设计方法；掌握系统的调试和诊断方法，能够解决控制系统设计中的问题

2. 以学生为中心，理实一体实施教学

工程教育专业认证要求以学生为中心。“可编程序控制器”摒弃传统“满堂灌”的课堂教学模式，基于“任务驱动＋翻转课堂”，以学生为中心，引导学生积极主动去深度参与课堂教学活动。理论知识学习与实践动手相互融合，同步进行，互相渗透，教师和学生实时沟通交流，实时解决问题，打破了教师和学生的界限，避免了课堂教师纯粹的理论讲解而使学生出现听觉疲劳的现象，真正做到了做中学、学中思、思中升，提高了学生学习的主动性和有效性。

同时，项目组内同学之间也可以互相探讨、优点共学、共同进步，在项目实施完成后，让项目小组自主汇报项目完成情况，锻炼学生的沟通表达能力、查阅文献能力以及团队协作能力等，充分发挥学生的主观能动性和学习自主性，使课堂真正成为学生增长知识的“沃土”。

通过理实一体化课程教学实施改革，改变传统课堂以教师为中心、知识传授为本的教学模式，真正激发学生内在的对知识的探寻动力，实现贯彻了 OBE 教学理念，做到了以学生为中心、能力和素质提升为本的教学模式。

3. 以赛引领，提升动手创新能力

学院每年举办全体学生参与的“PLC 控制系统设计”专业技能大赛，并开放 PLC 实验室，让学生在课余时间充分利用实验室资源，在动手实践中提高课程学习的自主性和兴趣，锻炼创新能力。

同时，通过“西门子杯”中国智能制造挑战赛的引领，激励学生积极参与，动手能力和创新能力进一步提高。近年来，我院自动化专业学生参加了中国智能制造挑战赛的相关赛项，取得了较好的成绩。

通过围绕“可编程序控制器”课程的专业技能竞赛和中国智能制造挑战赛，以赛促教、以赛促学、以赛促练，获得了较好的学习效果。

4. 持续改进，完善课程评价方法

“可编程序控制器”课程采用定性和定量评价相结合的方式，形成了“评价—反馈—持续改进”的闭环教学改进流程。定性评价根据毕业要求指标点和课程目标设计通过学生达成度调查问卷来实施，问卷反映的是学生自我达成情况的主观反馈，不计入学生达成度，仅仅作为持续改进的参考。

定量评价主要依据课程目标的达成度，主要考查反映了学生理论知识的掌握达成情况，未能对学生的动手和解决问题的能力进行考核。因此，改革后的“可编程序控制器”课程评价注重过程性考核，基于平时作业、项目考核和期末考试成绩来进行。本课程的综合成绩评定由平时作业成绩（20%）＋项目考核成绩（40%）和期末考试成绩（40%）构成。这种多元化的考核方式能够实现对课程目标的全面考核，能够充分反映学生的学习效果，为课程目标的达成评价奠定条件。各考核方式与课程目标的对应关系见表 8-13 所列，同时对每个课程目标的不同考核方式，制定了易操作、好评价的考核内容和评价标准。

表 8-13　各种考核方式与课程目标的对应关系

课程目标	毕业要求观测点	考核环节与成绩比例			支撑权重(%)
		作业(20%)	项目测试(40%)	期末考试(40%)	
目标 1	1—4	60	10	20	24
目标 2	3—2	20	80	60	60
目标 3	6—1	20	10	20	16
总计		100	100	100	100

通过建立的持续改进的评价机制，提高了该门课程的教学效果和质量，有效地保障了本课程对所支撑的毕业要求观测点的达成。

8.5.5　工程教育专业认证背景下“可编程序控制器”改革成果

(1)基于工程教育专业认证理念，结合我校自动化专业特色，对“可编程序控制器”课程进行了有效地改革，针对课程支撑的毕业要求，设置了课程目标，优化了课程教学内容，建立了课程评价和持续改进机制。

(2)理实一体的课程教学提高了学生学习的积极性和效果，较好地培养了学生的动手能力、创新能力、综合思维能力和工程应用能力。

(3)改革了传统“可编程序控制器”课程考核方式，采用“项目过程＋结果”的考核方式能够更加科学地对学生学习情况进行评价。

(4)“可编程序控制器”课程通过一系列课程改革和建设，较好地保证了教学目标的达成，有效地支撑了我院自动化专业学生毕业要求的达成。

8.6　基于产出导向的“可编程序控制器”课程教学综合改革与实践

南阳理工学院办学定位于高水平应用型大学，多年来，我校自动化、电气工程及其自动化、机械设计制造及其自动化、测控技术与仪器、机器人工程专业均开设“可编程序控制器”课程。可编程序控制器(PLC)与工程实际应用联系密切，涉及自动化控制系统硬件、软件、系统分析、设计和应用，是一门实践性、应用性非常强的专业课。

“可编程序控制器”传统的教学存在诸多的问题，多年来从事的教学模式主要是课堂“灌输式”的知识传授为主，教学过程中，主要以教师为主导，学生为载体，被动地接受知识，学生对课堂理论知识的学习不知道如何应用，且理解得不够透彻，严重影响了PLC教学效果，难以达到令人满意的学习效果。学生在课程结束后对控制系统设计没有清晰的思路，制约了学生在工程实践中应用该课程知识的能力，造成了学生的动手能力差，出现了大部分学生在学完该课程后仍无法完成PLC控制系统的维护、设计、安装、调试工作的现象。毕业生就业后从事相关行业工作时，如果没有综合性的项目培训，只是停留在理论知识层面，所学专业知识与生产实际存在一定的脱节。毕业生需要很长时间才能适应企业的需求，这就降低了人才的竞争力，这与我校定位的培养应用型本科人才的初衷相悖。

“基于产出导向的‘可编程序控制器’课程教学综合改革与实践”依托2016年和2017年2个南阳理工学院教育教学改革项目的研究，经过该课题组全体老师的努力，完成了课程改革建设的任务，实现了课程改革的目标，达到了对“可编程序控制器”课程教学综合改革的目的，实践成效显著。

8.6.1 该课程传统教学存在问题

1. 教学内容陈旧、更新慢，难以适应自动化技术更新快的需求

更新整合教学内容，保证教材内容与自动化行业先进技术的一致性。目前国内PLC市场中，德国西门子公司S7系列的PLC应用最广、市场占有率最高，过去多年的教学中(包括国内很多高校)主要讲述的是西门子S7－300 PLC，而西门子公司在2012年已经推出全新的S7－1500 PLC，包含了多种创新技术，能够与全集成自动化TIA Portal软件实现无缝集成，最大程度地提高生产效率，创造出最佳工程效益，是今后PLC发展方向，也是工业4.0引领发展的方向，引领工业自动化产品走到工业4.0标准的前沿。教学内容改革首先改的是教师，要求授课教师不断地更新知识，追踪行业发展方向，因此教学内容不断根据行业发展进行更新，将最新的知识和技术传递给学生，能够拓宽学生的国际视野和提高最新技术的接轨能力，学生学完后通过自主学习可以很好地掌握其他品牌的PLC应用技术，为学生的就业和个人职业发展提供较好的技术和能力支撑。

2. 课堂教学设计融入性不足，学生实践能力不强

“可编程序控制器”课程应用性较强，传统课堂教学设计以教师理论讲解为主，学生学习脱离工程应用实际，制约了学生在工程实践中应用该课程知识的能力，造成学生的动手能力差，出现了大部分学生学完该课程后仍无法完成 PLC 控制系统的维护、设计、安装、调试。这与我院定位的培养应用型本科人才的初衷相悖。

3. 传统教学手段和方法落后，学生学习自主性较弱

“可编程序控制器”早年教学模式采用传统的“灌输式”传授知识方法，学生对学习的理论知识不知道如何应用，理解不够透彻，使学生的学习效果停留在知识的层面，与其理解和应用还有一定的距离。同时学生处于被动接受知识的学习状态，学习的积极性和主动性无法充分调动起来，严重影响了 PLC 学习效果。

4. 考核方式形式单一，无法全面衡量课程掌握情况

传统的可编程序控制器课程考核方式单一，基本上为了考核而考核，以期末考试成绩为主，考核内容偏向理论知识，无法全面准确地衡量学生的平时知识掌握情况和学习效果，也无法体现该门课程对学生工程应用能力和实践能力的提升情况。

5. 课程评价不能真实体现学生学习产出

传统课程评价以终结性评价为主，主要依靠期末成绩去分析学生的课程学习情况，不能客观真实地评价、了解学生的学习掌握情况，对课程后续教学的持续改进不能很好地给予参考和支持。

8.6.2　该课程教学改进措施

1. 改革课程内容，建好课程资源

追踪自动化行业先进技术，及时更新教学内容，保证与自动化行业先进技术的一致性，课程内容从市场占有率最高的西门子 S7－200，更新到 S7－300、S7－400，直到目前最新的 S7－1500。同时根据专业认证要求，结合该门课程的特点，改革课程内容，明确了课程目标和毕业要求的支撑关系，在综合分析我校应用型本科人才培养方案的基础上，深度优化“可编程序控制器”教学内容，通过工程案例的取材、案例实施教学可行性分析、案例资料设计、案例的教学过程设计四个方面的实施，以 PLC 控制技术应用为教学主线，链接课程教学、实验教学、课程设计教学为一体，将理论课和实践课进行综合的教学方法改革，主要将毕业

设计论文、毕业设计成果和典型 PLC 控制案例用于教学内容更新，用典型的工程设计小项目暨 CDIO 模式教学驱动学生学习，使理论、实践、项目融为一体，引导学生学中做、做中学。按照专业认证的思想对“可编程序控制器”教学大纲进行了持续地改进，设计并制作可编程序控制器项目案例应用于教学，完成了工程项目案例化教学材料的制作和整理。

2. 改革课堂教学设计

课堂教学以多媒体辅助理论讲授为主，充实课本上无法体现的动画以及工程现场运行视频，改变传统理论讲解单调枯燥、满堂灌的现象。同时为了激发学生的学习兴趣，借助于仿真软件对控制系统运行过程进行仿真，能让学生对理论知识的学习有一个较好的理解和接受。针对枯燥难懂的理论知识，辅助其他的教学手段和方法，比如针对电气控制部分，主要借助于实物和图片来加深学生的认识；针对工业现场无法实时感受的特点，借助于视频和现场图片来增强学生的工程意识。同时针对课程的前沿知识，在教学过程中及时加入新知识，把握学科前沿和动态，能积极地跟进和融入课程的教学中，通过这些教学设计的改革实施，学生的学习效果明显提升，具备了一定解决复杂问题的工程应用能力。

3. 改革教学方法与教学手段

(1)理论和实践相结合、理实一体化的教学情景。针对可编程序控制器工程实践性强的特点，将课程理论知识和具体工程应用情景相结合，通过课程中引入大量的工程实际案例介绍，让学生在具体的工程情景中，灵活运用所学理论知识去解决相关问题，获得能力的提升。学生不再是课堂知识的被动接受者，而变为知识应用的主动构建者。

(2)师生协同互动的教学方法。在可编程序控制器课程理论教学中，通过课堂 PLC 实际的操作演示，增强学生对知识的接受能力。在课堂演示过程中，通过学生分组，让不同的学生当主体，充当助教的角色，带着问题和思考去协助老师完成实际操作的演示，加深学生知识的内化，实现理论课堂单一的教师“教”到教师和学生协同完成课堂教学的双向互动新模式。

(3)项目引导的教学内容组织。为了体现可编程序控制器一流课程的高阶性、创新性和挑战度，培养学生解决复杂工程问题的能力，在教学组织中实施项目为主线，明确项目目标，以项目成果为导向，将教学内容和知识融入项目的实施中，学生通过项目展示知识掌握和应用能力，提高学生解决问题的能力，可以达

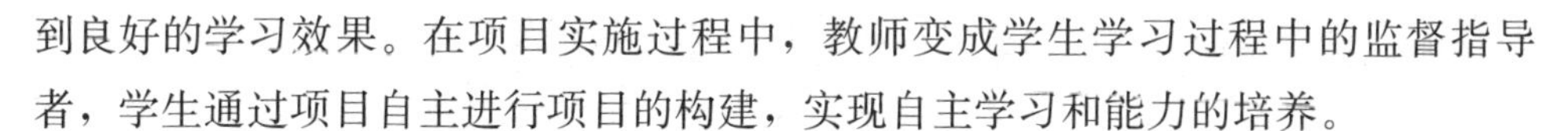

到良好的学习效果。在项目实施过程中，教师变成学生学习过程中的监督指导者，学生通过项目自主进行项目的构建，实现自主学习和能力的培养。

4. 改革课程成绩评定方式

为了强调学生为中心的主体地位，体现对学生综合能力的考查，构建了以过程性考核为主、过程性与终结性的多元化复合考核体系。针对教学过程的不同环节分别设置相应的考核评价方法，加大过程性考核占比，设计了平时作业成绩(20%)+项目考核成绩(40%)和期末考试成绩(40%)的综合考核模式。

项目考核主要能充分体现学生的学习主动性，能全面考核学生的综合应用能力等，因此将项目考核和期末考试在综合成绩中的比重设置一样，全面考查学生的设计操作技能掌握情况。

5. 改革课程评价方式

以“课程教学服务于学生有效学习的产生”为理念，实现过程性评价与终结性评价相结合。在课程授课期间，通过对学生座谈沟通调研，获得学生对课程教学的建议和意见。在学期结束时，每个学生都要填写“可编程序控制器”课程目标达成度问卷调查，获得学生对课程目标达成的自我评价。任课教师根据调查结果以及学生综合考核情况，在下一轮的教学活动中及时调整教学方式，实施好持续改进，从而帮助学生更好地实现可编程序控制器知识的掌握和能力的提升。

目前已经基于 OBE 教学理念，以学生为中心，以产出为导向，进行了一系列课程建设、教学方法与手段改革，构建了基于课程目标的“教学—评价—分析—改进”的闭环机制，实施了立体混合的多种教学方法，从理论知识到仿真认识，从知识分解到任务自主完成，从小组讲解到深入探讨，全方位有效地激发了学生的学习兴趣。

8.6.3　该课程建设的特色创新

该成果坚持“突出学生为中心、突出产出导向、突出持续改进”的原则，对“可编程序控制器”课程教学进行了综合改革，以学生掌握知识、培养能力、提高素质“三个融合”为牵引，对课程教学内容、方法与手段、教学资源、考核方式“四个方位”进行深入改革，以学生“学、思、展、践、赛”“五字行动”贯穿教学全过程。成果实现了四个方面的创新。

(1)课程教学理念创新——以掌握知识、培养能力、提高素质“三个融合”为牵引，以产出为导向。基于工程专业认证的思想，遵循 OBE 教学理念，以学生为中心，以能力提升和产出为导向，通过教学工程项目和专业技能竞赛——PLC控制系统竞赛的实施，调动学生的学习积极性，提高学习效果，培养学生解决复杂工程问题的能力。

(2)课程教学内容创新——教学内容的工程项目化组织。根据应用型人才培养方案的要求，以课堂为抓手，重新整合教学内容，保证教材内容与自动化行业先进技术的一致性。开发PLC课程教学项目，将项目开发设计贯穿于“可编程序控制器”的教学中，以项目为主线，将教学内容相关知识点贯穿其中，循序渐进地将理论与实践相结合，内容少而精，学生学起来不枯燥，教学项目基本涵盖工业控制领域PLC控制系统常用技术。教学案例项目的实施不仅能促进专业课程教学的直观性、工程性、趣味性，还能够增强学生的就业竞争力。

(3)课程教学模式创新——理实一体化，以学生为中心。改变传统教学方法，明确以学生为中心，采用理实一体化教学。在项目实施过程中融入理论讲解，学生实施完项目后再进行总结汇报，翻转课堂，老师在学生讲解的过程中发现问题，再进行提高性总结讲解。

(4)考核方式创新——过程性与终结性评价的多元化考核，激发学生实践动手和学习热情。课程成绩采用“学生平时成绩＋项目考核成绩＋期末考试成绩”综合方式确定，项目考核采用师生共同确定题目，学生分组或单独完成，项目完成后提交研究报告。学生也可以根据指导老师的意见开展本课程相关的项目研究，支持学生个性化创新发展。

8.6.4　该课程建设的成效

(1)学生课程学习效果好。目前推广到我院自动化、电气工程及其自动化、机械设计制造及其自动化、测控技术与仪器、机器人工程专业均开设“可编程序控制器”课程，并按照此成果进行教学。建设成果初有成效，学生反映效果较好。近年来，学生毕业后进入深圳汇川科技、无锡信捷、南阳牧原等大型企业与该课程应用相关的岗位，反馈动手能力强，工作适应快。在近两年的西门子杯中国智能制造挑战赛等与该课程相关的赛事中，获得省级特等奖及一等奖6项，国家级一等奖及二等奖4项。

(2)课程建设成果比较多。近年来，结合专业认证要求，以产出为导向，该门课程教学团队在教学过程中进行了一系列课程建设和改革，取得了较好的应用效果。

一是课程建设成果多。2019 年“可编程序控制器”认定为河南省首批一流本科课程(线下一流课程)；2011 年“可编程序控制器”立项校级精品课程建设；2016 年立项校级核心课程建设和 2017 年校级教改建设，2020 年围绕课程建设立项南阳理工学院校级教改项目两项。

二是教材建设成果多。围绕课程内容改革和资源建设，分别在机械工业出版社、化学工业出版社、西安电子科技大学出版社出版了《西门子 S7－1500 PLC 编程及项目实践》《西门子 S7－300/400 PLC 编程入门及工程实例》《电气控制与可编程自动化控制器应用技术——GE PAC》等 6 部该门课程相关特色教材，部分教材已经到第 4 次印刷，并在本校及其他高校教学中推广应用。2020 年 11 月主编的《可编程序控制器原理及应用——西门子 S7－1500》教材立项为河南省“十四五”普通高等教育规划教材。

三是教学研究成果多。课程组任课教师深入挖掘教学内容，进行了多种教学方法改革，围绕课程改革建设，在《教育现代化》《南阳理工学院学报》等刊物上发表了 10 多篇教改论文，2018 年刘忠超撰写的《基于 CDIO 和 OBE 的 PLC 课程教学改革与实践》获得南阳理工学院优秀教改论文三等奖；刘忠超讲授“可编程序控制器”课程获得南阳理工学院“青年教师教学技能竞赛”二等奖。2018 年肖东岳讲授“电气控制与 PLC 应用技术”课程获得南阳理工学院教学观摩比赛三等奖和教案评比三等奖。课程建设也促进了科研进步，主持人刘忠超老师在核心期刊发表论文 25 余篇，主持“智能化检测与控制”南阳理工学业校级创新型团队。

四是师资队伍建设成果多。主持人刘忠超连续多年教学质量考评为优秀，2020 年荣获河南省教科文卫体系统“优秀教师”和南阳理工学院优秀教师，2019 年获得南阳理工学院青年学术骨干教师。

8.6.5　基于产出导向的“可编程序控制器”课程改革成果

该教学成果依托 2 个南阳理工学院校级教改项目建设，历时 3 年完成，通过对“可编程序控制器”课程改革和实践探索，形成了比较完整的、可推广应用的教学成果，项目建设成效显著，可为国内高校相关课程的建设提供借鉴和参考。

8.7 以学生为中心的“可编程序控制器”课程教学改革

8.7.1 可编程序控制器课程概述

可编程序控制器(PLC)作为现代工业控制的三大支柱之一，在我国国民经济的自动化生产方面应用广泛，具有十分重要的地位。“可编程序控制器”课程是南阳理工学院自动化专业核心课，作为一门专业必修课程被列入学生的培养计划中。该课程是一门实践性和应用性较强的课程，经过多年的建设和教学改革，2019年该课程被认定为河南省首批一流本科课程，也是南阳理工学院校级一流课程建设项目，目前正在积极进行课程建设和改革，将其建设打造成“金课”。

传统的可编程序控制器课程教学中以“教”为中心，教师是教学活动的主体，学生参与性较差，学习动力不足，学生被动接受知识，考核方式相对单一，学生脱离或较少与工程实际应用相联系，因此，针对传统的教学内容和教学方法面临的问题，为了更好地发挥可编程序控制器课程在人才培养体系中的地位，适应应用型人才培养目标需求，本文探索了以“学”为中心的课程教学模式，通过改革教学模式、教学内容，优化考核方法，培养学生对可编程序控制器课程的学习兴趣，提高学生的学习效果和工程实践能力。

8.7.2 以“学”为中心的“可编程序控制器”课程教学模式

以“学生”为中心提倡教学活动从受教者——学生的实际情况出发，学生为教学的主体，开展一切教学活动围绕着学生的需求，有益于学生的身心健康发展。教师是为实现学生的培养目标和毕业要求服务的。

1. 改革教学模式

课程教学的成功离不开学生的积极主动参与和有效配合。传统的课程学习学生没有自主学习的能力，主要依靠老师以“教”为主组织教学活动，在课堂上进行灌输为主，需要老师对教学内容进行精讲细化，学生课前一般缺乏预习准备，造成学生在课堂出现玩手机、抬头率低的现象，而课后又没有及时复习和巩固，很难主动参与到教学活动中，导致课程教学内容掌握不牢固，很难提升课程学习效果。

因此，在课堂的教学模式中注重学生的主体地位，以学生为中心，引导学生积极主动去学习。课前老师进行相关教学资源布置，有明确的知识点要求和课程学习目标，以及相关知识的重难点，学生分组将相关内容进行预习和讨论。在课程教学中除了老师进行讲授、重点问题讲解之外，把课堂主动权交给学生，各组派代表进行汇报讲解，让学生根据课前自主学习情况上台讲授，教师在组织教学活动中注意总结学生学习效果，并对学生自主学习中出现的问题及时给予指导。通过在教学活动中学生的自主汇报，给予学生充分的自由权，锻炼学生的沟通能力、口头表达能力、查阅文献能力以及团队协作能力等，促进学生的主观能动性和学习自主性的发挥，使课堂真正成为学生受益的“沃土”。改变传统课堂以教师为中心、传授知识为本的教学模式，真正实现了以学生为中心、能力和素质提升为本的新的教学模式。

2. 改革教学内容

(1)改革教材内容。一本好的可编程序控制器教材可以很好地服务于教学和学生的自主学习，传统的可编程序控制器教材内容基本都是按照章节知识来编排，同时，PLC 技术出现了快速的发展和创新，南阳理工学院自动化专业传统所讲授的西门子 S7－300 PLC 内容已经跟不上 PLC 技术的发展和革新，因此，组织课程组教师对教学内容进行了积极的改革，引入了西门子旗下最新的 S7－1500 PLC 技术，以项目为载体，任务为驱动，在化学工业出版社出版了《西门子 S7－1500 PLC 编程及项目实践》，该教材编写以项目实施为主线，PLC 实际教学内容融于项目，有利于实施教学做一体化的项目教学模式，能够满足以学生为中心的课程改革教学的需要。

(2)改革课程教学大纲。为了实现可编程序控制器以学生为中心的课程教学改革，依据工程教育专业认证的思想，编写了可编程序控制器课程教学大纲，制定了课程教学目标。大纲中明确了可编程序控制器课程讲学内容将借助于工程案例，将理论和实践教学融入其中，实现培养学生的工程应用能力和 PLC 设计能力。

(3)改革教学内容。可编程序控制器课程内容涉及的范围较广，需要多门课程知识的交叉融合，具有较强的实践性和应用性，但传统的教学内容重理论，轻实践，使得学生学习过程中理论与实践脱节，提高和锻炼不了学生解决实际工程问题的能力。因此，根据重新制定的教学大纲要求，结合课程学习目标和内容，整合教学内容，确定教学项目涉及的知识、能力、情感目标，设计了 6 个项目学习情景，按照从易到难、从简单到复杂以及学生知识的接受体系，安排了 S7－1500 的硬件配置、安装与接线；电机起保停项目的建立、程序下载与调试；振荡电路的设计；计数器指令综合应用；多功能流水灯控制系统设计以及恒温控制系统设计，项目任务书有明确的项目任务描述和要求，同时鼓励学生在满足项目任务功能要求的基础上，进行有益的创新或功能扩展。在整个项目实施过程中，教师要全程指导并与学生一起检查评估，总结归纳并改进。

通过项目教学内容的实施和学生的操作训练，逐步培养了学生理论知识应用能力、分析和解决复杂问题的能力。

3. 改革教学方法

(1)理论和实践相结合的教学情景。针对可编程序控制器工程实践性强的特点，将课程理论知识和具体工程应用情景相结合，通过课程中引入大量的工程实际案例介绍，让学生在具体的工程情景中，灵活运用所学理论知识去解决相关问题，获得能力的提升。学生不再是课堂知识的被动接受者，而变为知识应用的主动构建者。

(2)师生协同互动的教学方法。在可编程序控制器课程理论教学中，通过课堂 PLC 实际的操作演示，增强学生对知识的接受能力。在课堂演示过程中，通过学生分组，让不同的学生当主体，充当助教的角色，带着思考和脑袋去协助老师完成实际操作的演示，加深学生知识的内化，实现理论课堂单一的教师“教”，到教师和学生协同完成课堂教学的双向互动新模式。

(3)项目引导的教学内容组织。为了体现可编程序控制器一流课程的高阶性、创新性和挑战度，培养学生解决复杂工程问题的能力，在教学组织中实施项目为主线，明确项目目标，以项目成果为导向，将教学内容和知识融入项目的实施中，学生通过项目展示知识掌握和应用能力，提高学生解决问题的能力，可以达到良好的学习效果。在项目实施过程中，教师变成学生学习过程中的监督指导者，学生通过项目展示自主进行项目的构建，实现自主学习和能力的培养。

4. 改革考核方式

以学生为中心的教学改革对学生的考核提出了更高的要求，传统的可编程序控制器课程考核方式单一，基本上为了考核而考核，以期末考试成绩为主，考核内容偏向理论知识，无法全面准确地衡量学生的平时知识掌握情况和学习效果。为了强调学生为中心的主体地位，体现对学生综合能力的考查，设计了以过程性

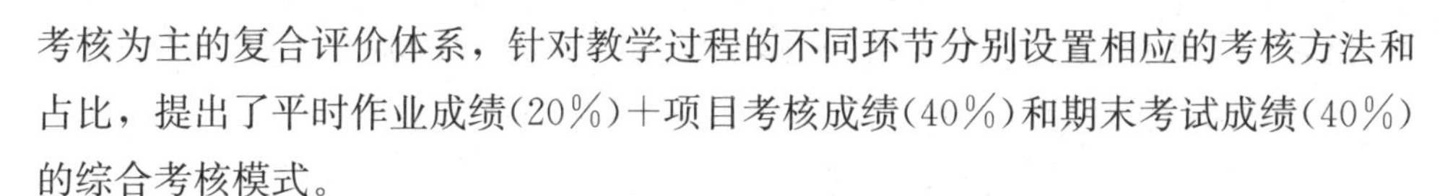

考核为主的复合评价体系，针对教学过程的不同环节分别设置相应的考核方法和占比，提出了平时作业成绩(20%)+项目考核成绩(40%)和期末考试成绩(40%)的综合考核模式。

项目考核主要能充分体现学生的学习主动性，能全面考核学生的综合应用能力等，因此将项目考核和期末考试在综合成绩中的比重设置一样，全面考查学生的设计操作技能掌握情况。

同时在学期结束时，每个学生都要填写可编程序控制器课程目标达成度问卷调查，任课教师根据调查结果，以便在下一轮的教学活动中及时调整教学方式，从而帮助学生更好地实现可编程序控制器知识的掌握和能力的提升。

8.7.3　以学生为中心的“可编程序控制器”课程教学改革结论

(1)结合以学生为中心的教学理念，对可编程序控制器课程进行了有效地改革与创新，将课堂教学交给学生，使学生成为学习的主体，有效地激发了学生学习的积极性和主动性。

(2)积极更新课程教学内容，把工程项目的实施作为学习可编程序控制器课程知识的载体，开发了具有CDIO和OBE特色的工程项目课程教材，进一步完善了课程教学资源，拓宽了学生的学习途径。

(3)改革了传统可编程序控制器课程考核方式，采用“项目过程+结果”的考核方式能够更加科学的对学生学习情况进行评价，实现了专业知识、工程能力和素质的综合提升，取得了良好的教学效果。

(4)可编程序控制器课程通过以“学”为中心的有效的教学改革探索，培养了学生的学习兴趣，促使教师建立了以学生为中心的课程教学模式，作为首批河南省和南阳理工学院一流本科课程建设项目，也为其他课程的教学做了良好的示范作用。

8.8　协同育人模式在“电气控制与PLC”课程教学改革中的应用与探索

课程思政是高校落实立德树人根本任务、推进教学改革的重大举措，是高校人才培养理念和方式的重大创新。党的十八大以来，教育部积极推进高校“新工科”教育模式革新，使各“新工科”专业课程与思政课程同向同行、形成协同效应，实现培养具备国际竞争力的多元化新兴应用型“新工科”人才培养目标。

“电气控制与 PLC”课程是电气工程、自动化等专业的专业基础课程，是电气工程以及自动化等专业着力工程实践能力培养的传统课程。传统教学都是各专业对照各自的教学大纲开展教学，学时设置和教学内容都不尽相同，实验项目都是围绕各自专业进行，不利于教育资源集聚共享和工作效能的激发提升。本文探索重构和优化教学内容，挖掘电气控制与 PLC 课程中蕴含的思政资源和元素，打破专业壁垒，实现专业融合，改变当前课程建设单兵作战的现状，探索思政与课程同向同行，协同育人的教学方法。

8.8.1 组建教师团队，提高思政意识

按照有利于专业集群建设发展、教育资源集聚共享、工作效能激发提升等原则，2020 年我校对学科专业布局调整优化。目前我院电气工程及其自动化、自动化、测控技术与仪器、机械设计制造及其自动化和机器人工程五个专业均开设有与 PLC 相关课程，给成立电气控制与 PLC 课程组创造了有利条件。课程组成员改变以往只有专业课老师的做法，吸纳思想政治素质过硬的人员参与，助力专业课老师思想政治素质的普遍提升。课程组现有成员 6 人，5 人都有从事 PLC 课程的教学经历，1 人为专职组织员。通过定期的教研交流，专职组织员深厚的思想政治水平，为提升团队成员责任意识和思想政治水平、落实课程思政奠定了基础。

8.8.2 明确思政目标，优化课程内容

1. 结合学校办学定位，确立课程思政目标

课程思政需要与高校的办学优势和特色相结合，工科类学生要培养其勇于探索、经世致用的家国情怀。南阳理工学院是河南省示范性应用技术类型本科院校；电气控制与 PLC 课程注重培养学生的理论知识水平和实际操作的技能水平，为培养自动化生产一线技能型人才奠定理论和技能基础，要求学生掌握低压电器基础知识、电气控制线路的绘制与电气原理图分析、PLC 控制系统的设计与调试方法，并在应用中培养创新意识。基于此确定该课程的思政目标为：学生能够正确认识可编程序控制器在“中国制造 2025”的重要作用，树立制造兴国的使命感、责任感，树立追求极致、耐心沉稳的工匠精神；理解控制工程与社会、健康、安

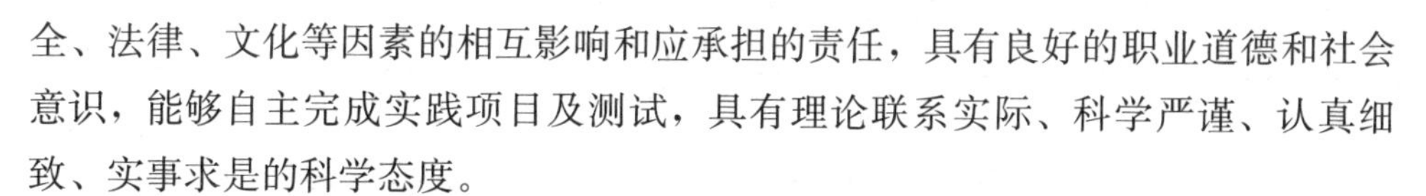

全、法律、文化等因素的相互影响和应承担的责任，具有良好的职业道德和社会意识，能够自主完成实践项目及测试，具有理论联系实际、科学严谨、认真细致、实事求是的科学态度。

2. 优化思政环境，改革教学内容

(1)结合思政要求，自主编写教材。教材建设是课程思政建设的重要抓手。课程组教师对教学内容进行了积极改革，以西门子 S7－1500 PLC 为教学对象，以项目实施为主线自主编写教材。PLC 实际教学内容融于项目，有利于实施教学做一体化的项目教学模式，能够满足以学生为中心的课程改革教学的需要。

(2)做好价值引领，修订教学内容。2016 年，习近平总书记在全国高校思想政治工作会议上强调指出要坚持把立德树人作为中心环节，把思想政治工作贯穿教育教学全过程，实现全员、全过程、全方位育人。针对课程而言，就是要在教学要件中设置与价值引领相关的内容。课题组以习近平新时代中国特色社会主义思想为指导，按照工程教育专业认证要求，修改教学大纲，融入思政元素，实现课程思政的全方位推进。具体内容见表 8-14 所列。

表 8-14　教学内容与思政元素

课程内容	思政元素	预期学习成果
电气控制基础	课程的目的和意义——制造兴国的使命感、责任感；中国制造 2025、工业机器人发展史——爱国情怀，民族自信，文化自信；机械、电气双重互锁的优点——树立安全意识，充分认识电气控制系统安全对项目的影响，建立项目责任意识	能够描述常用低压电器的结构与工作原理；能够阐明电气控制系统的自锁、点动、互锁、顺序控制、正反转控制等基本环节；能够描绘三相异步电动机的启动、制动和调速控制原理图；能够实现三相异步电动机的 Δ－Y 启动、正反转控制
可编程控制器基础	分析中华民族伟大复兴关键时期的需求，阐述 PLC 在工业应用中的发展需求及中国在 PLC 硬软件上的发展短板，激励学生的自主创新意识，为国家、民族制造业发展贡献力量	能够叙述典型 PLC 系统各部分构成及硬件结构；能够掌握典型 PLC 安装、拆卸及接线；能够了解典型 PLC 系统常用模块的功能和使用方法；能够解释 PLC 循环扫描的工作原理法

续表

课程内容	思政元素	预期学习成果
典型 PLC 的硬件系统配置与编程软件	介绍我国工业软件的发展水平，对比国内外工业软件的研发进展，帮助学生理解我国在工业自动化设备方面的优势与不足。鼓励学生积极参与实践和创新，帮助学生树立为祖国的工业化现代化战略做出贡献的理想	能够实现 PLC 编程软件的安装与使用；能够实现 PLC 系统的硬件组态；能够描述典型 PLC 存储器划分及寻址方式；能够创建一个简单的工程并进行硬件组态、编写工程程序；能够使用 PLCSIM 仿真软件
典型 PLC 的指令系统与编程	程序调试——综合培养勇于探索、辩证思维、不怕失败、做事耐心严谨的优秀品质	能够描述梯形图与继电器一接触器控制系统的内在联系；能够阐明 PLC 的数制与数据类型；能够叙述梯形图 LAD 指令系统与语句表 STL 指令系统的内在联系；能够运用逻辑位指令、定时器、计数器等基本指令；能够运用传送、移位、数据转换指令、程序控制指令、算术运算指令、数据处理指令等部分功能指令
PLC 控制系统设计	机械、控制、气动、光学多学科融合设计，创造大国重器——“科技报国，强国有我”的使命担当精神	能够描述 PLC 控制系统设计的方法及步骤；能够阐述线性化、分部式或结构化编程方法；能够实现 PLC 硬件选用的一般要求；能够运用 PLC 程序调试与仿真软件

8.8.3 改革教学模式，增强课程思政实效

1. 以“项目驱动”为主体的教学模式改革

课堂是教育的主阵地。传统教学是以教师课堂讲授为主，尽管任课教师在教学中使用了实例仿真、动画演示等手段来提高课堂教学效果，但这些都只是停留在对知识的理解层面。在整个教学过程中，由于学生缺乏工程背景知识，参与度不够，不能调动学生学习的主动性和积极性，造成学习效果和能力培养收效甚微，更与我校的应用型人才培养目标相悖。课程组以自编教材为基础，结合实验

室现有设备，将课程知识内容、能力要求、思政元素有效融合，以实施项目为主线，以项目成果为导向，实施“教、学、做”一体化教学模式。项目化教学过程以学生为主体，根据学生的素质、知识、技能特点，对学生进行分组，充分利用线上资源，在原有学时不变的情况下，调整学时分布，线上自学和线下自我练习相结合，然后难点集中讲解。课程项目任务清单见表 8-15 所列。

表 8-15　课程项目任务清单

序号	项目名称
项目一	三相异步电动机星三角降压启动控制
项目二	电机起保停项目的建立、程序下载与调试
项目三	振荡电路的设计
项目四	计数器指令综合应用
项目五	多功能流水灯控制系统设计
项目六	多级分频器系统设计
项目七	十字路口交通灯控制人机界面设计

2. 以“能力培养”为导向的评价模式改革

在传统的教学模式中，主要通过笔试对课程进行考核，考查的是学生对书本知识的记忆和理解，导致了学生的学习目的变成以识记为主，以做题为目的，完全忽视了对应用能力、操作技能的训练和掌握，最终对课程教学目标失去了有效的督导和评价作用。为此，构建评教评学相统一思政考核评价体系，一方面突出以学生为中心的主体地位，体现对学生综合能力的考查；另一方面为课程思政提供保障。将课程育人目标的考核融入课程目标的考核环节中，具体考核见表 8-16 所列。

表 8-16　课程育人目标考核

课程育人目标考核内容	考核环节	育人目标考核元素
学习态度	现场操作 1	能够按时完成现场操作任务
	课堂测试	能够按时提交测试
	现场操作 2	能够按时提交技术文件等资料
诚实守信	课堂测试	能够自主完成测试，不抄袭他人
	考试	能够自主完成考试，不存在舞弊行为

续表

课程育人目标考核内容	考核环节	育人目标考核元素
精益求精	课堂测试	字迹工整，作图规范，步骤完整
	现场操作 2	图面布局合理、字迹工整、图形色彩搭配美观
担当履责	现场操作	能够遵守实验安全与规范，并履行实验室环境保护的责任

具体考核比例为平时成绩（20%）＋现场操作成绩（30%）和期末考试成绩（50%）的综合考核模式。

实践证明，通过教与学模式的改革，学生学习效果有明显提高，课程目标的达成度均超出标准值，而且学生的自我评价度也有较大提升。以 2018 级 2 班教学为例，达成情况如图 8-1、图 8-2 所示。

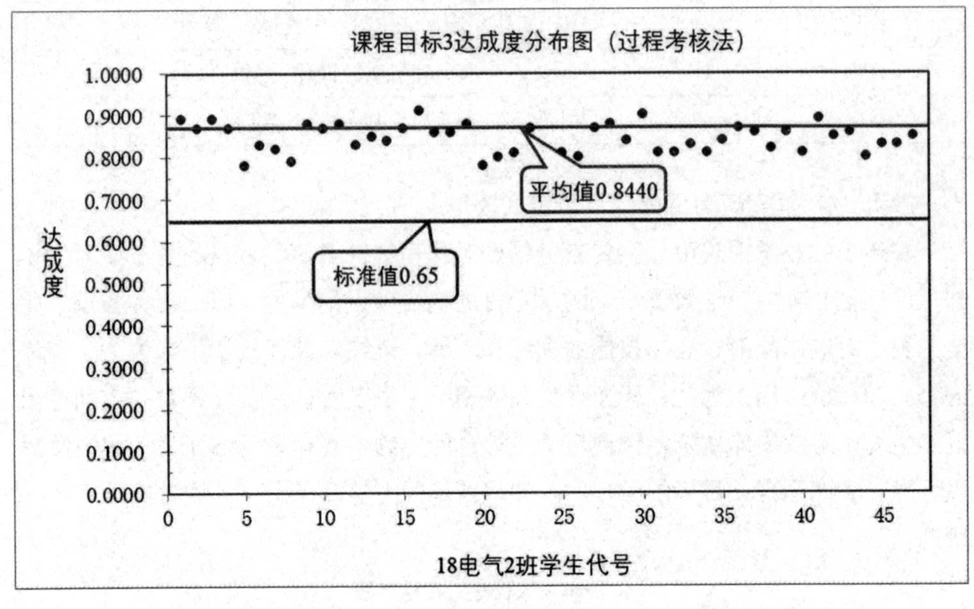

图 8-1　18 电气 2 班“电气控制与 PLC”课程目标达成度分布图

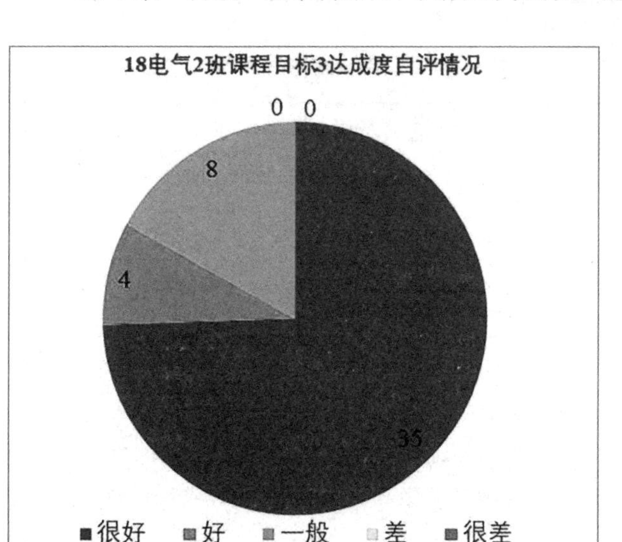

图 8-2　18 电气 2 班“电气控制与 PLC”课程目标 3 达成度自评情况

8.8.4　协同育人模式在“电气控制与 PLC”课程教学中的改革成果

电气控制与 PLC 教学改革秉承应用型本科的办学理念，紧跟时代发展步伐，从提升教师队伍总体思想政治水平、改革教学内容、改革教学模式和考核模式等方面去落实全面提升人才培养质量的课程思政总体目标进行探索，取得了良好的教学效果。

8.9　“电气控制与 PLC”课程质量评价报告研制

8.9.1　“电气控制与 PLC”课程基本信息

“电气控制与 PLC”课程基本信息见表 8-17 所列。

表 8-17 “电气控制与 PLC”课程基本信息

<table>
<tr><td>课程名称</td><td>电气控制与 PLC</td><td>课程代码</td><td>0903808060</td><td>课程类型</td><td>必修</td><td>学分</td><td>3</td></tr>
<tr><td>适用专业</td><td>自动化</td><td>学时</td><td>理论学时 48，
实践学时 0</td><td>开课学期</td><td colspan="3">2022—2023(1)</td></tr>
<tr><td>培养方案版本</td><td>2020 版</td><td>班级</td><td colspan="5">20 自动化 1 班(34 人)，20 自动化 2 班(36 人)</td></tr>
<tr><td>课程负责人</td><td>刘忠超</td><td>授课教师</td><td colspan="5">刘忠超</td></tr>
<tr><td>支撑毕业要求指标点</td><td colspan="7">3.1 能够设计针对自动化产品和工业自动控制系统设计中的复杂工程问题的解决方案，包括算法、系统架构、人与机器间功能分配、子系统间功能分配、确定仪器及控制系统硬件、选择系统软件和应用软件等。
3.3 在确定解决方案和功能单元、控制系统设计、开发过程中能够考虑社会、健康、安全、法律、文化以及环境等因素，并且具有创新意识。
6.1 熟悉自动化领域工程、项目运作的一般规律以及技术标准、产业政策和相关的法律、法规等</td></tr>
<tr><td>课程目标</td><td colspan="7">课程目标 1：能够分析控制系统技术需求，利用可编程控制器(PLC)进行系统设计、程序编制及程序的仿真和调试，并对仿真结果进行分析改进。
课程目标 2：在设计 PLC 控制系统时，能够考虑到社会、经济、环境等因素合理设计控制方案，并能在设计中体现创新意识。
课程目标 3：在 PLC 项目设计中，能够了解自动化领域工程、项目运作的一般规律以及相关的法律、法规等</td></tr>
<tr><td rowspan="4">课程目标与毕业要求支撑关系</td><td colspan="3">课程目标</td><td colspan="4">毕业要求指标点</td></tr>
<tr><td colspan="3">课程目标 1</td><td colspan="4">3.1</td></tr>
<tr><td colspan="3">课程目标 2</td><td colspan="4">3.3</td></tr>
<tr><td colspan="3">课程目标 3</td><td colspan="4">6.1</td></tr>
</table>

8.9.2 “电气控制与 PLC”课程目标达成情况评价依据合理性说明

1. 课程考核内容、考核方式，及课程目标达成情况评价依据合理性说明见表 8-18 所列。

表 8-18　课程考核内容与方式合理性审核表

南阳理工学院

课程考核内容与方式合理性审核表

（ 2022 – 2023 学年第 1 学期）

<table>
<tr><td colspan="5">课程基本信息
（由课程负责人填写）</td></tr>
<tr><td>院（部）</td><td>课程名称</td><td>适用年级</td><td>适用专业</td><td>所属教研室</td></tr>
<tr><td>智能制造学院</td><td>电气控制与 PLC</td><td>2020 级</td><td>自动化</td><td>自动化教研室</td></tr>
<tr><td>总学时
（实验学时）</td><td>48（0）</td><td>任课教师（职称）</td><td colspan="2">刘忠超（副教授）</td></tr>
</table>

<table>
<tr><td colspan="4">课程考核内容与方式
（由课程负责人填写）</td></tr>
<tr><td>毕业要求指标点</td><td>3-1 能够设计针对自动化产品和工业自动控制系统设计中的复杂工程问题的解决方案，包括算法、系统架构、人与机器间功能分配、子系统间功能分配、确定仪器及控制系统硬件、选择系统软件和应用软件等</td><td>3-3 在确定解决方案和功能单元、控制系统设计、开发过程中能够考虑社会、健康、安全、法律、文化以及环境等因素，并且具有创新意识</td><td>6-1 熟悉自动化领域工程、项目运作的一般规律以及技术标准、产业政策和相关的法律、法规等</td></tr>
<tr><td>课程目标</td><td>课程目标 1：能够分析控制系统技术需求，利用可编程控制器（PLC）进行系统设计、程序编制及程序的仿真和调试，并对仿真结果进行分析改进</td><td>课程目标 2：在设计 PLC 控制系统时，能够考虑到社会、经济、环境等因素合理设计控制方案，并能在设计中体现创新意识</td><td>课程目标 3：在 PLC 项目设计中，能够了解自动化领域工程、项目运作的一般规律以及相关的法律、法规等</td></tr>
<tr><td>考核方式</td><td>作业（1）、
项目设计（1~5）、考试（1）</td><td>项目设计（1~5）、考试（2）</td><td>作业（2）</td></tr>
<tr><td>考核内容</td><td>作业、项目设计：电气控制系统的自锁、点动、互锁、顺序控制、正反转控制等基本环节，控制程序编制及结果分析。
考试（1）：电气控制及 PLC 相关知识、程序设计及程序分析</td><td>项目设计：项目设计中的要求扩展、创新、过程能力、工程素质等表现。
考试（2）：控制系统设计的基本原则</td><td>作业：了解自动化领域工程、项目运作的一般规律以及相关的法律、法规</td></tr>
<tr><td>题型/题目</td><td>作业（1~5）：简答、选择及控制程序设计（折算最终成绩为 50*0.2=10 分）。
考试（1）（总分 95 分，折算最终成绩为 95*0.4=38 分）：
一、简答题 20 分；
二、程序分析题 35 分；
三、分析设计题 40 分。
项目设计：根据项目工程任务完成设计（折算最终成绩为 80*0.4=32 分）</td><td>项目设计（1~5）：折算最终成绩为 20*0.4=8 分；
考试（2）：一、简答题 5 分（折算最终成绩为 5*0.4=2 分）</td><td>简答题（50 分）（折算最终成绩为 50*0.2=10 分）</td></tr>
<tr><td>目标分值及在总成绩中占比</td><td>80，80%</td><td>10，10%</td><td>10，10%</td></tr>
<tr><td colspan="2">课程负责人（签字）</td><td colspan="2">刘忠超　2022年11月15日</td></tr>
</table>

课程考核内容合理性审核 （由课程负责人审核，在相应项目打√）		
考核内容是否按各课程目标的培养要求进行设计	☑是	□否
考核内容是否体现毕业要求观测点的难度	☑是	□否
考核内容的目标分值是否体现毕业要求观测点所占权重	☑是	□否
考核内容是否体现毕业要求观测点的覆盖面	☑是	□否
课程考核方式合理性审核 **（由课程负责人审核，在相应项目打√）**		
考核方式	☑过程性评价	□终结性评价
考核方式是否满足毕业要求能力考核要求	☑是	□否
考核方式是否与教学大纲的要求一致	☑是	□否
考核目标分值及其在总成绩中的占比是否与教学大纲的要求一致	☑是	□否
试卷审核 **（由专业负责人审核，在相应项目打√）**		
是否采用试卷考核	☑是	□否（若是，审核以下内容）
试卷格式是否与学校模板一致	☑是	□否
试卷页码标注是否完整	☑是	□否
计分栏中各题标注分值是否与试题标注分值一致	☑是	□否
满分总分是否等于100	☑是	□否
A卷B卷参考答案及评分标准	☑均有 □均无	□仅A（B）卷有
审核意见	☑同意进行选用 □改进后再审 □同意按照大纲要求采用非试卷考核	
课程负责人（签字）	2022年11月15日	
专业负责人（签字）	2022年11月15日	
教学院长（签字）	2022年11月15日	

2. 课程目标及支撑毕业要求指标点的能力达成考核成绩评定对照见表 8-19 所列。

表 8-19　考核成绩评定对照表

教学目标	毕业要求指标点	期末考试（权重 40.0%）	作业（权重 20.0%）	项目测验（权重 40.0%）	毕业要求指标点总占比	教学目标总占比
目标 1	指标点 3.1	95.0%	50.0%	80.0%	80.0%	80.0%
目标 2	指标点 3.3	5.0%	0.0%	20.0%	10.0%	10.0%
目标 3	指标点 6.1	0.0%	50.0%	0.0%	10.0%	10.0%
合计		100.0%	100.0%	100.0%	100.0%	100.0%

8.9.3　“电气控制与 PLC”课程目标评价标准

（1）期末考试。评分标准参见试卷正确答案与评分标准。能力要求与课程目标的对应关系见表 8-20 所列。

表 8-20　期末考试评分标准

	优(90～100)	良(80～89)	中(70～79)	及格(60～69)	不及格(0～59)
课程目标 1	PLC 系统概念，程序分析，控制系统技术需求及 PLC 程序编写	能够准确阐述 PLC 系统概念、构成、工作原理、编程原则等。能较好地分析 PLC 程序及控制系统需求，在多种正确方案中选择并实现预期功能，程序编写较好	能够较好阐述 PLC 系统概念、构成、工作原理、编程原则等。能正确分析 PLC 程序及控制系统需求，确定合适的方案实现预期功能，程序编写较好	能够阐述 PLC 系统概念、构成、工作原理、编程原则等。能分析 PLC 程序及控制系统需求，确定方案实现预期功能，程序编写一般	阐述 PLC 系统概念、构成、工作原理、编程原则等不够准确，有缺项。能对 PLC 程序及控制确定的方案有一定分析，但存在部分缺陷，程序编写不完善

续表

	优(90～100)	良(80～89)	中(70～79)	及格(60～69)	不及格(0～59)
课程目标2	在设计PLC控制系统时，能够考虑到社会、经济、环境等因素	在设计PLC控制系统时，能够较好地考虑到社会、经济、环境等因素	在设计PLC控制系统时，能够完善的考虑到社会、经济、环境等因素	在设计PLC控制系统时，考虑到社会、经济、环境等因素	在设计PLC控制系统时，不能周全考虑到社会、经济、环境等因素

(2)作业。参见作业正确答案与评分标准，能力要求与课程目标的对应关系见表8-21所列。

表8-21　作业评分标准

	优(90～100)	良(80～89)	中(70～79)	及格(60～69)	不及格(0～59)
课程目标1	自主完成并按时提交作业，作业认真，知识及概念掌握全面，程序逻辑强，准确率大于90%，书写工整、清晰	自主完成并按时提交作业，作业比较认真，知识及概念掌握较全面，程序逻辑性较强，准确率大于80%，书写清晰，步骤完整	自主完成并按时提交作业，作业比较认真，概念基本清晰，程序设计基本正确、完整，准确率大于70%，书写认真，步骤完整	自主完成并按时提交作业，作业不认真，知识及概念掌握程度一般，设计中存在错误，答案正确率超过60%，书写较为一般，步骤基本规范完整	不按时提交作业或后期补交，作业不认真，没有掌握知识及概念，设计过程错误且不完整，准确率小于60%，步骤不规范完整
课程目标3	自主完成并按时提交作业，准确率大于90%，书写工整、清晰	自主完成并按时提交作业，准确率大于80%，书写清晰，步骤完整	自主完成并按时提交作业，准确率大于70%，书写认真，步骤完整	自主完成并按时提交作业，准确率大于60%，书写较为一般，步骤基本规范完整	不按时提交作业或后期补交，准确率小于60%，步骤不规范完整

(3)项目测验。参见正确答案与评分标准。能力要求与课程目标的对应关系见表8-22所列。

表 8-22　项目测验评分标准

	优(90～100)	良(80～89)	中(70～79)	及格(60～69)	不及格(0～59)
课程目标 1	能够熟悉项目测试内容，设计方案先进、可行。自主设计完成项目任务，回答问题正确率大于 90%	能够熟悉项目测试内容，设计方案合理、可行。自主设计完成项目任务，回答问题正确率大于 80%	基本熟悉项目测试内容，设计方案可行。自主设计完成项目任务，回答问题正确率大于 70%	基本了解项目测试内容，设计方案可行。在他人的辅助下能够完成项目任务，回答问题正确率大于 60%	不熟悉项目测试内容，方案可行性差。不能自主设计完成项目任务，回答问题正确率小于 60%
课程目标 2	操作规范，项目实施中工程素养表现优秀，有较好的创新	操作规范，项目实施中工程素养表现良好，有较好的创新	操作较为规范，项目实施中工程素养表现好，有一定的创新	操作基本规范，项目实施中工程素养表现一般，有部分创新	操作不规范，项目实施中工程素养表现较差，没有创新

8.9.4 “电气控制与 PLC”课程目标评价依据

根据学院制定的“课程目标达成情况评价办法”，“电气控制与 PLC”课程目标达成情况评价采用课程过程考核分析法和修课学生调查问卷法两种方法进行评价。前者主要依据期末考试、平时作业和项目设计测试成绩进行评价，修课学生调查问卷法通过制作问卷，进行学生自我认可度的定性评价。

8.9.5 “电气控制与 PLC”课程目标评价方法和评价结果

1. 课程过程考核分析法

课程过程考核分析法包括对班级、年级课程目标达成情况的分析，以及对学生个体的课程目标达成情况的分析。

(1)对班级、年级课程目标达成情况的分析

①课程目标达成情况分析结果。针对“电气控制与 PLC”的 3 个课程目标，分别针对班级和年级计算各个过程考核项目的平均成绩，按照各项的权重计算课程目标的平均分，进而得到班级和年级各课程目标的达成度。20 级共两个班，班

级和年级达成情况见表 8-23、表 8-24、表 8-25 所列，各课程目标的达成情况对比如图 8-3 所示。

表 8-23 “电气控制与 PLC”20 自动化 1 班课程目标达成度

课程目标	期末考试		作业		项目测验		课程目标总分	课程目标平均分	课程目标达成度
	权重：40.0%		权重：20.0%		权重：40.0%				
	总分	平均分	总分	平均分	总分	平均分			
1	95.0	60.88	50.0	35.96	80.0	68.27	80.0	58.85	0.7356
2	5.0	3.21	0	0	20.0	13.63	10.0	6.73	0.6736
3	0	0	50.0	35.44	0	0	10.0	7.09	0.7088

表 8-24 “电气控制与 PLC”20 自动化 2 班课程目标达成度

课程目标	期末考试		作业		项目测验		课程目标总分	课程目标平均分	课程目标达成度
	权重：40.0%		权重：20.0%		权重：40.0%				
	总分	平均分	总分	平均分	总分	平均分			
1	95.0	55.89	50.0	33.5	80.0	70.04	80.0	57.07	0.7134
2	5.0	3.25	0	0	20.0	14.36	10.0	7.04	0.7044
3	0	0	50.0	33.33	0	0	10.0	6.67	0.6666

表 8-25 “电气控制与 PLC”20 自动化年级课程目标达成度

课程目标	期末考试(40%)		作业(20%)		项目测验(40%)		课程目标达成度
	权重	达成度	权重	达成度	权重	达成度	
1	0.95	0.614	0.50	0.694	0.80	0.865	0.724
2	0.05	0.646	0.00	0	0.20	0.7	0.689
3	0.00	0	0.50	0.687	0.00	0	0.687
综合	0.615		0.691		0.832		
课程达成度	0.717						

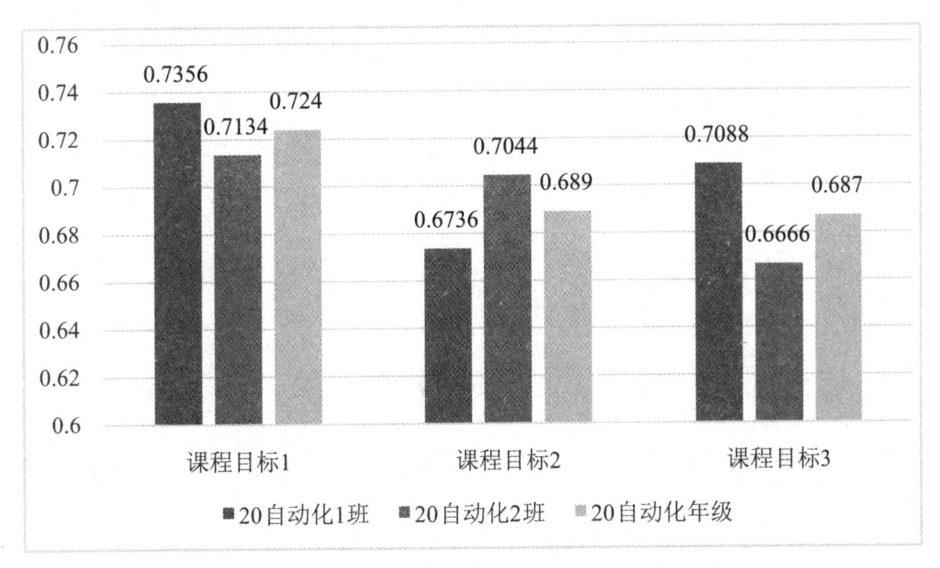

图 8-3　“电气控制与 PLC”班级和年级课程目标达成情况对比

②支撑毕业要求指标点达成情况分析结果。根据 20 级两个班各课程目标对毕业要求指标点的支撑关系，结合各课程目标所占权重，分别计算对应毕业要求指标点的达成度，进而得到课程对所支撑毕业要求指标点的评价值，见表 8-26 所列。20 级各毕业要求指标点达成情况对比如图 8-4 所示。

表 8-26　“电气控制与 PLC”20 自动化课程对指标点达成度（年级）

课程对应毕业要求指标点	对应指标点权重	教学目标	课程对应指标点达成度	课程对指标点达成度评价值
3.1	0.10	目标 1	0.724	0.072
3.3	0.30	目标 2	0.689	0.207
6.1	0.10	目标 3	0.687	0.069

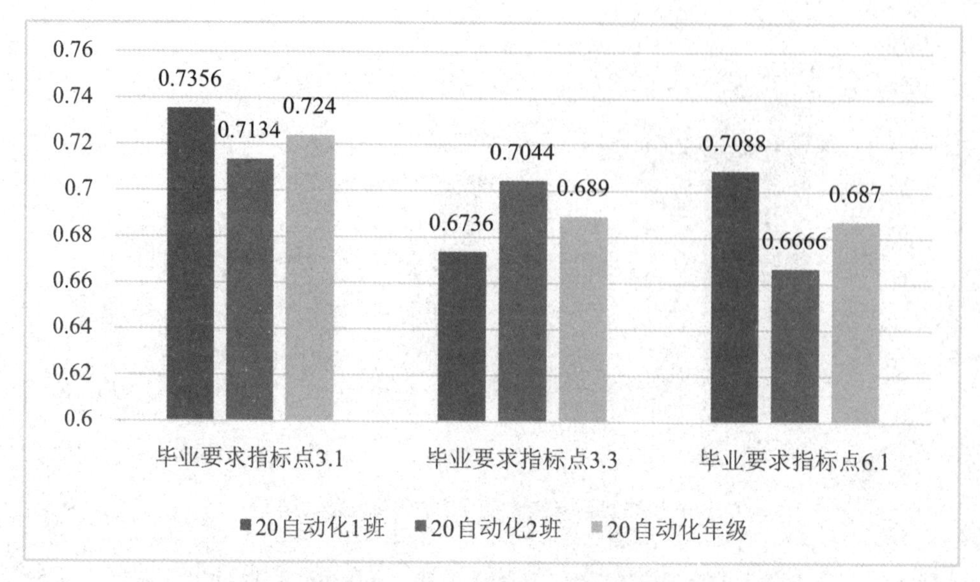

图 8-4　20 级“电气控制与 PLC”课程对毕业要求指标点达成情况对比

(2)对学生个体的课程目标达成情况的分析

对学生个体课程目标的达成情况分析，能更好了解学生对课程目标达成的具体情况，及早关注某些学生个体，有针对性进行帮扶，也更加有利于排查教学中的不足，为后续的持续改进提供参考。

课程目标 1：70 人课程目标平均达成值为 0.72，其中 19 人未达到 0.65 的预期值，最低值 0.42，如图 8-5 所示。

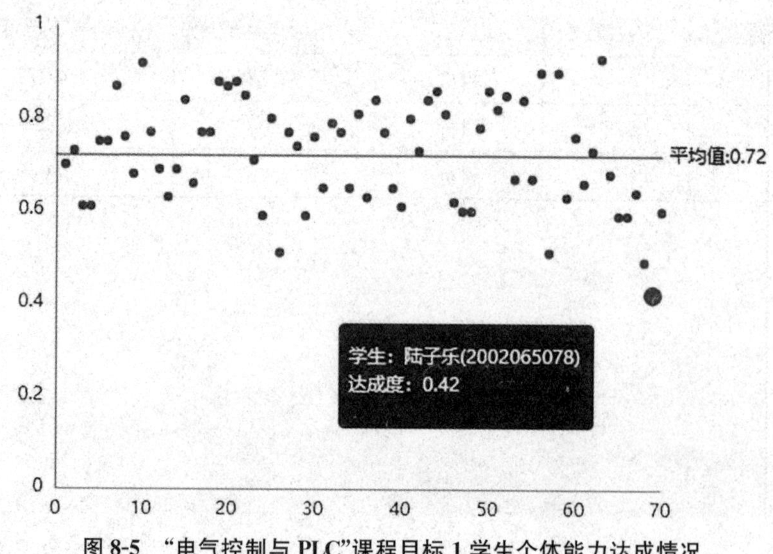

图 8-5　“电气控制与 PLC”课程目标 1 学生个体能力达成情况

课程目标 2：课程目标平均达成值为 0.69，其中 20 人未达到 0.65 的预期值，最低值 0.4，如图 8-6 所示。

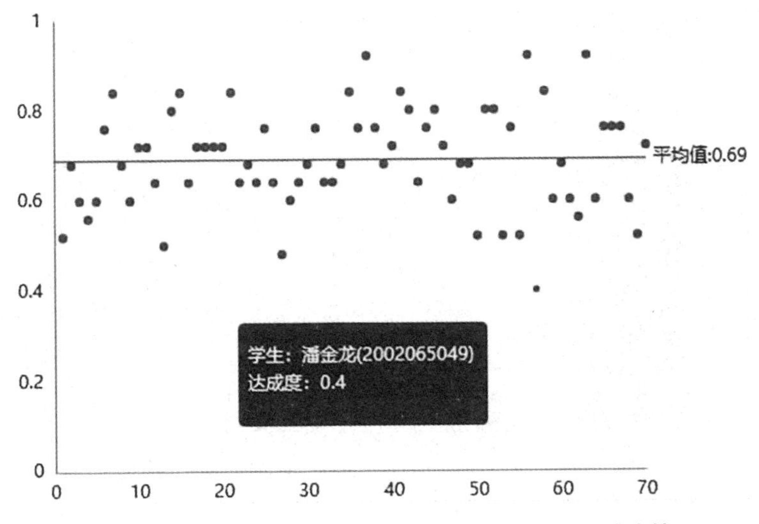

图 8-6　“电气控制与 PLC”课程目标 2 学生个体能力达成情况

课程目标 3：课程目标平均达成值为 0.69，其中 24 人未达到 0.65 的预期值，最低值为 0.5。该目标是三个教学目标中达成情况最低的。具体如图 8-7 所示。

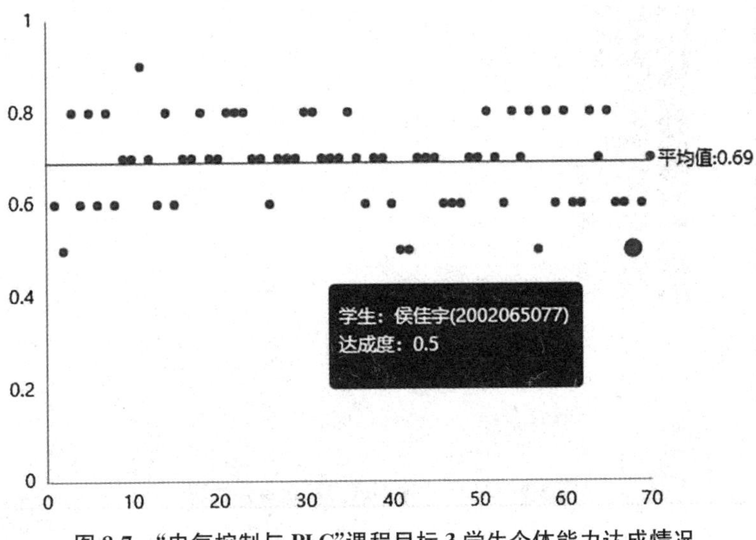

图 8-7　“电气控制与 PLC”课程目标 3 学生个体能力达成情况

2. 修课学生调查问卷法

采用问卷调查法，组织 20 自动化 1 班 34 名学生和 2 班 36 名学生对课程目标 1、2、3 的达成情况进行自评，共分 5 个档次：很好、好、一般、尚可、差，分别记 5、4、3、2、1 的分值，三个课程目标各档对应学生人数如图 8-8 和图 8-9 所示，各班问卷法达成情况如图 8-10 所示。

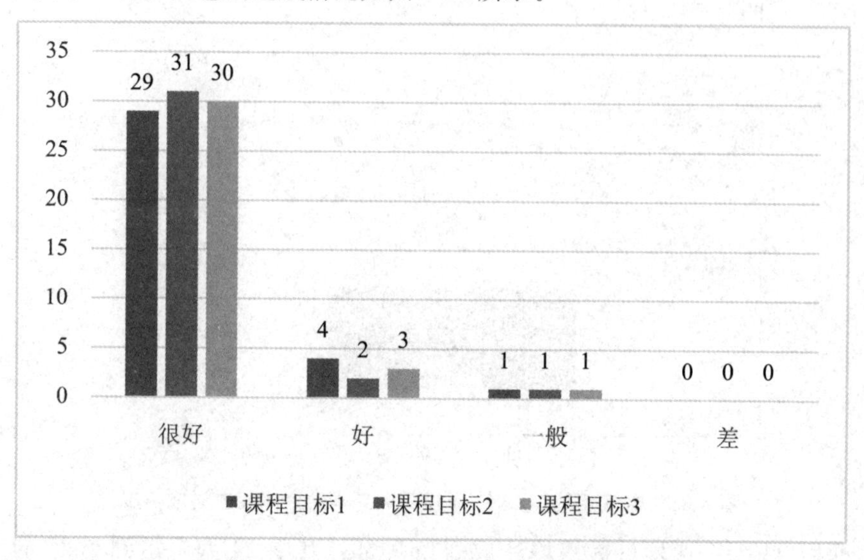

图 8-8　20 自动化 1 班问卷法自评情况

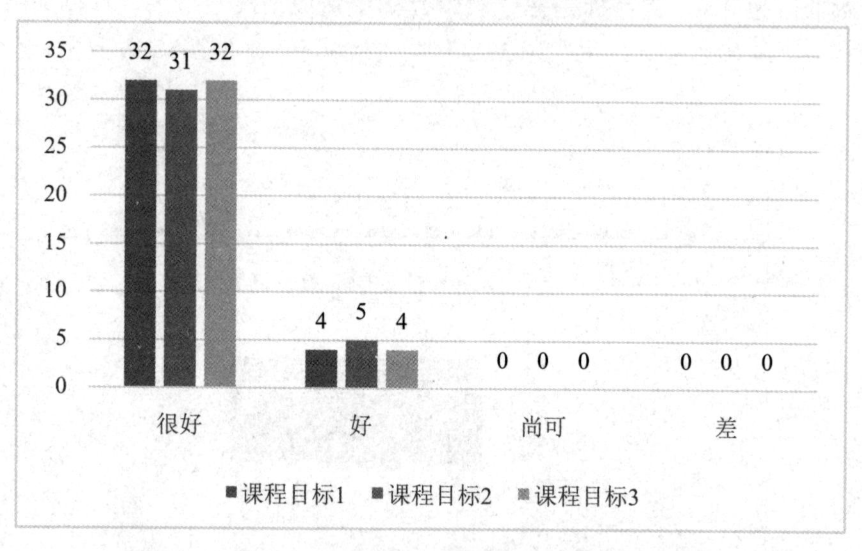

图 8-9　20 自动化 2 班问卷法自评情况

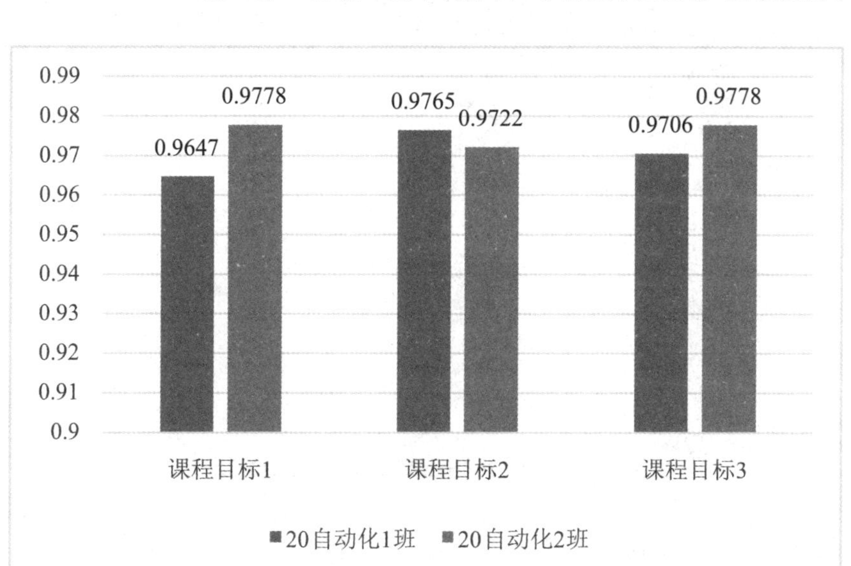

图 8-10　20 级两个班问卷法自评达成情况对比

比较两个班各课程目标的达成情况数据，可以看出，学生对课程目标 1、2、3 的自评情况达成度均大于 0.9，反映出学生对课程目标的自我认可度比较好。该自评结果和课程过程考核分析法只作为互相补充。

8.9.6　“电气控制与 PLC”课程目标的达成情况评价结果及原因分析

上述两种方法的分析结果，互为补充，前者是定量评价，后者为定性评价。为进一步提高课程教学质量，主要依据定量考核结果对课程做进一步分析，并提出持续改进意见和措施。

1. 课程目标的达成情况总结

根据上述对比分析可见，无论是班级还是年级，各课程目标的达成数值均达到期望值 0.65 以上，但课程目标 1 达成情况总体较低。课程支撑的毕业要求有三项：3.1、3.3 和 6.1，相对来说课程对毕业要求指标点 3.3 和 6.1 的支撑值偏低。

与 19 级相比，20 级优秀率远低于 19 级，不合格率稍高于 19 级，如图 8-11 所示；从课程目标达成值来看，除目标 3 以外，其他各项目标 19 级均高于 20 级，如图 8-12 所示。反映了这一轮的持续改进措施部分有效。

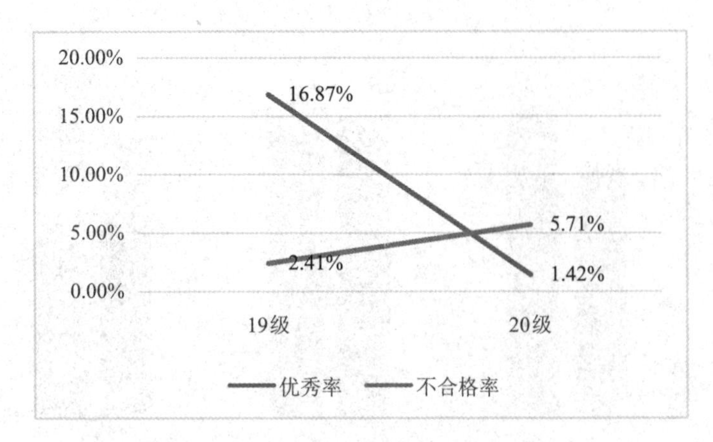

图 8-11　19、20 级优秀率和不合格率对比

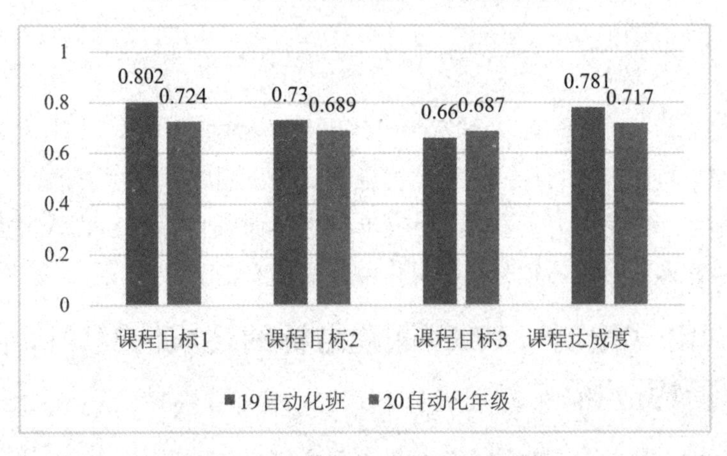

图 8-12　19、20 级课程目标达成值对比

2. 达成情况原因分析

课程的考核方式主要包括三项：期末考试、项目测验、课后作业，其各项达成情况及原因分析如下。

(1)期末考试：试卷共分为三个大题。该门课程考试试卷共分为三个大题。

第一大题为简答题，属客观题，对应课程目标 1 和课程目标 2，主要考核 PLC 控制系统的基本概念、原理、应用等。共分 5 个小题，满分 25 分。

第二大题为程序分析题，主要考核常用 PLC 指令的使用方法、梯形图分析等，对应课程目标 1。共分 7 个小题，满分 35 分。

第三大题为分析设计题，对应课程目标 1，主要考核学生灵活运用指令设计 PLC 控制系统的能力等。共分 5 个小题，满分 40 分。

根据上述学生得分情况，整体掌握情况离实际期望有一定差距，个别学生成绩不是特别理想，试卷中出现一些共性的地方失分率比较高。简答题整体掌握较好，失分率较高的是第 3、5 小题，回答得不准确、有缺项，主要原因是没有真正掌握基础知识，对知识点的准确记忆不到位。程序分析题整体掌握不好，失分较多。错误率较高的是第 1、2、3、5 小题，主要失分原因是学生对 PLC 指令系统掌握得不牢固，缺乏一定的分析能力，指令应用能力较弱，同时对于进制之间的转换掌握得不够熟练，导致数据之间的换算出现错误，导致程序分析结果不正确。分析设计题主要考查对实际问题的解决能力，以及综合运用所学知识解决问题的能力，整体答题情况较好，第 4、6 题掌握较弱，第 4 题考试题目比较简单，失分原因主要是对一些指令掌握得不熟练，导致梯形图编写得不完善。其他程序设计题失分的主要原因是程序梯形图设计得不完善，造成部分失分。

(2)作业成绩达成原因分析：平时成绩主要包括课后作业，由于疫情影响严重，学生们之间学业交流存在困难，部分学困生难以独立完成作业，作业完成质量不高，相对学生达成情况较差，拉低了课程目标 1 的达成度。

(3)项目测试达成原因分析：平时测验即项目专题考核，通过课堂理论知识的讲解和学生练习仿真以及老师指导，学生能够自主地主要采取仿真的方式来实现项目考核要求的设计。设计过程学生可以上网查阅资料，也可以相互商量和讨论，因此，在老师的督促下，基本都能较好完成。

(4)各课程目标达成情况原因分析：本门课程过程考核评价的所有课程目标达成度评价值均大于 0.65，比较各课程目标的达成度数据，可以看出，课程目标 3 的达成度值最低，评价结果为 0.687，究其原因，该课程目标涉及非技术性因素的能力考查，主要通过作业，让学生在课余通过自主学习、查阅资料去了解掌握动化项目运作及相关的法律法规，但部分学生的自主学习能力不强，该部分内容掌握得不好，从而影响了该课程目标的达成。在后续的课程教学中通过教师引导、小组讨论，提高学生自主学习的能力。

8.9.7 “电气控制与 PLC”课程的持续改进

1. 上一轮课程改进措施及实施效果分析

上一轮本课程教学实施对象为 2019 级自动化专业学生，2 项课程目标的达成情况一般，目标 3 达成度较低。主要原因是目标 3 涉及非技术性因素的能力考查，主要通过作业，让学生在课余通过自主学习、查阅资料去了解掌握自动化项目运作及相关的法律法规，但部分学生的自主学习能力不强，该部分内容掌握得不好，从而影响了该课程目标的达成。

针对上一轮课程目标评价结果，拟定的改进措施主要是：加强课程的讲解，通过翻转课堂，让学生自主获取知识，提高学生查阅资料、获取相关知识的能力。改进措施取得了一定成效。由表 8-27 可见，虽然 2020 级课程教学过程中进行了持续改进，但本轮课程目标 1、2 均比上轮有所下降，而本轮课程目标 3 达成值较高。主要原因是 2022.12 月初疫情严重，学生过早地离开了校园，在 2023.02 开学初就进行课程的考试。学生对部分知识的灵活应用产生了遗忘，导致课程目标 1 和 2 降低。而课程目标 3 依靠自主查阅资料完成的达成有所提升，说明上一轮持续改进部分措施实施有效，但离理想还有一定的距离。

表 8-27　最近两次课程目标达成情况评价结果

课程名称	年级	学期	课程目标 1	课程目标 2	课程目标 3
电气控制与 PLC	2019	2021－2022(1)	0.802	0.73	0.66
	2020	2022－2023(1)	0.724	0.689	0.687

2. 本次持续改进措施

本轮教学过程中总结 20 级达成度低的原因，在后续的教学中从以下方面提出改进措施。

(1)继续强化课程理论教学，可以多加些 PLC 教学工程案例的实施，锻炼学生的实践能力和创新能力，加深对理论知识点的理解和记忆，提高课程目标 1 和 2 的达成度。

(2)注重教学改革和探索，通过启发式案例教学，激发学生的热情和创造性，提高学生自主学习能力和解决问题的能力，提高课程目标 3 的达成度。

(3)建议班级学业导师和辅导员加强对基础较差学生的精力投入，加强课后辅导，引导学生确立正确的学习观念，并要求班级中学习好的学生积极帮助自主学习能力较差的学生，营造良好的学风。

8.10 “PLC 课程设计”课程质量评价报告研制

8.10.1 “PLC 课程设计”课程基本信息

“PLC 课程设计”课程基本信息见表 8-28 所列。

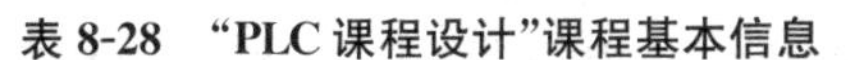

表 8-28　“PLC 课程设计”课程基本信息

<table>
<tr><td>课程名称</td><td>PLC 课程设计</td><td>课程代码</td><td>0900807310</td><td>课程类型</td><td>必修</td><td>学分</td><td>4</td></tr>
<tr><td>适用专业</td><td>自动化</td><td>学时</td><td>4 周</td><td>开课学期</td><td colspan="3">2022—2023(1)</td></tr>
<tr><td>培养方案版本</td><td>2018 版</td><td>班级</td><td colspan="5">20 自动化 1 班(34 人)，20 自动化 2 班(36 人)</td></tr>
<tr><td>课程负责人</td><td>刘忠超</td><td>授课教师</td><td colspan="5">刘忠超</td></tr>
<tr><td>支撑毕业要求指标点</td><td colspan="7">3.1 能够设计针对自动化产品和工业自动控制系统设计中的复杂工程问题的解决方案，包括算法、系统架构、人与机器间功能分配、子系统间功能分配、确定仪器及控制系统硬件、选择系统软件和应用软件等。
3.2 能够根据特定需求，设计对应的检测单元、控制单元、通信单元及控制系统。
4.2 能够根据实验方案构建实验系统，调试与操作相关实验设备开展实验，正确地采集实验数据。
11.2 能够针对自动化工程问题，提出经济、合理的解决方案</td></tr>
<tr><td>课程目标</td><td colspan="7">课程目标 1：能够通过查阅和分析文献资料，根据控制任务，进行系统方案设计、比较和选择。
课程目标 2：能够根据系统设计目标和方案，通过选择或设计控制器、检测、执行装置、通信系统、监控系统等硬件单元系统；并能够根据控制要求进行控制程序设计，以及人机界面设计，设计一个完整的 PLC 控制系统。
课程目标 3：能够完成系统功能性硬件模块连接、程序编译下载、计算机监控以及系统功能调试等，正确获取实验结果。
课程目标 4：学生能对所设计系统应用工程管理与经济决策方法进行项目规划与管理，并进行经济效益分析</td></tr>
<tr><td rowspan="5">课程目标与毕业要求支撑关系</td><td colspan="3">课程目标</td><td colspan="4">毕业要求指标点</td></tr>
<tr><td colspan="3">课程目标 1</td><td colspan="4">3.1</td></tr>
<tr><td colspan="3">课程目标 2</td><td colspan="4">3.2</td></tr>
<tr><td colspan="3">课程目标 3</td><td colspan="4">4.2</td></tr>
<tr><td colspan="3">课程目标 4</td><td colspan="4">11.2</td></tr>
</table>

8.10.2 “PLC 课程设计”课程目标达成情况评价依据合理性说明

(1)课程考核内容、考核方式及课程目标达成情况评价依据合理性说明见表 8-29 所列。

表 8-29 课程考核内容与方式合理性审核表

南阳理工学院

课程考核内容与方式合理性审核表

（ 2022 -- 2023 学年第 1 学期）

课程基本信息（由课程负责人填写）				
院（部）	课程名称	适用年级	适用专业	所属教研室
智能制造学院	PLC 课程设计	2020 级	自动化	自动化
总学时（实验学时）	4 周	任课教师（职称）	刘忠超（副教授）	
课程考核内容与方式（由课程负责人填写）				
毕业要求指标点	毕业要求指标点 3-1：能够设计针对自动化产品和工业自动控制系统设计中的复杂工程问题的解决方案，包括算法、系统架构、人与机器间功能分配、子系统间功能分配、确定仪器及控制系统硬件、选择系统软件和应用软件等	毕业要求指标点 3-2：能够根据特定需求，设计对应的检测单元、控制单元、通信单元及控制系统	毕业要求指标点 4-2：能够根据实验方案构建实验系统，调试与操作相关实验设备开展实验，正确地采集实验数据	毕业要求指标点 11-2：能够针对自动化工程问题，提出经济、合理的解决方案
课程目标	课程目标 1：能够通过查阅和分析文献资料，根据控制任务，进行系统方案设计、比较和选择	课程目标 2：能够根据系统设计目标和方案，通过选择或设计控制器、检测、执行装置、通信系统、监控系统等硬件单元系统；并能够根据控制要求进行控制程序设计，以及人机界面设计，设计一个完整的 PLC 控制系统	课程目标 3：能够完成系统功能性硬件模块连接、程序编译下载、计算机监控以及系统功能调试等，正确获取实验结果	课程目标 4：学生能对所设计系统应用工程管理与经济决策方法进行项目规划与管理，并进行经济效益分析
考核方式	设计过程 设计报告 1	设计报告 2	调试结果 设计报告 3	设计报告 4
考核内容	设计方案是否合理、可行，报告是否体现设计方案	设计报告中是否体现一个完整的 PLC 控制系统全过程要素	设计、调试结果是否正确，报告里面是否体现设计调试结果	报告里面是否体现项目管理和经济效益分析
题型/题目	设计报告 1、 设计过程方案检查	设计报告 2	设计报告 3、 设计过程监控及结果验收情况	设计报告 4
目标分值及在总成绩中占比	设计过程：100*0.1=10 分 设计报告 1：100*0.1*0.7=7 分	设计报告 2：100*0.7*0.3=21 分	调试结果：100*0.2=20 分 设计报告 3：100*0.3*0.7=21 分	设计报告 4：100*0.3*0.7=21 分
课程负责人（签字）	刘忠超		2022 年 11 月 8 日	

课程考核内容合理性审核 （由课程负责人审核，在相应项目打√）		
考核内容是否按各课程目标的培养要求进行设计	☑是	□否
考核内容是否体现毕业要求观测点的难度	☑是	□否
考核内容的目标分值是否体现毕业要求观测点所占权重	☑是	□否
考核内容是否体现毕业要求观测点的覆盖面	☑是	□否
课程考核方式合理性审核 （由课程负责人审核，在相应项目打√）		
考核方式	☑过程性评价	□终结性评价
考核方式是否满足毕业要求能力考核要求	☑是	□否
考核方式是否与教学大纲的要求一致	☑是	□否
考核目标分值及其在总成绩中的占比是否与教学大纲的要求一致	☑是	□否
试卷审核 （由专业负责人审核，在相应项目打√）		
是否采用试卷考核	□是	☑否（若是，审核以下内容）
试卷格式是否与学校模板一致	□是	□否
试卷页码标注是否完整	□是	□否
计分栏中各题标注分值是否与试题标注分值一致	□是	□否
满分总分是否等于 100	□是	□否
A 卷 B 卷参考答案及评分标准	□均有 □均无	□仅 A（B）卷有
审核意见	□同意进行选用 □改进后再审 ☑同意按照大纲要求采用非试卷考核	
课程负责人（签字）	2022年11月8日	
专业负责人（签字）	2022年11月8日	
教学院长（签字）	2022年11月8日	

(2)课程目标及支撑毕业要求指标点的能力达成考核成绩评定对照如表 8-30 所列。

表 8-30　考核成绩评定对照表

课程目标	毕业要求指标点	设计报告（权重 70.0%）	设计过程成绩（权重 10.0%）	调试结果成绩（权重 20.0%）	毕业要求指标点总占比	教学目标总占比
目标 1	3.1	10%	100%	0%	17%	17%
目标 2	3.2	30%	0%	0%	21%	21%

续表

课程目标	毕业要求指标点	设计报告（权重 70.0%）	设计过程成绩（权重 10.0%）	调试结果成绩（权重 20.0%）	毕业要求指标点总占比	教学目标总占比
目标 3	4.2	30%	0%	100%	41%	41%
目标 4	11.2	30%	0%	0%	21%	21%
合计		100%	100%	100%	100%	100%

8.10.3 “PLC 课程设计”课程目标评价标准

(1)设计过程：设计过程能力要求与课程目标的对应关系见表 8-31 所列。

表 8-31 设计过程评分标准

	优(90～100)	良(80～89)	中(70～79)	及格(60～69)	不及格(0～59)
课程目标 1	思路清晰，论证充分，论据准确，方案合理	思路清晰，论证较充分，论据较准确，方案合理	思路较清晰，论证较充分，论据较准确，方案合理	思路基本清晰，论证基本充分，论据基本准确，方案基本合理	思路不清晰，论证不充分，论据不准确，方案不合理

(2)调试结果：参见调试结果评分标准，能力要求与课程目标的对应关系见表 8-32 所列。

表 8-32 调试结果评分标准

	优(90～100)	良(80～89)	中(70～79)	及格(60～69)	不及格(0～59)
课程目标 3	设计结果正确，人机界面布局合理、美观，功能演示满足设计要求	设计结果正确，人机界面布局合理，功能演示满足设计要求	设计结果基本正确，人机界面一般，功能演示基本满足设计要求	设计结果基本正确，人机界面一般，功能演示与设计要求有一定差距	设计结果不正确，人机界面较差，功能演示不满足设计要求
	思路清晰，语言流畅，回答问题清楚，答案准确、全面，有一定的理论深度	思路比较清晰，语言流畅，回答问题清楚，答案正确、比较全面，深度略显不足	思路比较清晰，语言流畅，回答问题基本清楚，答案基本正确、比较全面，无深度	思路比较清晰，语言比较流畅，回答问题基本清楚，大部分问题答案基本正确，个别问题答案不全面	没有思路，语言不流畅，回答问题不清，不能正确回答教师提出的问题

(3)设计报告：参见设计报告评分标准。能力要求与课程目标的对应关系见表 8-33 所列。

表 8-33　设计报告评分标准

	优(90～100)	良(80～89)	中(70～79)	及格(60～69)	不及格(0～59)
课程目标 1	能依据规范、规程，设计方案先进、可行，论证充分、有创新性	能依据规范、规程，设计方案合理、可行，论证比较充分	能依据规范、规程，设计方案可行，论证尚充分	能依据规范、规程，设计方案可行，论证不充分	不能依据规范、规程，方案可行性差、论证不充分
课程目标 2	器件选择得当，硬件设计合理，软件设计合理，满足控制要求	器件选择得当，硬件设计合理，软件设计较合理，满足控制要求	器件选择较得当，硬件设计合理，软件设计较合理，满足控制要求	器件选择得当，硬件设计基本合理，软件设计基本合理，基本满足控制要求	器件选择不合理，硬件设计不合理，软件设计不合理，不满足控制要求
课程目标 3	设计结果正确，人机界面布局合理、美观，功能演示满足设计要求	设计结果正确，人机界面布局合理，功能演示满足设计要求	设计结果基本正确，人机界面一般，功能演示基本满足设计要求	设计结果基本正确，人机界面一般，功能演示与设计要求有一定差距	设计结果不正确，人机界面较差，功能演示不满足设计要求
课程目标 4	能较好地对经济效益分析全面，有一定的理论深度	经济效益分析比较全面，深度略显不足	经济效益分析比较全面，无深度	经济效益分析不全面	无经济效益分析

8.10.4　“PLC 课程设计”课程目标评价依据

根据学院制定的“课程目标达成情况评价办法”，“PLC 课程设计”课程目标达成情况评价采用课程过程考核分析法和修课学生调查问卷法两种方法进行评价。

前者主要依据设计过程、调试结果和设计报告成绩进行评价，修课学生调查问卷法通过制作问卷，进行学生自我认可度的定性评价。

8.10.5 “PLC课程设计”课程目标评价方法和评价结果

1. 课程过程考核分析法

课程过程考核分析法包括对班级、年级课程目标达成情况的分析，以及对学生个体的课程目标达成情况的分析。

(1)对班级、年级课程目标达成情况的分析

①课程目标达成情况分析结果。针对“PLC课程设计”的4个课程目标，分别针对班级和年级计算各个过程考核项目的平均成绩，按照各项的权重计算课程目标的平均分，进而得到班级和年级各课程目标的达成度。20级共两个班，班级和年级达成情况如表8-34、8-35、8-36所列，各课程目标的达成情况对比如图8-13所示。

表8-34 “PLC课程设计”20自动化1班课程目标达成度

课程目标	设计报告		设计过程		调试结果		课程目标总分	课程目标平均分	课程目标达成度
	权重：70.0%		权重：10.0%		权重：20.0%				
	总分	平均分	考核总分	平均分	考核总分	平均分			
1	10.0	8.09	100.0	79.71	0.0	0.000	17.0	13.606	0.802
2	30.0	22.91	0.0	0.000	0.0	0.000	21.0	15.994	0.763
3	30.0	22.97	0.0	0.000	100.0	79.71	41.0	31.998	0.781
4	30.0	22.82	0.0	0.000	0.0	0.000	21.0	15.973	0.761

表8-35 “PLC课程设计”20自动化2班课程目标达成度

课程目标	设计报告		设计过程		调试结果		课程目标总分	课程目标平均分	课程目标达成度
	权重：70.0%		权重：10.0%		权重：20.0%				
	总分	平均分	考核总分	平均分	考核总分	平均分			
1	10.0	7.944	100.0	76.250	0.0	0.000	17.0	13.186	0.776
2	30.0	22.667	0.0	0.000	0.0	0.000	21.0	15.867	0.756
3	30.0	22.333	0.0	0.000	100.0	77.361	41.0	31.105	0.759
4	30.0	22.111	0.0	0.000	0.0	0.000	21.0	15.478	0.737

表 8-36 "PLC 课程设计"20 自动化年级课程目标达成度

课程目标	设计报告(70%)		设计过程(10%)		调试结果(20%)		课程目标达成度
	权重	达成度	权重	达成度	权重	达成度	
1	0.10	0.801	1.00	0.779	0.00	0	0.787
2	0.30	0.76	0.00	0	0.00	0	0.758
3	0.30	0.755	0.00	0	1.00	0.785	0.769
4	0.30	0.749	0.00	0	0.00	0	0.748
综合	0.757		0.78		0.785		
课程达成度	0.765						

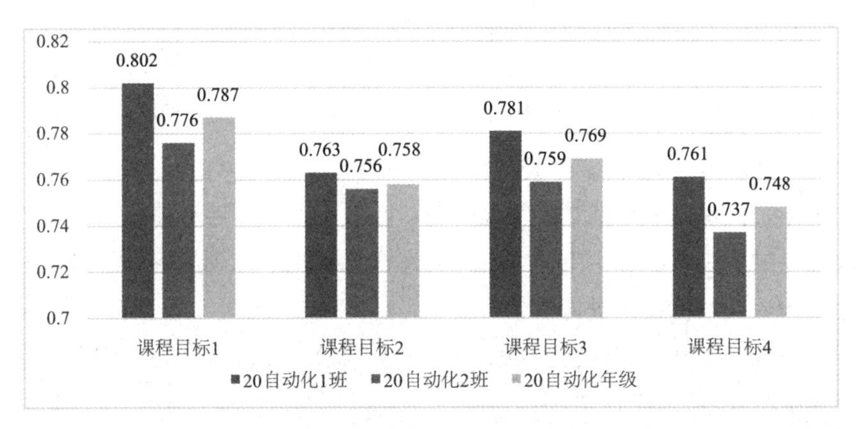

图 8-13 "PLC 课程设计"班级和年级课程目标达成情况对比

②支撑毕业要求指标点达成情况分析结果。根据 20 级两个班各课程目标对毕业要求指标点的支撑关系，结合各课程目标所占权重，分别计算对应毕业要求指标点的达成度，进而得到课程对所支撑毕业要求指标点的评价值见表 8-37 所列。20 级各毕业要求指标点达成情况对比如图 8-14 所示。

表 8-37 "PLC 课程设计"20 自动化课程对应指标点达成度(年级)

课程对应毕业要求指标点	对应指标点权重	教学目标	课程对应指标点达成度	课程对应指标点达成度评价值
3.1	0.1	目标 1	0.787	0.236
3.2	0.3	目标 2	0.758	0.227
4.2	0.3	目标 3	0.769	0.231
11.2	0.3	目标 4	0.748	0.224

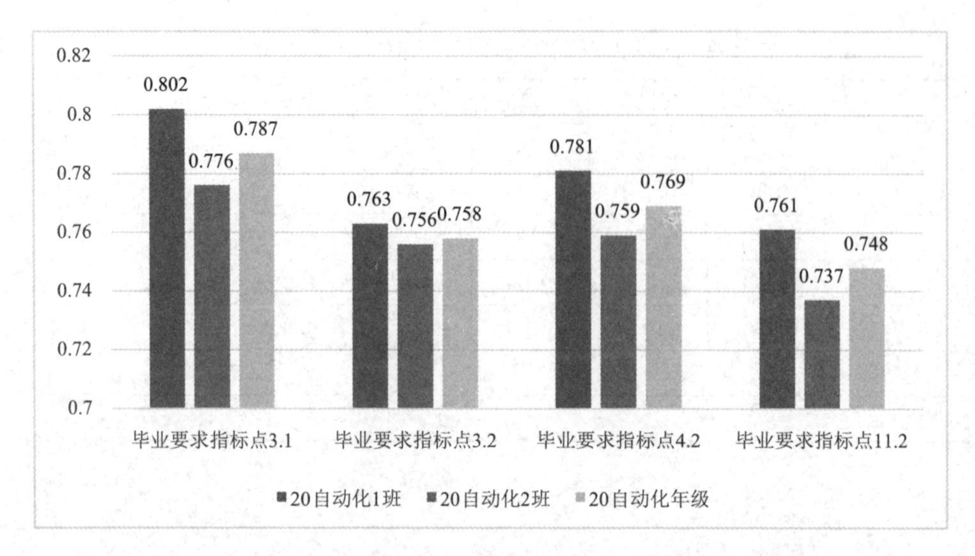

图 8-14　20 级“PLC 课程设计”课程对毕业要求指标点达成情况对比

(2)对学生个体的课程目标达成情况的分析

对学生个体课程目标的达成情况分析，能更好了解学生对课程目标达成的具体情况，及早关注某些学生个体，有针对性进行帮扶，也更加有利于排查教学中的不足，为后续的持续改进提供参考。

课程目标 1：70 人课程目标平均达成值为 0.78，其中 11 人未达到 0.65 的预期值，最低值 0.6，如图 8-15 所示。

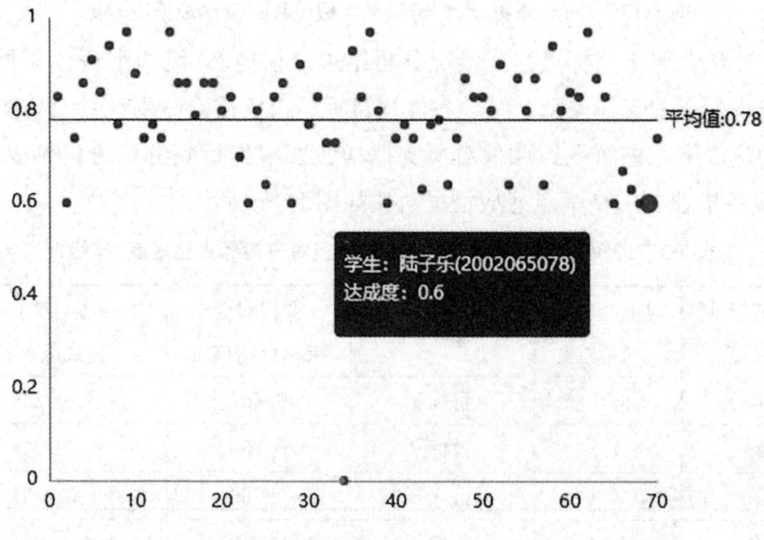

图 8-15　“PLC 课程设计”课程目标 1 学生个体能力达成情况

课程目标 2：课程目标平均达成值为 0.76，其中 8 人未达到 0.65 的预期值，最低值 0.6。具体如图 8-16 所示。

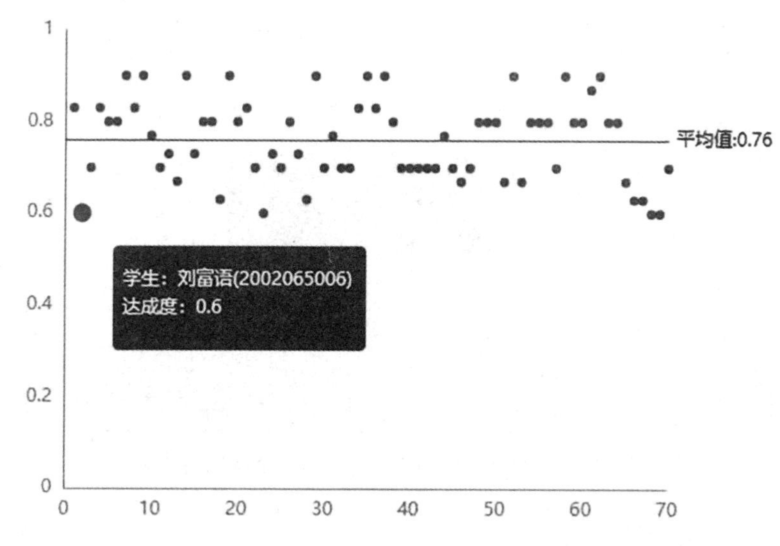

图 8-16　“PLC 课程设计”课程目标 2 学生个体能力达成情况

课程目标 3：课程目标平均达成值为 0.77，其中 12 人未达成，最低值 0.6。具体如图 8-17 所示。

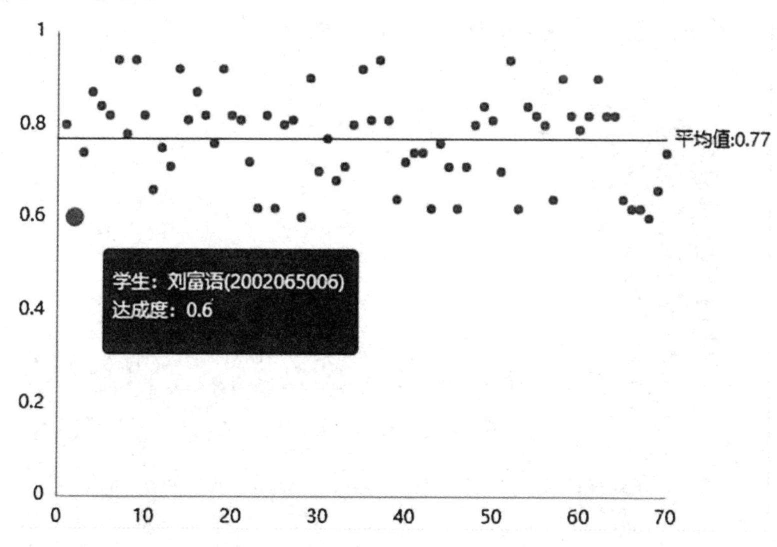

图 8-17　“PLC 课程设计”课程目标 3 学生个体能力达成情况

课程目标 4：课程目标平均达成值为 0.75，其中 17 人未达成，最低值 0.6。具体如图 8-18 所示。

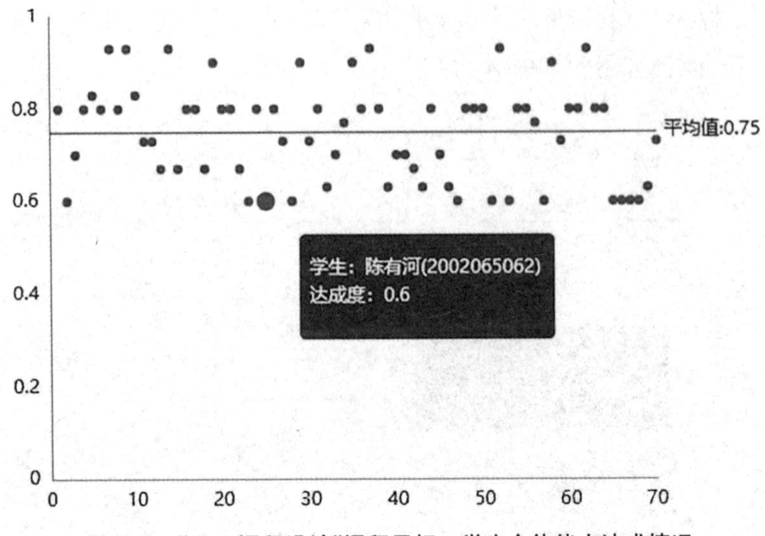

图 8-18 “PLC 课程设计”课程目标 4 学生个体能力达成情况

2. 修课学生调查问卷法

采用问卷调查法，组织 20 自动化 1 班 34 名学生和 2 班 36 名学生对课程目标 1、2、3 的达成情况进行自评，共分 5 个档次：很好、好、一般、尚可、差，分别记 5、4、3、2、1 的分值，四个课程目标各档对应学生人数如图 8-19 和图 8-20 所示，各班问卷法达成情况如图 8-21 所示。

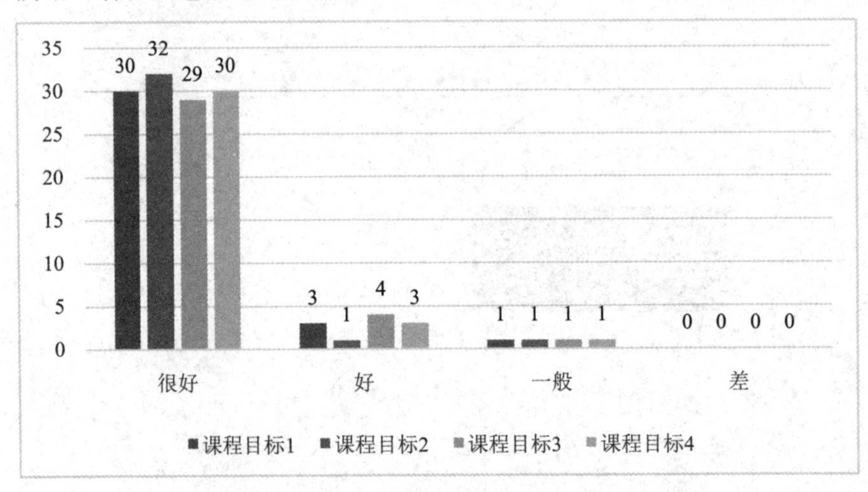

图 8-19 20 自动化 1 班问卷法自评情况

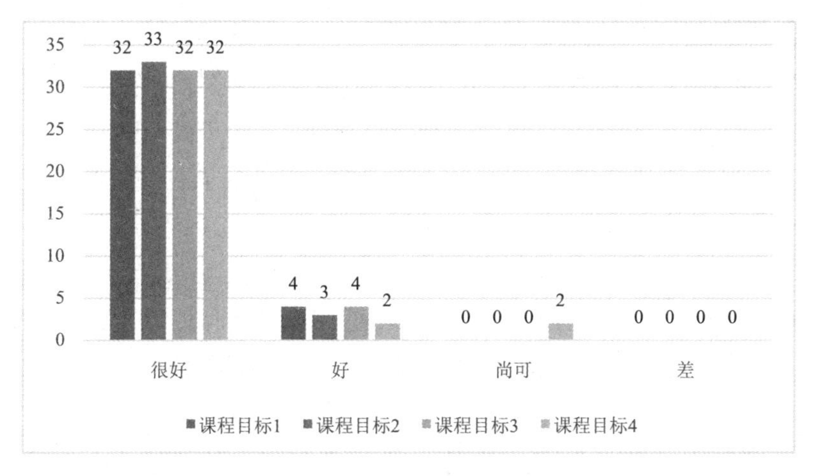

图 8-20　20 自动化 2 班问卷法自评情况

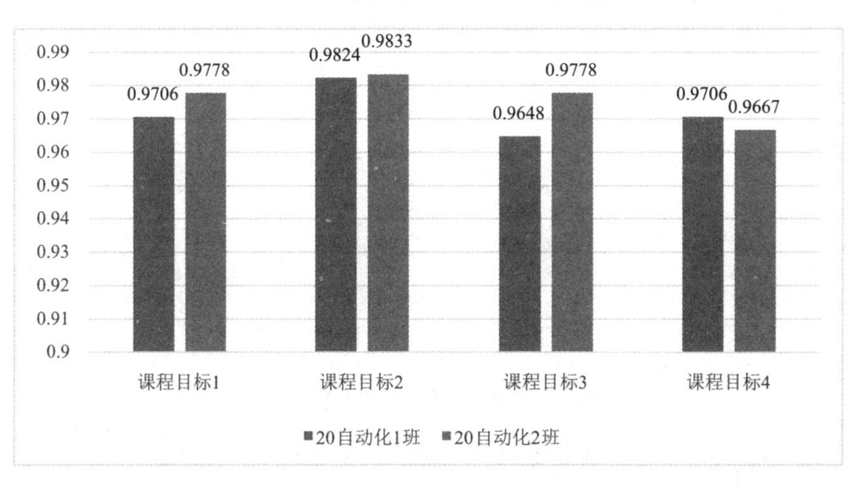

图 8-21　20 级两个班问卷法自评达成情况对比

比较两个班各课程目标的达成情况数据，可以看出，学生对课程目标 1、2、3、4 的自评情况达成度均大于 0.9，反映出学生对课程目标的自我认可度比较好。该自评结果和课程过程考核分析法只作为互相补充。

8.10.6　“PLC 课程设计”课程目标的达成情况评价结果及原因分析

上述两种方法的分析结果，互为补充，前者是定量评价，后者为定性评价。为进一步提高课程教学质量，主要依据定量考核结果对课程做进一步分析，并提出持续改进意见和措施。

1. 课程目标的达成情况总结

根据上述对比分析可见，无论是班级还是年级，各课程目标的达成数值均达到期望值 0.65 以上，但课程目标 4 达成情况稍低。两个班级相比，定量分析中 1 班各项课程目标的达成情况均高于 2 班。课程支撑的毕业要求有 4 项：3.1、3.2、4.2 和 11.2，相对来说课程对毕业要求指标点 11.2 的支撑值稍低。

如图 8-22 所示，与 19 级相比，20 级优秀率略低于 19 级，20 级没有出现不及格现象；从图 8-23 的课程目标达成值来看，20 级课程目标 4 达成值高于 19 级，说明针对 19 级提出的持续改进措施起了一定作用。

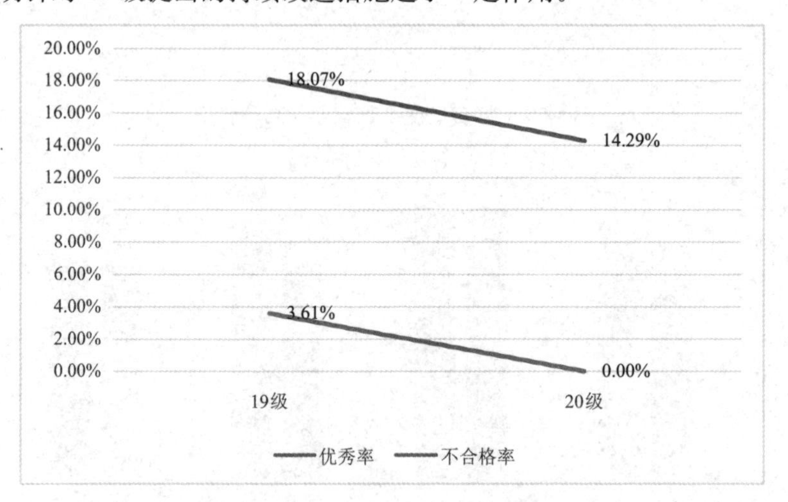

图 8-22　19、20 级优秀率和不合格率对比

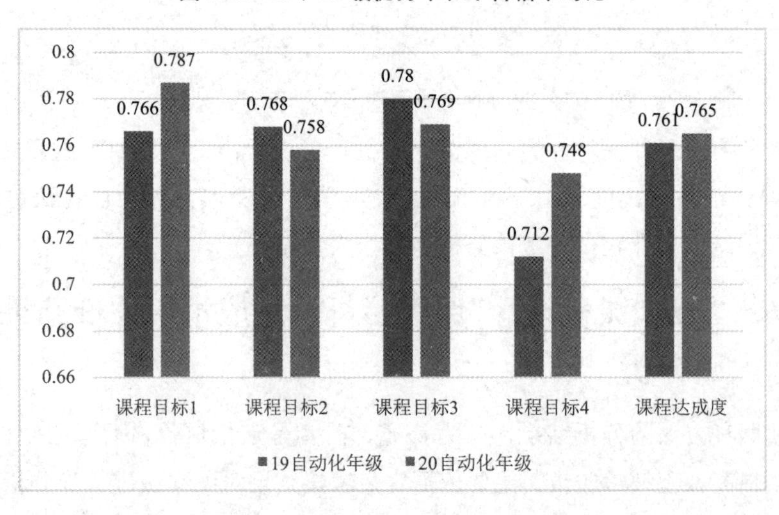

图 8-23　19、20 级课程目标达成值对比

2. 达成情况原因分析

课程的考核方式主要包括三项：设计过程、调试结果、设计报告。各课程目标达成情况原因分析如下：本门课程过程考核评价的所有课程目标达成度评价值均大于 0.65，比较各课程目标的达成度数据，可以看出，虽然针对 19 级提出了持续改进措施，但课程目标 2 和 3 的达成值仍低于 19 级，究其原因，在 2022 年底疫情影响比较严重，影响了课程设计的正常进行，部分学生的自主学习能力有限，在有限的时间内课程设计完成得不够理想，影响了部分课程目标的达成，但课程整体达成度比 19 级稍高。

8.10.7 “PLC 课程设计”课程的持续改进措施

1. 上一轮课程改进措施及实施效果分析

上一轮本课程教学实施对象为 2019 级自动化专业学生，各项课程目标的达成情况较好，目标 4 达成度最低。主要原因是课程设计中学生在实验室完成，主要依靠指导教师的进度进行安排，对项目的管理和经济性考虑欠缺。

针对上一轮课程目标评价结果，拟定的改进措施主要是：在课程设计过程中，通过实际工程项目案例，引导学生，有项目管理的思想和经济效益考虑。

由表 8-38 可见，本轮课程目标和上轮基本持平，课程目标 4 比上一轮有所提高，说明上一轮持续改进措施起了一定的作用。

表 8-38　最近两次课程目标达成情况评价结果

课程名称	年级	学期	课程目标 1	课程目标 2	课程目标 3	课程目标 4
PLC 课程设计	2019	2021—2022(1)	0.766	0.768	0.78	0.712
	2020	2022—2023(1)	0.787	0.758	0.769	0.748

2. 本次持续改进措施

本轮教学过程中总结 20 级课程目标 2 和 3 达成度低的原因，持续改进教学方法，在后续的教学中从以下方面提出改进措施。

(1)积极创造条件完善课程设计相关硬件，改善设计条件。

(2)积极跟踪指导学生，设计中出现共性的问题可以进行专题讲座。

(3)学生的帮扶要有针对性，引导他们主动去学习；针对设计有困难的学生要及时地跟踪辅导，加强学生学习过程跟踪，使其不掉队。

8.11 “可编程序控制器”课程建设成果

“可编程序控制器”经过课程团队多年的建设和教学改革，取得了丰硕的成绩，课程被认定为河南省首批一流本科课程(线下一流课程)，如图 8-24 所示。

河南省一流本科课程

证　书

课　程　名　称：可编程序控制器

课 程 负 责 人：刘忠超

课程团队主要成员：刘尚争　肖东岳　刘　源　盖晓华

课　程　类　型：线下一流课程

主 要 建 设 单 位：南阳理工学院

二〇二〇年五月

文件号：教高〔2020〕193号　　证书编号：豫教〔2020〕13132号

图 8-24　河南省一流本科证书

团队主编的教材《可编程序控制器原理及应用——西门子 S7－1500》立项为河南省“十四五”普通高等教育规划教材，如图 8-25 所示。

图 8-25　《可编程序控制器原理及应用——西门子 S7－1500》教材

“基于产出导向的‘可编程序控制器’课程教学综合改革与实践”荣获南阳理工学院教学成果一等奖，如图 8-26 所示。

南阳理工学院教育教学成果奖
奖励证书

为表彰在教师教育课程与教学改革工作中做出突出贡献，取得显著成果的集体和个人，特颁发此证，以资鼓励。

成果名称：基于产出导向的《可编程序控制器》课程教学综合改革与实践

主 持 人：刘忠超

主要完成人：杨　旭、翟天嵩、肖东岳、盖晓华、殷华文、崔世林、田金云

奖励等级：一等奖

南阳理工学院
二〇二二年一月十四日

文件号：南理工院文〔2022〕10号

图 8-26　南阳理工学院教学成果一等奖证书

第9章

“电机及电力拖动基础”课程建设及教学改革研究

9.1 “电机及电力拖动基础”课程介绍

“电机及电力拖动基础”是自动化专业的专业平台必修课，既有理论基础课的性质，又有技术专业课的特点。“电机及拖动基础”课程是高等学校本科自动化专业的一门重要的技术基础课。本课程的任务主要是讨论电机与电力拖动系统的基本理论与一般分析方法，使学生掌握常用交直流电动机、控制电机及变压器等的基本结构与工作原理，以及电力拖动系统的运行性能、分析计算与实验方法。并掌握基本的实验操作技能以及常用电气仪表(器)的使用。培养学生严肃认真的科学作风和抽象思维能力、分析计算能力、实验研究能力、总结归纳能力。为后续课程的学习及进一步从事自动控制研究工作奠定必要的基础。

9.2 基于 OBE 理念的“电机及电力拖动基础”课程大纲设计

9.2.1 课程的性质及任务

课程性质：“电机及电力拖动基础”是自动化专业的专业平台必修课，既有理论基础课的性质，又有技术专业课的特点。

课程任务：通过本课程的学习，学生应掌握电机的基本理论、基本分析方法和基本实验技能。为学习后续课程和从事专业工作打下基础。

本课程的任务是使学生通过本大纲所规定的全部教学内容的学习，使学生掌握常用交直流电机、控制电机及变压器的基本结构和工作原理，以及电机的运行性能、分析计算、选择及实验方法；具备理论分析计算能力和实验操作技能，为学习后续专业课程和今后的工作创造必要条件。

9.2.2 课程目标及对毕业要求的支撑关系

德育目标：引领学生体会工程师的巧夺天工，帮助学生建立科学创新理念；激发学生的爱国情怀和责任担当，坚定理想信念，树立正确的人生观；培养学生辩证唯物主义世界观，具备发现事物变化规律的科学研究思维；培养学生辩证唯物主义价值观，具备解决复杂工程实际问题的能力以及科学素养和职业规范。

课程目标 1：具有电机及变压器的原理、结构、特点、性能分析能力；掌握常见负载的类型、特点及机械特性曲线；掌握电力拖动系统的组成，运动方程式的应用等。

课程目标 2：具有电动机的起动、制动、调速方案分析和选择、性能比较、设计计算能力。

课程目标 3：具有简单电力拖动系统的设计、折算和运行状态等分析能力。

课程对毕业要求的支撑说明见表 9-1 所列。

表 9-1 课程目标对毕业要求的支撑关系

课程目标	毕业要求观测点	支撑说明	毕业要求
1	1-3：能够将自动化学科基础及专业知识用于推演、分析自动化工程问题，并寻求解决方法	具有电机及变压器的原理、结构、特点、性能分析能力；掌握常见负载的类型、特点及机械特性曲线；掌握电力拖动系统的组成，运动方程式的应用等	工程知识：能够将数学、自然科学、工程基础和自动化专业知识用于解决自动化领域复杂工程问题
2	1-4：能够将自动化专业知识和数学模型用于复杂工程问题解决方案的比较和综合	具有电动机的起动、制动、调速方案分析和选择、性能比较、设计计算能力	工程知识：能够将数学、自然科学、工程基础和自动化专业知识用于解决自动化领域复杂工程问题
3	2-2：能够基于科学原理和数学模型，对自动化领域复杂工程问题的关键环节进行识别和表达	具有简单电力拖动系统的设计、折算和运行状态等分析能力	问题分析：能够应用数学、自然科学和工程科学的基本原理，识别、表达自动化领域复杂工程问题，并通过文献研究对复杂工程问题进行分析，以获得有效结论

9.2.3 课程教学内容、要求与学时分配

1. 基于 OBE 理念的“电机及电力拖动基础”理论教学

课程理论教学内容、要求与学时分配见表 9-2 所列。

表 9-2　理论学习内容、要求与学时分配表

课程教学内容	思政元素	预期学习成果	重点、难点	推荐学时	教学方式	支撑课程目标
绪论 1. 本课程的目的； 2. 课程研究对象、内容； 3. 电机学发展现状简介； 4. 电力拖动发展现状简介	通过我国电机发展的历史、现状与未来展望的讲述，培养学生积极投身祖国建设，勇于探索、敢于创新、攻坚克难的爱国奋斗精神；通过电机中机电转换、电磁平衡等原理的阐释，培养学生辩证唯物主义的科学观和世界观	了解电机学科发展现状；理解电机的定义；了解本课程的性质和任务；了解电机在国民经济中的地位、作用和国内外的发展概况；熟悉和巩固电机中常用的基本电磁定律和铁磁材料特性，掌握简单磁路的计算方法	重点：电机及电力拖动学科发展现状；电机中常用的基本电磁定律和铁磁材料特性。 难点：简单磁路的计算方法	2	讲授	1
（一）直流电机 1. 直流电机的基本原理； 2. 直流电机的电枢绕组； 3. 直流电机的磁场； 4. 直流电机的感应电势、电磁转距； 5. 直流电动机和发电机的工作特性； 6. 直流电机的换向	以电磁感应原理为基础，引出直流发电机原理；以电磁力定律为基础，引出直流电动机基本工作原理。引导学生分析电磁相互作用的物理现象在电机工程中的实际应用，将基础理论运用于工程实际	了解直流电机的结构、额定值；了解直流电机的换向问题；理解直流电机的基本工作原理；理解直流电机的电枢绕组连接规律；理解直流电机的磁场以及电枢反应；掌握直流电机的感应电势、电磁转距； 掌握直流电动机和发电机的工作特性方程、电压、功率、转距平衡方程	重点：直流电机的基本工作原理；直流电动机和发电机的工作特性方程、电压、功率、转距平衡方程。 难点：直流电机的电枢绕组连接规律；直流电机的感应电势、电磁转距；直流电动机和发电机的工作特性方程、电压、功率、转距平衡方程	7	讲授	1

续表

课程教学内容	思政元素	预期学习成果	重点、难点	推荐学时	教学方式	支撑课程目标
(二)直流电机的电力拖动 1. 电力拖动系统动力学； 2. 负载的转矩特性和他励直流电机的机械特性； 3. 他励直流电机的起动； 4. 他励直流电机的电气制动； 5. 他励直流电机的调速； 6. 串励、复励直流电机的电力拖动	分析直流电机的电压平衡关系及其力学平衡关系，引导学生学会通过现象探究事物的本质，进一步得到直流电机的机械特性以及运行方式，引导学生学会知识迁移的能力和科学中的对称之美	了解多轴工作机构的转距、力、飞轮矩的折算；了解串励直流电机的特点和起动、电气制动、调速原理；了解复励直流电机的特点；理解单轴电力拖动系统的运动方程；掌握负载的分类和机械特性特点；掌握他励直流电机的机械特性方程；掌握他励直流电机的起动、电气制动、调速原理和实现方法	重点：单轴电力拖动系统的运动方程；负载的分类和机械特性特点。 难点：他励直流电机的机械特性方程；他励直流电机的起动、电气制动、调速原理和实现方法	7	讲授	2
(三)变压器 1. 变压器的原理、结构、额定值； 2. 变压器的空载运行； 3. 变压器的负载运行； 4. 变压器的等效电路； 5. 变压器的运行特性	分析供电过程，总结出变压器在电力系统中的应用，掌握变压器的电磁关系，感悟技术创新的伟大之处，培养学生创新性科学思维，培养学生发现事物的科学发展规律的能力	了解变压器的结构、原理、额定值；理解变压器的空载运行、负载运行及电磁感应过程；掌握变压器的空载运行、负载运行及等效电路；理解变压器的参数测定实验方法；理解变压器的参数测定实验方法	重点：变压器的结构、原理、额定值；变压器的空载运行、负载运行及电磁感应过程。 难点：理解变压器的参数测定实验方法；直流电机的感应电势、电磁转距；理解变压器的参数测定实验方法	6	讲授	1

续表

课程教学内容	思政元素	预期学习成果	重点、难点	推荐学时	教学方式	支撑课程目标
（四）三相感应电机的基本原理 1. 三相感应电机的工作原理及结构； 2. 三相感应电机的定子绕组； 3. 绕组的感应电动势； 4. 绕组的磁动势	从交流电产生旋转磁场开始，引导学生理解感应电机原理，并分析交流电机与变压器、直流电机之间的异同，在对比分析中，体会事物的矛盾统一性，培养学生的逻辑思维能力以及创新意识	了解三相感应电机的结构、额定值；理解三相感应电机的工作原理；理解交流绕组连接规律和特点；理解交流电机的磁动势性质；掌握交流电机的感应电势计算	重点：理解三相感应电机的工作原理；理解交流电机的磁动势性质；掌握交流电机的感应电势计算。 难点：交流电机的磁动势性质；交流电机的感应电势计算	6	讲授	1
（五）三相感应电机的运行 1. 三相感应电机的空载运行； 2. 三相感应电机的负载运行； 3. 感应电机的功率和电磁转矩； 4. 三相感应电机的工作特性和参数测定方法	在探究感应电动机基本工作原理过程中，引导学生分析感应电机的结构，体会工匠精神，体会发明家思维之美妙；在分析电生磁、磁生电过程中，感悟事物的对立统一关系，提升辩证唯物主义的科学发展观和世界观	了解三相感应电机的工作特性；理解三相感应电机的空载、负载运行及电磁量关系；掌握三相感应电机的负载等效电路；掌握三相感应电机的功率和转矩平衡方程；掌握三相感应电机的参数测定方法	重点：三相感应电机的工作特性；三相感应电机的空载、负载运行及电磁量关系；三相感应电机的负载等效电路。 难点：三相感应电机的功率和转矩平衡方程；三相感应电机的参数测定方法	6	讲授	1

续表

课程教学内容	思政元素	预期学习成果	重点、难点	推荐学时	教学方式	支撑课程目标
(六)三相感应电机的电力拖动 1. 三相感应电机的机械特性; 2. 三相感应电机的起动; 3. 三相感应电机的电气制动; 4. 三相感应电机的调速; 5. 拖动系统电动机的选择	典型工程案例引入,提炼出科学问题,使学生了解整个学科发展的基础、学科知识应用以及技术发展的前沿及瓶颈,激发学生热爱科学的精神,培养未来工程师与科研者应具有的科学素养、责任意识和职业规范	了解拖动系统电动机的选择;理解三相感应电机机械特性;掌握三相感应电机的起动方法;掌握三相感应电机的电气制动原理方法;掌握三相感应电机的调速特性、方法	重点:三相感应电机机械特性;掌握三相感应电机的起动、制动、调速方法。 难点:掌握三相感应电机的起动方法;掌握三相感应电机的电气制动原理方法;掌握三相感应电机的调速特性、方法	6	讲授	2

2. 基于 OBE 理念的“电机及电力拖动基础”实验教学

本课程的实验教学为非独立设课,具体要求见表 9-3 所列。

表 9-3 实验项目内容、要求与学时分配表

实验项目名称	课程思政元素	预期学习成果	实验学时	实验类型	实验类别	实验要求	支撑课程目标
直流并励电动机	从合理选定电机实验器材,制定有效的电机实验方案,到实验内容的正确实施,培养学生动手通过实验验证电机的基本原理与内在规律,培养学生能够持续学习,主动适应复杂工程环境的能力,锻炼学生团结合作、责任担当的意识	学会用实验方法测量电机的机械特性和工作特性;掌握电机的起动调速和改变转向方法	2	设计性	专业基础	必做	3

续表

实验项目名称	课程思政元素	预期学习成果	实验学时	实验类型	实验类别	实验要求	支撑课程目标
单相变压器	通过测量的技术要求，保证测量精度，培养学生严谨认真、实事求是的职业素养，增强质量意识；在完成实训任务的过程中，通过任务驱动，培养学生求实创新、解决问题的能力，增强职业自豪感和社会责任感	空载实验和短路实验测量变压器的参数；负载实验测量变压器的运行特性	2	验证性	专业基础	必做	3
三相异步电动机的起动与调速	设置开放式实验，使学生能够运用理论知识解决实际工程模拟项目。在实际工程模拟过程中，培养学生分析复杂工程问题的能力，寻找事物主要矛盾的能力，选择正确的方法与合理途径解决问题，培养学生团队协作、责任担当、独到的法规与环境保护意识，树立正确的世界观、人生观和价值观	掌握鼠笼电机直接起动、星形—三角形起动试验方法；掌握绕线转子绕组串可变电阻器起动和调速试验	4	综合性	专业基础	必做	3

学生进入实验室需按照实验室管理规定进行登记。

实验成绩由预习、实验操作、实验报告成绩三部分组成，各部分成绩均为百分制，各占实验成绩的20%、30%、50%。两次实验成绩不及格或不参与实验，取消该门课程的考试资格。

3. 基于OBE理念的“电机及电力拖动基础”课程辅导与交流

(1)辅导答疑：为了解学生的学习情况，帮助学生更好地理解和消化所学知识、改进学习方法和思维方式，培养其独立思考问题的能力，课外答疑方式、时间、地点要跟学生商量共同确定，灵活安排。同时开通网络答疑，就学生在学习、作业中遇到的问题进行探讨交流，帮助学生解决学习中的疑难问题，是课堂教学的重要补充。

(2)座谈：在授课期间，安排一两次师生交流座谈，就学习过程中存在的问

题、学习方法等内容进行沟通。

9.2.4　基于 OBE 理念的“电机及电力拖动基础”课程的考核与成绩评定方式

1. 考核方式、成绩构成及考核时间

本课程采用过程考核的形式，总成绩由平时作业、项目测试和期末考试构成，采用百分制考核，见表 9-4 所列。期末考试时间为 120 分钟。

表 9-4　考核方式及占比

考核方式	考核依据	分数	成绩构成 （总成绩中占比）
平时作业	作业完成度、完成质量	100	20%
项目测试	根据实验完成情况，依据项目测试标准	100	20%
期末考核	试卷评阅标准	100	60%

2. 各考核方式与课程目标的对应关系

本课程各考核方式与课程目标的对应关系见表 9-5 所列。

表 9-5　各考核方式与课程目标的对应关系

课程目标	毕业要求观测点	考核环节与成绩比例			支撑权重(%)
		作业(20%)	实验(20%)	期末考试(60%)	
1	1—3	60	0	40	36
2	1—4	40	0	60	44
3	2—2	0	100	0	20
总计		100	100	100	100

注：具体实施时，根据每年具体情况允许上下浮动 5%。

3. 课程的考核与成绩评分标准

(1)期末考试为闭卷，详细评分标准参见试卷答案及评分标准。期末考试评价标准见表 9-6 所列。

表 9-6　期末考试评价标准

课程目标	观测点及权重	评价标准				
		优秀（90～100）	良好（80～89）	中等（70～79）	合格（60～69）	不合格（0～59）
1	具有电机及变压器的原理、结构、特点、性能分析能力；掌握常见负载的类型、特点及机械特性曲线；掌握电力拖动系统的组成，运动方程式的应用等(0.4)	能够准确分析电机及变压器的原理、结构、特点、性能；能够准确掌握常见负载的类型、特点及机械特性曲线；能够准确掌握电力拖动系统的组成，运动方程式的应用等	能够较好分析电机及变压器的原理、结构、特点、性能；能够较好掌握常见负载的类型、特点及机械特性曲线；能够较好掌握电力拖动系统的组成，运动方程式的应用等	能够基本分析电机及变压器的原理、结构、特点、性能；能够基本掌握常见负载的类型、特点及机械特性曲线；能够基本掌握电力拖动系统的组成，运动方程式的应用等	分析电机及变压器的原理、结构、特点、性能不够准确；掌握常见负载的类型、特点及机械特性曲线等不够全面；掌握电力拖动系统的组成，运动方程式的应用等不够全面	不能分析电机及变压器的原理、结构、特点、性能；不能掌握常见负载的类型、特点及机械特性曲线等；不能掌握电力拖动系统的组成，运动方程式的应用等
2	具有电动机的起动、制动、调速方案分析和选择、性能比较、设计计算能力(0.6)	能够准确掌握电动机的起动、制动、调速方案分析和选择、性能比较、设计计算能力	能够较好掌握电动机的起动、制动、调速方案分析和选择、性能比较、设计计算能力	能够基本掌握电动机的起动、制动、调速方案分析和选择、性能比较、设计计算能力	掌握电动机的起动、制动、调速方案分析和选择、性能比较、设计计算能力不全面	不能掌握电动机的起动、制动、调速方案分析和选择、性能比较、设计计算能力

(2)作业评价标准见表 9-7 所列。

表 9-7 作业评价标准

课程目标	观测点及权重	评价标准				
		优秀(90～100)	良好(80～89)	中等(70～79)	合格(60～69)	不合格(0～59)
1	具有电机及变压器的原理、结构、特点、性能分析能力；掌握常见负载的类型、特点及机械特性曲线；掌握电力拖动系统的组成，运动方程式的应用等(0.6)	概念清晰，作业认真，答题正确率大于 90%	概念比较清晰，作业比较认真，答题正确率大于 80%	概念基本清晰，作业比较认真，答题正确率大于 70%	概念不够清晰，作业不认真，答题正确率大于 60%	概念不清晰，作业不认真，答题正确率小于 60%。不能自主设计完成项目任务，回答问题正确率小于 60%，没有创新
2	具有电动机的起动、制动、调速方案分析和选择、性能比较、设计计算能力(0.4)	自主完成并按时提交作业，准确率大于 90%，书写工整、清晰	自主完成并按时提交作业，准确率大于 80%，书写清晰，步骤完整	自主完成并按时提交作业，准确率大于 70%，书写认真，步骤完整	自主完成并按时提交作业，准确率大于 60%，书写较为一般，步骤基本规范完整	不按时提交作业或后期补交，准确率小于 60%，步骤不规范完整

(3)项目测试评价标准见表 9-8 所列。

表 9-8　项目测试评价标准

课程目标	观测点及权重	评价标准				
		优秀(90～100)	良好(80～89)	中等(70～79)	合格(60～69)	不合格(0～59)
3	直流并励电动机(0.25)	能够熟悉实验内容，自主完成实验任务，回答问题正确率大于 90%，操作规范，工程素养表现优秀	能够熟悉实验内容，自主完成实验任务，回答问题正确率大于 80%，操作规范，工程素养表现优秀	基本熟悉实验内容，自主完成实验任务，回答问题正确率大于 70%，操作比较规范，工程素养表现良好	基本了解实验内容，在他人的辅助下能够完成实验任务，回答问题正确率大于 70%，操作比较规范，工程素养表现一般	不熟悉项目测试内容，不能自主设计完成项目任务，回答问题正确率小于 60%，操作不规范，工程素养表现较差
3	单相变压器(0.25)	能够熟悉实验内容，自主完成实验任务，回答问题正确率大于 90%，操作规范，工程素养表现优秀	能够熟悉实验内容，自主完成实验任务，回答问题正确率大于 80%，操作规范，工程素养表现优秀	基本熟悉实验内容，自主完成实验任务，回答问题正确率大于 70%，操作比较规范，工程素养表现良好	基本了解实验内容，在他人的辅助下能够完成实验任务，回答问题正确率大于 70%，操作比较规范，工程素养表现一般	不熟悉项目测试内容，不能自主设计完成项目任务，回答问题正确率小于 60%，操作不规范，工程素养表现较差

续表

课程目标	观测点及权重	评价标准				
		优秀（90～100）	良好（80～89）	中等（70～79）	合格（60～69）	不合格（0～59）
3	三相异步电动机的起动与调速（0.5）	能够熟悉实验内容，自主完成实验任务，回答问题正确率大于 90%，操作规范，工程素养表现优秀	能够熟悉实验内容，自主完成实验任务，回答问题正确率大于 80%，操作规范，工程素养表现优秀	基本熟悉实验内容，自主完成实验任务，回答问题正确率大于 70%，操作比较规范，工程素养表现良好	基本了解实验内容，在他人的辅助下能够完成实验任务，回答问题正确率大于 70%，操作比较规范，工程素养表现一般	不熟悉项目测试内容，不能自主设计完成项目任务，回答问题正确率小于 60%操作不规范，工程素养表现较差

9.2.5　基于 OBE 理念的“电机及电力拖动基础”课程目标达成评价方式

评价方式可采用修课学生成绩分析法、课程过程考核分析法、调查问卷法等，具体实施办法详见《自动化专业课程目标达成情况评价方法》。

9.3　基于知识分类的“电机及电力拖动”教学方法改革与实践

“电机及电力拖动”是自动化专业平台必修课，既有理论基础课的性质，又有专业技术课的特点。该课程在自动化专业人才培养方案中起承上启下的作用，教学质量的好坏将对后续专业课程的学习产生很大的影响。我校自动化专业又是省级特色专业、教育部卓越工程师试点专业、省综合改革试点专业，因此，对“电机及电力拖动”知识点重新梳理并对现有教学模式进行改革，是培养应用型人才的内在要求，对卓越工程师的培养具有重要的借鉴作用。

9.3.1 “电机及电力拖动”课程特点

“电机及电力拖动”是自动化专业公认的学生难学、教师难教课程，该课程存在以下特点。

1. 内容多、范围广、学时少、进度快

本课程是“电机学”“电力拖动基础”和“控制电机”三门课程的有机结合、合并而成。所选教材共5篇、16章，而教学学时由56学时减少到现在的48学时。因此，急需改革教学模式应对内容多、范围广与学时少、进度快的矛盾。

2. 新概念多、内容抽象、理论性强、难度较大

该课程的知识点，是建立在“高等数学”课程中的微积分运算，“大学物理”课程中的电磁感应定律、电磁力定律、电场、磁场，“电路理论”课程中的基本概念、电路元件、电路的基本定律等知识点的基础之上。学生由于对以上知识点掌握不牢、理解不够深入，进而影响到本课程的学习。

3. 实践能力差、综合应用能力弱

由于学生畏难情绪大、兴趣少，导致学生对所学知识难以融会贯通，考虑问题具有局限性，缺乏整体解决问题能力，更不知道如何开发完成一个实际工程型项目。并且影响到后续课程如“过程控制工程”“伺服运动控制”“计算机控制技术”“变频调速技术”的学习。

基于以上课程特点，结合教学过程中遇到的问题，开展了知识分类进行“电机及电力拖动”课程教学改革试验研究。

9.3.2 “电机及电力拖动”课程知识分类理论

该课程的知识点主要包括常用直流电机、变压器、交流电机、控制电机的工作原理和基本结构；电机运行特性和实验方法；电力拖动系统的运行性能和分析计算方法；各种电机的起动、制动、调速方法和技术指标等。通过归纳总结，将知识点重新梳理，把“电机及电力拖动”教学内容中所涉及的知识分为原理性知识、结构性知识、特性类知识、应用性知识4大类。

1. 原理性知识

原理性知识主要包括直流电机、变压器、交流电机、控制电机的工作原理。

2. 结构性知识

结构性知识主要包括常用直流电机、变压器、交流电机、控制电机的基本结构。

3. 特性类知识

特性类知识主要包括负载转矩特性，直流电机、交流电机、控制电机的固有机械特性、人为机械特性、空载特性、负载特性。

4. 应用性知识

应用性知识包括直流电机、交流电机以及控制电机的起动、制动、反转、调速方法等。

9.3.3 “电机及电力拖动”教学改革措施

根据以上的知识分类，下面以三相交流异步电动机为例，分别对每一类知识的教学改革措施进行探讨。

1. 原理性知识教学改革措施

原理性知识的改革措施是利用挂图、多媒体课件、多媒体动画演示，增加学生感性认识，提高学习兴趣。图形、动画与讲授相结合，多媒体与板书相结合，取得了较好的教学效果。感应电动机工作原理如图 9-1 所示。

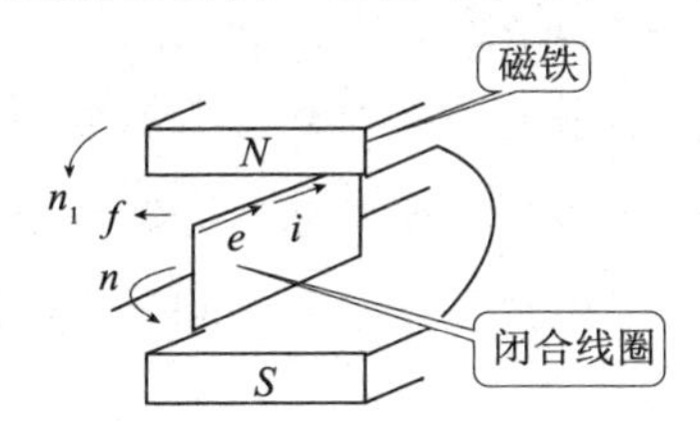

图 9-1 感应电动机工作原理

在讲解交流电机工作原理之前，先复习大学物理和电路中有关的电磁概念和定律，特别是“电生磁”“磁变生电”“电磁生力”三大定律，然后利用挂图、多媒体课件、多媒体动画演示等手段直观讲述三相交流电动机工作原理。最后通过理解和总结，将三相交流电动机工作原理归纳如下。

(1)定子绕组通电，产生旋转磁场。

(2)转子导体(闭合)切割磁力线产生感应电动势及感应电流(右手定则)。

(3)带电的转子导体在磁场中受力(左手定则)。

(4)转子导体受到电磁转矩的作用。

(5)转子转动起来，且与旋转磁场同方向。

2. 结构性知识教学改革措施

结构性知识教学改革措施主要利用三维动画和实物展示直观地呈现电机主要组成部分、各部分作用、各部分之间连接关系。上课时，教师可以将实验室的交流电机带到理论课堂中进行讲解，三相交流电动机分解图如图 9-2 所示。

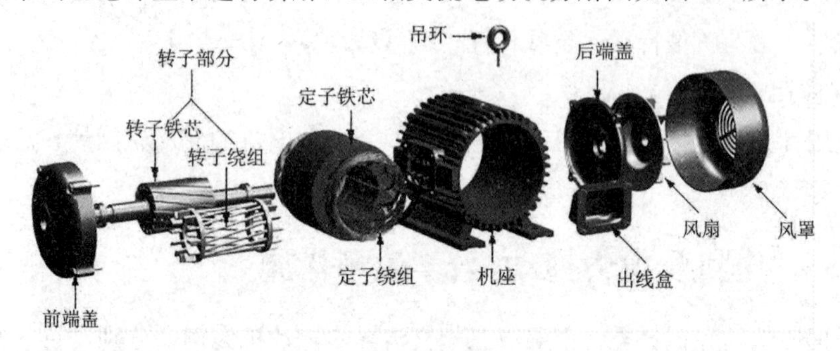

图 9-2　三相交流电动机分解

教师和学生在课堂上对三相交流电动机边拆边讲，不仅可以清楚地看到电机内部的结构，对电机整体也有一个形象的认识，又将枯燥的电机结构变得有趣，增强学生学习的兴趣。

最后通过操作和展示，将三相交流电动机工作结构归纳如下：交流电机由静止部分(定子)和转动部分(转子)组成。定转子之间有一定的间隙，称为气隙，保证转子自由在定子中旋转。定子的作用是产生旋转磁场和作为电机的机械支撑，包括机座、定子铁芯、定子绕组、端盖、轴承等。转子上用来感应电动势而实现能量转换的部分称为电枢，它包括转子铁芯和转子绕组，此外转子上还有转轴、风扇等。

3. 特性类知识教学改革措施

特性类知识教学改革将 MATLAB 仿真技术应用到“电机与电力拖动”课堂教学中，MATLAB 虚拟实验教学将课堂上用语言、公式描述的抽象知识转化为实物及其各种运行状态，给学生以直接的感官认识。让学生在讲课途中操作制作好的实验仿真模型，即验证了所讲内容，同时可以根据需要自行修改一些数据反复观察分析验证结果。

下面以不同供电频率下三相异步电机的机械特性为例说明。某台三相四极电机，定子绕组为 Y 接，其额定数据和每相参数 $U_{1N}=380$ V，$f_{1N}=50\text{Hz}N_n=1480$ r/min，$R_1=1.03\ \Omega$，$R_{2p}=1.02\ \Omega$，$X_{10}=1.03\ \Omega$，$X_{20p}=4.4\ \Omega$，$R_0=7.0$

Ω，$X_0 = 90.0\ \Omega$，采用恒 E_1/f_1 控制，通过 Matlab 编程，绘制出不同供电频率下三相异步电机的机械特性。

如图 9-3 所示，变频调速是改变电源频率从而使电动机的同步转速变化达到调速的目的，通常要使 φ_m 为定值，则 U 必须随频率的变化而变化，从仿真图可以直观看出变频调速时，同步转速成比例下降，最大转矩 T_m 不变，临界转差率随频率的减小而增大，在一定范围内减小电源的频率，可以增大电动机的起动转矩 T_{st}，若频率降到某一数值后使 $T_{st} = T_m$，这时再减小频率，起动转矩开始减小。

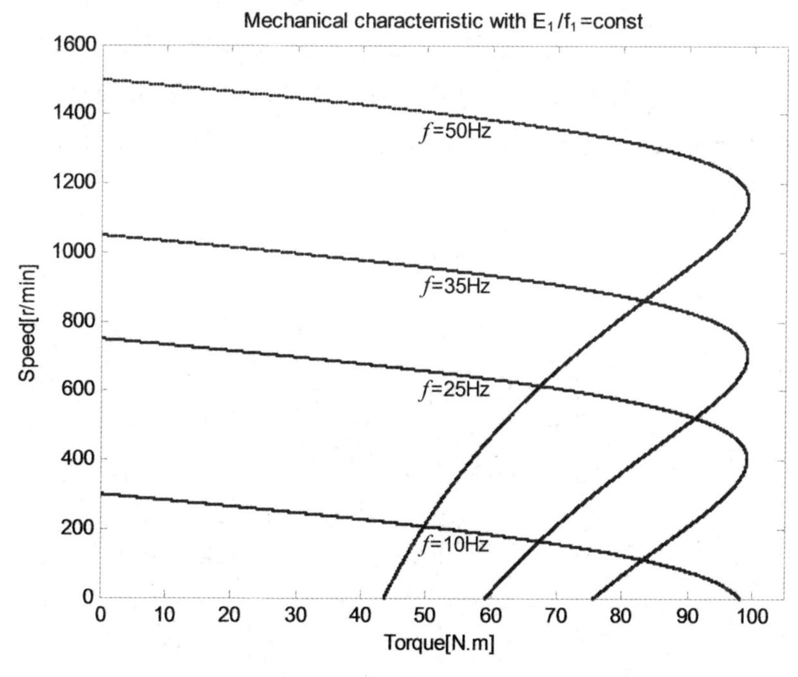

图 9-3 不同供电频率下三相异步电机的机械特性

4. 应用性知识教学改革措施

应用性知识教学改革措施采用工程化教学方法，将理论课程学习采用实验的方法，让学生在实验中发现问题、提出问题、解决问题。下面以三相交流异步电动机降压起动为例说明项目驱动方法在应用性知识教学中应用。

在讲解 $Y-\Delta$ 降压启动时，先给学生讲解相电压、线电压以及 Y 型接法和 Δ 型接法的基本知识，然后创设问题情境，让大家结合电气设计的知识设计感应电机 $Y-\Delta$ 降压起动电路图，接下来安排学生做感应电机 $Y-\Delta$ 降压起动实验。实验过程中，让学生观察 Y 型接法和 Δ 型接法时电流值，直观了解 $Y-\Delta$ 降压起动过程中电机各物理量的变化过程和特点，在验证所学知识正确性的同时，理解和掌握感应电机的起动知识。

如图 9-4 所示。本电路由电源隔离开关 Q_1，熔断器 FU_1、FU_2、FU_3、FU_4，交流接触器 KM_1、KM_2、KM_3，热继电器 FR_1，按钮 SB_1、SB_2、SB_3 及三相感应电动机 M 组成。

当电源隔离开关 Q_1 闭合，引入电源；按钮 SB_1 闭合，电动机 Y 形接法降压启动；当电动机转速上升并接近额定值时，按下 SB_2，电动机 Δ 形接法全压启动；按下 SB_3，电动机停止运行，最后断开电源隔离开关 Q_1。$Y-\Delta$ 降压起动归纳总结如下：定子绕组星形接法时，起动电压为直接采用三角形接法时的 1/3，起动电流为三角形接法时的 1/3，因而起动电流特性好，线路较简单，投资少。其缺点是起动转矩也相应下降为三角形接法的 1/3，转矩特性差。所以该线路适用于轻载或空载起动的场合。

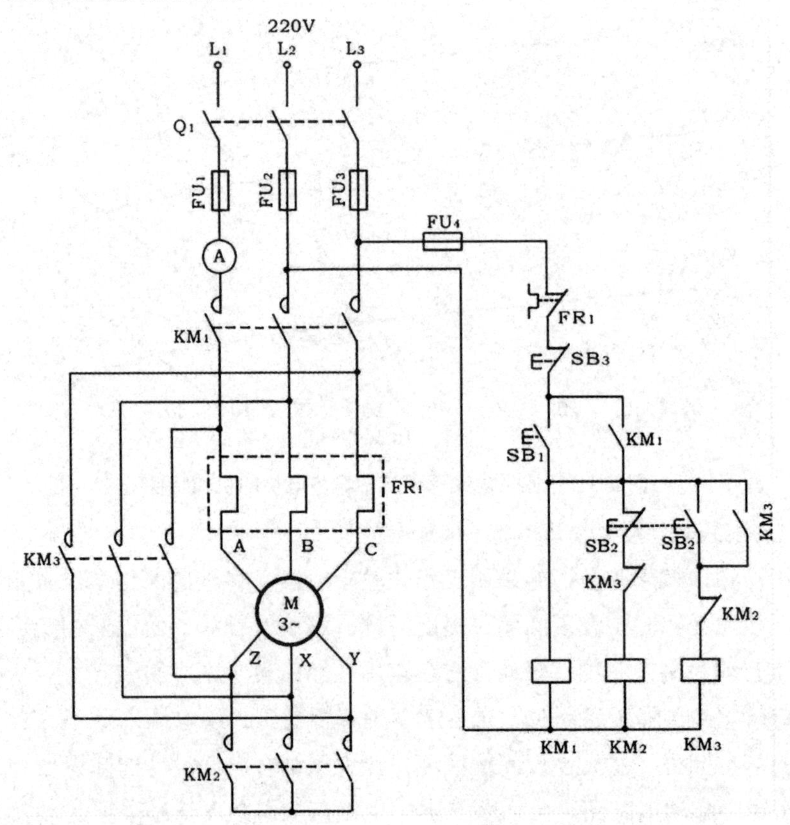

图 9-4　接触器控制 $Y-\Delta$ 降压起动控制线路

9.3.4 “电机及电力拖动基础”课程教学改革效果

通过采用基于知识分类理论的教学方法，将“电机及电力拖动”教学内容中所涉及的知识分为原理性知识、结构性知识、特性类知识、应用性知识 4 类并提出相应的改革措施。教学改革方案的实施，降低了学生学习的难度，提高了学习热情和求知欲望，能充分调动学生的学习积极性和主动性，培养学生自主学习、分析问题和解决问题的能力，实现了教学目标，获得了预期的效果。

9.4 融入课程思政的电机学教学模式改革探讨

9.4.1 融入课程思政的电机学教学模式概述

在自动化类专业开设的各门核心课程组成的课程体系中，“电机学”居重要地位，不仅具有较多复杂的理论知识，而且又具有深厚的工程应用背景和实践性，承载的知识搭建了一个供电路、高等数学、大学物理等基础课程的综合应用平台。电机学也具有承上启下的作用，由基础课向电力拖动系统、电机控制等专业课过渡，对应于后续的运动控制技术等专业课程，以及今后从事电气相关供配电、发输变电方向的学生打下一定基础。换言之，电机学课程为后续专业课程提供了专业基础平台。与此同时，“电机学”课程的学习也为学生从事电气工程、电机应用等工作打下了理论基础。此外，“电机学”课程还回溯性的影响前期课程的构建，并影响后续专业课程的布局。

学习好电机学课程有利于学生对电气工程专业知识的理解，也有利于今后学习其他专业课程和理解电气专业整体课程体系。然而，“电机学”课程以枯燥晦涩乏味著称。该课程学习的困难在于其具有的双重特点：首先，该课程为专业性质的，具有专业课的典型特点即服务于工程实践同实际联系紧密；再者，该课程也是一门基础课，其中涉及的概念众多、抽象思维性强、内容综合性强。随着信息技术的发展，电气工程专业设置中增加了部分新兴课程，“电机学”等典型专业课的课时在一定程度上被压缩，课时较少。此外，部分教师未能及时更新教学理念并采用新的教学方法如翻转课堂等，仍停留在传统的说教式教学，不能激发学生求知的主观能动性，使得学生面对浩繁如海的专业词汇、抽象的空间关系和不接地气的数学逻辑推导时，如雾里看花，掌握不到电机学的核心真谛。由此而导致的必然结果是学生觉得“电机学”课程难以引起学习兴趣和乐趣，从而丧失主动学习求知的欲望，课程学习情况差强人意。电机学学习过程中呈现出的以上问题其原因不是单一的。其中，既有目前的教材内容不能吸引学习者如内部插图以黑白为主、模糊不清，而内容表述重在以抽象逻辑关系为架构、以内容完善为主，晦涩难懂、缺乏实际应用案例、缺乏趣味性；也有教学方法因循守旧，重视内容的讲授不重视学生学习收获以及学习反馈；再有就是“电机学”的技术性强、在学习过程中往往忽略了电机学的专业课的性质，或是由于对后续课程熟悉程度不够，却没有指出该理论在后续课程及今后专业工作中的作用，未能就工程中的具体应用实例进行引入分析，导致难以与学生日常生活发生实际联系。在上述背景下，该课程教学质量会因授课教师的教研水平、讲授技巧方法、对课程投入以及学生整体素质等因素会产生一定的波动，但总体的教学质量同该课程的专业地位匹配度不够。因此，非常有必要对“电机学”课程在专业同实践应用的联系、教学方法的革新、教学手段的综合应用等方面进行研究和改进。

此外，电机学不仅是一门单纯的专业课，更是一门进行融入课程思想政治教学的优秀专业平台。教育部 2020 年颁布《高等学校课程思政建设指导纲要》(后简称“《纲要》”)强调，培养什么人、怎么样培养人、为谁培养人是教育的根本问题。高等教育培养的是社会主义建设者，中华民族伟大复兴的实干者，重点在于立德树人。作者所在学校在融入课程思政方面举行了一系列活动，如开展课程思政月、立项百门思政教改项目等推进课程思政教育教学，践行《纲要》中的“落实立德树人根本任务，必须将价值塑造、知识传授和能力培养三者融为一体、不可割裂”的指导思想。作者所在教研室，结合“电机学讲义”努力探索编写适合应用型本科高校学生使用的教材，力争教材基础性、实践性同趣味性并存，图文并茂，以适应应用型本科高校的教学工作。另外，探索“电机学”新的讲授模式，内容上有三个层次：“学术”——掌握课程基本原理、实际应用等知识；“悟道”——树立正确价值观、学习观，具备分析、解决问题的能力，从新中国的电气发展史中增强民族自信心、自豪感；“得道”——促进学生的全面发展，将知识、能力、思政三者合一形成“三位一体”教学新模式，助力自动化类专业教学目标和人才培养目标的实现。

9.4.2 电机学课程的教学现状与问题

结合电气专业教学的实际情况，电机学课程在下述几个方面要着重关注并

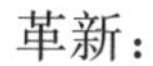

革新：

1. 缺乏实践教学背景

电机是公众眼中比较常见的电气设备，如果把电机的工程实践背景同教学相割裂，造成理论分析同实际工程运用结合不够紧密，针对性不强，教学效果必将大打折扣。目前，市场上现有的“电机学”教材数量众多，针对的受众各有不同，内容各有侧重。教材均是从理论角度出发，重点阐述电机的基本原理、相关分析方法，重基础、强理论，对电机的工程实践应用缺乏相应的篇幅，使得学生对电机学的应用缺乏清楚的认知和定位，失去学习兴趣。

2. 思想政治教育融入不足

教育的本质是育人，育人不仅是知识层面的“强身健体”更是精神层面的“价值塑造”。高等教育毕业生直接服务于“中国梦”建设的，所以高等教育必须明确培养什么人，不仅是专业层面更是价值观层面；此外高等教育还应明确为谁培养人，高等教育育人是为实现“中国梦”培养专门人才，为“中国梦”增添助力，所以立德树人是我国高等教育的重中之重，是核心环节，必须牢牢把握。2019 年中办、国办、2020 年教育部均颁布一系列文件高屋建瓴的强调所有课程均要发挥思政治功能，为国育人。电机学课程作为一门典型的工学学科同思想政治教育的融合不理想。究其原因，一方面是电机学作为典型的工科专业课以反映客观规律为主，不同于文科类课程，实现课程思想政治教育难度较大；另一方面是部分任课教师存在育人观念陈旧，认为将专业知识传授好就达到目标，没有深度发掘课程中蕴含的价值、伦理等内容。

3. 教学内容需要优化调整

电机学课程主要以理论性知识为主，内容高度抽象逻辑性强且体量较大。理论知识涉及电路、高等数学、工程电磁场等前期内容，学生理解起来难度较大。学生最直观的感受是难度大、理解困难，丧失学习兴趣和主动性。因此，在教学过程中需要适时加强基础，有针对性地对基础知识进行凝练、增加直观认知，如电机的拆解、动画视频演示等内容，增强学习兴趣。同时，基于本课程教学大纲确定合适内容通过多种形式演示、调动积极性引导学生主动参与学习。

4. 教学手段需要改进

目前，电机学教学手段以 PPT 为主，辅之以板书的传统教学手段。然而“电机学”众多知识点理论性极强、过程高度抽象，部分学生数学、物理和电磁等基础较薄弱，同时逻辑抽象和空间变换思维方面存在能力不足的现象，导致在实际学习过程很容易产生畏难情绪。在教学方法上多采用以教师为主的填鸭式讲授，学生被动接受学习氛围低沉，无法激发学生学习的内在动力。因此教学方式中的教学方法和手段需要革新改进，增强学生学习的主动性、自信心。

5. 实践教学环节需要提升

电气工程及其自动化专业偏重工程应用，应用型人才的培养是首要目标。理论教学达到一定水平后，需要针对性地开展实践教学，使学生在实践中加强对核心基础理论知识的理解，将“知”和“行”合一。然而目前电机学实践教学环节课时较短，目前电机学教学学时为 64 学时，其中只有 6 学时的实践教学，电机是常见的生产生活工具，但实践课时较少容易造成理论和实践相脱节。此外实验设施的不完备也导致实践环节内容单一且简单，多是对理论知识的验证，缺乏对思维能力和解决问题能力的实质性提高。

6. 教学评价方式需要改进

目前，电机学课程评价是根据平时成绩＋实验成绩＋期末考核成绩的形式进行评价。这种以成绩分步进行教学评价的方法，评价模式单一，反馈内容有限，难以体现教学目标是否达成。传统教学方法导致参与教学互动有限，平时成绩难以反馈学生参与情况；实践环节单一不能体现学生的创新能力；期末考核由于考试时间短，题量有限，难以直观反映学生对知识的综合掌握和实际运用情况。

针对上述电机学教学过程中的问题，本文将从教学背景、教学内容、教学方法、实践提升和教学评价等方面探讨电机学的教学改革措施，以达到提升教学效果的目的。

9.4.3　电机学课程教学改革思路

1. 强化教学背景

整合现有的电机学教材，在查阅大量文献和资料的基础上，根据培养目标和教学大纲，结合本地电机产业的行业特色，依据教材结合实际选择合适的教学内容，促进学生对课程内容的理解和问题的分析、解决能力。根据应用型本科高校学生的特点，教学目标，选择讲解的重要内容包括：磁路及其基本定理、变压器、交流绕组、交流电机、直流电机，电机的启动、调速与制动，控制电机以及各种电机在实际生产中的应用。同时鼓励学生采用不同方法分析电机和研究新的电机用途和装配工艺。鼓励学生到实际生产一线参观学习，了解实际教学背景。

2. 融入思想政治教育

电机学作为典型的工科课程，更是一门进行思政教育的优良平台，其不仅承载知识传授和能力培养，更肩负着价值塑造的重任。我国电气行业目前取得了举世瞩目的辉煌成就，例如14亿人全民通电、高压特高压技术等，均离不开电机的作用；新中国的电力发展史就是电机的发展史，本身就是党带领全国人民艰苦奋斗、自力更生实现中华民族伟大复兴奋斗史的缩影，是绝好的思想政治教育素材。此外，电机学中部分原理、分析方法同社会主义核心价值观相一致，可以深度发掘，将课程思想政治教育于无声中融入电机学教学过程中，使同学们在享受知识大餐的同时补充精神营养。可通过以下方面着手强化：一方面，任课教师要转变观念，加强自身德育观念和能力的提升，树立不仅要把科学知识传授好更要把正确的价值观传授给学生，在教学过程中发掘课程本身同中国特色社会主义理论与实践、中华优秀传统文化等结合起来，如变压器并联运行要求相同的负载率可以通过社会主义核心价值观的“公平”联系起来，发掘德育元素和价值资源融入教学中，将“课程思政”贯穿教学过程，做到润物无声；另一方面，就电机学本身设计的专业定位、行业需求开展思想政治教育。电机学课程不是专业的思想政治教育课，需要从国家战略和行业本身的特点出发，考虑电机学如何为中华民族伟大复兴服务，在科学知识教育过程中揉入职业道德教育进而融入社会道德伦理，穿插工程领域优秀人物故事等，从而达到课程思政的教育目的，润物细无声，引起学生共鸣，实现德育目的。

3. 丰富教学行为

电机学需要以大量前期课程为理论，例如电路、高等数学、工程电磁场等，大多数概念抽象，理解难度较大。因此在教学过程中应当力求精简，利用启发式教学讲清楚基本概念、基本原理和分析思路，结合具体案例展开互动式讨论，在讨论中明确电机分析的重难点，问题的处理过程，培养辩证分析能力。

4. 采用智慧教学手段

时代在快速发展，技术也在飞速进步，因而课堂教学手段也需要跟随时代的步伐。授课过程中不能仅依靠多媒体的PPT，需要经三维动画、短视频等形式融入实际教学过程中，实现真正多媒体教学。此外诸如“超星学习通”等网络平台提供了多种智慧教学方案，在教学过程中可以通过智慧平台调动学生主动性，课程参与度。在教学过程中，可以将需要预习的内容通过平台推送给学生，随时关注预习进度；随时随地设置课堂讨论、互动、小测验等，参与度还可以作为平时成绩评定的重要参考；课后设置调查问卷接受学生的反馈，极大改善学习效果。

5. 加强实践教学

应用型本科高校的特点之一是应用，而实践是至关重要的一个环节。电机学的理论较强难于理解，在激发学生主动学习方面存在短板。实践教学对于增进学生学习积极性，培养学习兴趣起到极大促进作用。通过学生调查问卷分析，结合我校目前实际实验条件，电机学实践教学环节在原有验证性实验基础上增加3个实验。第一个为动手认知实验，主要任务是在电机拆装中，帮助学生理解电机结构及绕组直观感知。第二个实验为2.2 kW大功率电机拖动控制，帮助学生理解实际生产生活中电机的实际用途，加强同实际生产的联系。第三个实验为Matlab仿真实验，运用Matlab编写电机模型，对电机起动、调速、控制进行仿真，加强对电机控制方法的掌握。通过实践操作和虚拟仿真相结合，引起学生兴趣和参与课程学习的积极性，从而增加学习收获。

6. 改革教学评价

目前电机学教学效果评价方式基于实验、作业、课堂表现、考卷的比例评定。考虑工程认证需求，按照教学目标要求，结合学习通等智慧平台，将一次性评价转变为多次、多种模式带反馈的过程性评价，重视学习产出，尤其重视教学过程中评价方案的合理性与经济性，实验过程团队合作的参与度或管理能力、创新性，鼓励学生以多种形式呈现学习成果，如短视频、博文、发表论文、专利等。以学生的学习获得为导向，重视反馈和后续改进的方法也是工程教育认证理念的重要组成部分。

9.4.4 融入课程思政的电机学教学模式改革成果

“电机学”课程本身的特点决定了该课程的改革必须在融入课程思政教育的工程实践背景下进行。同时，革新教学方法和手段、丰富课程内容的呈现形式，发掘专业课教学中思想政治教育元素，融合传统教学和新兴技术，训练学生的基础科学素养、创新意识，塑造正确的价值观，以德育人，使课程具有创新性、德育性，培养新时期为中华民族伟大复兴服务的优秀人才。本课程结合学校针对工程教育认证开展了一些实际工作，如从教学背景、课程思政、教学行为、教学手段、教学评价等几个方面进行改革。作者在电机学教学过程中积极实践电机学教学改革，反馈得到教学效果良好，但是在虚实结合实验平台、智能化电网中电机应用、大功率电机控制与补偿工程案例教学再设计等方面还需要进一步研究和完善。

9.5 “电机及电力拖动”课程思政示范课

9.5.1 课程建设项目与前期工作开展情况

1. 深入挖掘“电机及电力拖动基础”课程思政的德育元素

智能制造学院“电机及电力拖动基础”课程组通过系统学习习近平新时代中国特色社会主义思想，借鉴其他课程典型教学案例，探究和实践“思政”与“专业知识”有机融合的问题，前期已经对“电机及电力拖动基础”课程的绪论、变压器、同步电机、直流电机等内容蕴含的思政元素进行挖掘和完善，目前已挖掘的“电机及电力拖动基础”课程思政德育元素如图 9-5 所示。

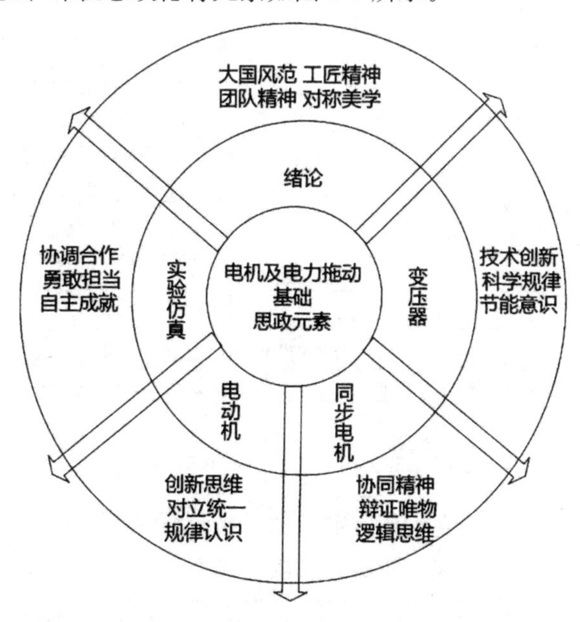

图 9-5 “电机及电力拖动基础”课程思政的德育元素

2. 融入 OBE 理念的课程思政教学改革

针对“电机及电力拖动基础”是自动化类专业中公认的“难教、难学”课程的特点，建立以学生为中心，采用“提出问题→引入案例→解决问题”模式，避免了单一的说教，用学生关注的、鲜活的现实问题和案例吸引学生的注意力，充分激发学生的学习兴趣和热情，发挥他们的主观能动性，使学生在不知不觉中接受了新的知识，而不是死记硬背。以同步电机为例，以学生为中心，融入 OBE 理念的课程思政教学改革如图 9-6 所示。

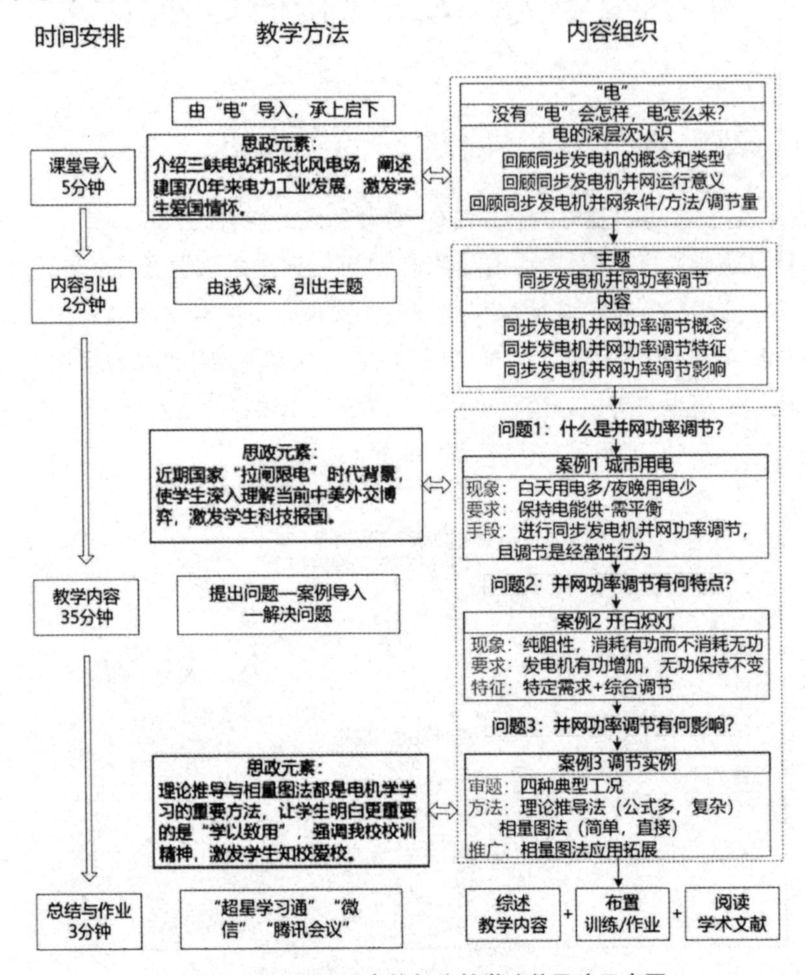

图 9-6　融入 OBE 理念的部分教学改革思路示意图

3. 以智慧教学工具实现内容与思政深度融合

“电机及电力拖动基础”利用智慧教学工具实现了课前知识的渗透，课上知识形象化感知理解、课后知识深入探索和网络研讨的“反刍”的教学模式，其具体的实施过程，如图 9-7 所示。

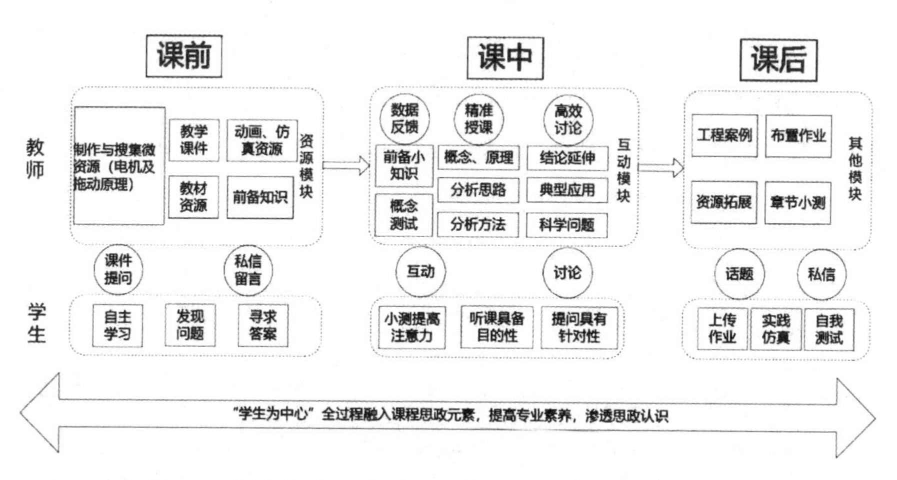

图 9-7　教学全过程融入课程思政元素的智慧教学模式探讨

如图 9-7 所示，“电机及电力拖动基础”课前采用“超星学习通”资源共享，课上采用多种教学模式融合，课后采用实践的方式进行。该课程利用智慧教学平台，从线上+线下多维度增强学生对“电机及电力拖动基础”的直观感受、对课程的专业自信和对“思政”的思想认同。

9.5.2 “电机及电力拖动基础”课程思政示范课方法

“电机及电力拖动基础”课程坚持立德树人根本任务，立足自动化行业培养高质量应用型人才，突出价值塑造、知识传授和能力培养，服务学生全面发展，课程的主要目标如下。

知识目标：主要讲述变压器、直流电机、异步电动机、同步电机、驱动与控制用微特电机等五类基本电机的结构、原理、特性和应用等方面的内容，重点阐述各类电机的基本概念、基本理论和基本分析方法，拓展电机及电力拖动课程视野和宽广的学科知识，为学习后续课程和从事专业工作打下基础。

能力目标：能够运用数学、物理、电路、电磁学的基本原理对本课程涉及的复杂工程问题进行分析研究，包括设计实验，分析和解释实验数据，并通过实验现象等综合信息得到合理有效的结论，培养分析和解决问题能力、实践和创新能力、批判性思维和自主学习能力。具有解决复杂的与电机及电力拖动相关的自动化工程设计、产品集成、运行维护、技术服务等问题所需要的专业基础知识及应用能力。能够针对自动化工程和自动化产品中的复杂工程问题进行目标分析，对比解决方案。

价值目标：了解国内外自动化学科和行业领域发展，通晓我国电机及电力拖动行业发展成就，理解并遵守安全规范和职业法规，合理评价电机技术与节能环保、社会可持续发展的影响关系，理解并承担的社会责任，培养学生的马克思主义科学思维，社会主义核心价值观，创新求实的工程理念，培养具有家国情怀、职业素养、德才兼备的时代新人。

9.5.3 思想政治教育的主要融入点

(1)构建变压器、同步电机、异步电机和直流电机四个维度的知识体系，明确各知识体系间的区别和联系，发掘人类认识事物变化的科学规律。

(2)建立从电磁物理现象到电磁物理本质再到电磁物理概念解释问题的程序化知识体系，培养学生运用基础知识分析复杂工程问题的知识迁移能力，培养学生自主学习和终身学习的意识和素质。

(3)从合理选定电机实验器材，制订有效的电机实验方案，到实验内容的正确实施，培养学生动手通过实验验证电机的基本原理和内在规律，培养学生能够持续学习、主动适应复杂工程环境的能力，锻炼学生团结合作、责任担当的意识。

(4)典型工程案例的引入，提炼出科学问题，使学生能够了解整个学科发展的基础、学科应用以及技术发展的前沿及瓶颈，激发学生热爱科学的精神，培养未来工程师与科研者应具有的科学素质、责任意识和职业规范。

(5)通过我国电机发展的历史、现状与未来展望的讲述，培养学生积极投身祖国建设，勇于探索、敢于创新、攻坚克难的爱国奋斗精神；通过电机中机电转换、电磁平衡等原理的阐述，培养学生辩证唯物主义的科学观和世界观。

9.5.4 “电机及电力拖动”基础课程思政教学方法和手段

1. 现代教育技术应用

“电机及电力拖动基础”课程全面深入地运用现代信息技术来促进教学改革与发展，借助于“超星学习通”“腾讯会议”“微信”等平台进行线上＋线下混合式教学，构建开放、共享、交互、协作的教学氛围。利用智慧教学平台，从多维度增强学生对“电机及电力拖动基础”的直观感受、对课程的专业自信和对“思政”的思想认同。

2. 授课方式

(1)课前——资源共享，自主学习。教师将相关的教学课件、教材资源、动画、仿真资源等内容提前发布到“超星学习通”平台上，学生通过该平台自主学习、发现问题并寻求答案。在该阶段，学生主要通过课件提问、私信留言等方式与老师互动交流。

(2)课堂——精准授课，多种教学模式互动融合。课前首先进行线下课堂小测，提高学生的注意力，得到学生自主学习的反馈数据，根据反馈数据，教师进行精准授课，重点讲解概念、原理、分析思路和方法，学生听课也具备了目的性，课尾重点就结论、典型应用、科学问题等进行针对性的高效讨论。

(3)课后——知识巩固，提高进阶。课后，学生通过工程案例、资源扩展、作业、章节小测等模块巩固知识，利用“腾讯会议”“微信”等平台与学生讨论，“润物细无声”地融入思政元素，同时将课程学习延伸到实验室，对所学知识进行仿真验证和实验研究，使学生真正达到灵活掌握知识，解决“电机及电力拖动基础”课程相关工程问题的能力，获得积极向上的人生态度。

3. 考核方式

采用多维评价考核形式，增加过程考核的占分比，使学生平时就要做到真正理解透彻专业知识，提高专业素养，渗透思政认识。避免学生平时不学、考试前通过死记硬背而临时突击的应试性学习。成绩构成为平时成绩、实验成绩、期末考试成绩，其中平时成绩主要考查线上学习情况，包括线上视频学习、线上测试、线上提交作业；实验成绩由实验预习、实验操作、实验报告组成。

9.5.5 课程思政育人目标

“电机及电力拖动基础”课程思政育人目标见表 9-9 所列。

表 9-9 课程思政育人目标

教学内容概述	课程思政育人目标	教学方法
讲述我国电机及电力拖动发展的历史、现状和未来	培养学生积极投身祖国建设，勇于探索、勇于创新、攻坚克难的爱国奋斗精神	线上线下混合式教学；翻转课堂，小组讨论，理论与仿真实验结合教学

续表

教学内容概述	课程思政育人目标	教学方法
建立从电磁物理现象到电磁物理本质再到电磁物理概念解释问题的程序化知识体系	培养学生运用基础知识分析复杂工程问题的知识迁移能力，培养学生自主学习和终身学习的意识和素质	线上线下混合式教学；翻转课堂，小组讨论，理论与仿真实验结合教学
构建变压器、同步电机、异步电机和直流电机四个维度的知识体系，明确各知识体系间的区别和联系	培养学生发掘人类认识事物变化的科学规律	线上线下混合式教学；翻转课堂，小组讨论，理论与仿真实验结合教学
阐述电机中机电转换、电磁平衡等原理	培养学生辩证唯物主义的科学观和世界观	线上线下混合式教学；翻转课堂，小组讨论，理论与仿真实验结合教学
从合理选择电机实验器材，制定有效的电机实验方案，到实验内容的正确实施，培养学生动手通过实验验证电机的基本原理和内在规律	培养学生能够持续学习，主动适应复杂工程环境的能力，锻炼学生团结合作、责任担当的意识	线上线下混合式教学；翻转课堂，小组讨论，理论与仿真实验结合教学
典型工程案例引入，提炼出科学问题，使学生了解整个学科发展的基础、学科知识应用以及技术发展的前沿和瓶颈	激发学生热爱科学的精神，培养未来工程师与科研工作者应具有的科学素养、责任意识和职业规范	线上线下混合式教学；翻转课堂，小组讨论，理论与仿真实验结合教学

9.5.6 课程思政教学效果

(1)通过在“电机及电力拖动基础”课程中融入思政元素，该课程获得了学生、和督导组的一致好评，上课抬头率显著提高，课堂质量评价“优秀”。

(2)教师在讲授“电机及电力拖动基础”课程专业知识的同时，潜移默化地塑造、影响学生的价值观，有利于实现专业课程树德立人的目标，进一步提升教师的职业成就感。在课程思政的正能量下，在积极向上的学习氛围中，学生学习兴趣大幅提高，充分激发了学生能动性。

(3)“超星学习通”“腾讯会议”“微信”等智慧教学工具的应用，使得教师与学生互动联系更为紧密，重点难点问题能够深入沟通交流，薄弱知识点得到了及时的巩固。

(4)后续“伺服运动控制”“过程控制工程”等课程教师评价自“电机及电力拖动基础”课程开展课程思政以来，学生基础好，概念清楚，学习能力强。

9.5.7 课程思政建设目标

“电机及电力拖动基础”课程立足于专业人才培养目标和课程标准，在对课程整体设计的基础上，根据知识点和技能点挖掘课程思政元素，设计融入方式，搜集思政典型素材，形成可执行的课程思政教学方案设计，在组织实施中不断完善。设计思路如图 9-8 所示。

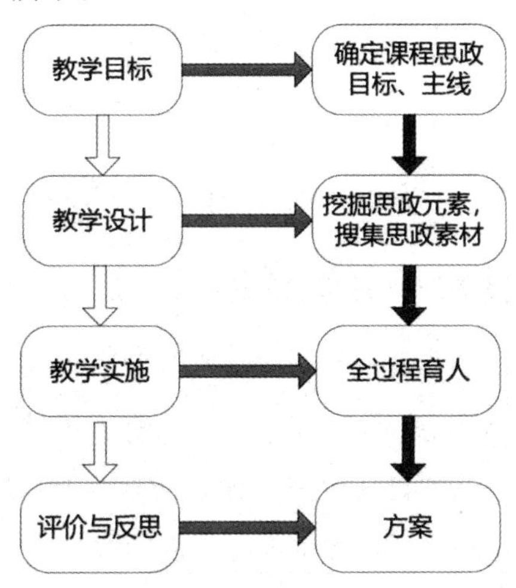

图 9-8 “电机及电力拖动基础”课程思政整体设计流程

在对课程的整体设计、对课程知识点所蕴含的思政元素进行梳理的基础上，凝练成了“个人修养、职业素养、理想信念”三个层面的课程思政培养目标，成为课程思政主线，并将做人做事的基本道理、职业道德和行为规范、社会主义核心价值观、实现民族复兴的理想和责任，分层次、有计划、潜移默化地融入教学全过程。“电机及电力拖动基础”课程思政目标如图 9-9 所示。

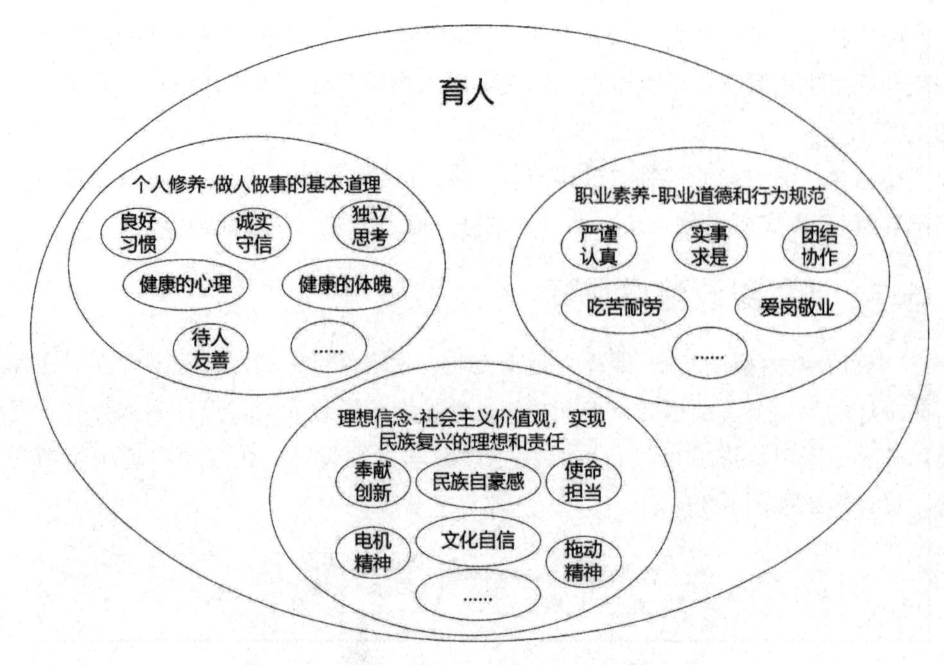

图 9-9 “电机及电力拖动基础”课程思政目标

9.5.8 课程思政建设任务和举措

1. 建设任务

(1)构建“全过程、两方协同、三个层面”的育人模式，课堂教学“课前、课中、课后”全过程育人，构建“专任教师、思政教师两方协同”的课程思政建设团队，将思政目标分为学生的日常行为规范、个人品德修养；自动化职业应具备的专业素养；坚定理想信念、树立远大理想三个层面，从“个人、职业、社会”三个维度全面育人。

(2)重新梳理教学内容，增加课程思政元素，锤炼知识点使其具有高阶性、创新性与挑战性。以学习系统化高阶知识为目标，以学生的创新思维与能力培养为目标，发挥学生在教学中的自主性、能动性和创造性，激发他们迫切的学习愿望、强烈的学习动机、高昂的学习热情、认真的学习态度。

(3)构建线上资源，利用“超星学习通”“腾讯会议”“微信”等智慧教学平台，从多维度增强学生对“电机及电力拖动基础”的直观感受、对课程的专业自信和对“思政”的思想认同。

(4)构建多维评价考核形式，增加过程考核的占分比，使学生平时就要做到

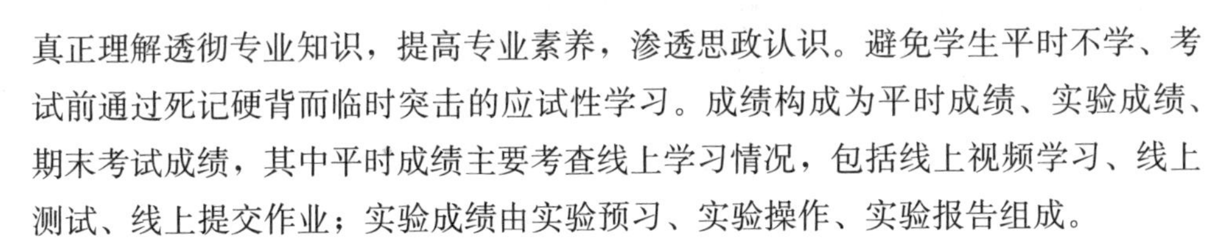

真正理解透彻专业知识，提高专业素养，渗透思政认识。避免学生平时不学、考试前通过死记硬背而临时突击的应试性学习。成绩构成为平时成绩、实验成绩、期末考试成绩，其中平时成绩主要考查线上学习情况，包括线上视频学习、线上测试、线上提交作业；实验成绩由实验预习、实验操作、实验报告组成。

2. 建设措施

(1)团队建设。①加强思想政治理论水平学习，采用“走出去、请进来”策略，解决课程团队政治理论水平普遍偏低的问题；②每学期组织不少于两次的课程思政教学研讨，邀请思政教师、企业专家参与，共同探讨课程思政要素内涵、思政要素融入知识与技能的教学方法，完善课程考核方式，提高团队整体课程思政理论和教学水平；③参加线上、线下课程思政培训，提高教师理论水平，参加课程思政教学比赛，提高教学能力。

(2)课程资源建设。紧跟时代发展，密切关注高校思想政治理论发展和要求，关注“电机及电力拖动”行业技术发展，持续完善课程思政资源，建设与时俱进，集知识、技能、素质三位一体线上教学资源。

(3)融入 OBE 理念的课程教学改革。针对“电机及电力拖动基础”是自动化类专业中公认的“难教、难学”课程的特点，建立以学生为中心，采用“提出问题→引入案例→解决问题”模式，避免了单一的说教，用学生关注的、鲜活的现实问题和案例吸引学生的注意力，充分激发学生的学习兴趣和热情，发挥他们的主观能动性，使学生在不知不觉中接受了新的知识，而不是死记硬背。

(4)考核方式改革。为使学生平时就要做到真正理解透彻专业知识，提高专业素养，渗透思政认识，避免学生平时不学、考试前通过死记硬背而临时突击的应试性学习，构建多维评价考核形式，增加过程考核的占分比。

第10章

“自动控制原理”课程建设及教学改革研究

10.1 “自动控制原理”课程介绍

“自动控制原理”课程是自动化专业的一门专业平台必修课，是专业核心课程之一。该课程的基本信息见表 10-1 所列。

表 10-1 “自动控制原理”课程信息

课程名称	自动控制原理	
课程编码 （教务系统中的编码）	0903808000	
课程类型	○文化素质课 ○公共基础课 ●专业课	实验课
课程性质	●必修 ○选修	
开课年级	本科二年级	
面向专业	自动化、电气工程及其自动化	
学时	总学时：64 学时（理论 54 学时，实验 10 学时） 线上学时：38 学时 线下学时：16 学时＋实验 10 学时	
学分	4.0 学分	
先修（前序）课程名称	高等数学、复变函数与积分变换、大学物理、电路理论、模拟电子技术、数字电子技术	
后续课程名称	现代控制理论、计算机控制技术、机器人控制技术、伺服运动控制技术、过程控制工程	
主要教材	书名、书号、作者、出版社、出版时间（上传封面及版权页） 自动控制原理及其应用（第三版）、ISBN 978-7-04-044921-1，黄坚，高等教育出版社，2018.12	

续表

课程名称	自动控制原理
使用的在线课程	http：//mooc1. chaoxing. com/course/207375236. html（超星学习通网络教学平台）http：//icourses. open. ha. cn/JPZY/View/default. aspx?courseid＝f085eee4－d5d8－42d4－8b8a－bb6f410cef8a（河南省高等学校精品资源共享课程）
	使用方式：●MOOC　○SPOC

10.2　“自动控制原理”课程大纲

10.2.1　“自动控制原理”课程的性质与任务

课程性质：本课程是自动化专业的一门专业平台必修课，是专业核心课程之一。

课程任务：本课程主要通过课堂教学和实验教学，使学生掌握经典控制理论的基本原理和基本分析方法，为解决实际控制系统的分析、设计提供必要的理论基础和方法。重点解决控制系统的建模、系统性能分析、系统校正的理论基础知识，包括：控制系统在时域、复数域和频域的数学模型、线性控制系统的时域分析法、根轨迹法、频域分析法，以及线性控制系统的校正和设计的初步理论。

通过本课程的学习，使学生学会解决相关问题的方法、思路，具备对自动控制系统进行分析、计算和实验的初步能力，为后续专业课的学习和参加控制工程实践提供必要的理论基础。

10.2.2　“自动控制原理”课程目标及对毕业要求的支撑关系

德育目标：能够正确认识控制理论发展史及自动控制原理在自动控制发展过程中的重要作用，培养学生的爱国情怀和民族自豪感，引导学生形成正确的世界观、人生观、价值观，培养学生的团结合作、开拓创新精神、精益求精的大国工匠精神、责任与担当精神以及良好的职业道德。

课程目标 1：能够利用自动化学科基础知识和专业知识推演控制系统的数学模型；能够利用超前校正、滞后校正和滞后－超前校正等方法设计满足实际工程需要的控制系统。

课程目标 2：能够应用时域分析法、根轨迹分析法和频率特性法分析系统的动态性能和稳态性能；能够应用 Routh 判据、根轨迹图、Nyquist 图和 Bode 图分析系统的稳定性；能够运用 MATLAB/Simulink 对控制系统进行辅助分析和设计。课程目标对毕业要求的支撑说明见表 10-2 所列。

表 10-2　课程目标对毕业要求的支撑关系

课程目标	毕业要求观测点	支撑说明	毕业要求
1	1-3：能够将自动化学科基础及专业知识用于推演、分析自动化工程问题，并寻求解决方法	通过对自动控制系统基本概念、传递函数典型环节、结构图等效变换法和梅森公式等知识，能够建立自动控制系统的数学模型；通过对超前校正、滞后校正和滞后-超前校正等典型校正方法的学习，能够设计满足实际工程需要的控制系统	工程知识：能够将数学、自然科学、工程基础和自动化专业知识用于解决自动化领域复杂工程问题
2	2-2：能够基于科学原理和数学模型，对自动化领域复杂工程问题的关键环节进行识别和表达	通过对时域分析法、根轨迹分析法和频率特性法的学习，能够对系统的动态性能、稳态性能和稳定性进行分析；通过文献查阅和学习，能够运用 MATLAB/Simulink 对控制系统进行辅助分析和设计	问题分析：能够应用数学、自然科学和工程科学的基本原理，识别、表达自动化领域复杂工程问题，并通过文献研究对复杂工程问题进行分析，以获得有效结论

10.2.3 “自动控制原理”课程教学内容、学习要求与学时分配

1. 理论教学

课程理论教学内容、要求与学时分配见表 10-3 所列。

表 10-3 理论学习内容、要求与学时分配表

课程教学内容	思政元素	预期学习成果	重点、难点	推荐学时	教学方式	支撑课程目标
(一)概述 1. 自动控制的基本概念及分类等; 2. 自动控制系统的性能要求; 3. 自动控制理论的发展	自动控制曲折发展历史——“不甘示弱”的南工精神;典型代表人物事迹——爱国情怀和民族自豪感	知晓自动控制的基本概念、分类、性能指标、学习本课程的目的以及自动控制的发展史等;能够绘制控制系统的原理方框图	重点难点:控制系统原理方框图的绘制;性能指标的描述	2	讲授	1
(二)控制系统的数学模型 1. 控制系统的微分方程; 2. 传递函数; 3. 动态结构图; 4. 反馈控制系统的传递函数	数学模型的等效变换——人与人相处必须互相尊重,遵守自由、平等、诚信、友爱、公正原则	能够建立简单控制系统的微分方程和传递函数模型,并能求解系统的时域响应;能够复述典型环节的传递函数及输入输出特性;能够应用等效变换法或梅森公式对动态结构图进行化简;能够求解反馈控制系统的传递函数	重点:控制系统数学模型的建立;系统动态结构图的化简;反馈控制系统传递函数的求解。 难点:系统动态结构图的化简;反馈控制系统传递函数的求解	6	讲授	1
				2	线上自主学习	

续表

课程教学内容	思政元素	预期学习成果	重点、难点	推荐学时	教学方式	支撑课程目标
（三）时域分析法 1. 一阶系统和二阶系统的时域分析； 2. 高阶系统的时域分析； 3. 控制系统的稳定性分析； 4. 控制系统的稳态误差	时域分析法的稳定性、动态性能、稳态性能指标的相互制约——识大体、顾大局、合作共赢	能够计算一阶系统和二阶系统的时域动态性能指标，熟悉改善二阶系统动态性能的常用方法；能够解释高阶系统的降阶估算法的基本思想；能够应用 Routh 判据分析系统的稳定性，知晓改善结构不稳定系统的稳定方法；能够计算线性系统的稳态误差，知晓减少系统稳态误差常用的补偿方法	重点：一阶系统和二阶系统的动态性能和稳态性能指标的计算；高阶系统的 Routh 稳定判据方法。 难点：Routh 稳定判据特殊问题的处理方法	6	讲授	2
				4	线上自主学习	
（四）根轨迹分析法 1. 根轨迹的基本概念； 2. 根轨迹的绘制； 3. 控制系统的根轨迹分析方法	根轨迹图的绘制及分析——在科研过程中要透过现象看本质，要善于总结归纳事物的发展规律	能够解释根轨迹和根轨迹方程的基本概念，并依据根轨迹的绘制法则绘制系统闭环根轨迹；能够利用根轨迹对系统性能进行定性和定量分析	重点：根轨迹的绘制；利用根轨迹对系统控制性能进行定性和定量分析。 难点：利用根轨迹对系统控制性能进行定性和定量分析	6	讲授	2
				2	线上自主学习	

续表

课程教学内容	思政元素	预期学习成果	重点、难点	推荐学时	教学方式	支撑课程目标
（五）频域分析法 1. 频率特性的基本概念，典型环节与系统的频率特性； 2. 根据伯德图确定传递函数； 3. 用频率特性法分析系统稳定性； 4. 频率特性与闭环系统性能的关系； 5. 用频率特性法分析系统性能	奈奎斯特、伯德和尼科尔斯共同完善了频率特性曲线的表示方法，各自创新了频率特性法的相关理论——团结合作、开拓创新精神；稳定裕度含义——做任何事要做好充分准备、留有余地、游刄有余；三频段理论——规划人生目标、发挥潜能、实现人生价值	能够复述频率特性的基本概念，并会求取系统频率特性模型；熟悉典型环节的频率特性，并能够绘制控制系统的开环频率特性曲线；能够通过最小相位系统的开环对数幅频特性曲线（Bode 图）确定开环传递函数；能够根据系统的开环频率特性分析相应闭环系统的性能；能够知晓闭环频率特性与时域指标的关系	重点：典型环节的频率特性；根据 Bode 图确定最小相位系统的传递函数；Nyquist 稳定判据、对数频率稳定判据；利用系统的开环频率特性分析系统的闭环性能（三段频）。 难点：Nyquist 稳定判据、对数频率稳定判据；利用系统的开环频率特性分析系统的闭环性能（三段频）	8	讲授	2
				4	线上自主学习	

续表

课程教学内容	思政元素	预期学习成果	重点、难点	推荐学时	教学方式	支撑课程目标
（六）控制系统的校正与设计 1. 系统校正的基本概念； 2. 常用校正装置及其特性； 3. 串联校正； 4. 控制系统的工程设计方法	线性系统的校正方法——在人生偏离预期时，“三省吾身”，及时的自我反思，避免误入歧途；控制系统的精准校正——精益求精的工匠精神以及良好的职业道德	知晓控制系统校正的基本概念、常用校正装置及其特性；熟知串联超前校正、滞后校正、滞后一超前校正的原理，并能够应用其校正控制系统；熟知 PID 控制器、PI 控制器、PD 控制器的基本原理，并能够应用其校正控制系统；知晓控制系统的工程设计方法，理解期望频率特性法对系统进行校正的设计过程	重点难点：串联超前校正、滞后校正、滞后一超前校正、PID 控制器、PI 控制器、PD 控制器的基本原理及设计方法	10	讲授	1
				2	线上自主学习	

注：课程目标 1、2 相关教学内容线上测试各 1 学时。

2. 实验教学

本课程的实验教学为非独立设课，具体要求见表 10-4 所列。

表 10-4 实验项目内容、要求与学时分配表

实验项目名称	课程思政元素	预期学习成果	实验学时	实验类型	实验类别	实验要求	支撑课程目标
传递函数典型环节及其性质	实验安全规范、实验环境保护、分组实验、实验过程记录、报告撰写——责任与担当、团结合作、精益求精	能够在 Simulink 下建立典型环节数学模型，观察阶跃响应曲线；能够搭建典型环节电路，测量电路的单位阶跃响应；分析比较实验和 Simulink 仿真结果，验证典型环节的特性	2	验证性	专业基础	必做	1
二阶系统阶跃响应及稳定性		能够计算欠阻尼二阶系统的动态性能指标；能够分析二阶欠阻尼、临界阻尼、过阻尼闭环系统的动态性能指标；能够用 Routh 判据对三阶系统进行稳定性分析	2	验证性	专业基础	必做	2
根轨迹的绘制与分析		能够使用 MATLAB 语句编程绘制系统的根轨迹；能够分析系统响应和闭环零极点的关系；能够分析开环增益变化时，系统闭环极点位置的变化及其对动态性能的影响	2	验证性	专业基础	必做	2
系统频率特性测量		知晓线性系统频率特性的基本概念；能够绘制开环系统的对数幅频特性和相频特性曲线(Bode 图)	2	验证性	专业基础	必做	2
线性系统的串联校正		知晓串联校正环节对系统稳定性及过渡过程的影响；能够对线性系统设计串联校正控制器，以获得满足性能指标要求的控制系统	2	设计性	专业基础	必做	1

(1)学生进入实验室需按照实验室管理规定进行登记。

(2)实验成绩采用百分制，由实验预习、实验操作、实验报告成绩三部分组成，各占实验成绩的 20%、30%、50%。

3. 线上学习与线上测试

本门课程的线上自主学习、线上作业、线上测试等线上资源由课程组利用“超星学习通”平台进行建设，网址为 https：//mooc1.chaoxing.com/course/207375236.html。

10.2.4 “自动控制原理”课程的考核与成绩评定方式

1. 考核方式、成绩构成及考核时间

本课程采用过程考核的形式，课程总成绩由平时成绩、实验成绩和期末考试成绩构成，各部分所占比例见表 10-5 所列，其中平时成绩由线上视频学习、线上测验和线上作业成绩组成；实验成绩由实验预习、实验操作和实验报告成绩组成。期末考试时间为 120 分钟。

表 10-5　考核方式及占比

考核方式	考核依据	分数	成绩构成（总成绩中占比）
平时	依据线上视频学习完成情况、线上测验评阅标准和作业批改标准	100	20%
实验	依据实验成绩评分标准	100	20%
期末考试	试卷评阅标准	100	60%

1. 各考核方式与课程目标的对应关系

本课程各考核方式与课程目标的对应关系见表 10-6 所列。

表 10-6　各考核方式与课程目标的对应关系

课程目标	毕业要求观测点	考核环节与成绩比例			支撑权重(%)
		平时(20%)	实验(20%)	期末考试(60%)	
1	1—3	50	50	40	44
2	2—2	50	50	60	56
总计		100	100	100	100

注：具体实施时，根据每年具体情况允许微调。

3. 评价标准

(1)平时成绩评价标准见表 10-7 所列。

表 10-7 平时成绩评价标准

课程目标	观测点及权重	评价标准				
		优秀(90～100)	良好(80～89)	中等(70～79)	合格(60～69)	不合格(0～59)
1	自动控制系统的基本概念、系统描述、模型建立、控制器设计(0.5)	自主完成线上视频学习、线上作业、线上测试，综合成绩大于 90%	自主完成线上视频学习、线上作业、线上测试，综合成绩大于 80%	线上视频学习、线上作业、线上测试综合成绩大于 70%	线上视频学习、线上作业、线上测试综合成绩大于 60%	线上视频学习、线上作业、线上测试综合成绩小于 60%
2	根轨迹图、Bode 图和 Nyquist 图绘制、系统稳定性判断、性能指标计算(0.5)	按时自主完成线上视频学习、线上作业、线上测试，综合成绩大于 90%	自主完成线上视频学习、线上作业、线上测试，综合成绩大于 80%	线上视频学习、线上作业、线上测试综合成绩大于 70%	线上视频学习、线上作业、线上测试综合成绩大于 60%	线上视频学习、线上作业、线上测试综合成绩小于 60%

注：线上视频学习、线上作业、线上测试占比根据每年具体情况而定。

(2)实验成绩评价标准见表 10-8 所列。

表 10-8 实验成绩评价标准

课程目标	观测点及权重	评价标准				
		优秀(90～100)	良好(80～89)	中等(70～79)	合格(60～69)	不合格(0～59)
1	控制系统典型环节建模、线性系统的校正方案设计、分析(0.5)	实验预习准备充分；实验操作规范，过程记录完整；实验报告字迹清晰，步骤完整，有明确结论；综合实验成绩大于 90%	实验过程记录完整，实验报告字迹清晰，步骤完整，有明确结论；综合实验成绩大于 80%	实验过程记录较完整，实验报告字迹清晰，有明确结论；综合实验成绩大于 70%	实验过程记录不完整，实验报告字迹不清晰，没有明确结论；综合实验成绩大于 60%	实验过程无记录，实验报告字迹潦草，无明确结论；无数据处理；综合实验成绩小于 60%

续表

课程目标	观测点及权重	评价标准				
		优秀（90～100）	良好（80～89）	中等（70～79）	合格（60～69）	不合格（0～59）
2	控制系统的阶跃响应、稳定性时域分析；根轨迹的绘制和分析、系统频率特性的测量(0.5)	实验预习准备充分；实验操作规范，过程记录完整；实验报告字迹清晰，步骤完整，有明确结论；综合实验成绩大于90%	实验过程记录完整，实验报告字迹清晰，步骤完整，有明确结论；综合实验成绩大于80%	实验过程记录较完整，实验报告字迹清晰，有明确结论；综合实验成绩大于70%	实验过程记录不完整，实验报告字迹不清晰，没有明确结论；综合实验成绩大于60%	实验过程无记录，实验报告字迹潦草，无明确结论；无数据处理；综合实验成绩小于60%

(3)期末考试评价标准详见南阳理工学院《自动控制原理课程考试参考答案与评分标准》。

10.2.5 “自动控制原理”课程目标达成评价方式

评价方式可采用修课学生成绩分析法、课程过程考核分析法、调查问卷法等，具体实施办法详见《自动化专业课程目标达成情况评价方法》。

10.3 国家级一流课程建设

10.3.1 课程目标

南阳理工学院定位为建设高水平应用型理工大学，课程所属自动化专业是国家卓越工程师试点专业、省一流本科建设专业、省级特色专业、省级综合改革试点专业，拥有省级重点学科和教学团队，工程教育专业认证申请已获得受理。

自动化专业旨在培养能够从事生产过程控制系统的分析、设计和运行的高素质应用型人才。“自动控制原理”是自动化专业核心课程，授课对象为大学二年级本科生，已具备一定数理和电气理论知识。通过线上线下混合式教学，使学生掌握自动控制的基本理论和方法，能够解决控制领域复杂工程问题的系统建模、分析和设计，提高学生的工程实践能力和创新意识。同时，通过融入课程思政教育，培养学生运用“反馈原理”和“系统观念”去做人、做事，为后续课程学习和从事控制系统设计工作打下坚实基础。

10.3.2 课程建设及应用情况

1. 课程建设历程

自 2000 年开始，我校自动化专业、电气工程及其自动化专业均开设有“自动控制原理”，课程教学团队积极开展课程建设和改革，2006 年立项建设南阳理工学院校级精品课程，2011 年立项河南省高等学校精品课程，2014 年立项河南省高等学校精品资源共享课程，2017 年开展校级核心课程建设，借助于精品课程网站开展线上线下混合式教学，2019 年被认定为校级一流课程。课程团队教师深入教学研究，发表教改论文 10 余篇，出版教材 2 部。

2. 解决的重点问题

(1)构建线上线下混合式教学模式，解决了传统“填鸭式”教学学生课堂参与度低、师生互动少、学习兴趣不高的问题。

(2)融入思政教学元素，在知识传授的同时渗透价值引领，实现专业核心课育人的目的。

(3)开展翻转课堂、小组研讨、案例分析等以学生为中心的教学模式，激发学生学习兴趣，提升其学习的积极性和主动性。

(4)借助于仿真软件开展教学，理论联系实际，使枯燥、抽象的控制理论知识形象化，易于理解。

3. 课程内容与资源建设

(1)根据新工科建设和工程教育专业认证标准，贯彻 OBE 理念，优化教学内容，重新梳理知识点，合理安排线上、线下教学内容。

(2)完成相关教学资源(教学大纲、教学设计、教学课件、视频等)的制作和整理。

(3)构建与课程内容相关的“案例库”，实现理论教学和实际控制工程应用相结合。

(4)深入挖掘课程中蕴含的思政、德育元素，实现对学生工程观、系统观及科学思维能力的培养。

(5)建设多样化实验平台，培养学生的实践能力和创新能力。

(6)先后建有省级精品课程网站、省级精品资源共享课程网站(视频1980分钟)、“超星学习通”平台等优秀的线上教学资源。“超星学习通”平台是目前混合式教学的主要平台，该平台上传教学视频44个，发布任务点48个，提供配套教学课件、典型案例、作业、测试题等素材。同时利用微信群、QQ群等交流平台，适时与学生进行交流、沟通与反馈。

4. 教学组织实施

(1)课前——线上自主学习基本理论。教师将相关教学资源提前发布到学习平台，并下发自学任务，明确学习目标和要求，适时开展自学指导、了解学习情况等。学生根据自学任务自主完成线上学习和测试，并将遇到的难题、困惑以及建议等及时反馈，为教师线下课堂的精准教学做铺垫。

(2)课堂——线下课堂能力提升。教师根据线上平台学生学习情况，调整线下课堂教学环节。主要采用翻转课堂、小组研讨、课程实验等形式，对线上教学内容进行实践升华，使学生由“观众”变为“演员”，成为课堂主角，教师则以“导演”角色引导课堂，体现以学生为中心的教育理念。同时将思政元素恰当融入教学，对学生进行潜移默化的引导，形成良性的教学闭环。

(3)课后——巩固进阶。引导学生在线上完成课后知识巩固，同时将课堂学习延伸到开放实验室，在开放实验室结合控制系统项目案例进行探究式学习，参加学科竞赛等，提升课程的挑战度。

5. 成绩评定方式

课程采用线上+线下的多维评价考核方式，2018版课程大纲中成绩构成为平时成绩(20%)、实验成绩(20%)、期末考试成绩(60%)，其中平时成绩主要考查线上学习情况，包括线上视频学习(40%)、线上测试(20%)、线上提交作业(40%)；实验成绩由实验预习、实验操作、实验报告组成。改革后的课程评价体系激励学生积极参与到线上线下教学中，提高了学习的主动性。

10.3.3 课程建设评价及改革成效

采用线上线下混合教学，实现了线上教学和线下课堂的优势互补，产生了“1+1>2”的效果，有效激发教与学的活力，实现了学生“知识积累+能力提升”的培养，取得了较好的效果。

（1）提升了学生自主学习能力。通过引导学生线上自主学习，线上师生深入互动，充分发挥了学生的主体地位，改变了传统课堂学生被动学习模式，激发了学生的学习潜能和创造性。

（2）提升了学生的工程实践能力和创新能力。通过倒立摆和球杆系统多样化实验平台，将理论和实际控制系统紧密联系，增强了学生学习兴趣，提高了学生的工程实践能力和创新意识。

（3）立德树人，促进学生全面发展。通过将思政教育内容与控制理论的有机渗透结合，探索了适合“自动控制原理”课程教学的思政融合模式，为“立德树人”课程教学体系建设积累了经验。

10.3.4 课程特色与创新

（1）遵循 OBE 教学理念和工程教育专业认证标准，以“自动控制原理”课程支撑的毕业要求指标点为依据，制定了线上与线下教学相融合的课程大纲，突出以学生为中心，培养学生解决控制领域复杂工程问题的能力。

（2）实施了线上线下混合式教学，实现了线上教学和线下课堂的优势互补，改变以往“教师讲，学生听”被动的教学模式，创造学生主动参与、自主协作、探索创新的新型教学方式，激发了学生的求知欲和主动性，锻炼了学生分析问题、解决问题的能力，较好地为应用型人才的培养目标提供支撑。

（3）围绕“立德树人”，将思政元素与控制理论知识相结合，把思想教育“嵌入”理论教学全过程，实现了思政教育与理论教学的有机渗透，使学生在理解专业基础知识的同时，树立正确的世界观、人生观和价值观，成为德才兼备的有用之人，助推“三全育人”。

（4）通过教学资源建设、教学方法多样化实施，提高了教与学的效率，体现了以学生为中心的教学理念，已经成为本校混合式教学的示范。

（5）制定了线上与线下融合的综合评价方式。加强学生学习过程考核，将线上、线下主要学习活动纳入评价考核体系中，提高了学生线上学习的热情、积极性和有效性，保障了混合式教学的实施，切实提高课堂教学质量。

10.4 自动控制原理教学设计样例

自动控制原理教学设计样例见表 10-9、表 10-10 所列。

表 10-9 自动控制原理教学设计样例(1)

授课题目	第 2 章 自动控制系统的数学模型 2.3 传递函数				
课时安排	2 学时	周 次	第 2 周	课序	第 4 次课

1. 教学目的及要求

1)知识目标

(1)传递函数的定义以及与微分方程的关系。

(2)线性定常系统传递函数的定义、实际意义、特点及其求法。

(3)闭环系统常用的典型环节的传递函数。

2)能力目标

(1)掌握微分方程转换为传递函数的思路、步骤、流程。

(2)掌握传递函数的性质。

(3)掌握典型环节的传递函数及其性能特点。

3)情感目标

(1)具有科学的态度，批判性思维，终身学习的观念。

(2)通过讲授中有机融入思政元素，培养学生家国情怀、社会责任、科学精神、职业操守、历史文化等素养。

(3)通过师生间的交流互动，给学生学习方法、鼓励。

(4)通过实验调试时学生间的合作探讨、分析解决问题，可以给学生友好、成功、信心和喜悦。

2. 教学重点、难点

重点：传递函数的定义和性质，典型环节的传递函数。

难点：传递函数的求取。

续表

3. 学情分析 知识基础：本门课开设在第 4 学期，授课对象是自动化专业大二学生。“自动控制原理”课程涉及高等数学、复变函数等数学知识，比较抽象，理论性强。另外，“自动控制原理”是一门与实践紧密结合的学科，该门课程要培养学生的实践能力和动手能力，同时整个课程包含大量的图形，给教与学都带来一定的困难。该课程实施线上自主学习，与面授有机结合开展翻转课堂、小组研讨、混合式教学，理论与实践结合教学，有效提升了学生学习兴趣和参与度，培养学生对控制系统的分析设计能力、工程实践能力和创新能力。 认知特点：经历了前三个学期的训练，学生有一定的自学能力和通过信息手段解决问题的能力。“自动控制原理”作为自动化专业主干基础课程，也是大多数高校考研专业课，有助于激发学生的兴趣为目标推动教学，在满足学生的个性需求的基础上不断培养学生的学习积极性，满足学生的兴趣爱好来带动教学，会达到事半功倍的效果。
4. 教学方法 线上线下一体化教学，翻转课堂、小组研讨、混合式教学，理论与实践结合教学。

表 10-10　自动控制原理教学设计样例(2)

教学过程设计
一、暖场、导入 本节课的内容为“传递函数”是自动控制原理当中应用最广泛的数学模型，传递函数的定义是什么，为什么要引入传递函数是教学初期需要解决的问题。由于前一节内容为控制系统的微分方程，微分方程可以通过拉氏变换的基本思路和方法求解，因此可以从微分方程的解引出本节课程，如图 10-1 所示。 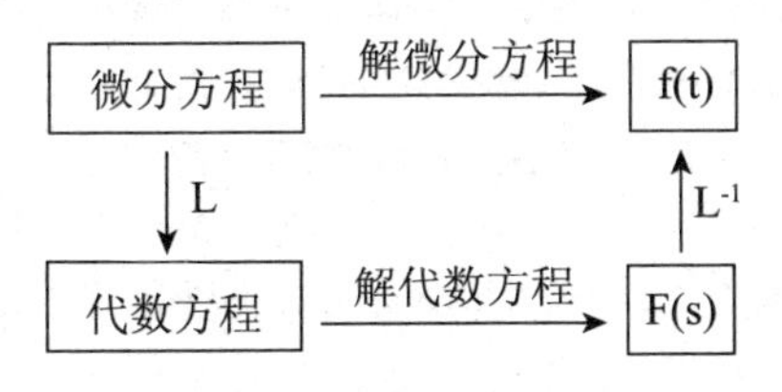 **图 10-1　微分方程求解方法**

续表

二、明确教学目标、学习目标

在了解了传递函数的定义是什么，为什么要引入传递函数之后，要布置本节的学习目标。

(1)掌握微分方程转换为传递函数的思路、步骤、流程；(2)掌握传递函数的性质；(3)掌握典型环节的传递函数及其性能特点。有利于学生在通过此次学习可以完成哪些内容，能够理解、记忆、操作、评价或者创作。

课前学生线上自学加互动，在“超星学习通”线上教学平台中，创建学习专业班级，结合“自动控制原理”大型开放式网络课程(Massive Open Online Courses，MOOC)资源，根据教学团队整理“传递函数”资料和学习任务，并在课程学习前发布送给学生。学生根据教师发布的学习任务进入平台在线上利用碎片化时间进行反复学习，观看视频、下载学习资源，记录相关学习笔记，教师在课程管理后台可以实时监测学生们的平均学习进度，“传递函数”部分每个学生的学习情况(图 10-2)，另外还可以监测学生留言以及和教师互动情况。

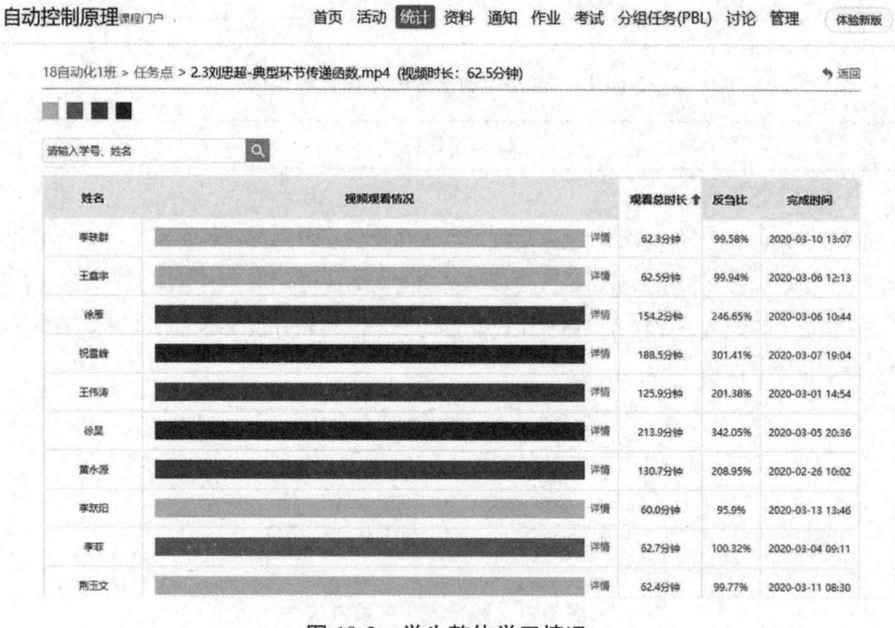

图 10-2　学生整体学习情况

三、线上学习测试

这个阶段让老师了解学生之前的混合式学习内容预习得如何，是否完成了所有的教学环节。学生需要完成教师在 MOOC 中布置的课前测试，在做完课前测试点击提交操作后，平台会自动批改并显示正确答案，学生能及时得知习题完成情况(图 10-3)，并在此基础上

续表

汇总自己遇到的一些难点需要解决的问题，使课前学习更加充分。

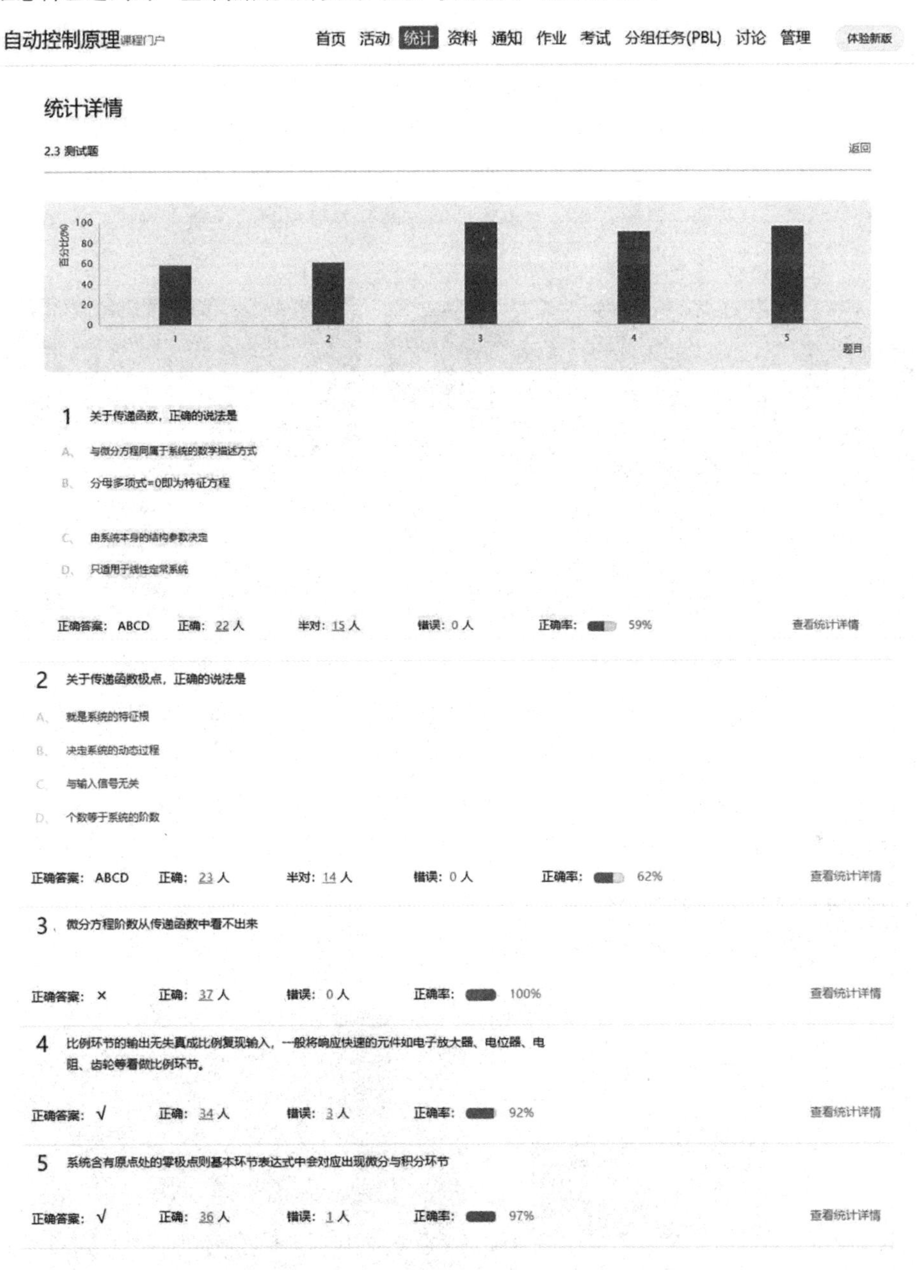

图 10-3 线下课前习题测试界面

续表

四、学生参与式学习

课中以翻转课堂为主教师为辅的线下学习，在课堂上把完全以教师教为主导的教学模式转换为以学生为主体、教师为辅助的教学模式。线下学习中将学生进行分组，以小组形式进行分组讨论，总结线上学习知识点及遇到的共性难点问题，其他小组学生可以点评或提出相关问题的解决方案，最后教师给予协助分析。本节将“传递函数”重要知识点及学生掌握较差的内容进行课堂讲解，如传递函数模型与微分方程模型的优缺点对比，传递函数求取等。实施过程如图 10-4 和图 10-5 所示。

图 10-4　小组讨论

图 10-5　翻转课堂

针对典型环节的传递函数及其性能特点，配合 Matlab 软件中 Simulink 模块进行仿真实验。搭建的简单典型环节并在单位阶跃输入下仿真输出(图 10-6)，给学生更加直观的展示，可使学生深入理解典型环节基本含义及其他难以理解的知识点，同时可为线上自学打下更好的基础，以提高学生自学效率。

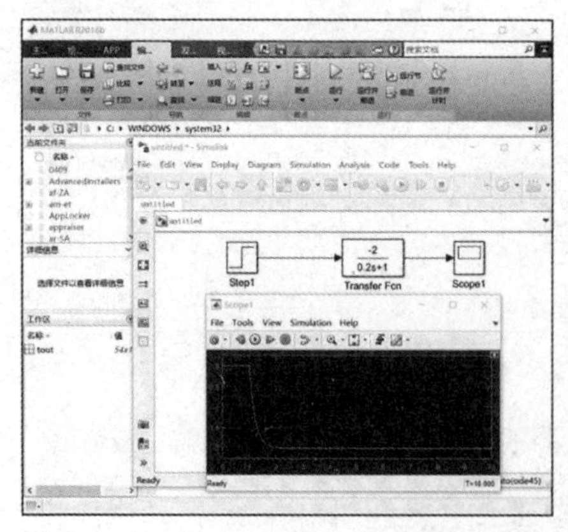

图 10-6　典型环节 SIMULINK 仿真

续表

为进一步理解各种典型环节的传递函数及其特性，根据已经学完的《模拟电子技术》课程电路的构成方法，利用 TD－ACC＋教学实验系统(图 10-7)搭建典型环节并在单位阶跃输入下测试实验输出波形。

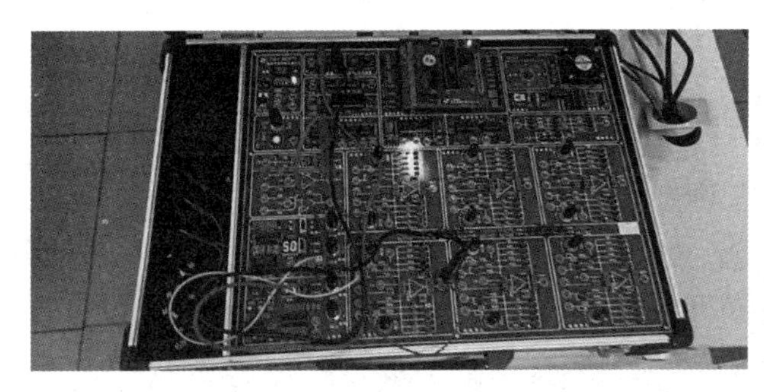

图 10-7 TD－ACC＋教学实验系统

五、线下学习测试

完成课堂教学后需要对学生的学习效果进行评价性测试，而这个线下学习测试不应该与线上学习测试一样，需要有难度地提升，学生在这个阶段可以了解自己对课堂教学目标的掌握情况，若有不完善之处还可以在后期的教学总结中继续改进和完善，如图 10-8 所示。

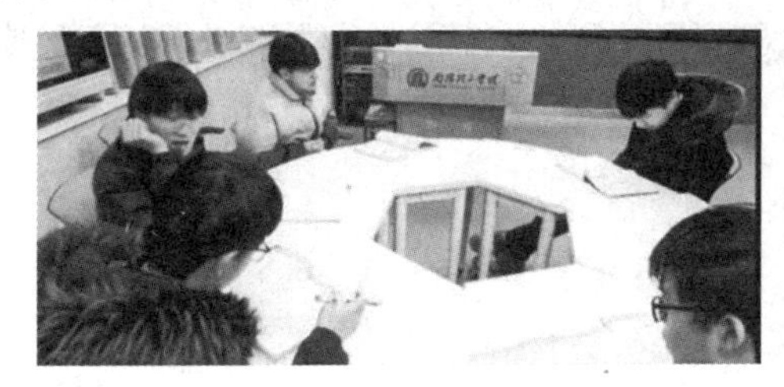

图 10-8 线下学习测试

六、小结

课堂小结是课堂中比较重要的环节，因为这个环节可以将学生的“心收回来”，回顾课堂中的重点难点，比如，传递函数的定义和性质、典型环节的传递函数、传递函数的求取。让学生能够及时回顾，有问题现场提出。另外在本节的总结中“润物细无声”地融入课程思政，比如同一系统可以采用不同的数学模型，本节讲的“传递函数”和上节的“微分方程”可以相互转换，变换的目的是进行系统性能分析，先等价变换哪部分是人的自由，但必须遵循等价原则，如图 10-9 所示。数学模型的等价变化如同人与人相处之道，必须互相尊重，

续表

遵守自由、平等、诚信、友爱、公正的原则。失去这个基础，人与人之间便不会融洽、和谐相处。

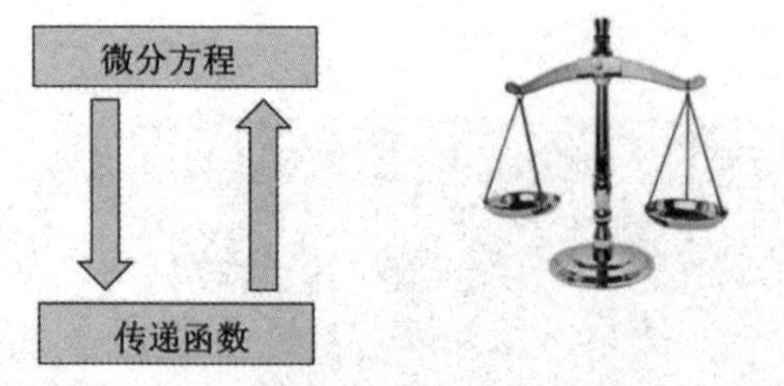

模型转换遵循“等价原则”　公平是社会稳定的“天平”

图 10-9　小结一融入课程思政

七、课后复习

课后以测试反馈形式巩固知识点形成闭环。课后所学知识巩固也可以通过结合线上平台完成，教师通过预留课后作业检验课堂学习情况。学生线下作答，将答案传至 MOOC 平台(图 10-10 和图 10-11)，方便教师批改和学生互评。通过作业批改，把相关问题在线上反馈给学生，学生可以登录平台有针对性地修改。经过如此反馈操作，不仅使学生学习更加深入扎实，同时使教师能够更加深入了解每个学生存在的不足以及整个班级的学习水平，方便教师进行教学反思，以更好地调整教学环节，最终形成良好的教学闭环控制。

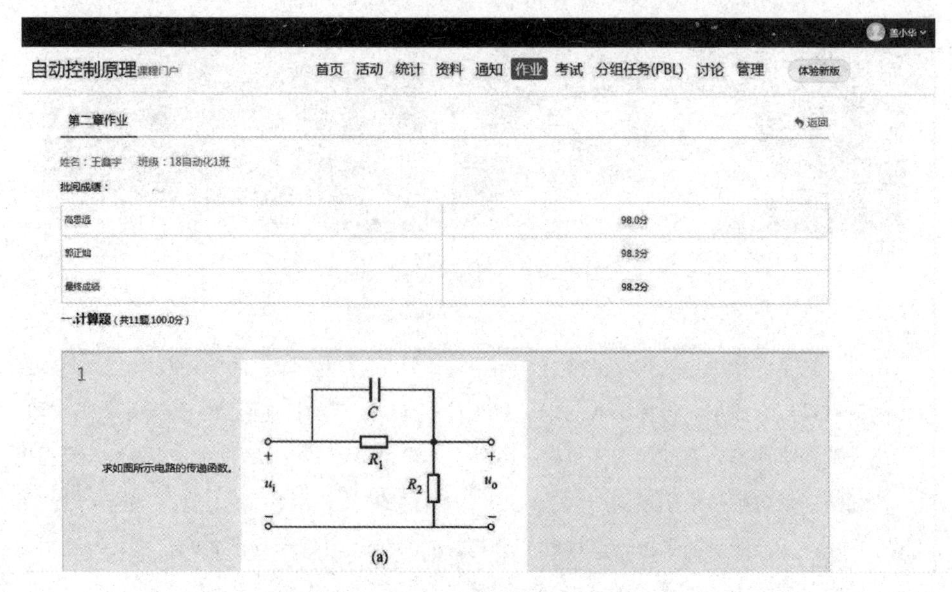

图 10-10　MOOC 平台布置课后作业界面

续表

王鑫宇的答案：

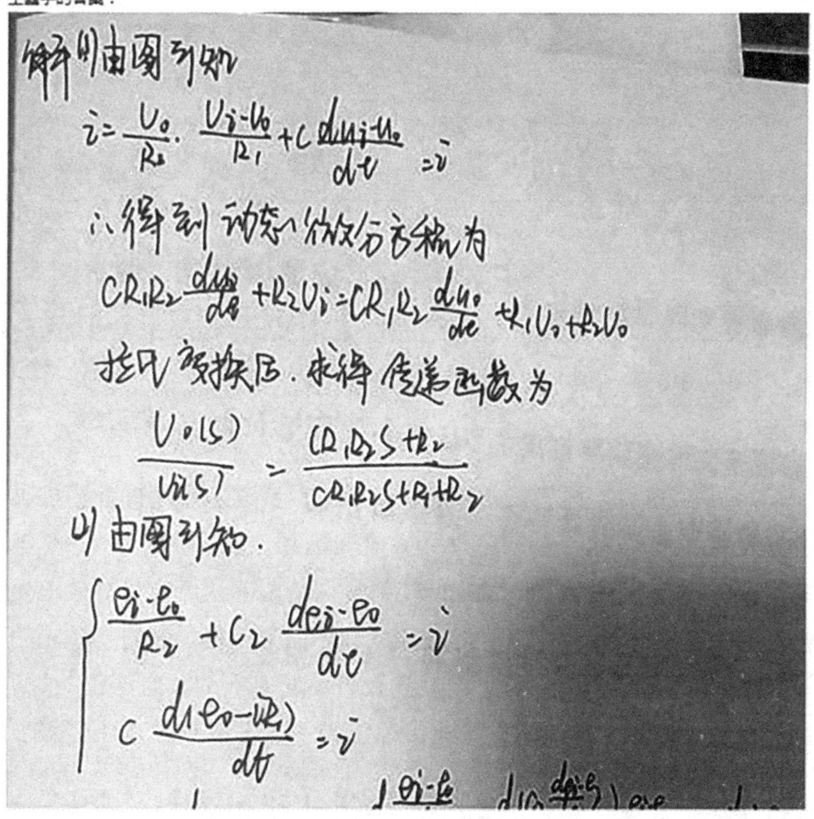

图 10-11 课后作业答案上传 MOOC 平台界面

主要参考资料：

1. 刘新，陈颖，杨旭，梁宁一．自动控制原理与系统[M]．西安：西北工业大学出版社，2017.

2. 胡寿松．自动控制原理(第六版)[M]．北京：科学技术出版社，2018.

3. 邹见效．自动控制原理[M]．北京：机械工业出版社，2017.

4. 李晓秀，宋丽蓉．自动控制原理(第 3 版)[M]．北京：机械工业出版社，2018.

5. 余成波，张莲，胡晓倩．自动控制原理(第 3 版)[M]．北京：清华大学出版社，2018.

6. 刘国海，杨年法．自动控制原理(第 2 版)[M]．北京：机械工业出版社，2018.

续表

教学后记： 1. 模型转换需要用到高等数学 Laplace 变换，在新课讲授时要回顾相应知识。 2. 学生利用仿真和试验学习了典型环节的传递函数及其性能特点，但课程时间有限，学生只做了比例环节、惯性环节在单位阶跃信号下的响应仿真和试验，典型环节还包括积分、微分、振荡、时滞环节，接下来安排学生进入实验室完成其他典型环节的仿真和实验。

10.5 工程专业认证背景下的自动控制原理实验教学改革与实践

工程教育是我国高等教育的重要组成部分，对我国工业化进程的推进起着不可替代的作用。为了强化工程教育，并有效同国际接轨，我国于 2006 年开展了工程专业认证工作，经过十余年的发展，已经获得国际认可，并有效地促进了我国高等教育的发展。随着认证工作的全面展开，面向工程教育的新一轮的专业与课程改革也在不断强化和加深。下面以我校自动化专业的核心课程“自动控制原理”之实验教学为例，阐述如何在专业认证背景下，以培养符合社会需求的工程人才为目标进行改革。

10.5.1 明确教学目标

工程教育专业认证的核心，就是要确认工科专业毕业生达到行业认可的质量标准要求，培养的学生不仅要有扎实的专业知识，而且还要有较强的工程意识和能力。因此，教学目标的确立必须以能力培养为核心，充分发挥学生的能动性和积极性，同时还必须在了解学生的学习能力、性格等基础上，以学生为主体来组织教学，确保培养出的学生符合行业和社会对工程人才的需求。由于自动控制原理课程涉及许多基础性的知识，而初次学习这门课程的学生对专业知识的掌握较少，基础较为薄弱，这就要求在确立目标时应将基础性知识点的教学作为一项重要内容，同时还应确保学生能够将不同的知识点综合起来，在解决问题的过程中不断加深理解和认识，逐步提高技术能力。

10. 5. 2 完善教学大纲

在确立好教学目标之后需要在此基础上完善教学大纲，教学大纲的完善主要包括以下几项：

第一，为提升学生的实验水平及实践操作能力，首先要帮助学生意识到自动控制原理实验课程的重要性，一方面要提高实验考核在课程总成绩中所占的比重；另一方面还应增加实验学时，为学生提供更多实验操作的机会。

第二，设计性实验不仅能够培养学生的逻辑思维及动手能力，并且能够提升学生分析及解决问题的能力，是学生创新性能力的培养不可或缺的重要手段。因此，在设置必要的经典验证性实验之外，重点整合频率特性测量和线性系统校正实验，调整为设计性实验，重新设计实验过程，加入自主设计实验元素，激发学生的积极主动性，提高学生工程实践能力。

第三，由于 Matlab 具有较强的数字计算与仿真功能，不仅广泛地应用到数学及工程问题的处理中，同时也成为自动控制原理课堂教学不可或缺的辅助软件，并在自动化、电气等专业的后续多门专业课程中应用，因此有必要在实验课程中加进 Matlab 应用与分析的内容，促使学生熟练操作 Matlab 工具，对提升学生的实验及科研水平极为有利。采用 Matlab 软件进行数字仿真实验，便于构建系统或环节、修改结构和参数、产生输入信号、准确给出结果并形象地展示出来。尤其是实验箱无法完成的实验内容如根轨迹法等，通过 Matlab 进行实验能够快速、准确地实现。

第四，除数字仿真之外，采用实验箱的模拟电路搭建系统也是一种十分重要的实验形式。实验箱上通过硬件电路可构造出各种形式和阶次的模拟环节和控制系统。实验过程中学生通过搭建电路对控制系统的构成有了感性认识，实验结果通过计算机显示，更加准确直观。学生在预习过程中可以通过 Matlab 软件验证相关参数及电路，并对结果进行比较与分析，判断实验结果是否合理，一旦发现问题还可以方便地对设计内容加以调整，从而为正式实验的开展提供有效的保障。

10. 5. 3 优化教学方法

1. 教师引导

认证标准中有一项最为重要的原则是“以人为本”，因此在优化教学方法的过程中必须严格遵循这项基本原则，充分发挥学生的主体作用和教师的主导作用。在具体操作的过程中应注意以下几个方面。第一，教师应帮助学生了解多种不同类型的预习形式，主动采用适合不同实验内容的预习方式，尤其是让学生能够利用 Matlab 及 Simulink 等仿真软件进行实验预习。在预习环节结束之后，教师需要对预习效果进行检验，及时纠正学生存在的问题。这样的教学方式能够较好地发挥学生的主观能动性。第二，由于在预习环节学生已经基本掌握了实验操作的方法及步骤，因此在正式的实验操作环节教师应与学生进行沟通与探讨，并引导学生独立检查实验操作过程及结果中存在的问题，而后思考存在误差的原因并做进一步的排查，发现误差原因并加以处理。需要注意的是，教师在此过程中应起引导作用，而不是直接向学生指出问题所在，只有互相探讨并为学生提供独立思考的机会，才能真正提升学生解决问题的能力。

2. 重视实验方法

实验内容的掌握固然重要，但实验方法的传授更为关键，只有掌握了实验方法，学生自主解决问题的能力才能有较大的提高。因此教师在教学过程中不仅要帮助学生了解实验的内容，更重要的是向学生传授实验方法，提升学生设计与分析仿真系统的能力，促进学以致用。以“典型环节及其阶跃响应”实验教学为例，该部分内容涉及环节较多，电路接线工作量大，易出错，教学时除了帮助学生分析模拟电路之外，还应重点强调电路实现的基本原理，促使学生能够真正掌握模拟仿真的方法，并可将该类方法应用于其他实验内容的学习中。此外，还应重点讲授 Matlab 软件的操作方法，使学生能够使用软件进行数字建模与仿真。

3. 培养工程意识

工程意识的培养是工程人才培养的核心内容，也是专业认证的重要标准。课程的教学，尤其是实验课程的教学应紧紧围绕这一目标要求来实施。教师需要将理论知识、实验教学及实际应用结合起来，提升学生理论与实践相结合的能力，学以致用。以“线性系统的校正”实验内容的教学为例，需要由学生独立设计模拟电路，但学生在设计过程中容易出现问题，主要表现在通常不能充分考虑电路的非线性特征，导致增益数值设置过高，使实验结果偏离理论值。解决此类问题的关键在于教师需要帮助学生弄清实际工作的工况，找出数字仿真与实际操作环境之间的差异，正确设置模拟环境和参数。通过类似这样问题的处理和实际问题的解决，学生工程意识和能力才能在问题的处理过程得到提高。

4. 教学反馈

在工程认证中还有一项基本原则为“持续改进”，目的在于充分发挥教学的反馈作用。反馈环节应设置在课程教学结束之后，教师可根据学生的各项学习状况，及时调整教学。对于实验教学来讲，应及时总结实验的操作环节及实验报告内容中出现的问题，属于共性的问题，要统一更正，属于个案问题要专门辅导。如果是教师教学的方式方法问题应及时纠正。

5. 优化考核方式

专业认证的一个重要方面在于通过评价了解学生的学习效果。考核是学生学习效果评价的一种重要措施，必须重视，并不断根据学生的学习状况进行改进和优化，其方法和措施是多方面的，尤其要注意过程考核。调整时应重点考虑以下几个方面。第一是预习环节的考核。预习环节在整个教学过程中至关重要，如果做得好的话，可节约大量的时间，起到事半功倍的效果。教师可根据教学情况，布置具体的预习任务，积极引导学生自主学习，及时检查学生的预习情况，并将预习以平时成绩的形式记录下来，纳入整体考核之中，促使学生将预习环节重视起来。对于实验教学来讲，预习更为重要。比如控制系统的模拟电路设计实验，要耗费大量的时间和精力，再加上 Matlab 仿真，这些实验内容都放到实验课上完成，会有很大的困难和问题。如果让学生提前预习，做一些相应的实验准备工作，就可在课堂上有的放矢地、有侧重点地进行实验教学和指导。第二是实验环节的考核。实验教学存在着学生多，教师少的情况，一个老师往往要承担很多教学任务，使得教学及考核难度较高。除了常规的实验报告的成绩考核外，我们加强了实验课的过程考核。学生在实验教学开始前的签到、实验过程学生的各种表现、实验报告书写的规范程度、实验环境的整洁度、仪器设备是否放置到位等都纳入考核的范围内容。为了避免少数同学不重视实验过程、抄袭实验报告，我们对实验结果还要进行验收。总之，通过上述过程考核的加强和考核方式的变革，有效地促进了实验教学质量的提高。

10.5.4 工程专业认证背景下的自动控制原理实验教学改革成果

工程教育与实践能力培养是一项长期、艰难、浩大的人才工程。本文以工程专业认证为背景，结合我校自动控制原理课程的实验教学改革，谈了一些认识和做法。如何进一步地加强工程型人才的培养，培育出符合行业和社会需求的人才，我们还有很长的路要走，还有很多问题值得进一步去探索。

10.6 “自动控制原理”线上线下混合式教学改革研究

“自动控制原理”课程相关知识应用在我们生活的许多领域，例如人造卫星、轨道交通、计算机等，其在考研专业课中也占有一定的比重。而该课程理论性较强、知识过于抽象，要点晦涩难懂，对学生的学习能力要求比较高。在传统教学中教师通常采用板书、使用 PPT 辅助讲解，课下布置作业形式，这种模式的学习不利于应用型本科专业人才的成长。为了调动学生的学习兴趣，提高学生的自主学习能力，需要对传统的“自动控制原理”课程教学模式进行改革。

线上线下混合式教学作为信息化背景下一种新兴的教学模式，拓宽了教学的广度和深度，给传统教学增添了许多新鲜活力。以互联网作为媒介，将传统教学与网络教学的优势融为一体，逐步成为国内高校教学改革新方向。本文介绍了“自动控制原理”课程基于超星学习通的线上线下混合式教学模式，目标是让学生掌握控制系统知识及应用，为培养专业性技术人才奠定基础。

10.6.1 “自动控制原理”课程任务及目标

“自动控制原理”课程是南阳理工学院电气类、自动化类、电子信息的专业基础课程。本课程主要通过课堂教学，使学生掌握经典控制理论的分析方法，为实际控制系统的分析和设计提供必要的理论基础和方法。重点解决控制系统建模、系统性能分析、系统校正等理论基础问题，包括控制系统的时域、复域、频域的数学模型、线性控制系统的时域分析法、根轨迹法和频域法。

“自动控制原理”的课程目标根据该课程所支撑相关专业的毕业要求观测点进行设计，其毕业要求对应的是工程知识和问题分析。以自动化专业为例，2021 版教学大纲将课程目标分为以下 2 个：课程目标 1 是能够利用自动化学科基础知识和专业知识推演控制系统的数学模型；能够利用超前校正、滞后校正和滞后—超前校正等方法设计满足实际工程需要的控制系统。课程目标 2 是能够应用时域分析法、根轨迹分析法和频率特性法分析系统的动态性能和稳态性能；能够应用 Routh 判据、根轨迹图、Nyquist 图和 Bode 图分析系统的稳定性；能够运用

MATLAB/Simulink 对控制系统进行辅助分析和设计。“自动控制原理”的课程目标对毕业要求的支撑关系见表 10-11 所列。

表 10-11 课程目标对毕业要求的支撑关系

课程目标	毕业要求观测点	支撑说明	毕业要求
1	1-3：凭借自动化领域的基础知识和专业知识，可以推测、分析和找到自动化工程问题的解决方案	经过学习系统的基本概念、传递函数的典型环节、结构图的等效变换方法和梅森公式，可以建立自动控制系统的数学模型；通过研究超前校正、滞后校正和滞后-超前校正典型校正方法，可以设计出满足实际工程需求的控制系统	工程知识：能够应用数学、自然科学、工程基础和自动化专业知识用于解决自动化领域复杂工程问题
2	2-2：能够基于科学原理和数学模型识别和表达自动化领域复杂工程问题的关键方面	通过学习时域分析法、根轨迹分析法和频率特性法，可以分析系统的性能指标和稳定性；通过查阅文献和学习，使用 MATLAB/Simulink 软件可对控制系统的分析和设计进行有效辅助	问题分析：能够应用数学、自然科学和工程科学的基本原理，识别、表达自动化领域复杂工程问题，并通过文献研究对复杂工程问题进行分析，以获得有效结论

为了达到全程育人、全方位育人的教学目标，新修订的 2021 版课程大纲还制定了该课程德育目标。其德育目标为：正确认识自动控制原理在控制理论发展史和自动控制发展过程中的重要作用，培养学生的爱国主义精神和民族自豪感，培养学生团结、合作、发展的创新精神，以及优秀的职业道德。

10. 6. 2 “自动控制原理”课程学情分析及教学内容

学生在学习过程中普遍存在以下几个问题。

(1)简化系统动态结构图，处理 Routh 稳定标准的特殊问题，解决反馈控制系统的传递函数，高阶系统的 Routh 稳定参考方法。

(2)使用时域分析方法计算一次和二次系统的动态和稳态性能指标。

(3)绘制根轨迹，利用根轨迹对系统控制性能进行定性和定量分析。

(4)频率分析方法中的奈奎斯特稳定性标准和对数频率稳定性标准，利用系统的开环频率特性分析系统的闭环性能，对整个课程体系认识不足。针对上述问题，本文采用线上和线下相结合的课堂形式，以教师为主导，以学生为主体，旨在帮助学生掌握专业知识，提高发现和解决问题的能力。

如图 10-12 所示为“自动控制原理”课程的教学框架，首先引出控制系统的一般概念，一般概念有输入量、输出量和受控对象等，在有了一般概念基础上提出建立控制系统的数学模型，常见的数学模型有传递函数、微分方程和动态结构图等。在数学模型建立之后，结合要分析系统模型与性质指标的关系，提出快速性、准确性和稳定性性能指标。需要利用时域法、根轨迹法、频域法三种方法中的一种来定量计算系统的数学模型的性能指标，这是一个前向的过程，这个过程叫做分析。若让系统完成一定的任务量，则需要给这个系统提出要求，当原来的性能指标达不到的时候，就需要在性能指标中加入一些校正装置，改变系统结构和参数，那么加到这个系统中就会对系统的性能加以调整，这样就能使原来不能满足特定工作需要的性能指标到系统达到性能指标的要求，这个过程称为校正，这是一个反向过程。整个教学框架安排简明直观，有逻辑性地将各个章节串联在一起，加深学生对本课程的理解，提高学生的学习兴趣。

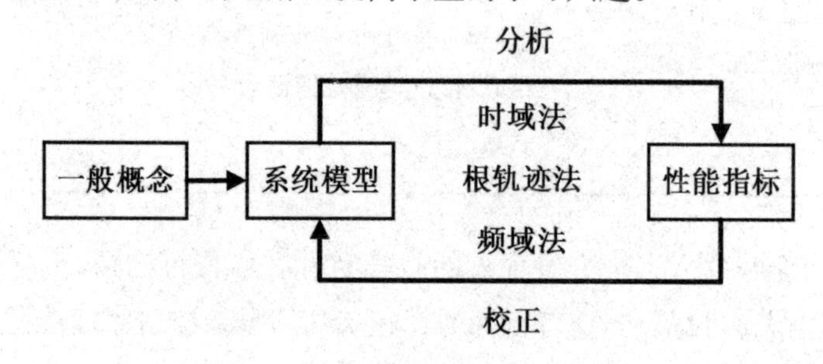

图 10-12　自动控制原理教学框架

10.6.3　“自动控制原理”线上线下混合式教学

线上线下混合式教学模式是线下教学与线上教学结合的新模式，“自动控制原理”课程线上教学包括在线观看视频、线上作业以及线上测试等。传统教学方式往往以教师讲解为主，由于课堂时长的限制教师不能在课堂上将知识进行深入分析和讲解，学生只能被动地听讲，没有时间和空间独立思考，教学效果差；采用混合式教学之后，学生可以在教师进行讲课之前，通过基于超星网络教学平台观看线上视频来对要讲的内容进行初步学习。根据自己的学习情况，有的放矢，在课堂上对难点侧重听讲，以提升学习效率。

“超星学习通”是一款多功能学习软件平台，教师通过该软件来建立网络教学课程，可以将课件、教案、已经录好的视频和课程相关的辅助性资料上传到学习通上，供学生进行课前预习和课后复习。最近几年，超星学习网络教学在全国逐渐普及起来，给中国教育事业带来巨大变革，越来越多的高校借助超星学习网络平台进行学术交流和知识共享。使用超星学习网络平台在一定程度上，利用网络教学缩小了不同地区间教育资源不平等的差距，区别于传统教学，基于超星网络学习教学侧重于将重点、难点模块化。

“自动控制原理”课程改革依靠超星网络教学平台，优化传统的教学模式，教师可以基于此开展线上线下教学，表 10-12 为线上教学各章节相对应的知识点。第 1 章是概述，主要引出控制系统的概念，第 2 章为控制系统的数学模型知识点，第 3、4、5 章分别为时域分析法、根轨迹法、频率特性三种分析校正方法内容，第 6 章为控制系统的校正与设计内容，在学生将本门课程知识学习完毕后，对学生进行线上测试即为第 7 章内容。

表 10-12 自动控制原理知识点表

章节标题	内容
概述	1.1 自动控制与自动控制系统 1.2 自动控制系统的分类 1.3 对控制系统的性能要求 1.4 自动控制理论发展简述 1.5 本章作业
自动控制系统的数学模型	2.1 控制系统的微分方程 2.2 拉普拉斯变换及数学模型线性化 2.3 传递函数 2.4 动态结构图 a 2.5 动态结构图 b 2.6 反馈控制系统的传递函数 a 2.7 反馈控制系统的传递函数 b 2.8 用 MATLAB 处理系统数学模型 2.9 本章作业

续表

章节标题	内容
时域分析法	3.1 系统性能指标 3.2 一阶系统性能分析 3.3 二阶系统性能分析 a 3.4 二阶系统性能分析 b 3.5 高阶系统的时域分析 3.6 控制系统的稳定性分析 a 3.7 控制系统的稳定性分析 b 3.8 控制系统的稳态误差分析 a 3.9 控制系统的稳态误差分析 b 3.10 提高控制系统稳态精度方法 3.11 本章作业
轨迹分析法	4.1 根轨迹的基本概念 a 4.2 根轨迹的基本概念 b—根轨迹方程 4.3 根轨迹的基本特征及作图方法 a 4.4 根轨迹的基本特征及作图方法 b 4.5 根轨迹的基本特征及作图方法 c 4.6 广义根轨迹 4.7 用根轨迹分析系统性能 a 4.8 用根轨迹分析系统性能 b 4.9 本章作业
频率分析法	5.1 频率特性的基本概念 a 5.2 频率特性的基本概念 b 5.3 典型环节与系统的频率特性 a 5.4 典型环节与系统的频率特性 b 5.5 典型环节与系统的频率特性 c 5.6 用实验法确定系统的频率特性 5.7 用频率特性法分析系统稳定性 a 5.8 用频率特性法分析系统稳定性 b 5.9 用频率特性法分析系统稳定 c 5.10 频率特性与系统性能的关系 a 5.11 频率特性与系统性能的关系 b 5.12 本章作业

续表

章节标题	内容
控制系统的校正与设计	6.1 系统校正的一般方法 a 6.2 系统校正的一般方法 b
线上测试	7.1 线上测试 1 7.2 线上测试 2 7.3 线上测试 3

为了提高教学质量，教师会在课后及时发布本节课知识的习题进行针对性练习，帮助学生查漏补缺，进行知识的巩固。如图 10-13 所示为某节课后布置的课后练习题及某位同学的作答情况，该题内容为第二章动态结构图知识点。对于此类题型，可以通过利用动态结构图等效变换或者梅森公式来对动态结构图进行化简。由图 10-13 右图可知，该学生基本掌握了该知识点，达到了课程改革和教学目的。

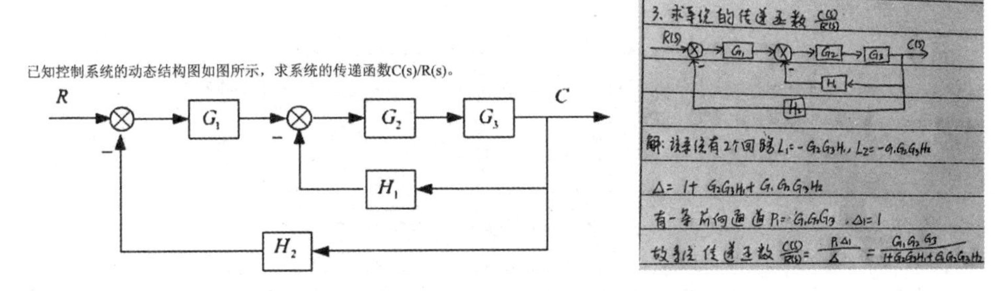

图 10-13 线上练习题及作答情况

10.6.4 线上线下混合式教学考核方式

在传统的考核方式中，总成绩主要由平时成绩和期末成绩构成，其比例如图 10-14 所示。用此种方法作为学生最终成绩存在一定的弊端，例如，平时成绩计算过于简略，一般情况下，是根据平时作业，点名来进行平时的统计，不能多方位全角度反映学生平时的上课状况。而线上线下混合式教学考核方式，采用如图 10-15 所示的平时考核成绩和期末成绩构成，其中平时考核成绩主要由课程视频、线上测试、线上作业、签到几部分组成，通过多层次考核来展现学生平时的学习情况。

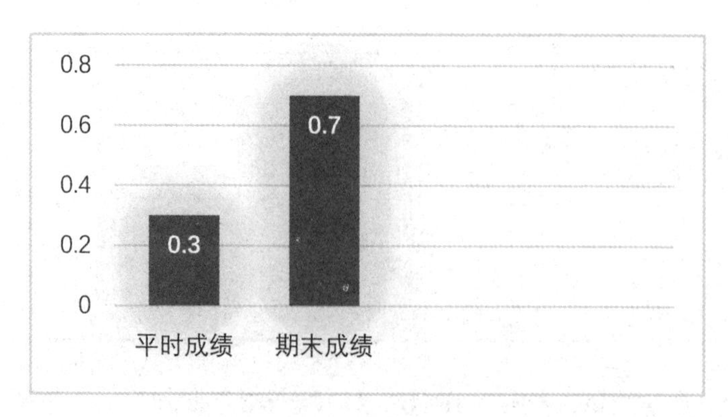

图 10-14　传统考核方式

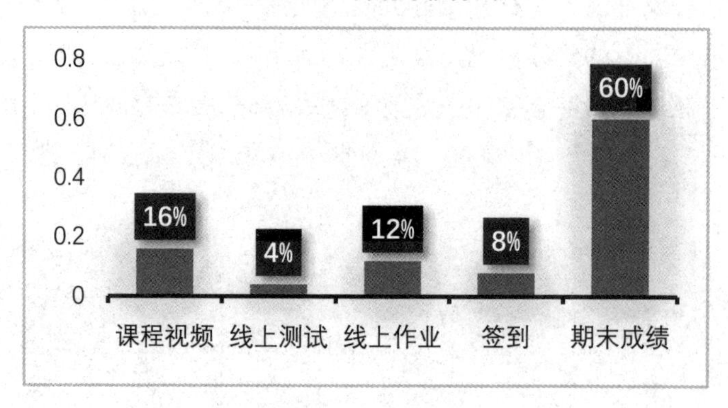

图 10-15　线上线下混合式教学考核方式

10.6.5　"自动控制原理"课程线上线下混合教学模式改革成果

"自动控制原理"课程进行的线上线下混合教学模式改革打破了空间和时间的限制，实现了教学模式的创新，有效提高了学生课堂参与水平，激发了学生的学习热情和主动性。然而线上教学也存在不足，例如，个别学生没有按照要求观看课程视频、课后习题敷衍了事等等，对于这些问题的出现，教师需要对学生加强沟通交流和辅导，帮助学生克服学习方面的困难。开展线上线下混合式教学是时代发展的产物，在此过程中，教师们需要面临种种挑战，不断总结经验，完善该模式存在的不足之处，进一步提升相关课程的教学质量。

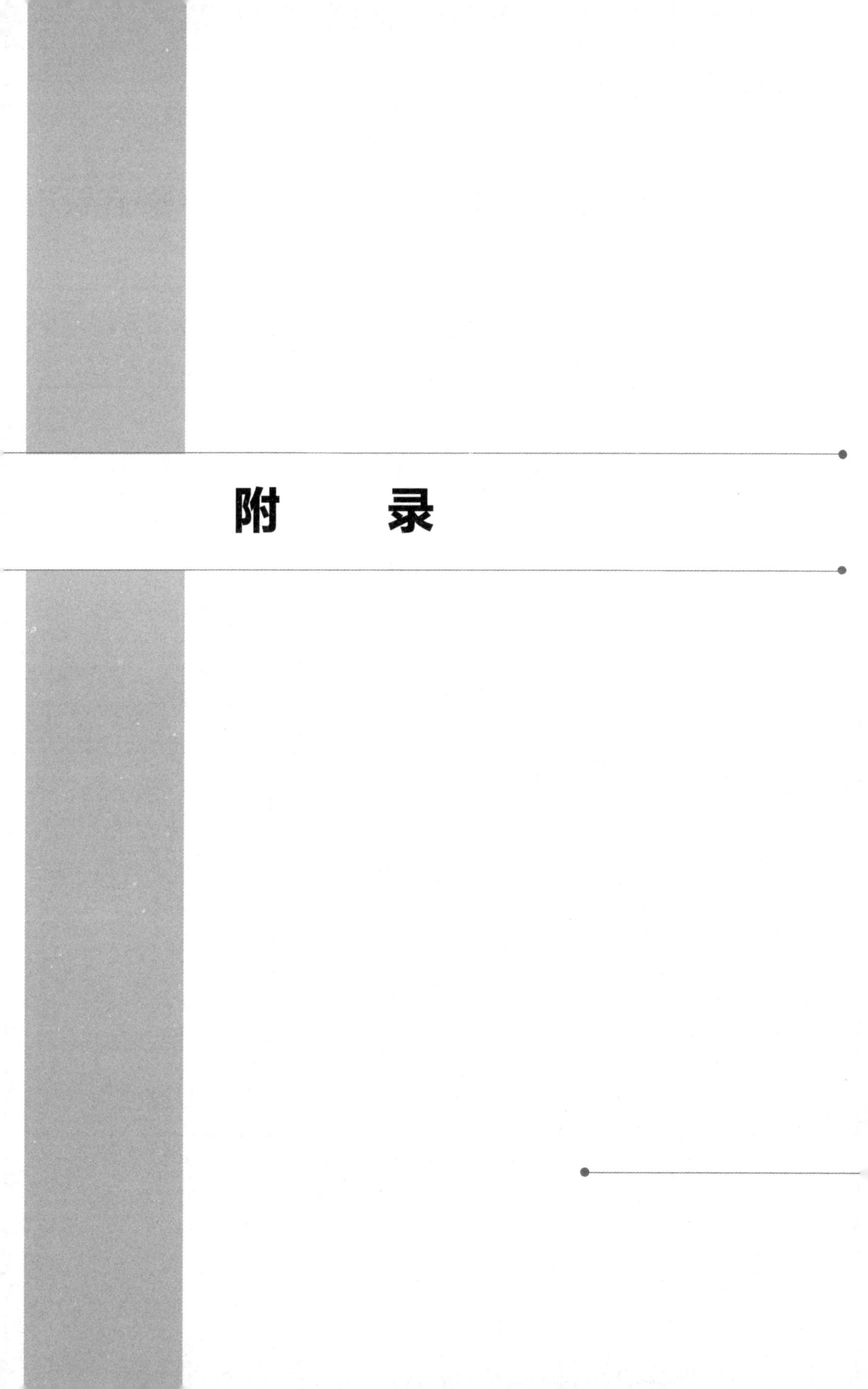

附　　录

附录1　课程考核内容与方式合理性审核表(样表)

南阳理工学院

课程考核内容与方式合理性审核表

(20____—20____学年第____学期)

课程基本信息

(由课程负责人填写)

院(部)	课程名称	适用年级	适用专业	所属教研室
总学时 (实验学时)		任课教师(职称)		

课程考核内容与方式

(由课程负责人填写)

毕业要求指标点	毕业要求1—1：	毕业要求2—2：
课程目标	课程目标1：	课程目标2：
考核方式		
考核内容		
题型/题目		
目标分值及在总成绩中占比		
课程负责人(签字)		年　月　日

<table>
<tr><td colspan="3">课程考核内容合理性审核
（由课程负责人审核，在相应项目打√）</td></tr>
<tr><td>考核内容是否按各课程目标的培养要求进行设计</td><td>□是</td><td>□否</td></tr>
<tr><td>考核内容是否体现毕业要求观测点的难度</td><td>□是</td><td>□否</td></tr>
<tr><td>考核内容的目标分值是否体现毕业要求观测点所占权重</td><td>□是</td><td>□否</td></tr>
<tr><td>考核内容是否体现毕业要求观测点的覆盖面</td><td>□是</td><td>□否</td></tr>
<tr><td colspan="3">课程考核方式合理性审核
（由课程负责人审核，在相应项目打√）</td></tr>
<tr><td>考核方式</td><td>□过程性评价</td><td>□终结性评价</td></tr>
<tr><td>考核方式是否满足毕业要求能力考核要求</td><td>□是</td><td>□否</td></tr>
<tr><td>考核方式是否与教学大纲的要求一致</td><td>□是</td><td>□否</td></tr>
<tr><td>考核目标分值及其在总成绩中的占比是否与教学大纲的要求一致</td><td>□是</td><td>□否</td></tr>
<tr><td colspan="3">试卷审核
（由专业负责人审核，在相应项目打√）</td></tr>
<tr><td>是否采用试卷考核</td><td>□是</td><td>□否（若是，审核以下内容）</td></tr>
<tr><td>试卷格式是否与学校模板一致</td><td>□是</td><td>□否</td></tr>
<tr><td>试卷页码标注是否完整</td><td>□是</td><td>□否</td></tr>
<tr><td>计分栏中各题标注分值是否与试题标注分值一致</td><td>□是</td><td>□否</td></tr>
<tr><td>满分总分是否等于100</td><td>□是</td><td>□否</td></tr>
<tr><td>A卷B卷参考答案及评分标准</td><td colspan="2">□均有　　□仅A(B)卷有　　□均无</td></tr>
<tr><td>审核意见</td><td colspan="2">□同意进行选用
□改进后再审
□同意按照大纲要求采用非试卷考核</td></tr>
<tr><td>课程负责人（签字）</td><td colspan="2">年　月　日</td></tr>
<tr><td>专业负责人（签字）</td><td colspan="2">年　月　日</td></tr>
<tr><td>教学院长（签字）</td><td colspan="2">年　月　日</td></tr>
</table>

附录 2　课程评价数据合理性审核表(样表)

课程目标达成情况评价数据合理性审核表

(20____—20____学年第____学期)

<table>
<tr><td colspan="9">课程基本信息
(由任课教师填写)</td></tr>
<tr><td>院(部)</td><td colspan="2">课程名称及编号</td><td colspan="2">适用专业</td><td colspan="2">适用年级</td><td colspan="2">所属教研室</td></tr>
<tr><td></td><td colspan="2"></td><td colspan="2">自动化</td><td colspan="2"></td><td colspan="2"></td></tr>
<tr><td>总学时
(实验学时)</td><td colspan="2"></td><td colspan="2">任课教师(职称)</td><td colspan="4"></td></tr>
<tr><td colspan="9">课程目标与支撑毕业要求观测点
(由任课教师填写)</td></tr>
<tr><td>毕业要求
指标点</td><td colspan="2">毕业要求
观测点 1.1:</td><td colspan="2">毕业要求
观测点 3.1:</td><td colspan="2">毕业要求
观测点 4.1:</td><td colspan="2">毕业要求
观测点 4.2</td></tr>
<tr><td>课程目标</td><td colspan="2">课程目标 1:</td><td colspan="2">课程目标 2:</td><td colspan="2">课程目标 3:</td><td colspan="2">课程目标 4:</td></tr>
<tr><td rowspan="6">评价内容</td><td>考核方式</td><td>分值</td><td>考核方式</td><td>分值</td><td>考核方式</td><td>分值</td><td>考核方式</td><td>分值</td></tr>
<tr><td>□末考成绩</td><td></td><td>□末考成绩</td><td></td><td>□末考成绩</td><td></td><td>□末考成绩</td><td></td></tr>
<tr><td>□作业成绩</td><td></td><td>□作业成绩</td><td></td><td>□作业成绩</td><td></td><td>□作业成绩</td><td></td></tr>
<tr><td>□实验成绩</td><td></td><td>□实验成绩</td><td></td><td>□实验成绩</td><td></td><td>□实验成绩</td><td></td></tr>
<tr><td>□测验成绩</td><td></td><td>□测验成绩</td><td></td><td>□测验成绩</td><td></td><td>□测验成绩</td><td></td></tr>
<tr><td>□报告成绩</td><td></td><td>□报告成绩</td><td></td><td>□报告成绩</td><td></td><td>□报告成绩</td><td></td></tr>
<tr><td colspan="9">评价内容的合理性
(由课程负责人审核)</td></tr>
<tr><td>评价内容是否体现毕业要求观测点的难度</td><td colspan="2">□是　　□否</td><td colspan="2">□是　　□否</td><td colspan="2">□是　　□否</td><td colspan="2">□是　　□否</td></tr>
</table>

续表

评价内容的目标分值是否体现毕业要求观测点所占权重	□是	□否	□是	□否	□是	□否	□是	□否
评价内容是否体现毕业要求观测点的覆盖面	□是	□否	□是	□否	□是	□否	□是	□否
评价内容的相关性（由课程负责人审核）								
评价内容是否针对课程目标	□是	□否	□是	□否	□是	□否	□是	□否
评价方式的合理性（由课程负责人审核）								
评价方式	□过程性评价	□终结性评价						
考核方式是否满足毕业要求能力考核要求	□是	□否						
评价方式是否合理	□是	□否						
评价结果的合理性（由课程负责人审核）								
评价结果是否合理	□是	□否	□是	□否	□是	□否	□是	□否
评价结果合理性分析结论								
课程负责人（签字）	年　月　日							
专业负责人（签字）	年　月　日							
教学副院长（签字）	年　月　日							

注：本表在考核结束后，开展课程目标达成情况评价前使用

附录 3 “可编程序控制器”课程教学工程项目案例

一、三相异步电动机星—三角降压起动控制

1. 训练目的

(1)了解接触器、时间继电器等低压电器元件结构，工作原理及使用方法。

(2)掌握异步电动机星—三角降压起动控制电路的工作原理及接线方法。

(3)熟悉这种电路的故障分析与排除方法。

2. 实训设备及电器元件

电动机、交流接触器、热继电器、时间继电器、熔断器、控制按钮、导线、电工工具等。

3. 实训步骤

(1)检验器材。在不通电的情况下，用万用表或肉眼检查各元器件各触点的分合情况是否良好；用手感觉熔断器在插拔时的松紧度，及时调整瓷盖夹片的夹紧度；检查按钮中的螺丝是否完好，是否滑丝；检查接触器的线圈电压与电源电压是否相符。

(2)接线。分析三相异步电动机星—三角降压起动的电气原理图，画出电气接线图，先接主电路，然后接控制电路。

(3)安装电器元件。紧固各元器件时应用力均匀，紧固程度适当。在紧固熔断器、接触器等易碎元件时，应用手按住元件，一边轻轻摇动，一边用旋具轮流旋紧对角线的螺钉，直至手感摇不动后再适度旋紧一些即可。

(4)检查接线。检查控制回路时，可用万用表表棒分别搭在 FU 的出线端上，此时读数应为 0，按下起动按钮时，读数应为某条支路上的单个或几个接触器线圈的并联直流电阻阻值，在较繁电路中，应能找出其他回路，并用万用表的电阻档进行检查，尤其是注意延时通断的触点是否正确，延时长短是否合理；检查主回路时，可以用手或平口起子按压接触器代替触点吸合时的情况进行检查。

(5)通电试车。通电前必须自检无误并征得指导教师的同意，通电时必须有指导教师在场方能进行，在操作过程中应严格遵守操作规程以免发生意外。

(6)操作。按下起动和停止按钮观察电动机起动情况；调节时间继电器的延

时，观察时间继电器动作时间对电动机的起动过程的影响。

(7)故障分析。实验过程中出现不正常时，应断开电源，分析并排除故障；在分析过程中，应通过“望、闻、问、切”了解故障前后的操作情况和故障发生后的异常现象，判断故障发生的可能部位，进而判断故障范围，查找故障点。

(8)仪器整理。实验后，先断开电源，后拆电动机和连线。将实验台(柜)整理好，等待老师的验收，验收后方可离开实验室。

4. 反思

(1)时间继电器通电延时常开与常闭触点接错，电路工作状态怎样?

(2)设计一个用断电延时继电器控制的星形——三角形降压起动控制电路。

(3)若在实训中听到电机嗡嗡响时，如何分析故障原因并排除故障?

二、查阅资料并调研 PLC 市场及应用现状

1. 训练目的

(1)了解 PLC 的应用以及最新的技术发展，充分认识精益求精的品质精神和不断推动产品升级换代的创新精神。

(2)了解我国 PLC 的相关企业以及主流产品。通过与欧美日等国家先进的可编程控制器技术比较，培养以“技”报国的社会责任感和爱国主义精神。

(3)了解社会对 PLC 编程、PLC 调试等 PLC 工程师岗位的要求，了解职业规划。

2. 训练步骤

(1)借助网络资源，查阅 PLC 的应用及发展相关资料。

(2)观看优秀的大型纪录片《大国重器》《大国工匠》《厉害了，我的国》等，深入了解国家可编程控制器最新的技术发展。

(3)查阅相关 PLC 应用工程案例，了解职业规范和社会责任。

三、控制系统的硬件配置与安装

1. 训练目的

(1)认识 S7－1500 PLC 的相关硬件模块。

(2)学会对 S7－1500 PLC 系统进行基本的配置。

(3)学会安装和拆卸 S7－1500 PLC 相关模块。

2. 训练储备知识

1)S7－1500 的硬件配置

(1)S7－1500 PLC 自动化系统需要按照系统手册的要求和规范进行安装，安装前需要依照安装清单检查是否准备好系统中所有硬件，并按照配置要求安装导轨、电源、CPU 或接口模块以及 I/O 模块等硬件设备。

(2)S7－1500 自动化系统采用单排配置，所有模块都安装在同一根安装导轨上。这些模块通过 U 型连接器连接在一起，形成了一个自装配的背板总线。在一条导轨上，虚拟槽号为 0～31，故 S7－1500 本机的最大配置为 32 个模块，例如导轨上除了 1 个电源模块(可选)和 1 个 CPU 模块，最多还可安装 30 个模块。S7－1500 系统最大组态配置如图 11-1 所示。

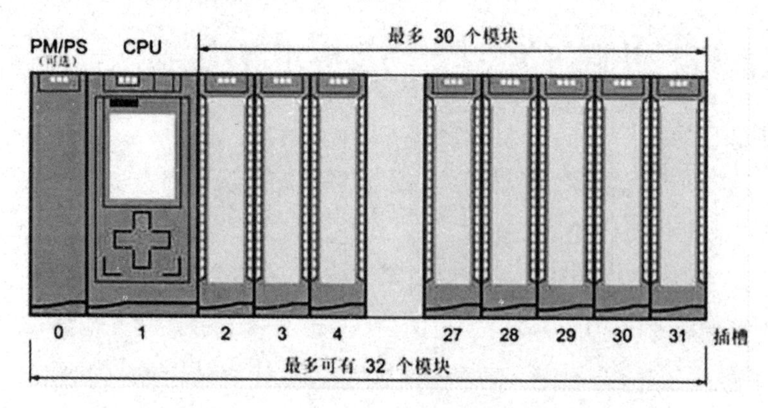

图 11-1　S7－1500 系统最大组态

2)硬件配置中需要注意以下事项

(1)在 S7－1500 本机的安装导轨上，负载电源只能位于 0 号槽，CPU 位于 1 号槽，不能更改，且只能各组态 1 个。

(2)插槽 0 可以放入负载电源模块 PM 或者系统电源模块 PS。由于负载电源 PM 不带有背板总线接口，所以也可以不进行硬件配置。电源模块 PS 也可以位于 2～31 号槽，最多可组态 3 个系统电源(PS)。一个系统电源(PS)插入 CPU 的左侧，其他两个系统电源(PS)插入 CPU 的右侧。如果需要在 CPU 的右侧使用其他系统电源(PS)，则这些电源也会占用一个插槽。如果在 CPU 左侧使用系统电源(PS)，则最多将生成 32 个模块的组态，这些模块分别占用插槽 0 到 31。所有模块的功耗总和决定了需要的系统电源模块数量。如图 11-2 所示为带有 3 个电源段的配置型式。

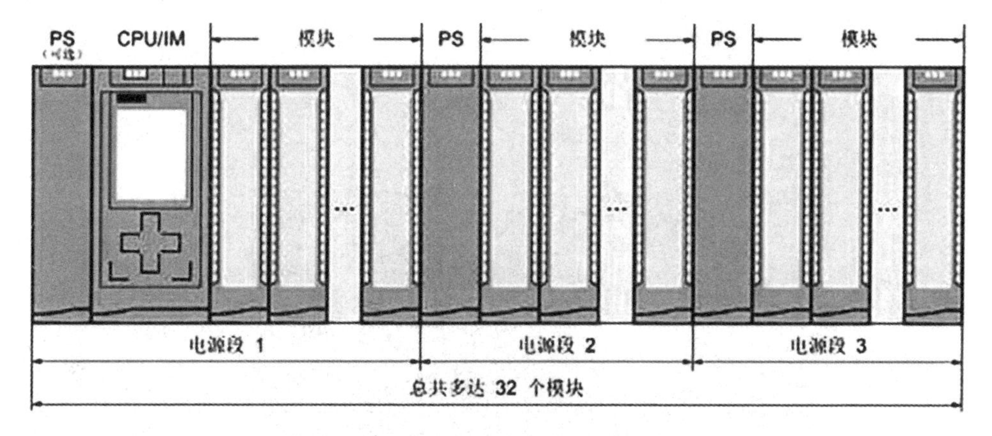

图 11-2　带有 3 个电源段的配置型式

(3)从 2 号槽起，可以依次放入模拟量和数字量 I/O 模块、工艺模块和点对点通信模块，最多可以组态 30 个。由于目前机架不带有源背板总线，相邻模块间不能有空槽位。

(4)SIMATIC S7－1500 系统不支持中央机架的扩展。

(5)PROFINET/以太网和 PROFIBUS 通信模块最多只能组态 4～8 个，具体数量依据型号而定。如果需要配置更多的模块则需要使用分布式 I/O。

3)S7－1500 的硬件安装规则

(1)S7－1500 自动化系统的所有模块都是开放式设备，这意味着，该系统只能安装在室内的外壳、控制柜或电气操作室中。在室内、控制柜和电气操作室内，还需提供安全防护，以防止触电和火灾蔓延，此外，还需满足有关机械强度的相关要求。不仅如此，室内、控制柜和电气操作室的数据访问还需通过钥匙或工具。有使用权限的人员必须经过培训或授权。

(2)S7－1500 自动化系统可以采用水平安装位置，适用于最高 60 ℃的环境温度；也可以采用垂直安装位置(CPU 位于下方)，适用于最高 40 ℃的环境温度。

与 S7－300/400 PLC 类似，安装导轨作为 S7－1500 PLC 的机架，S7－1500 的模块可以直接挂装在导轨上，符合 EN 60715 的组件则可以直接安装在导轨下半部分所集成的顶帽翼型导轨上。为了方便使用，安装导轨有 160 mm、245 mm、482.6 mm(19 英寸)、530 mm、830 mm 不等的 5 种规格，还有 2000 mm 不带安装孔的特殊规格，用于特殊长度的安装。

放置安装导轨，需要保留足够的空间来安装模块和散热，保证安装完毕的模块和导轨底部和顶部至少保留 25 mm 的最小间隙，如图 11-3 所示。

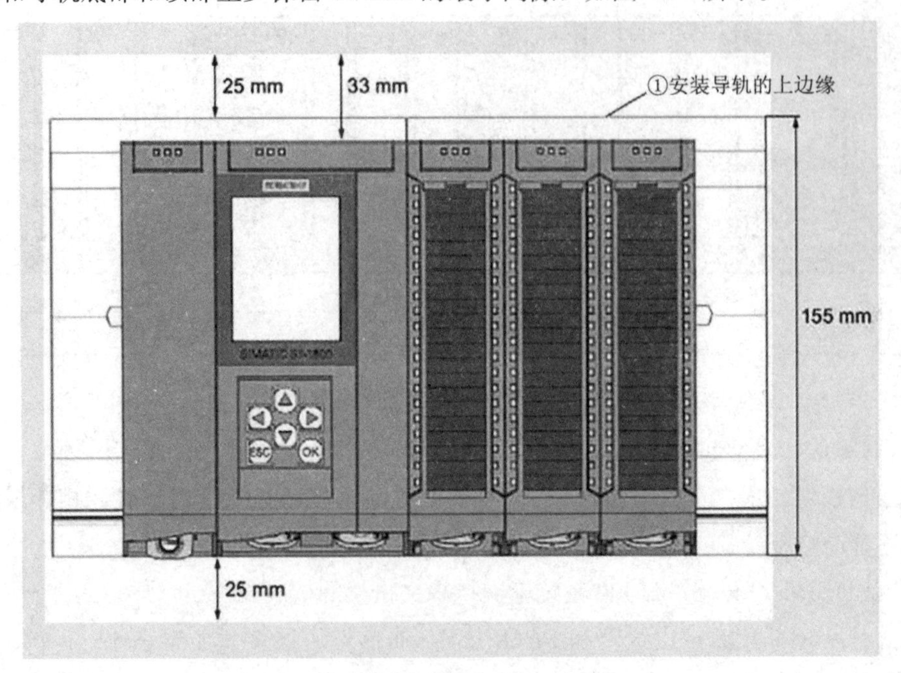

图 11-3　控制柜中的最小间隙

安装从左侧开始，先安装 CPU/接口模块或系统电源/负载电流源，在安装中，除了负载电源，其他相邻模块间要安装 U 形连接器，构成背板总线，在模块之间进行传递。无 U 形连接器从第一个和最后一个模块伸出。注意：只有在关闭系统电源后，才能拆卸和插入各模块。

S7－1500 自动化系统必须连接到电气系统的保护导线系统，以确保电气安全，如图 11-4 所示。如果采用符合适用标准的类似装置将安装导轨可靠地连接至保护电路，例如永久连接至已经接地的控制柜壁，则可以不需要用接地螺钉进行接地。

要连接保护性导线，执行以下步骤：①剥去截面积最小为 10 mm^2 的接地导线外皮。使用压线钳连接一个用于 M6 螺栓的环形电缆接线片；②将附带的螺栓滑入 T 型槽中；③将垫片、带接地连接器的环形端子、扁平垫圈和锁定垫圈插入螺栓（按该顺序），旋转六角螺母，通过该螺母将组件拧紧到位（拧紧扭矩 4 N·m）；④将接地电缆的另一端连接到中央接地点/保护性母线(PE)。

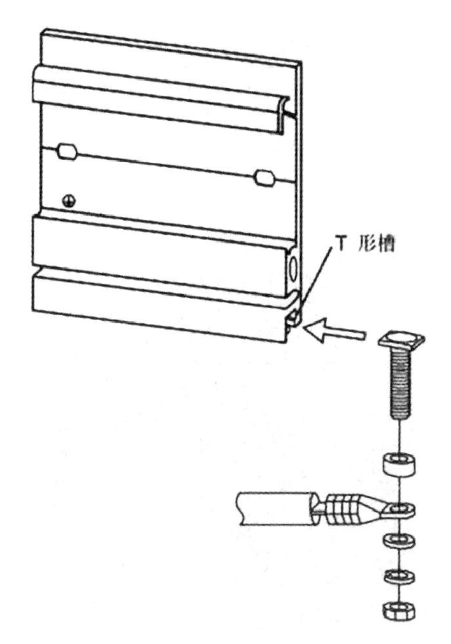

图 11-4　连接保护性导线

在安装过程中，除了负载电源，其他相邻模块之间要通过 U 形连接器进行连接，构成背板总线，在模块之间进行信号传递。如图 11-5 所示为 U 形连接器的外观。

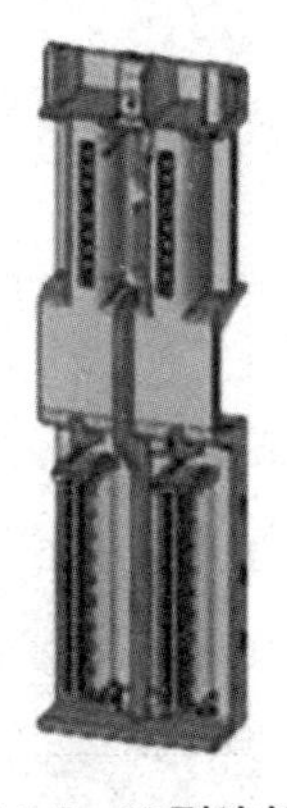

图 11-5　U 型连接器

3. 硬件安装步骤

(1)安装导轨。导轨安装完毕后，将 S7－1500 的模块按照槽号从低到高的顺序依次挂接在安装导轨上。

(2)安装系统电源。系统电源与背板总线相连，并通过内部电源为连接的模块供电。要安装系统电源，按以下步骤操作：将 U 形连接器插入系统电源背面；

将系统电源挂在安装导轨上；向后旋动系统电源；打开前盖；从系统电源断开电源线连接器的连接；拧紧系统电源(拧紧扭矩为 1.5 N·m)；将已经接好线的电源线连接器插入系统电源模块。如图 11-6 所示为安装系统电源示意图。

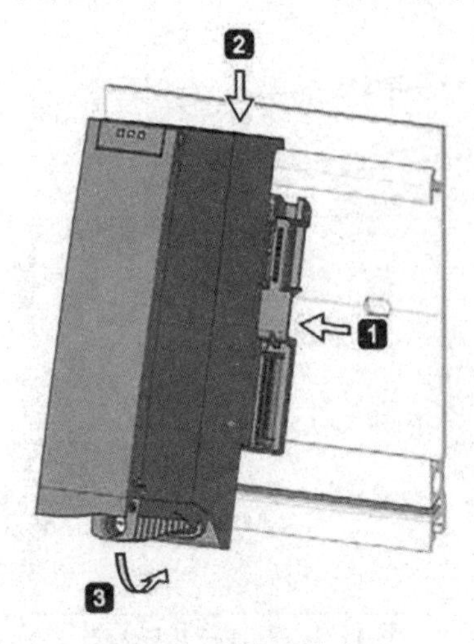

图 11-6　安装系统电源

(3)安装 CPU。CPU 执行用户程序并通过背板总线为模块电子元件供电。要安装 CPU，可以按以下步骤操作：将 U 形连接器插入 CPU 后部的右侧；将 CPU 安装在安装导轨上，必要时还可将 CPU 推至左侧的系统电源；确保 U 形连接器插入系统电源，向后旋动 CPU；拧紧 CPU(拧紧扭矩为 1.5 N·m)。如图 11-7 所示为安装 CPU 示意图。

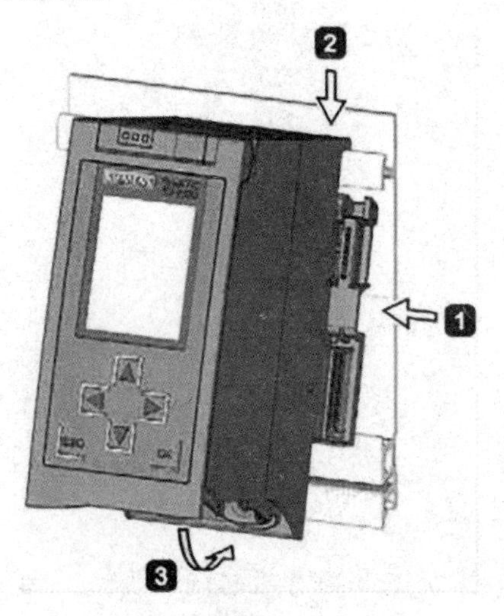

图 11-7　安装 CPU

(1)安装 I/O 模块。将 I/O 模块安装到 CPU/接口模块的右侧。I/O 模块形成控制器与过程之间的接口。控制器将通过所连接的传感器和执行器检测当前的过程状态，并触发相应的响应。可以按下列步骤安装 I/O 模块：将 U 型连接器插入 I/O 模块后部的右侧；在安装导轨上安装 I/O 模块。将 I/O 模块向上推动到左侧模块处；向后旋转 I/O 模块；拧紧 I/O 模块(拧紧扭矩为 1.5 N·m)。如图 11-8 所示为安装 I/O 模块示意图。

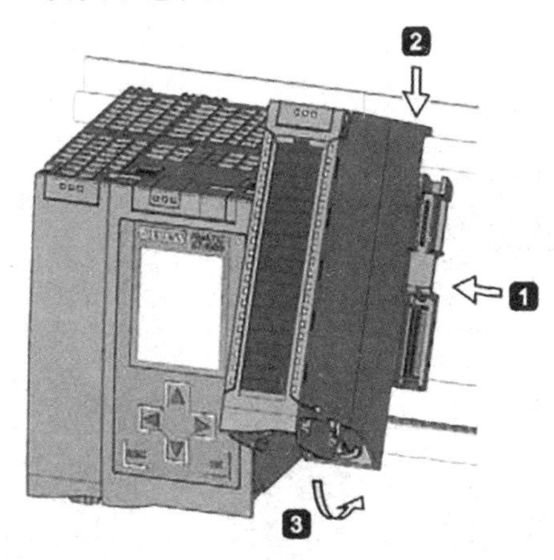

图 11-8　安装 I/O 模块

4. 硬件系统接线

(1)将电源电压连接到系统电源/负载电流电源。

(2)连接 CPU 模块和负载电源模块，可以按以下步骤操作：①打开负载电源的前盖。向下拉出 24VDC 输出端子；②连接 24VDC 输出端子和 CPU 的 4 孔连接插头。

(3)连接负载电源和 CPU 模块。如图 11-9 所示为 CPU 模块和负载电源接线示意图。

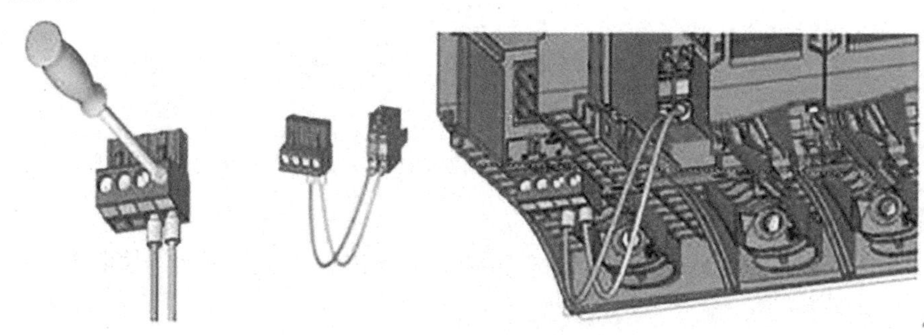

图 11-9　CPU 模块和负载电源接线

注意：CPU 的 24V 外接电源可以不需要，例如 CPU 左侧配一个 PS 电源模块，该模块可以向背板总线供电。将 CPU 属性中的供电属性选择没有到外部 24 V 的连接，即 CPU 的供电取自背板总线，由 PS 提供。这样的话，CPU 的 24 V 电源根本不用接线。

(3)安装 I/O 模块的前连接器。设备的传感器和执行器通过前连接器连接到自动化系统。将传感器和执行器接线到前连接器。将连接了传感器和执行器的前连接器插入 I/O 模块中。前连接器的型号外观如图 11-10 所示。其中，推入式前连接器使接线更加方便轻松。

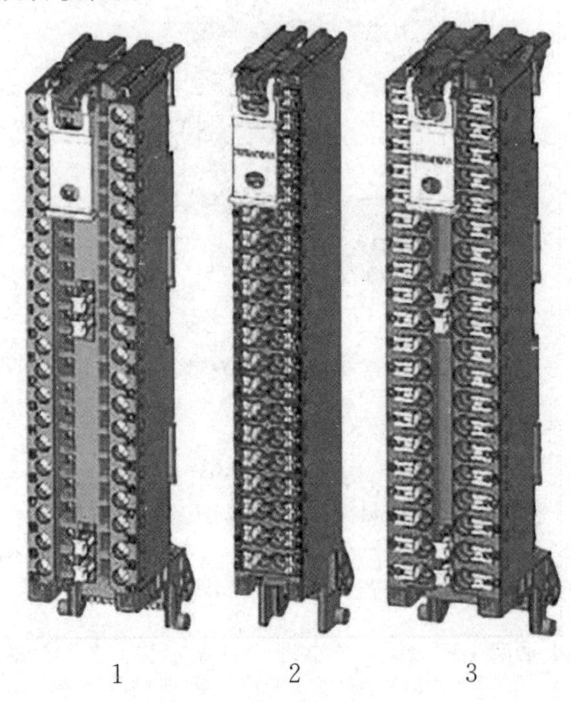

图 11-10　前连接器的型号

①带螺钉型端子的 35 mm 前连接器；②带推入式端子的 25 mm 前连接器；③带推入式端子的 35 mm 前连接器

前连接器的接线方法如下：①接线到“预接线位置”以方便接线；②再将前连接器插入 I/O 模块。

可以从已经接线的 I/O 模块上轻松地拆下前连接器，当更换模块时无需松开接线连接。

(4)标记 I/O 模块。标签条用于标记 I/O 模块的引脚分配。根据需要将标签条标好后，并将它们滑出前盖。如图 11-11 中的 1 为标签条。准备并安装标签条，可以按以下步骤操作。

①标注标签条。在 STEP 7 中，可打印项目中各模块的标签条。标签条可导出为 Microsoft Word DOCX 文件，并在文字编辑程序打印。

②使用预打孔标签条：将标签条与标签纸分隔开。

③将标签条滑出前盖。

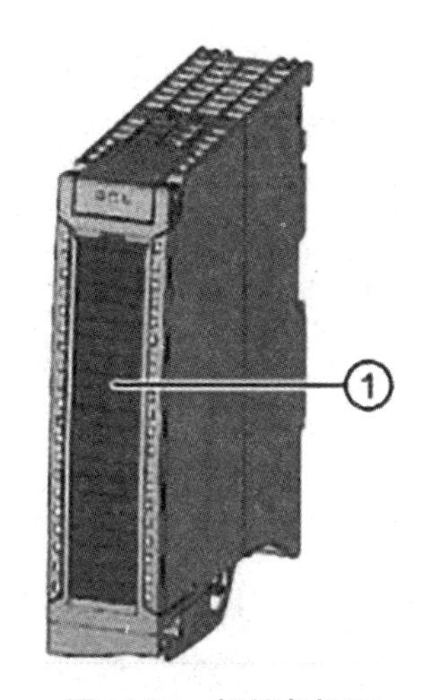

图 11-11　标签条标记

(5)根据控制功能需要，完成外部 I/O 设备与 I/O 模块的相应连接。

需要注意：以上接线过程需要在断电的情况下完成。

四、电机起保停项目的建立、程序下载与调试

1. 训练目的

(1)学会西门子 TIA Portal 软件的安装、配置和卸载。

(2)熟练掌握西门子 TIA Portal 软件的基本操作。

(3)掌握项目的建立的方法与步骤。

(4)熟练掌握程序的下载与调试方法。

2. 项目介绍

通过 S7－1500 实现一个自动化工程师广为熟悉的“电机起保停控制”逻辑。传统电气控制的主电路和控制电路参考第 1 章的自锁电路。这里控制电路需要通过 PLC 编程来实现。

3. 项目实施步骤

(1)软硬件选取列表。为了演示项目的建立与调试过程，选取的软硬件列表如表 11-1 所示。实际项目中需要根据项目的实际要求合理选型。

表 11-1　软硬件列表

项目	描述
编程软件	TIA Portal Professional v14
CPU	1516－3PN/DP
开关量输入模块	DI 16x24VDC HF
开关量输出模块	DQ 8x24VDC/2A HF
存储卡	12MB
安装导轨	480mm
前连接器	螺钉型端子
24VDC 电源	系统供电

(2)在 TIA Portal 中，新建项目，添加完成硬件组态，如图 11-12 所示。如图这里的添加的硬件为了仿真演示暂时是随机的。实际项目中添加的硬件订货号必须和实际实物模块订货号一致。

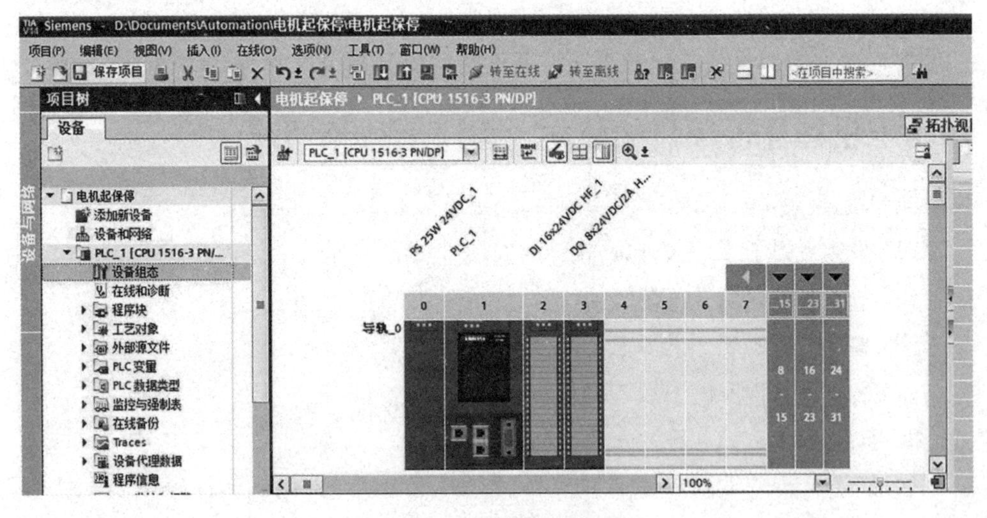

图 11-12　设备组态窗口

(3)设备组态至此已经完成，在项目视图右侧的“设备概览”中，可以查看到系统默认分配的数字量输入的地址是 IB0～IB1，数字量输出地址是 QB0，如图

11-13 所示，这些地址是后面编程的基础。

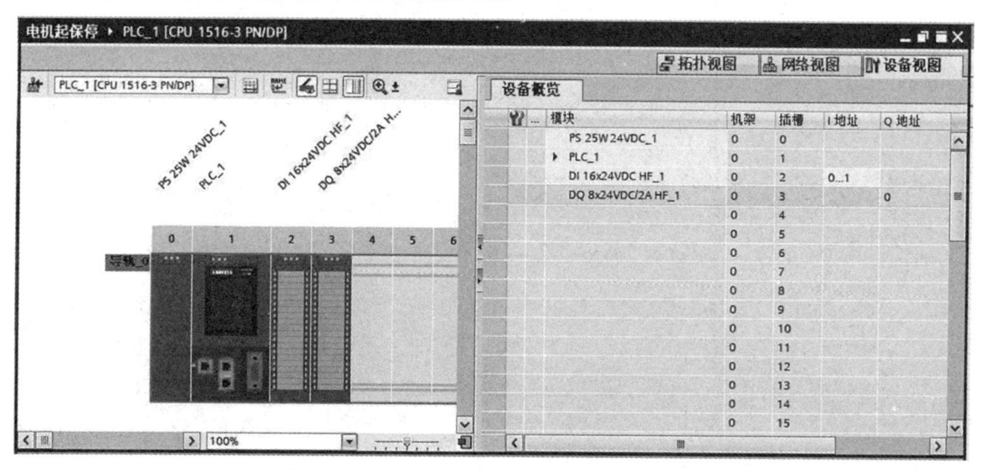

图 11-13　模块地址分配

(4)设备组态完，根据控制任务完成系统程序的编写，需要对 I/Q 地址起一些符号名，双击项目树中的“PLC 变量”下的“添加新变量表”，在添加的“变量表 _ 1”中，定义地址 I0.0 的名称是“Moto _ Start”，地址 I0.1 的名称是“Moto _ Stop”，地址 Q0.0 的名称是“Moto”，如图 11-14 所示。

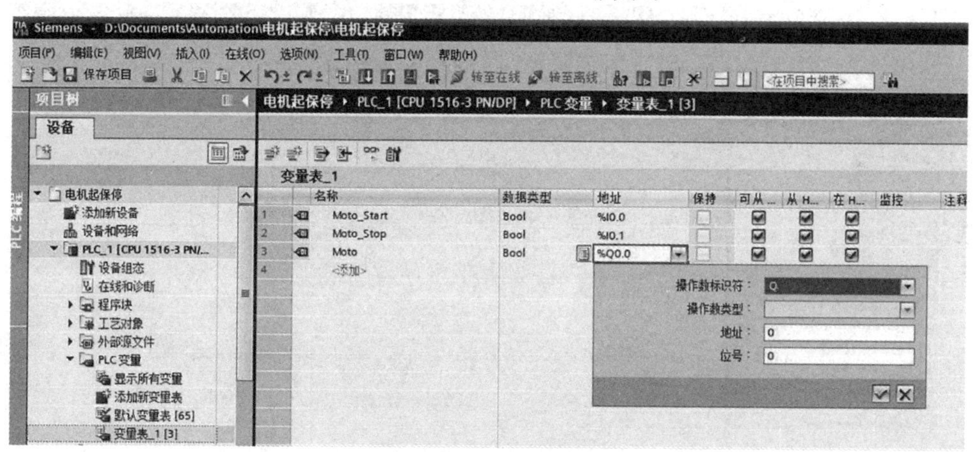

图 11-14　添加变量表

(5)开始编写控制程序。依次点击软件界面左侧的项目树中的“PLC _ 1[CPU 1516－3PN/DP]”“程序块”左侧的小箭头展开结构，再双击“Main[OB1]”打开主程序，如图 11-15 所示。

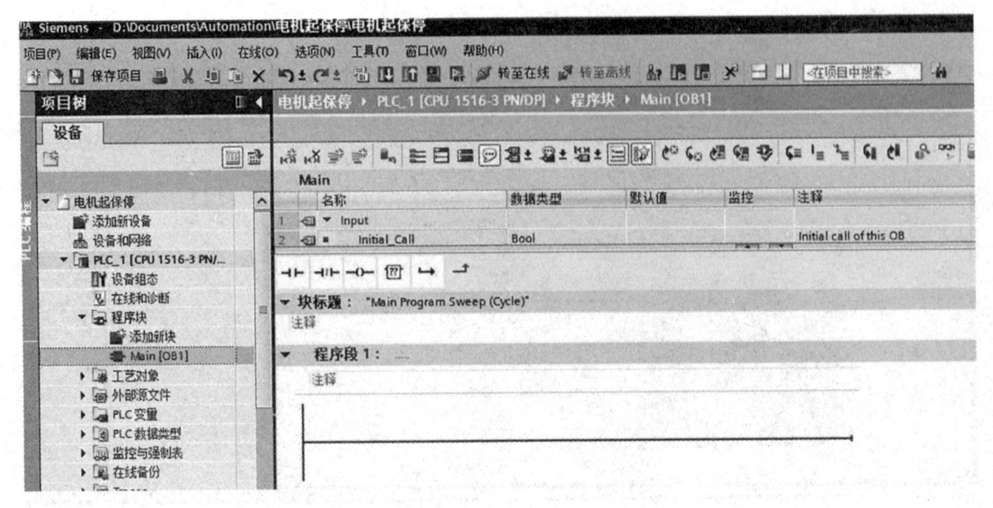

图 11-15　打开“Main[OB1]”主程序

(6)开始编辑一个自锁程序：输入点 I0.0 用于起动电机，I0.1 用于停止电机，电机起停由输出点 Q0.0 控制。

①从指令收藏夹中用鼠标左击选中常开触点，按住鼠标左键不放将其拖拽到绿色方点处，如图 11-16 所示。

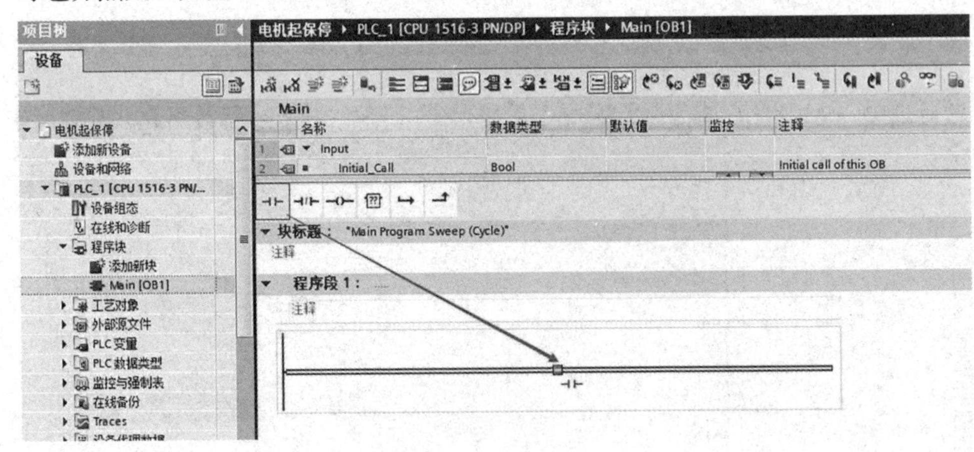

图 11-16　编辑程序

②重复上述操作，在已插入的常开触点下方再插入一个常开触点。

③选中下面的常开触点右侧的双箭头，点击收藏夹中的向上箭头，连接能流，如图 11-17 所示。

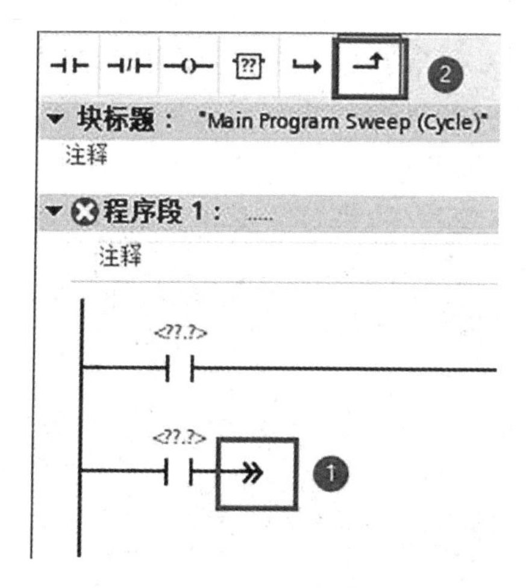

图 11-17　放置“向上箭头”

④同理用拖曳的方法，在能流结合点后面再添加一个常闭触点和输出线圈。

⑤接下来为逻辑指令填写地址：单击指令上方的<??.?>，依次输入地址 I0.0，I0.1，Q0.0 和 Q0.0，如图 11-18 所示，在前面建立的变量表里可以直接选取相应的地址填入。

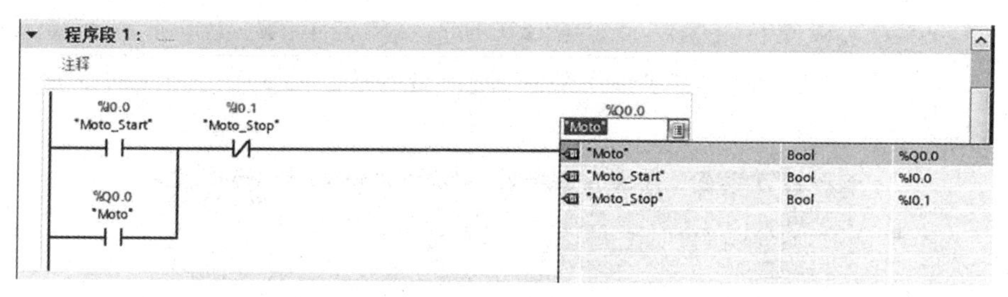

图 11-18　编辑指令地址

⑥所有地址都填写好后的效果如图 11-19 所示。

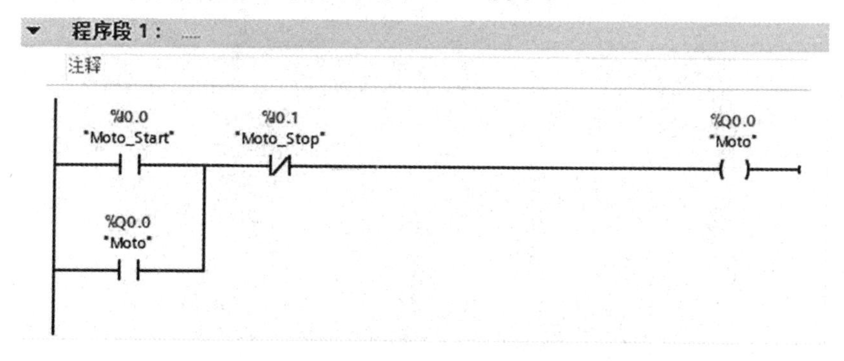

图 11-19　起保停控制程序

(7)编译并下载项目。点击软件界面左侧的项目树中的“PLC _ 1[CPU 1516－3PN/DP]”，并单击工具栏的编译图标对项目进行编译，如图 11-20 所示，直到没有错误为止。

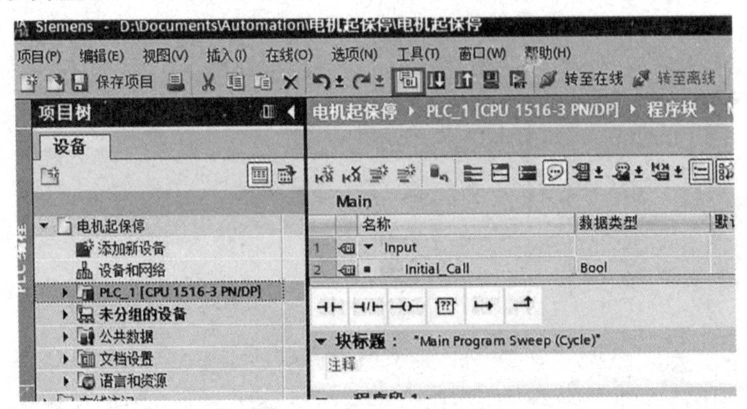

图 11-20 编译项目

可以按照前面介绍的方法建立 PC 机与真实 PLC 的通信连接，同时可以通过以下两种方法下载项目到 PLC。

方法 1：可以先在左侧项目树中选中项目，单击工具栏上的下载图标，即可弹出如图 11-21 所示的“扩展下载到设备”对话框，可以进行相应的设置进行程序的下载。

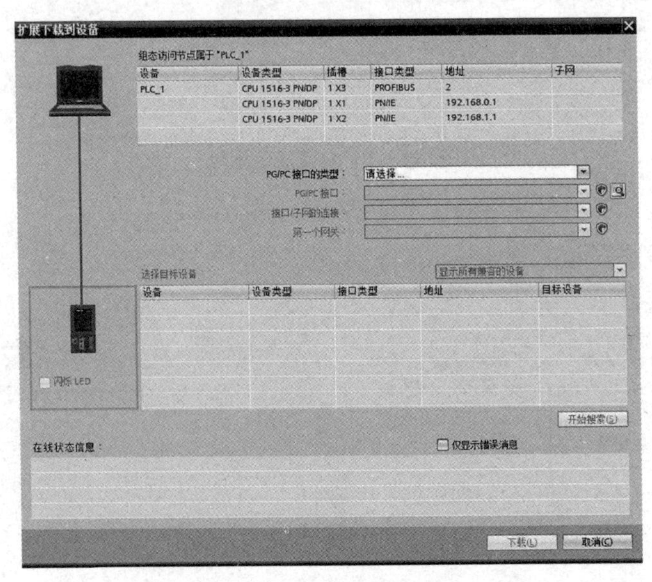

图 11-21 “扩展下载到设备”对话框

方法 2：如果没有实物 PLC，可以将硬件组态和程序下载到仿真器 PLCSIM。

(8)使用程序编辑器调试程序。下载完成后，可以观测程序的运行状况，如果是实物 PLC，要外接控制器件和执行器件，以控制程序的运行；如果没有实物 PLC，使用仿真器 PLCSIM，也可以观测程序的运行，也可以借助于仿真器进行程序的调试和查找错误。项目下载完毕后仿真器自动进入运行状态，其运行指示灯为绿色。选中左侧的项目树中的“PLC _ 1[CPU 1516－3PN/DP]”，使其“转至在线”，则项目处于和仿真器连接的在线模式，打开程序块的“Main[OB1]”主程序，选中监视功能，如图 11-22 所示，程序处于监控状态。

程序编写中 LAD 或者 FBD 是以能流的方式传递信号状态，通过程序中线条、指令元素及参数的颜色和状态可以判断程序的运行结果。用绿色连续线来表示有“能流”，用蓝色虚线表示没有能流，用灰色连续线表示状态未知或程序没有执行，黑色表示没有连接。Bool 变量为 0 状态和 1 状态时，它们的常开触点和线圈分别用蓝色虚线和绿色连续线来表示，常闭触点的显示与变量状态的关系则反之。用户据此可以快速进行相应程序的分析和修改。

进入程序状态之前，梯形图中的线和元件因为状态未知，全部为黑色。启动程序状态监视后，梯形图左侧垂直的“电源”线和与它连接的水平线均为连续的绿线，表示有能流从“电源”线流出。有能流流过的处于闭合状态的触点、指令方框、线圈和“导线”均用连续的绿色线表示。图 11-22 中绿色实线表示能流导通，蓝色虚线表示能流未导通。

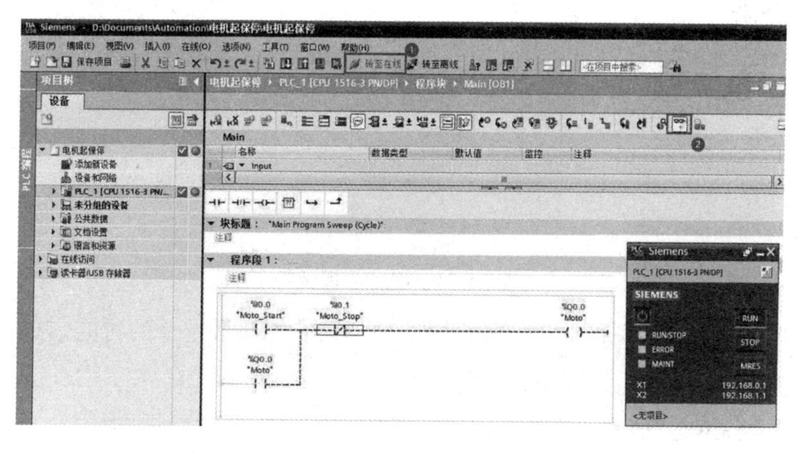

图 11-22　打开程序监视状态

可以在程序状态修改变量的值来调试程序。用鼠标右键单击程序状态中的某个 Bool 变量，执行命令“修改”→“修改为 1”或“修改”→“修改为 0”；对于其他数据类型的变量，执行命令“修改”→“修改值”。执行命令“修改”→“显示格式”，可以修改变量的显示格式。不能修改连接外部硬件输入电路的过程映像输入(I)的值。如果被修改的变量同时受到程序的控制，则程序控制的作用优先。

在图 11-22 中，选中触点“I0.0”，右键选择“修改”下面的“修改为 1”，如图 11-23 所示，即表示按下连接在输入点 I0.0 上的按钮，可看到输出点 Q0.0 点亮了。同样按下连接在输入点 I0.1 上的按钮，即可看到输出点 Q0.0 熄灭了。

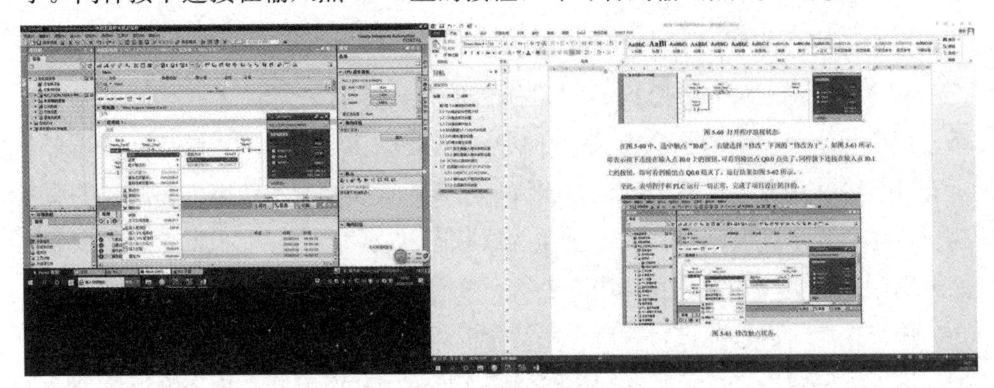

图 11-23　修改触点状态

程序调试运行结果如图 11-24 所示。

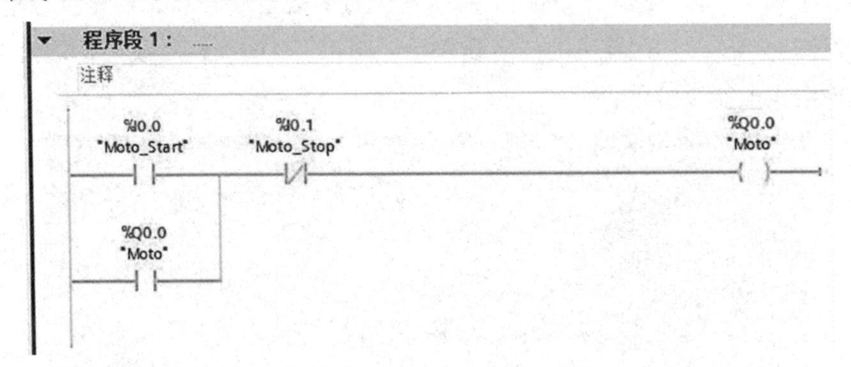

图 11-24　程序监视运行

至此，表明程序和 PLC 运行一切正常，完成了项目设计的目的。

(9)使用仿真器项目视图调试程序。

①“设备组态”仿真。在图 11-23 中将仿真器切换至项目视图模式，选择项目树下面的“设备组态”，选择组态中的任意模块则右侧的地址栏就会把该模块的地

址显示出来，可以在这里修改“监视/修改值”。比如选中输入模块，修改值为“1”，则可以看到如图 11-25 所示“I0.0”的能流接通，电机转动且保持。

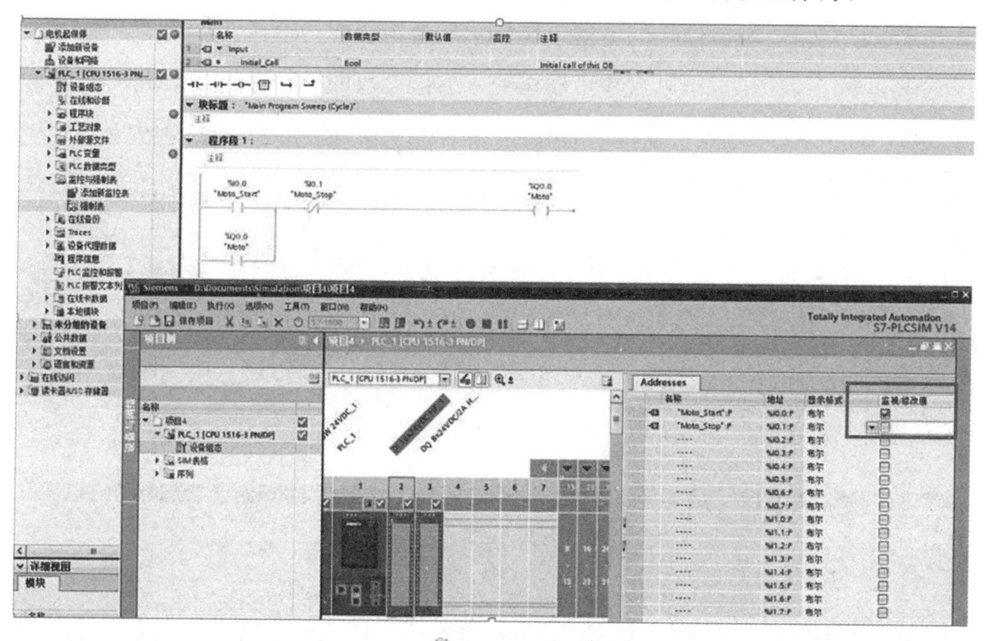

图 11-25　仿真器项目视图监视程序运行

②“SIM 表格”仿真。在项目视图中，还可以创建 SIM 表格可用于修改仿真输入并能设置仿真输出，与 PLC 站点中的监视表功能类似。一个仿真项目可以打开一个或多个 SIM 表。鼠标双击打开“SIM 表格＿1”，在表格中输入需要监控的变量，在“名称”列可以查询变量的名称。除优化的数据块之外，也可以在地址栏直接键入变量的绝对地址，如图 11-26 所示。

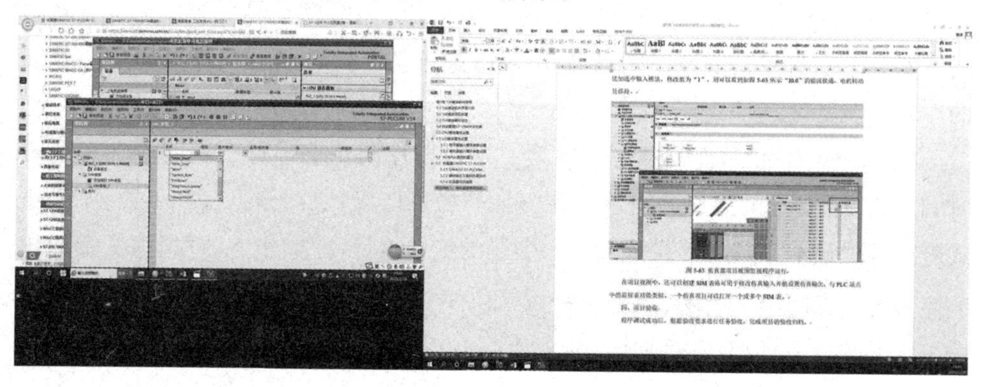

图 11-26　建立 SIM 表格

在 SIM 表的“监视/修改值”栏中显示变量当前的过程值，也可以直接键入修改值，按回车键确认修改。如果监控的是字节类型变量，可以展开以位信号格式进行显示，点击对应位信号的方格也可以进行置位、复位操作。

在“一致修改”栏中可以为多个变量输入需要修改的值，并点击后面的使能方格，然后点击 SIM 表格工具栏中的“修改所有选定值”按钮，批量修改这些变量，这样可以更好地对过程进行仿真。如图 11-27 所示，也可以对程序进行监控调试。

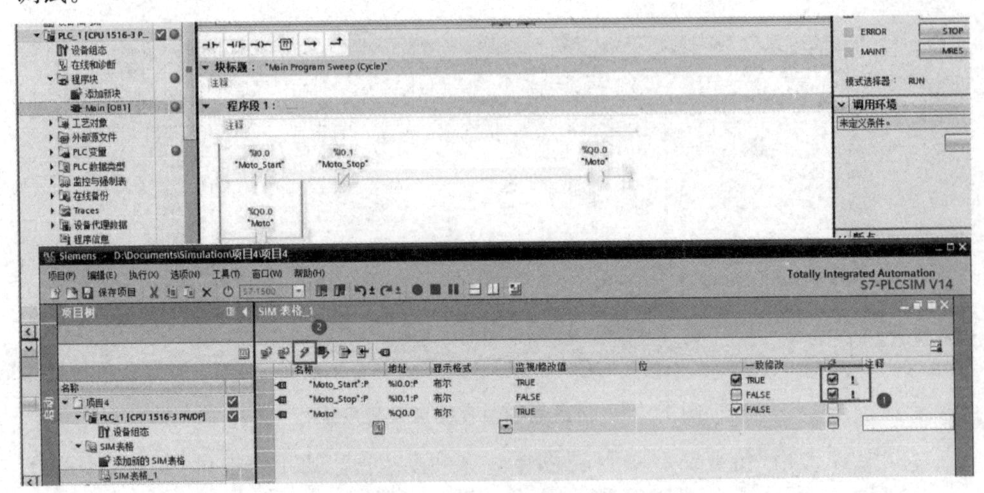

图 11-27　SIM 表监控调试程序

SIM 表格可以通过工具栏的按钮导出并以 Excel 格式保存，也可以通过工具栏的按钮从 Excel 文件导入。

③“序列”仿真。对于与时间有关的顺序控制，过程仿真时需要按一定的时间去使能一个或者多个信号，通过 SIM 表格进行仿真比较困难，可以通过仿真器的序列功能实现。

在仿真器的项目视图下双击“序列 _ 1”，按控制要求进行变量的添加和变量时间点的设置。如图 11-28 所示。在“时间”栏可以以“时：分：秒：小数秒”的格式进行设置显示，“地址”栏直接输入变量的绝对地址，“操作参数”填写变量的相关修改值。在图中，单击工具栏“启动序列”图标，即可实现序列开始计时 5s 后 I0.0 状态为 1，Q0.0 接通，10s 后 I0.1 接通，Q0.0 断电。

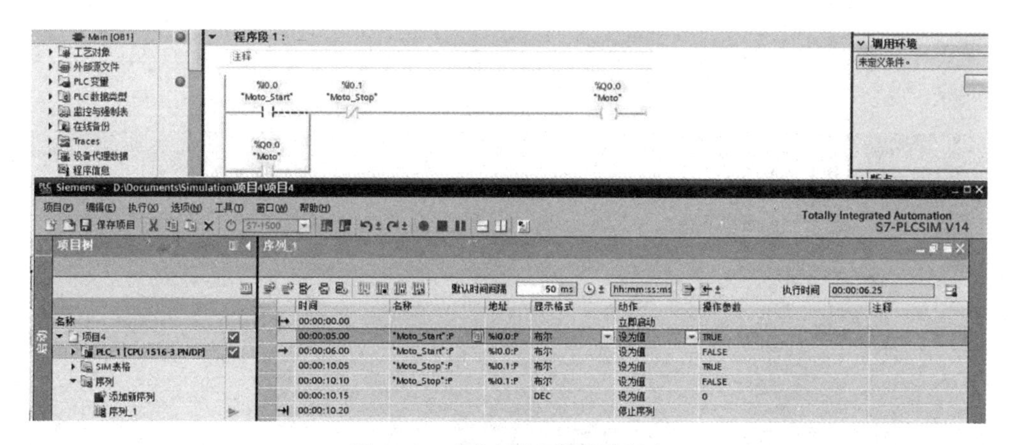

图 11-28　通过“序列”调试程序

图 11-28“序列”的工具栏中，“停止序列”表示运行完成后停止序列，执行时间停止计时；“重复序列”表示运行完成后重新自动开始，通过工具栏中的“停止序列”按钮才能停止；“默认时间间隔”表示新增加步骤时，两个步骤默认的时间间隔；“执行时间”表示序列正在运行的时间。

(10)使用监控表调试程序。可以使用监控表对所需的变量直接进行监控。在项目视图中选择“监控与强制表”，在下级菜单中点击“添加新监控表”，即可创建一个监控表。如果变量比较多，可以对变量进行层级化管理，选中“监控与强制表”，右键可以先创建一个组，在该组可再次创建下一级组，最后在各组中创建对应的变量表。这样在调试中可以快速查找与一个控制对象相关联的变量。

双击打开新建立的“监控表 _ 1”，输入需要监控的变量，在“地址”栏中输入需要监控的变量地址，如 I、Q、M 等地址区和数据类型，也可以输入变量的符号名称，或者使用鼠标通过拖拽的方式，将需要监控的变量从 PLC 符号表或 DB 块中拖入监控表。优化的数据块中的变量没有绝对地址，必须使用符号名称，所以这些变量在监控表中“地址”栏为空。

如果需要监控一个连续的地址范围，可以在地址的下脚标位置使用拖拽的方式进行批量输入。在“显示格式”栏中，可以选择需要显示的类型，如布尔型、十进制、十六进制、字符等格式。可选择显示的格式与监控变量的数据类型有关。“修改值”列可以输入变量新的值，同时修改变量值时要勾选“修改值”列右边的复选框。

通过工具栏的监视按钮可以监控程序的运行状态，在“监视值”列连续显示变量的动态实际值，当位变量为 TRUE(1 状态)时，监视值列的方形指示灯为绿色，位变量为FALSE(0状态)时，监视值列的方形指示灯为灰色，如图11-29所示。

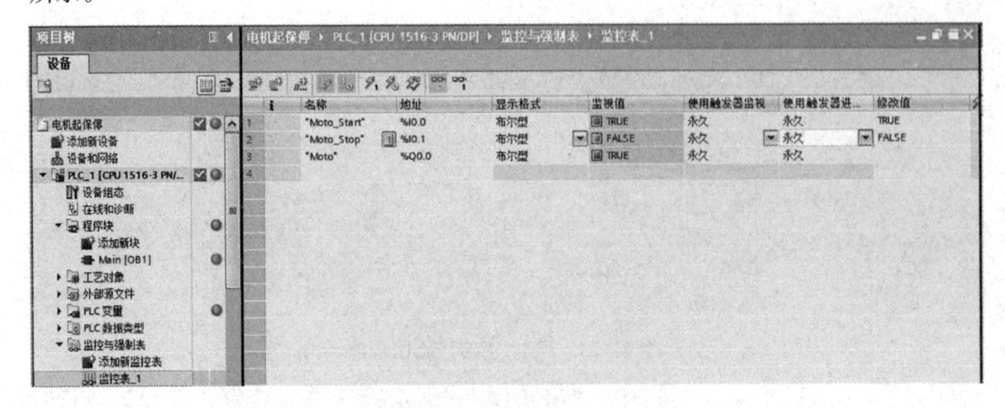

图 11-29 监控表调试程序

(11)使用强制功能调试程序。可以通过强制给程序中的某个变量指定固定的值，这一功能被称为强制(Force)。在程序调试过程中，可能存在由于一些外围输入/输出信号不满足而不能对某个控制过程进行调试的情况。强制功能可以让某些I/O保持用户指定的值。与修改变量不同，一旦强制了I/O的值，这些I/O将不受程序影响，不会因为用户程序的执行而改变，始终保持该值，并且被强制的变量只能读取，不能通过写访问来改变其强制值，直到用户取消这些变量的强制功能。强制功能只能强制外设输入和外设输出，例如强制I0.0：P和Q0.0：P等。

强制应在与CPU建立在线连接时进行，输入、输出被强制后，即使与CPU的在线连接断开，或者编程软件关闭、CPU断电，强制值都被保存在CPU中，直到在线时用强制表停止。如果用存储卡将带有强制点的程序装载到别的CPU，强制功能将会继续保持下来，因此将带有强制值的存储卡应用于其他CPU之前，必须要先停止强制功能。

在项目树下打开目标PLC下的“监视与强制表”文件夹，双击该文件夹中的“强制表”打开强制表。一个PLC只能有一个强制表。强制变量窗口与监控表界面类似，输入需要强制的输入/输出变量地址和强制值。如果直接输入绝对地址，需要在绝对地址的后面添加“：P”，例如I0.1：P。通过使用工具栏按钮 F 启动强制命令，或者右键单击强制表中的某一行，通过右键快捷菜单执行强制命令操作，如图11-30所示。

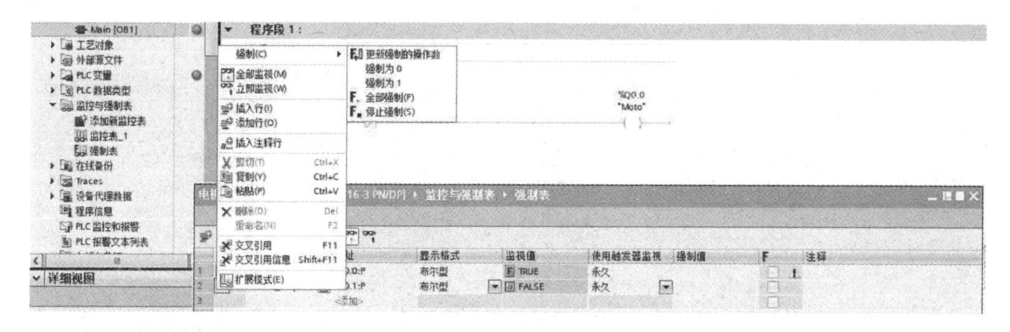

图 11-30　启动强制

启动强制后的程序运行结果如图 11-31 所示。

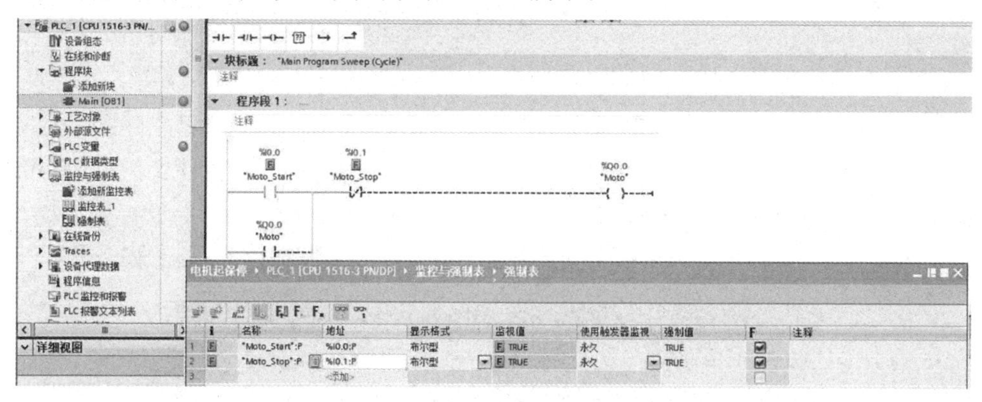

图 11-31　强制调试程序

当启用强制功能后，S7－1500 PLC 显示面板上将显示黄色的强制信号“F”，同时维护指示灯“MAINT”常亮，提示强制功能可能导致危险。强制任务可以通过单击强制表工具栏上的 F▪ 按钮，停止对所有变量的强制。或者右键单击强制表中的某一行，通过右键快捷菜单停止强制命令操作。

4. 项目验收

程序调试成功后，根据验收要求进行任务验收，完成项目的打印与验收归档。

(1)打印。创建项目后，为了便于查阅项目内容或以文档形式保存，可将项目内容打印成文档，打印对象可以是整个项目或者项目中的单个对象。打印的文档有助于编辑项目及项目后期的维护和服务工作。项目打印的具体步骤如下：①打开所要打印的项目，显示所要打印的内容；②单击菜单栏上的“项目”，选择其下面的 打印(P)... 选项，即可打开如图 11-32 所示的“打印”界面，在“打印”界面中可以设置打印选项，比如打印机、打印范围等，可以根据需要去生成相应的打印文档。

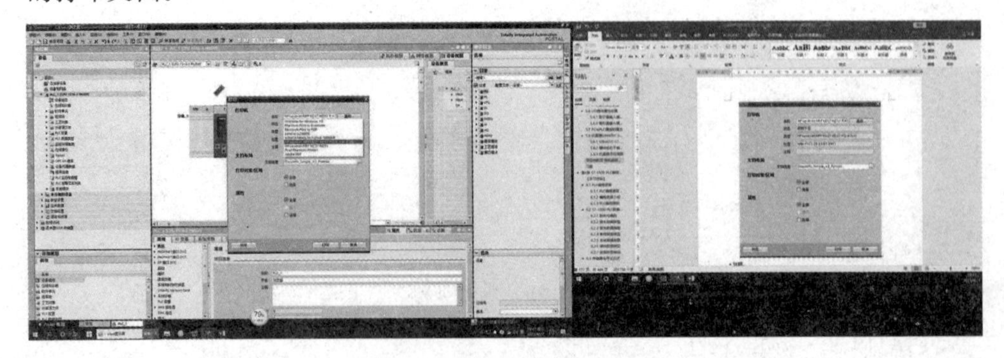

图 11-32 “打印”设置对话框

（2）归档。如果一个项目的处理时间比较长，则可能会产生大量的文件，此时可以使用项目归档功能缩小文件的大小，便于将文件备份及通过可移动介质、电子邮件等方式进行传输。归档的操作步骤：在博途软件的“项目视图”中，单击菜单栏上的“项目”选项下的归档(H)...，即可打开如图 11-33 所示的“归档”设置界面，设置完成后，单击“归档”按钮，即可生成一个扩展名为 ZAP 的压缩文件。

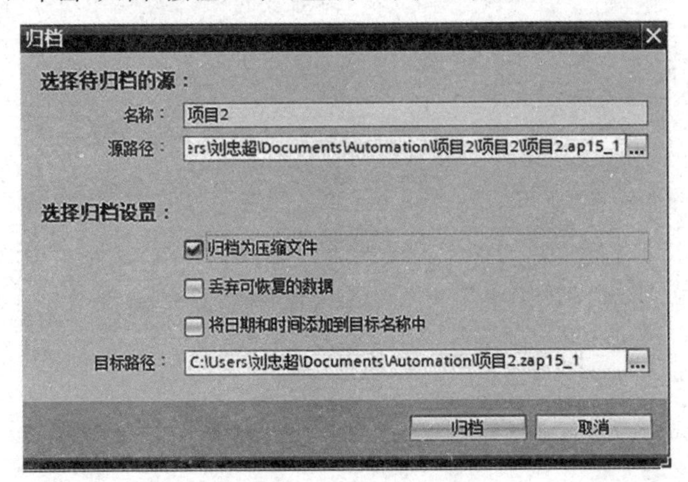

图 11-33 “归档”设置界面

五、振荡电路的设计

1. 训练目的

（1）熟练掌握西门子 TIA Portal 软件的基本操作。

（2）掌握项目的建立的方法与步骤。

(3)熟悉 TIA 软件的基本使用方法，学会运用一些基本指令进行编程。

(4)熟练掌握 S7－1500 定时器指令的使用方法。

2. 项目介绍

振荡电路又称闪烁电路，在实际项目中广泛应用，比如常用于报警、娱乐场所等，可以改变控制灯光的闪烁频率、通断时间等，还可以控制电铃、蜂鸣器等。振荡电路主要利用定时器实现周期脉冲触发，并且可以根据需要灵活地改变占空比。通过 S7－1500 实现振荡电路的设计，并完成项目的调试。

3. 项目实施步骤

(1)用接通延时定时器设计周期与占空比可调的振荡电路。分析：一个周期与占空比可调振荡电路在 PLC 中实现，要用脉冲，而脉冲的占空比用计时器来实现。考虑到脉冲的一个周期有“0”和“1”两个状态，要用到两个计时器来完成计周期与占空比可调的脉冲。具体程序实现如图 11-34 所示。

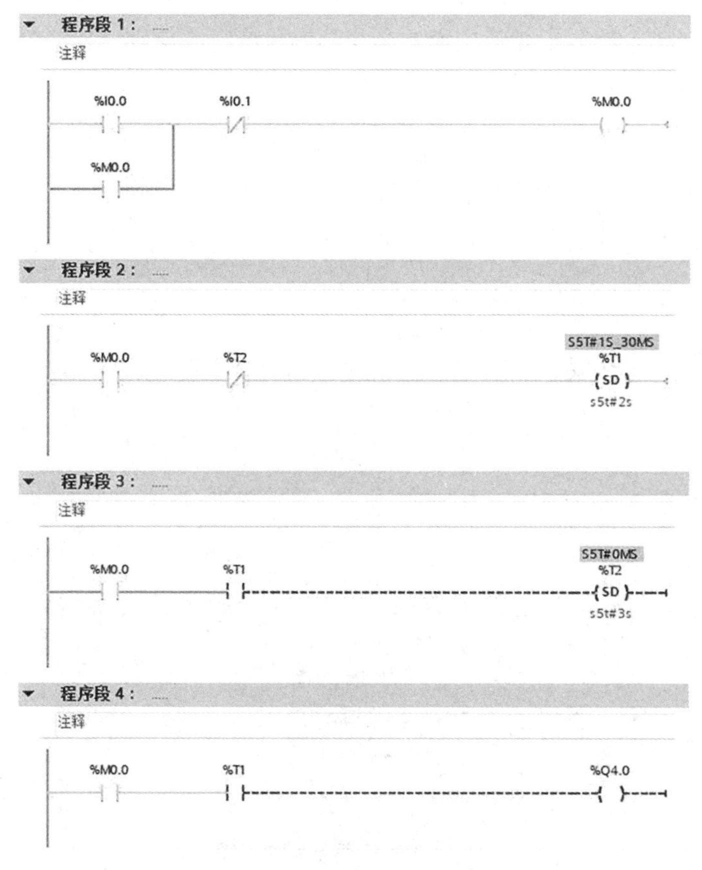

图 11-34　振荡电路梯形图

程序功能分析：当按下起动按钮 I0.0 时，程序段 1 实现 M0.0 线圈通电并自锁，自锁电路是梯形图控制程序中最基本环节，常用于起停控制。计时器 T1 开始工作，2s 后，T1 接通，T2 开始工作，再过 3s，T2 接通；下一个扫描周期，T1 停止工作，接下来 T2 停止工作；再下一个扫描周期，T1 又开始工作，如此往复。Q4.0 将以占空比 3∶5 的比例输出脉冲。

振荡电路中，Q4.0 线圈的通断时间可分别通过修改定时器 T1 和 T2 的设定时间来实现。

(2)用脉冲定时器设计一个周期振荡电路，振荡周期为 15s，占空比为 1∶3。说明：在设计中，用 T1 和 T2 分别定时 10s 和 5s，用 I0.0 启动振荡电路。由于是周期振荡电路，所以 T1 和 T2 必须互相启动。具体程序实现如图 11-35 所示。程序段 2 中，T2 需用常闭触点，否则，T1 无法启动。在 Network2 中，T1 工作期间，T2 不能启动工作。所以 T1 需用常闭触点来启动 T2。即当 T1 定时时间到时，T1 的常闭触点断开，从而产生 RLO 上跳沿，启动 T2 定时器。如此循环，在 Q4.0 端形成振荡电路。

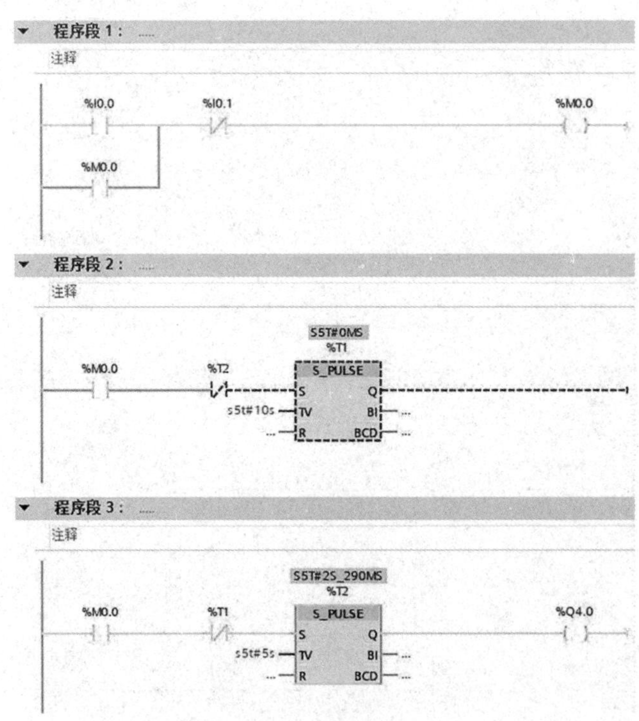

图 11-35　振荡电路梯形图

(3)周期性的脉冲也可以通过 CPU 的硬件来产生。在 S7－1500 系列 PLC 的 CPU 的位存储器 M 中，可以任意指定一个字节，如 MB100，作为时钟脉冲存储器，当 PLC 运行时，MB100 的各个位能周期性地改变二进制值，即产生不同频率(或周期)的时钟脉冲。要使用该功能，在硬件配置时需要设置 CPU 的属性，在硬件组态中双击 CPU 所在的槽，在其弹出的属性对话框中，选中“系统和时钟存储器”，其中有一个选项为时钟存储器，选中选择框就可激活该功能，如图 11-36 所示。

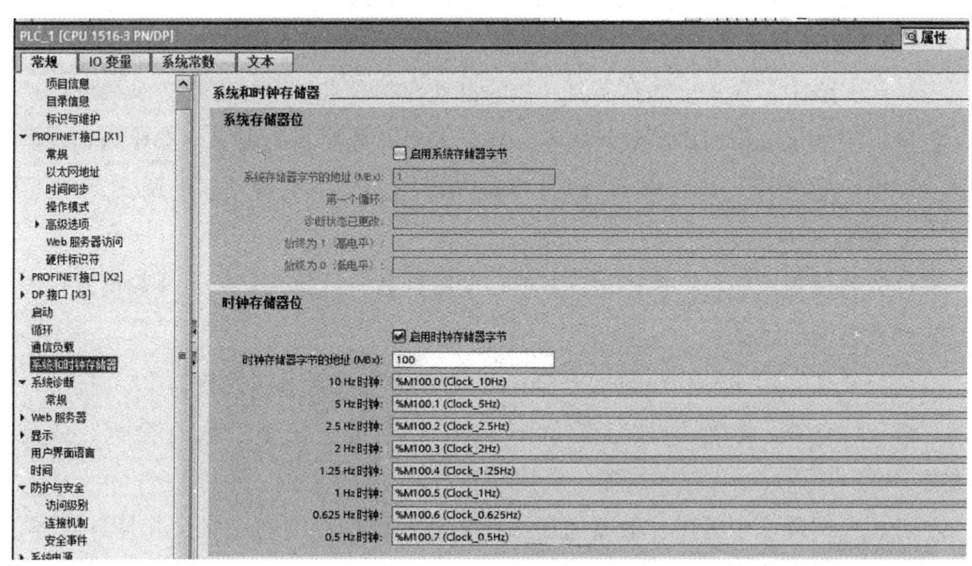

图 11-36　周期性脉冲设置

激活 CPU 的时钟存储器后，可以在监控表中查看当前设置的存储器字节每一位的状态振荡频率，如图 11-37 所示。也可以在程序中用每一位去进一步控制相关任务，实现振荡电路的快捷设计。

电机起保停 ▸ PLC_1 [CPU 1516-3 PN/DP] ▸ 监控与强制表 ▸ 监控表_1

	i	名称	地址	显示格式	监视值	使用触发器监视	使用触发器进...	修改值
1		"Clock_Byte"	%MB100	十六进制	16#CB	永久	永久	
2		"Clock_10Hz"	%M100.0	布尔型	TRUE	永久	永久	
3		"Clock_5Hz"	%M100.1	布尔型	TRUE	永久	永久	

图 11-37　时钟存储器监控表

六、计数器指令综合应用

1. 训练目的

(1)熟练掌握西门子 TIA Portal 软件的基本操作。

(2)掌握项目的建立的方法与步骤。

(3)熟练掌握 S7—1500 计数器指令的类型及使用方法。

(4)训练合理应用计数器指令完成相应控制功能的能力。

2. 项目介绍

生产实践中，常常会遇到需要计数的自动控制需求，比如生产流水线统计产品数量、装入包装箱的产品数量等等。凡是需要计数控制的程序，都要用到计数器。该项目通过 S7—1500 实现计数控制电路的设计，并完成项目的调试。

3. 项目实施步骤

计数器编程顺序是：启动加计数或启动减计数→计数器置数→计数器复位→检测计数器输出状态。

项目要求：用比较和计数指令编写开关灯程序，要求灯控按钮 I0.0 按下一次，灯 Q0.0 亮，按下两次，灯 Q0.0、Q0.1 全亮，按下三次灯全灭，如此循环。

分析：在程序中所用计数器为加法计数器，当加到 3 时，必须复位计数器，这是关键。灯控制程序如图 11-38 所示。

七、多功能流水灯控制系统设计

1. 训练目的

(1)熟练掌握西门子 TIA Portal 软件的基本操作。

(2)掌握项目的建立的方法与步骤。

(3)熟练掌握 S7—1500 基本指令的使用方法。

(4)掌握应用 S7—1500 指令完成相应控制功能的能力。

2. 项目介绍

PLC 在自动化控制中处于首位，而流水灯中蕴藏的设计算法在工业现场、信号指示等很多关键领域都有应用。现以流水灯实现为设计目的，通过 S7—1500 实现控制电路的设计，并完成项目的调试。

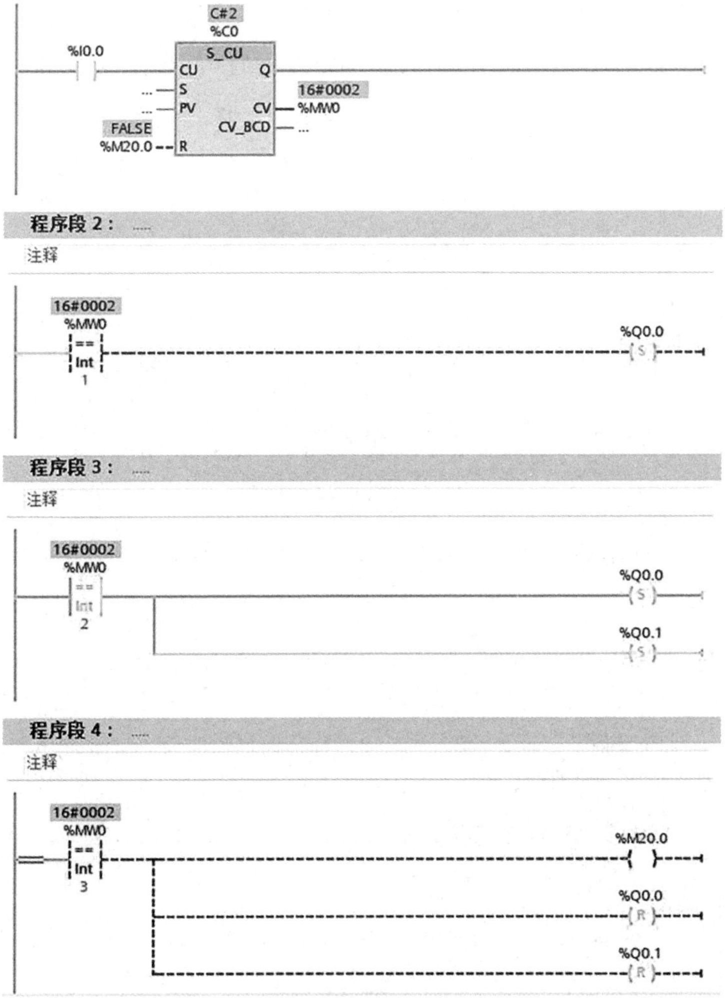

C#2
%C0
S_CU
%I0.0
CU　Q
S
PV　CV　16#0002 %MW0
FALSE %M20.0　R　CV_BCD ...

程序段 2： ......

注释

16#0002
%MW0
==
Int
1
%Q0.0
S

程序段 3： ......

注释

16#0002
%MW0
==
Int
2
%Q0.0
S
%Q0.1
S

程序段 4： ......

注释

16#0002
%MW0
==
Int
3
%M20.0
%Q0.0
R
%Q0.1
R

图 11-38　开关灯程序梯形图

3. 项目实施

项目设计要求：运用 S7－1500 PLC 的基本指令实现 8 个彩灯的循环左移和右移。其中 I0.0 为起停开关，MD20 为设定的初始值，PLC 控制 8 个彩灯的输出为 Q0.0～Q0.7。

分析：要实现彩灯的流水控制功能，需要用到循环移位指令。首先建立定时振荡电路，振荡周期为 2.25s，使得每次定时时间到后，循环移位指令开始移位。在循环移位指令的使用中运用了边缘触发指令，使循环移位在每个定时时间内只移位一次。在程序开始时，必须给循环存储器 MD20 赋初值，比如开始时，只有最低位的彩灯亮(为 1)，则初值设定必须为 DW＃16＃01010101(为了能循环显示，必须设定 MB20、MB21、MB22、MB23 中的值均相同，为 W＃16＃01，否则，8 位彩灯轮流亮过后，彩灯会有段时间不亮)。梯形图程序如图 11-39 所示。

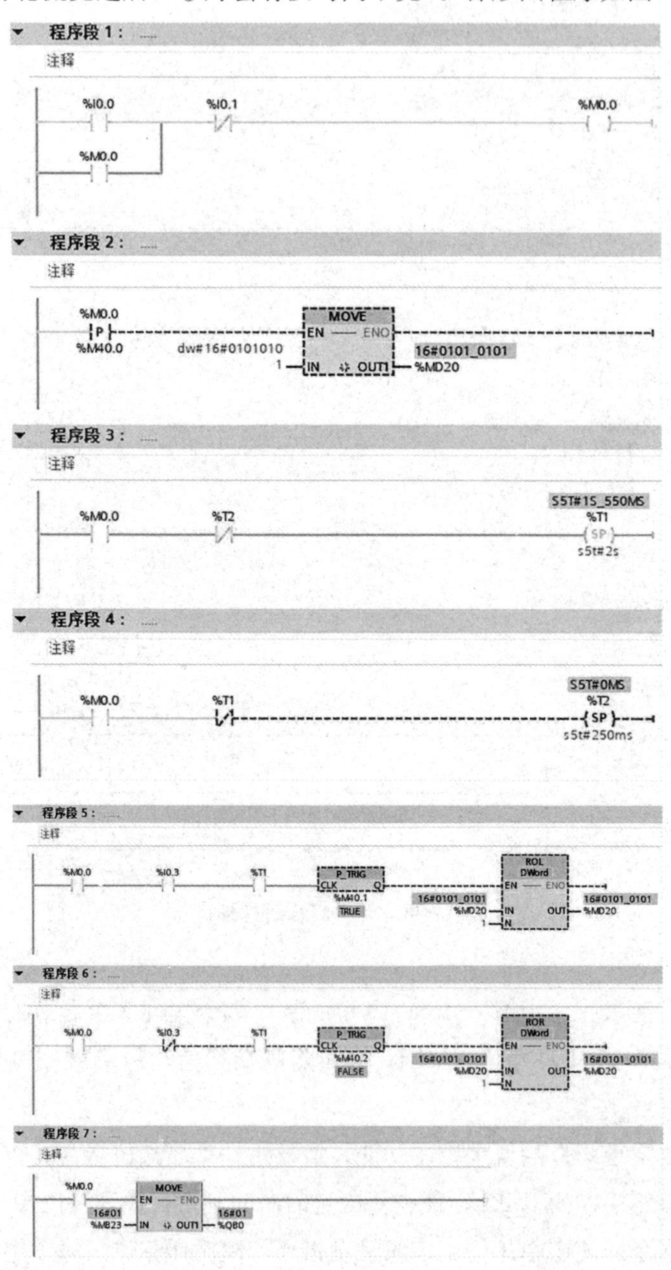

图 11-39　走马灯梯形图

输入、下载并运行流水灯控制程序，观察和调试程序的运行效果。

注意：移位指令通常需与边缘触发指令配合！

系统设计过程中，为了获得移位用的时钟脉冲和首次扫描脉冲，还可以通过组态 CPU 的属性设置来获取。在 CPU 的“系统和时钟存储器”属性设置中，分别设置系统存储器字节和时钟存储器字节的地址为 MB1 和 MB0，如图 11-40 所示。

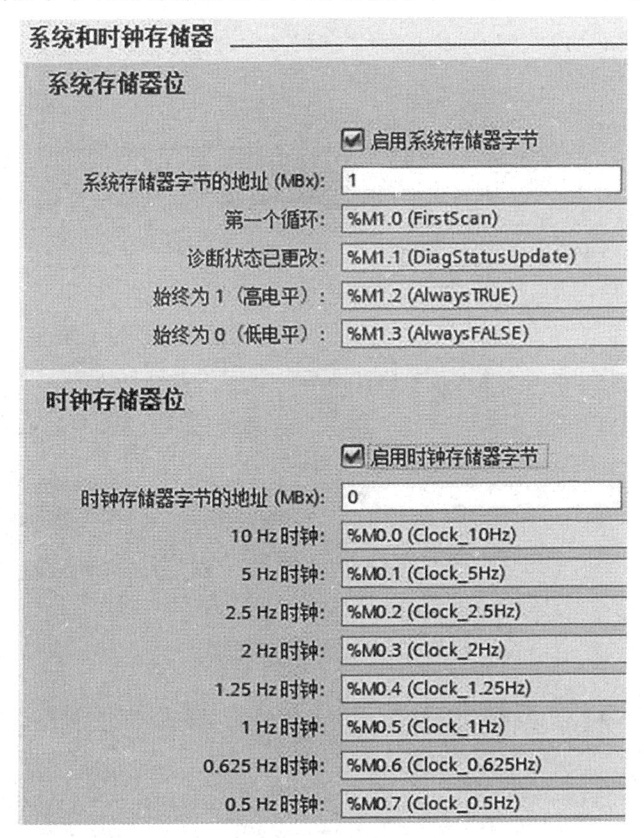

图 11-40　CPU 的“系统和时钟存储器”属性设置

通过 M1.0 实现 PLC 首次扫描时赋初始值，借助于 M0.5 实现频率为 1Hz 的时钟信号。实现 8 个彩灯循环移位的控制程序如图 11-41 所示。

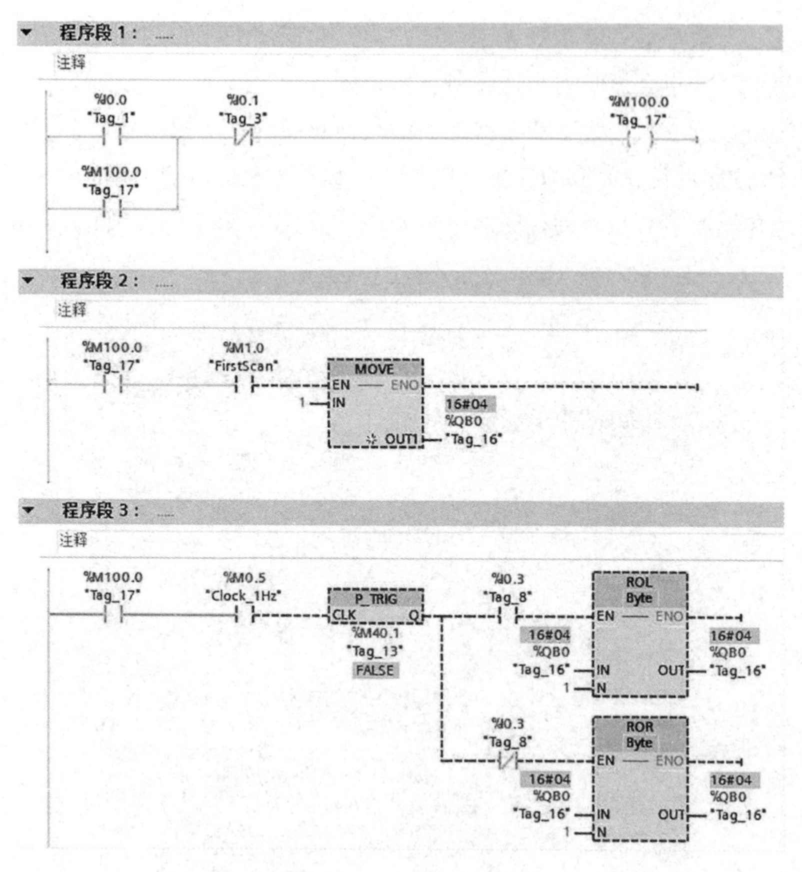

图 11-41　彩灯控制程序

八、多级分频器系统设计

1. 训练目的

(1)熟练掌握西门子 TIA Portal 软件的操作。

(2)学会 S7－1500 的结构化程序设计。

(3)熟练掌握 S7－1500 函数的使用方法。

(4)掌握综合应用 S7－1500 指令完成控制任务的能力。

2. 项目介绍

分频器在电子电路产品中应用广泛，同样在许多控制场合中需要对控制信号进行分频处理。通过 S7－1500 实现多级分频器控制程序设计，并完成项目的调试。

3. 项目实施

在功能 FB1 中编写二分频器控制程序，然后在 OB1 中通过调用 FB1 实现多级分频器的功能。多级分频器的时序关系如图 11-42 所示。其中 I0.0 为多级分频器的脉冲输入端；Q4.0～Q4.3 分别为 2、4、8、16 分频的脉冲输出端；Q4.4～Q4.7 分别为 2、4、8、16 分频指示灯驱动输出端。

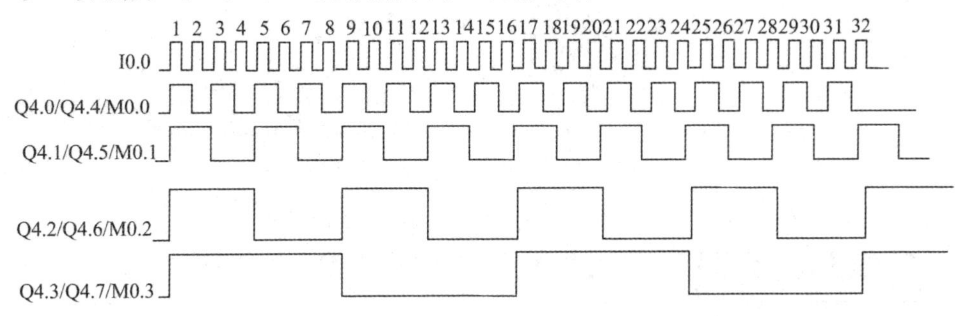

图 11-42　多级分频器控制时序图

规划程序结构：按结构化方式设计控制程序，如图 11-43 所示，结构化的控制程序由两个逻辑块构成，其中 OB1 为主循环组织块，FB1 为二分频器控制函数。

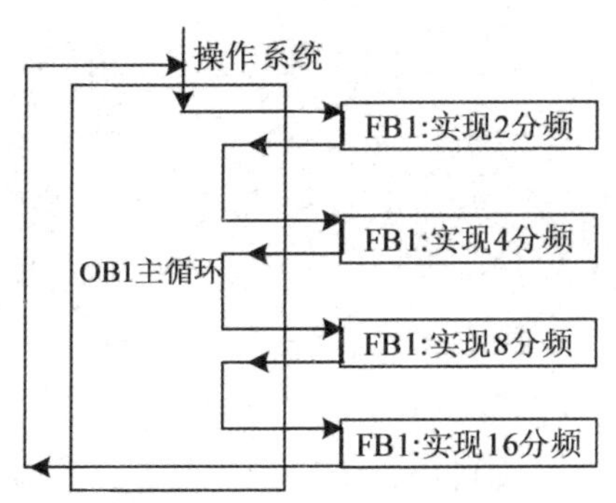

图 11-43　多级分频器程序结构

(1)在 TIA 创建多级分频器的 S7 项目，并基于 S7－1500 完成项目的硬件配置及地址分配，如图 11-44 所示。

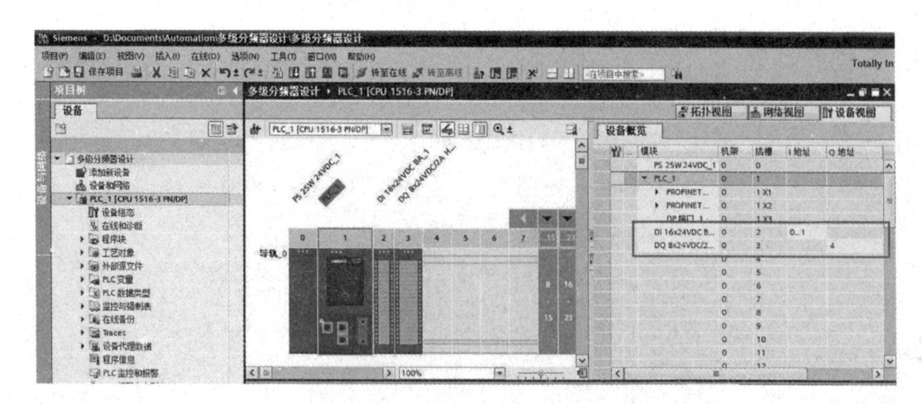

图 11-44　硬件组态及地址分配

(2)打开“PLC 变量”，编辑项目变量表。如图 11-45 所示。

多级分频器设计 ▸ PLC_1 [CPU 1516-3 PN/DP] ▸ PLC 变量 ▸ 默认变量表 [64]

变量

默认变量表

	名称	数据类型	地址	保持	可从 ...	从 H...	在 H...	监控
1	In_port	Bool	%I0.0	☐	☑	☑	☑	
2	F_P2	Bool	%M0.0	☐	☑	☑	☑	
3	F_P4	Bool	%M0.1	☐	☑	☑	☑	
4	F_P8	Bool	%M0.2	☐	☑	☑	☑	
5	F_P16	Bool	%M0.3	☐	☑	☑	☑	
6	Out_port2	Bool	%Q4.0	☐	☑	☑	☑	
7	Out_port4	Bool	%Q4.1	☐	☑	☑	☑	
8	Out_port8	Bool	%Q4.2	☐	☑	☑	☑	
9	Out_port16	Bool	%Q4.3	☐	☑	☑	☑	
10	LED2	Bool	%Q4.4	☐	☑	☑	☑	
11	LED4	Bool	%Q4.5	☐	☑	☑	☑	
12	LED8	Bool	%Q4.6	☐	☑	☑	☑	
13	LED16	Bool	%Q4.7	☐	☑	☑	☑	

图 11-45　多级分频器变量表

(3)在程序块文件夹内创建一个函数，并命名为“二分频器”。编辑 FB1 的变量接口区，在 FB1 的变量接口区内，声明 4 个参数，如表 11-2 所示。

表 11-2　FB1 的变量声明表

接口类型	变量名	数据类型	注释
Input	S_IN	BOOL	脉冲输入信号
Output	S_OUT	BOOL	脉冲输出信号
Output	LED	BOOL	输出状态指示
InOut	F_P	BOOL	上跳沿检测标志

编辑函数 FB1 的控制程序：二分频器的时序如图 11-46 所示。分析二分频器

的时序图可以看到，输入信号每出现一个上升沿，输出便改变一次状态，据此可采用上跳沿检测指令实现。

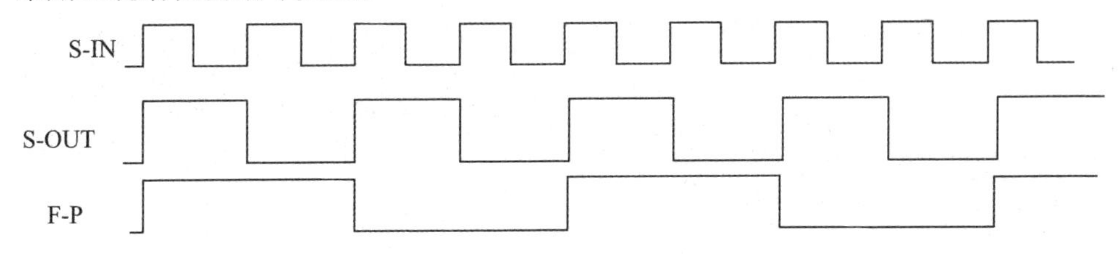

图 11-46　二分频器的时序图

如果输入信号 S _ IN 出现上升沿，则对 S _ OUT 取反，然后将 S _ OUT 的信号状态送 LED 显示；否则，程序直接跳转到 LP1，将 S _ OUT 的信号状态送 LED 显示。

在项目内选择“块”文件夹，双击 FB1，编写二分频的控制程序，如图 11-47 所示。

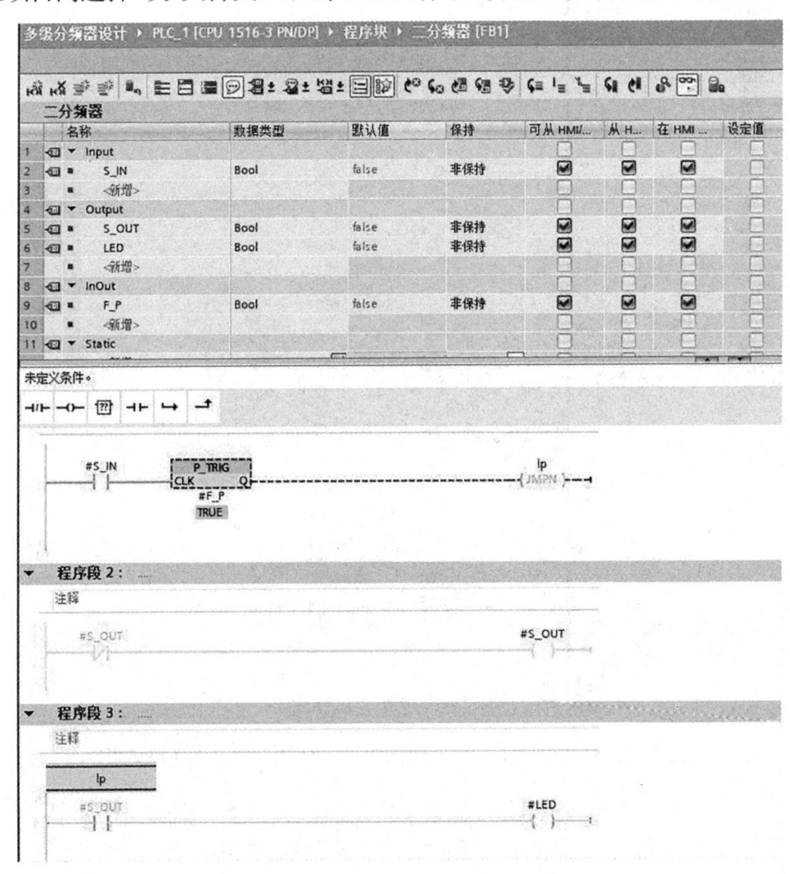

图 11-47　FB1 控制程序

(4)在 OB1 中调用函数块(FB)：打开 OB1，在 LAD 语言环境下可以以块图的形式调用 FB1，如图 11-48 所示。

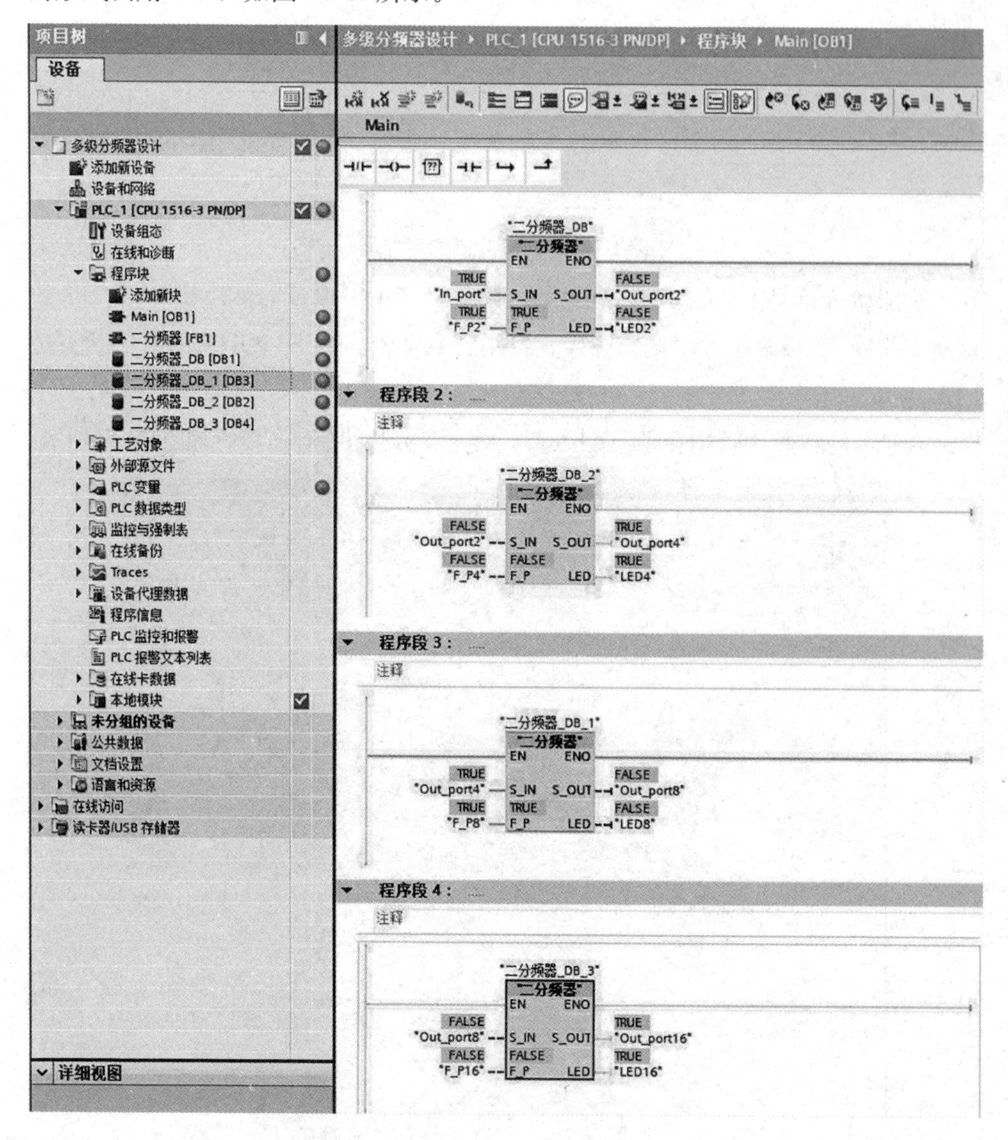

图 11-48 OB1 主程序

(5)输入、下载并运行控制程序，观察和调试程序的运行效果。

①二分频的编写要放在函数块内，不能放在函数内。因为二分频程序需要用到边沿检测指令，而边沿检测指令的边沿存储位必须位于 DB(FB 的背景数据块中)中或者位存储器中，而函数没有背景数据块，因此本项目通过函数块来实现

调用执行。

②主程序调用同一个 FB，其背景数据块不要相同，以免引起程序执行的错误。

九、加热炉温度模拟量控制系统设计

1. 训练目的

(1)熟悉模拟量信号与数字量信号的区别。

(2)掌握 S7－1500 PLC 模拟量模块的接线和参数设置。

(3)熟练掌握 S7－1500 PLC 模拟量处理技术。

(4)掌握 PID 控制、组态和调试的要点。

2. 项目介绍

生产实践中，常常会遇到对温度进行恒定控制。针对电加热炉在工业控制过程中存在大惯性和滞后时间长的缺点，以小功率加热炉为被控对象，利用 S7－1500 PLC 实现温度的采集和控制，并完成项目的调试。

3. 项目实施步骤

有一台电炉要求控制炉温在一定的范围。整个系统的硬件配置如图 11-49 所示。

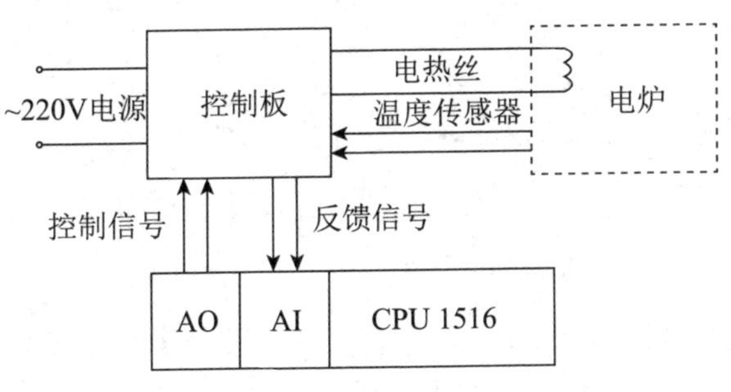

图 11-49　系统的硬件配置

电炉的工作原理如下：

当设定电炉温度后，CPU1516 经过 PID 运算后由模拟量输出模块输出一个电压信号送到控制板，控制板根据电压信号(弱电信号)的大小控制电热丝的加热电压(强电)的大小(甚至断开)，温度传感器测量电炉的温度，温度信号经过控制板的处理后输入到模拟量输入模块，再送到 CPU1500 进行 PID 运算，如此循环。

(1)生成一个新项目。打开博途编程软件的项目视图，新建工程，命名为“温度控制系统设计”，双击项目树视图中的“添加新设备”，添加一个 PLC 设备，

CPU 型号为 CPU 1516－3PN/DP。将硬件目录中的 AI 和 AQ 模拟量信号模块拖放到 CPU 中，完成设备的硬件组态和模拟量模块的参数设置。模拟量模块的参数设置需要根据实际温度传感器和输出控制信号的规格进行设置。

(2)PID 工艺对象组态。在项目视图中添加循环中断组织块 OB30，设置循环时间为 500ms，并添加“PID _ Compact”，组态 PID _ Compact，其基本设置如图 11-50 所示，根据实际输入输出信号进行控制器类型和输入/输出参数的选择。如果是开关量输出控制，比如控制固态继电器，可以选择“Output _ PWM”。

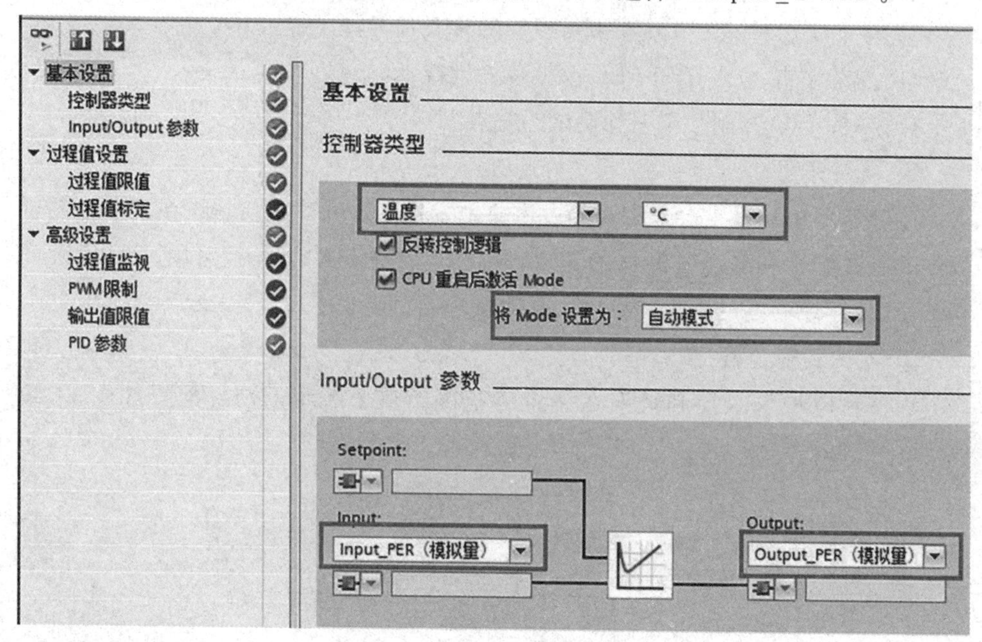

图 11-50　PID _ Compact 基本设置

过程值设置如图 11-51 所示，其中标定的过程值上下限需要根据实际使用的温度传感器测量温度的上限和下限来设置。

PID 参数的设置如图 11-52 所示，其中“PID 算法采样时间”必须和循环中断组织块 OB30 的调用周期时间匹配一致，比如均是 500ms。

(3)OB30 中的程序。OB30 中实现 PID 调节的程序如图 11-53 所示。如图系统需要自动/手动两种工作模式进行切换，还可以对 ManualEnable 进行状态切换的 Bool 变量设置。手动时该变量为 1 状态，参数 ManualValue 用于输入手动值的地址。可以在温度较低或者刚开始加热的时候，可以通过手动模式进行满功率加热，在快达到设定值时再切换到自动模式进行 PID 调节，从而缩短加热过程。

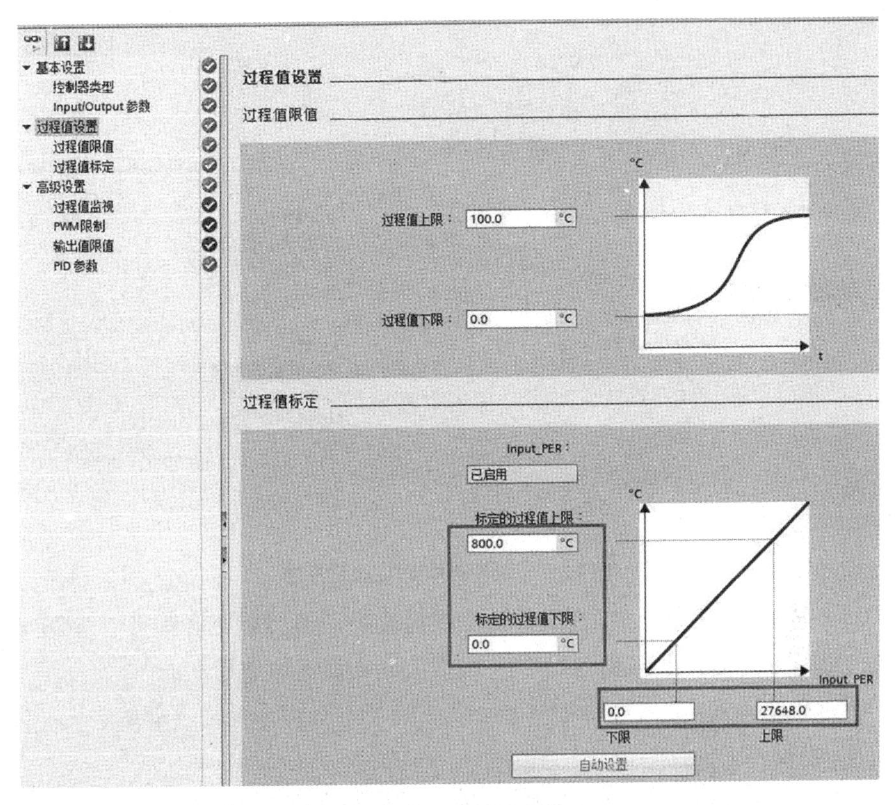

图 11-51　过程值设置

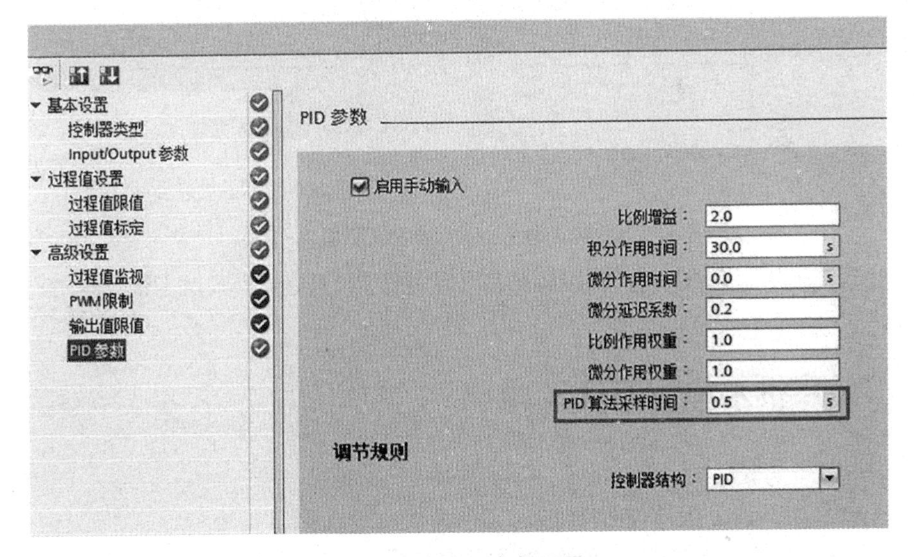

图 11-52　PID 参数设置

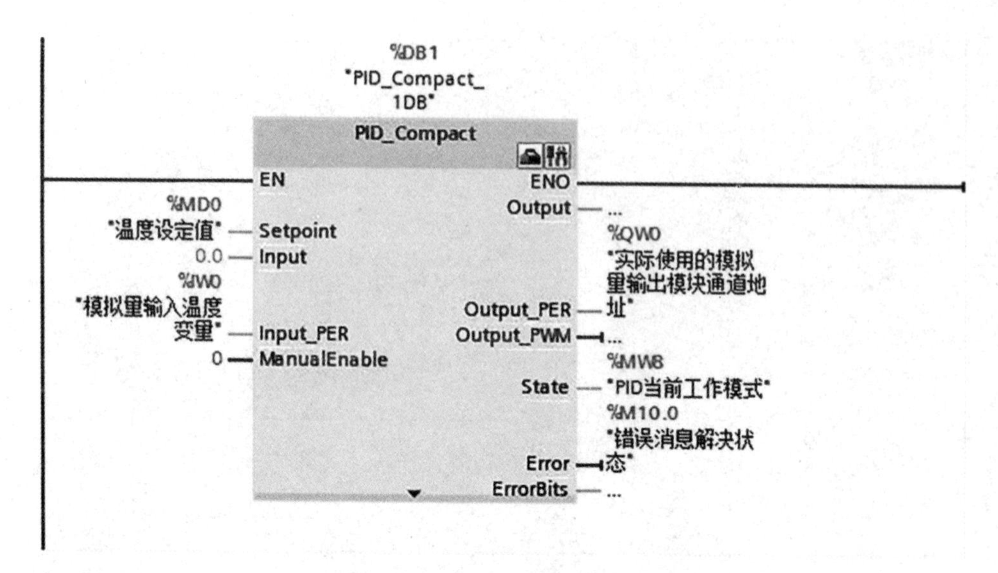

图 11-53　OB30 中 PID 调用程序

(4)OB1 中的程序。在 OB1 可以实现温度设定值的给定和修改，如图 11-54 所示。也可以直接在 PID 的 Setpoint 端直接输入设定值常数。

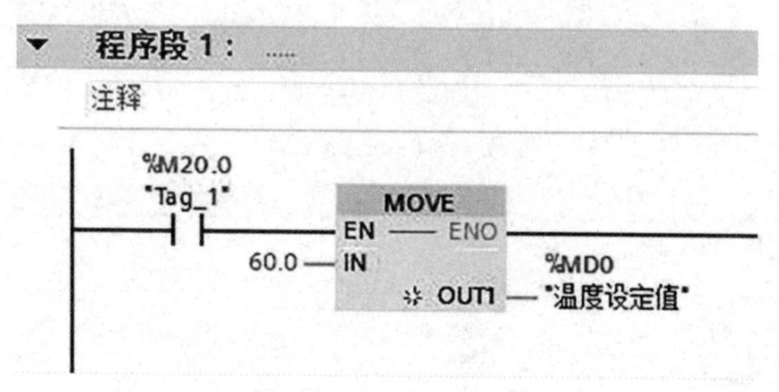

图 11-54　OB1 修改设定值

(5)编辑输入程序、存盘、编译、下载并运行，观察和调试 PID 程序的运行效果。

十、恒压供水控制系统设计

1. 训练目的

(1)熟悉模拟量信号与数字量信号的区别。

(2)掌握 S7－1500 PLC 模拟量模块的接线和参数设置。

(3)熟练掌握 S7－1500 PLC 模拟量处理技术。

（4）掌握 PID 控制、组态和调试的要点。

（5）掌握变频器的使用方法。

2. 项目介绍

基于 PLC 控制的变频调速恒压控制是一项综合现代电气技术和计算机控制的先进技术，广泛应用于水泵节能和恒压供水领域。利用 PLC 控制的变频调速技术用于水泵控制系统，它利用 PLC、传感器、电气控制设备、变频器以及水泵组成闭环控制系统，使供水管网压力保持恒定。该项目工作原理为：该系统由二台水泵、一台变频器、一台 PLC、一块远传压力表（压力传感器）组成。压力传感器把用户管网压力转换为 4－20mA 标准信号送进 PLC 模拟量输入端，PLC 通过内部自带的采样程序及 PID 闭环程序与用户设定压力构成闭环，控制变频器对水泵电机进行变频调速，达到恒压供水的目的。

3. 项目实施步骤

（1）生成一个新项目。打开博途编程软件的项目视图，新建工程，命名为“压力控制系统设计”，双击项目视图中的“添加新设备”，添加一个 PLC 设备，CPU 型号为 CPU 1516－3PN/DP。将硬件目录中的 AI 和 AQ 模拟量信号模块拖放到 CPU 中，完成设备的硬件组态和模拟量模块的参数设置。模拟量模块的参数设置需要根据实际温度传感器和输出控制信号的规格进行设置。

（2）PID 工艺对象组态。在项目视图中添加循环中断组织块 OB30，设置循环时间为 500ms，并添加“PID _ Compact”，组态 PID _ Compact，其基本设置如图 11-55、图 11-56 所示，根据实际输入输出信号进行控制器类型和输入/输出参数的选择。如果是开关量输出控制，比如控制固态继电器，可以选择“Output _ PWM”。

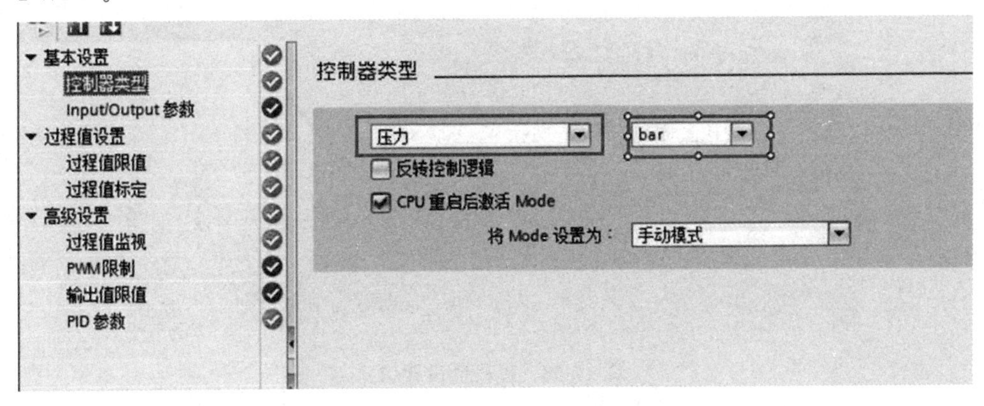

图 11-55　PID _ Compact 基本设置（1）

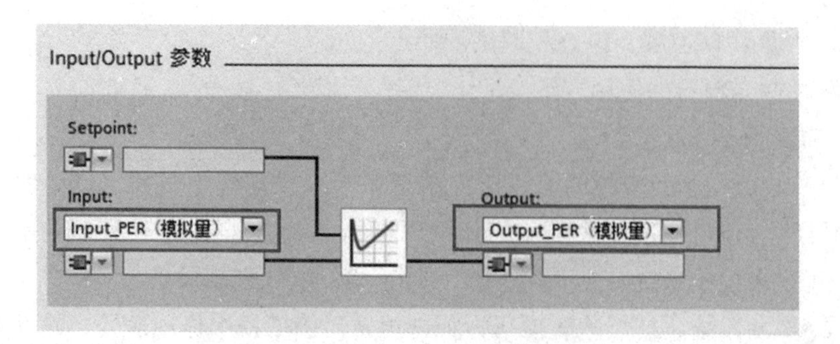

图 11-56　PID_Compact 基本设置(2)

过程值设置如图 11-57、图 11-58 所示，其中标定的过程值上下限需要根据实际使用的压力传感器测量压力的上限和下限来设置。

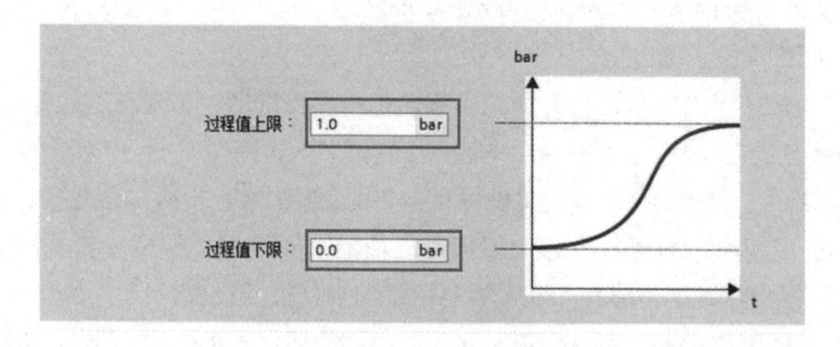

图 11-57　过程值设置(1)

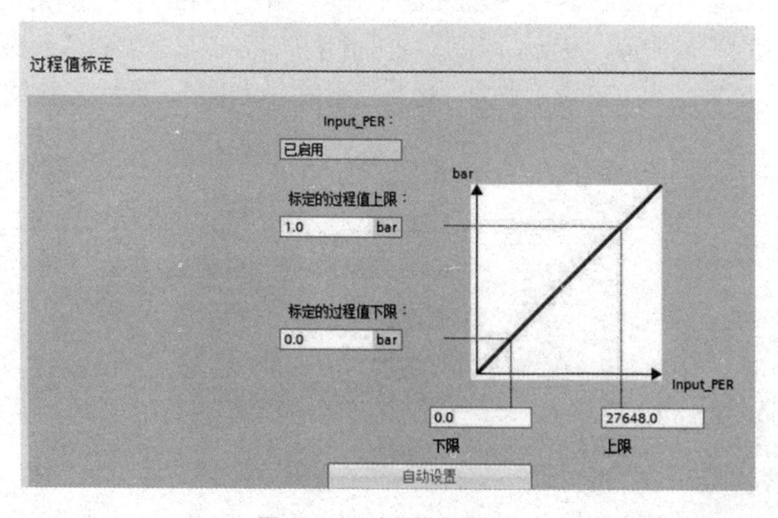

图 11-58　过程值设置(2)

PID 参数的设置如图 11-59 所示，其中“PID 算法采样时间”必须和循环中断组织块 OB30 的调用周期时间匹配一致，比如均是 500ms。

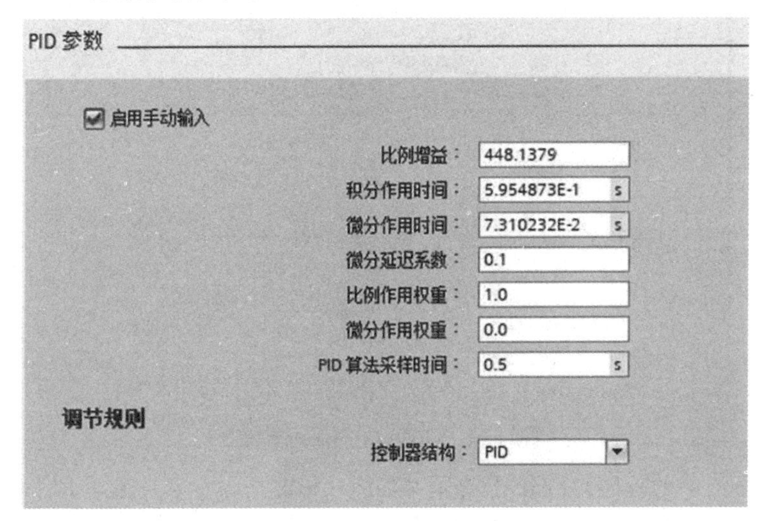

图 11-59　PID 参数设置

PID 参数可以手动设置或者使用 PID 调试(调试完成后上传 PID 参数)。使用 PID 调节时先选择预调节模式进行初步调节，预调节完成后再更改调节模式为精确调节进行更精准的调节，精准调节完成后再点击上传 PID 参数就完成了 PID 参数的调试，如图 11-60 所示。

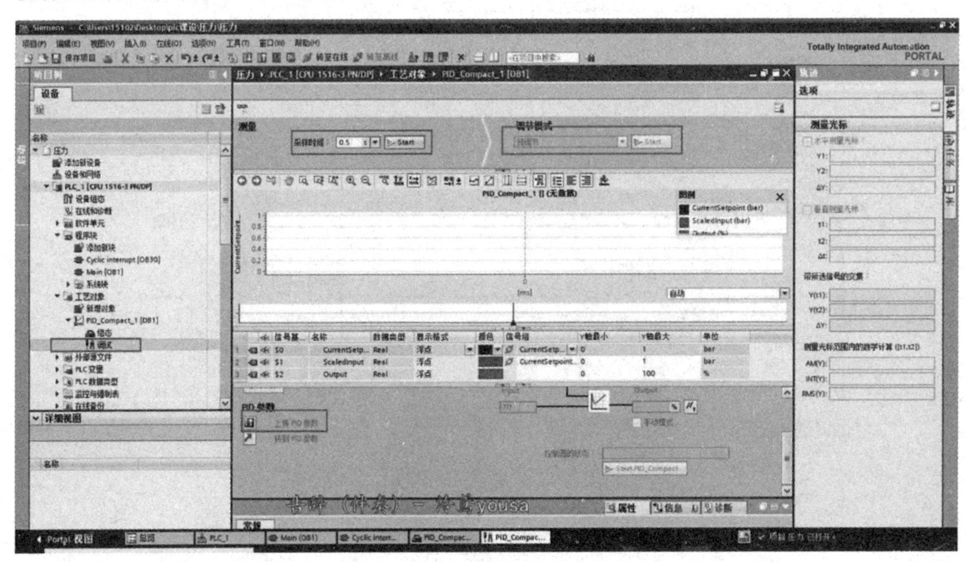

图 11-60　PID 参数调试

(3)OB30 中的程序。OB30 中实现 PID 调节的程序如图 11-61 所示。

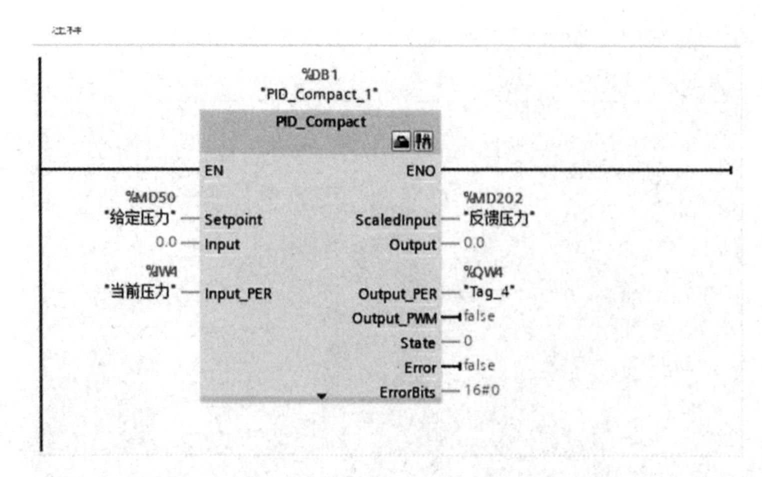

图 11-61　OB30 中 PID 调节程序

(4)OB1 中的程序。OB1 中的程序如图 11-62 所示。其中程序段 1 为按钮起保停和触摸屏起保停程序，程序段 2 为读取压力传感器的压力值，程序段 3 控制电机正转，程序段 4，5，6 为控制电机 1 和电机 2 运行间隔为 5 分钟(一台电机工作 5 分钟休息 5 分钟以保护电机)，程序段 7 为按下停止按钮后使电机 2 复位。

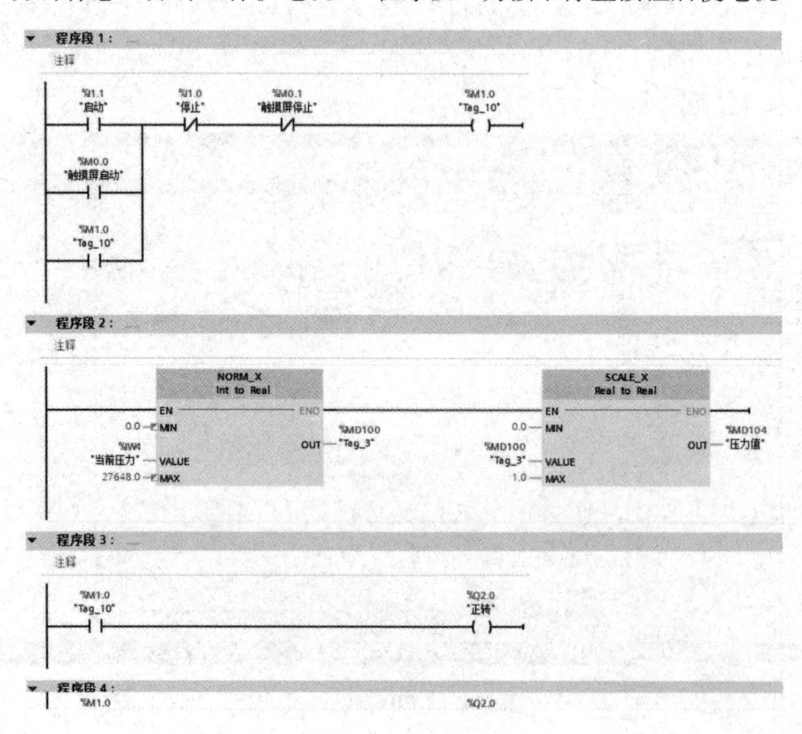

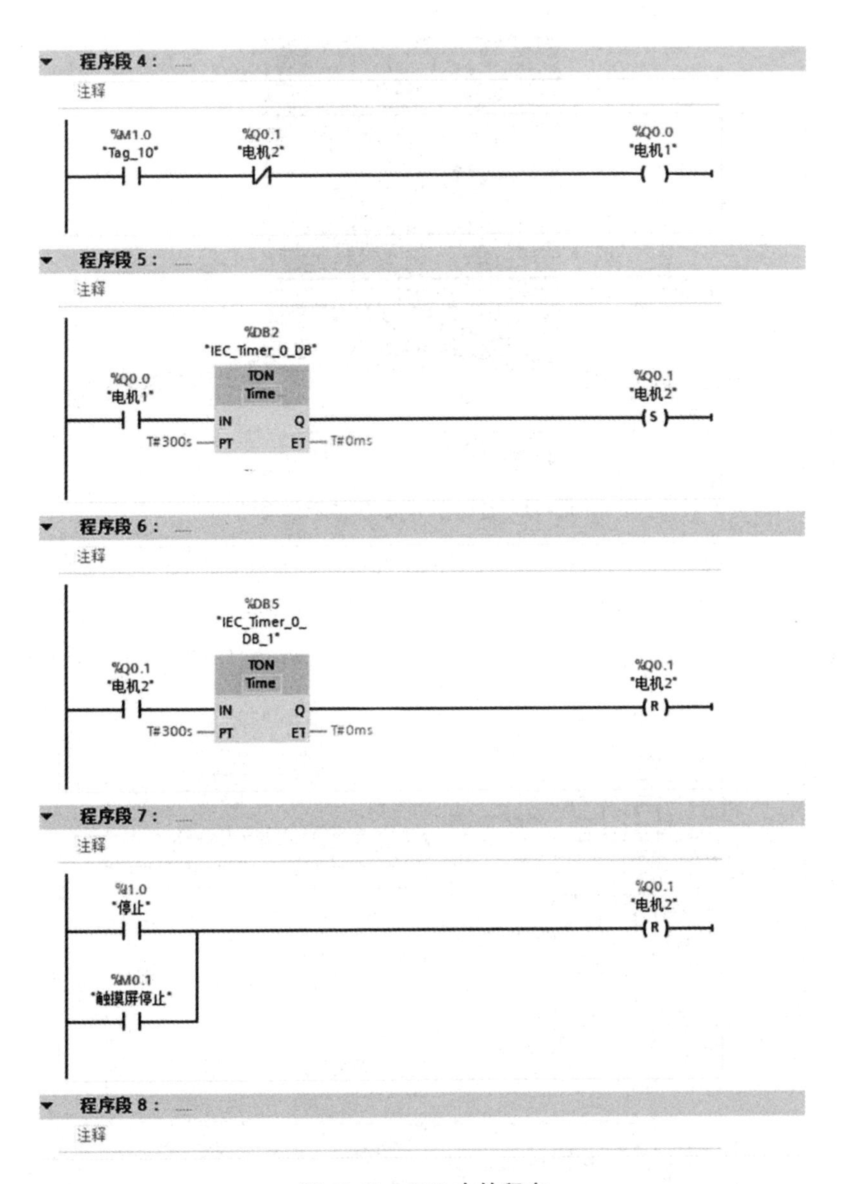

图 11-62　OB1 中的程序

(5)编辑输入程序、存盘、编译、下载并运行，观察和调试 PID 程序的运行效果。

4. MM440 变频器使用调试步骤

(1)变频器按键功能介绍如图 11-63 所示。

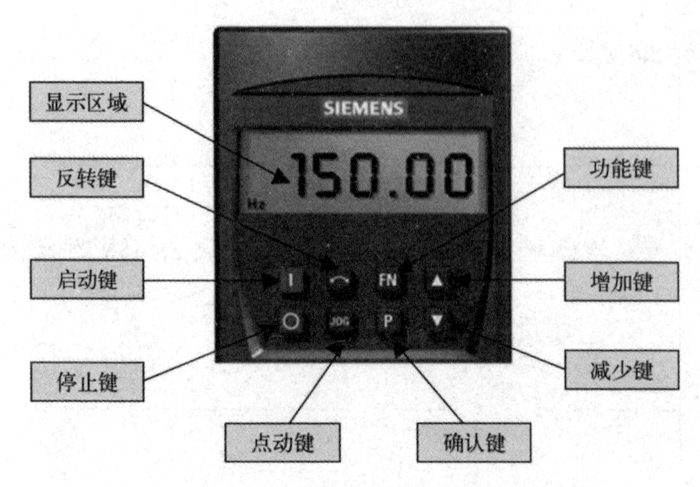

图 11-63　变频器 BOP 按键功能介绍

(2)变频器参数的复位(初始化)。参数复位，将变频器的参数恢复到出厂时的参数默认值。在变频器初次调试，或者参数设置混乱时，需要执行该操作，以便于将变频器的参数值恢复到一个确定的默认状态。其复位操作如图 11-64 所示。

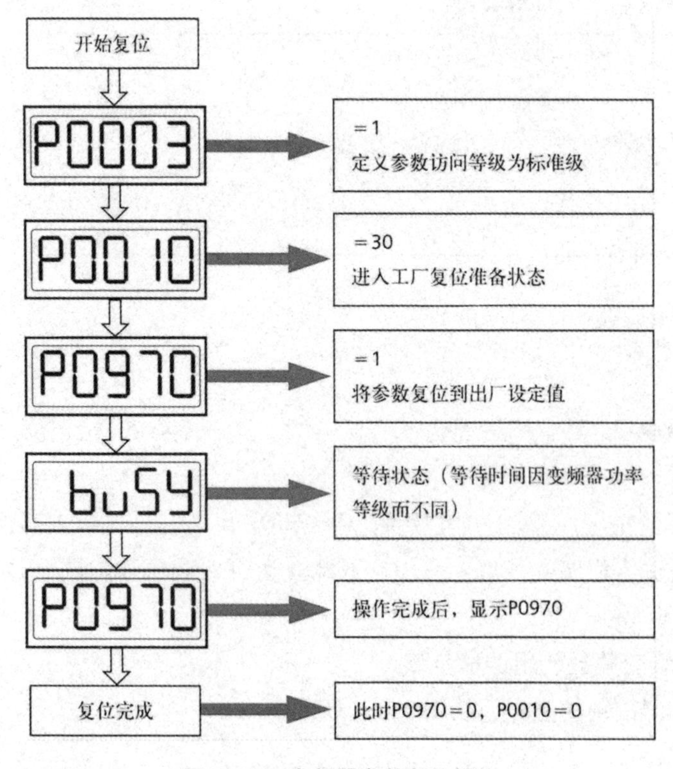

图 11-64　变频器参数复位操作

在参数复位完成后，需要进行快速调试的过程。根据电机和负载具体特性，以及变频器的控制方式等信息进行必要的设置之后，变频器就可以驱动电机工作了。

(3)快速调试。变频器快速调试的过程如图 11-65 所示。

请按照下面步骤，设置参数，即可完成快速调试的过程。

参数号	参数描述	推荐设置
P0003	设置参数访问等级 =1 标准级（只需要设置最基本的参数） =2 扩展级 =3 专家级	3
P0010	=1 开始快速调试 注意： 1. 只有在P0010=1的情况下，电机的主要参数才能被修改，如：P0304，P0305等 2. 只有在P0010=0的情况下，变频器才能运行	1
P0100	选择电机的功率单位和电网频率。 =0 单位 kW，频率50Hz =1 单位 HP，频率60Hz =2 单位 kW，频率60Hz	0
P0205	变频器应用对象 =0 恒转矩（压缩机，传送带等） =1 变转矩（风机，泵类等）	0
P0300[0]	选择电机类型 =1 异步电机 =2 同步电机	1
P0304[0]	电机额定电压： 注意电机实际接线（Y/Δ）	根据电机铭牌
P0305[0]	电机额定电流： 注意：电机实际接线（Y/Δ） 如果驱动多台电机，P0305的值要大于电流总和	根据电机铭牌
P0307[0]	电机额定功率 如果P0100=0或2，单位是kW 如果P0100=1，单位是hp	根据电机铭牌
P0308[0]	电机功率因数	根据电机铭牌
P0309[0]	电机的额定效率 注意 如果P0309设置为0，则变频器自动计算电机效率 如果P0100设置为0，看不到此参数	根据电机铭牌

参数号	参数描述	推荐设置
P0310[0]	电机额定频率 通常为50/60Hz 非标准电机，可以根据电机铭牌修改	根据电机铭牌
P0311[0]	电机的额定速度 矢量控制方式下，必须准确设置此参数	根据电机铭牌
P0320[0]	电机的磁化电流 通常取默认值	0
P0335[0]	电机冷却方式 =0 利用电机轴上风扇自冷却 =1 利用独立的风扇进行强制冷却	0
P0640[0]	电机过载因子 以电机额定电流的百分比来限制电机的过载电流	150
P0700[0]	选择命令给定源（启动/停止） =1 BOP（操作面板） =2 I/O端子控制 =4 经过BOP链路（RS232）的USS控制 =5 通过COM链路（端子29，30） =6 PROFIBUS（CB通讯板） 注意：改变P0700设置，将复位所有的数字输入输出至出厂设定	2
P1000[0]	设置频率给定源 =1 BOP电动电位计给定（面板） =2 模拟输入1通道（端子3，4） =3 固定频率 =4 BOP链路的USS控制 =5 COM链路的USS（端子29，30） =6 PROFIBUS（CB通讯板） =7 模拟输入2通道（端子10，11）	2
P1080[0]	限制电机运行的最小频率	0
P1082[0]	限制电机运行的最大频率	50
P1120[0]	电机从静止状态加速到最大频率所需时间	10
P1121[0]	电机从最大频率降速到静止状态所需时间	10
P1300[0]	控制方式选择 =0 线性V/F，要求电机的压频比准确 =2 平方曲线的V/F控制 =20 无传感器矢量控制 =21 带传感器的矢量控制	0

P0700[0]	选择命令给定源（启动/停止） =1 BOP（操作面板） =2 I/O端子控制 =4 经过BOP链路（RS232）的USS控制 =5 通过COM链路（端子29，30） =6 PROFIBUS（CB通讯板） 注意：改变P0700设置，将复位所有的数字输入输出至出厂设定	2
P1000[0]	设置频率给定源 =1 BOP电动电位计给定（面板） =2 模拟输入1通道（端子3，4） =3 固定频率 =4 BOP链路的USS控制 =5 COM链路的USS（端子29，30） =6 PROFIBUS（CB通讯板） =7 模拟输入2通道（端子10，11）	2
P1080[0]	限制电机运行的最小频率	0
P1082[0]	限制电机运行的最大频率	50
P1120[0]	电机从静止状态加速到最大频率所需时间	10
P1121[0]	电机从最大频率降速到静止状态所需时间	10
P1300[0]	控制方式选择 =0 线性V/F，要求电机的压频比准确 =2 平方曲线的V/F控制 =20 无传感器矢量控制 =21 带传感器的矢量控制	0
P3900	结束快速调试 =1 电机数据计算，并将除快速调试以外的参数恢复到工厂设定 =2 电机数据计算，并将I/O设定恢复到工厂设定 =3 电机数据计算，其它参数不进行工厂复位	3
P1910	=1 使能电机识别，出现A0541报警，马上启动变频器	1

在完成快速调试后，变频器就可以正常的驱动电机了。下面就可以根据需要设置控制的方式和各种工艺参数。

图 11-65　变频器快速调试过程

(4)变频器接线图参考如图 11-66 所示。

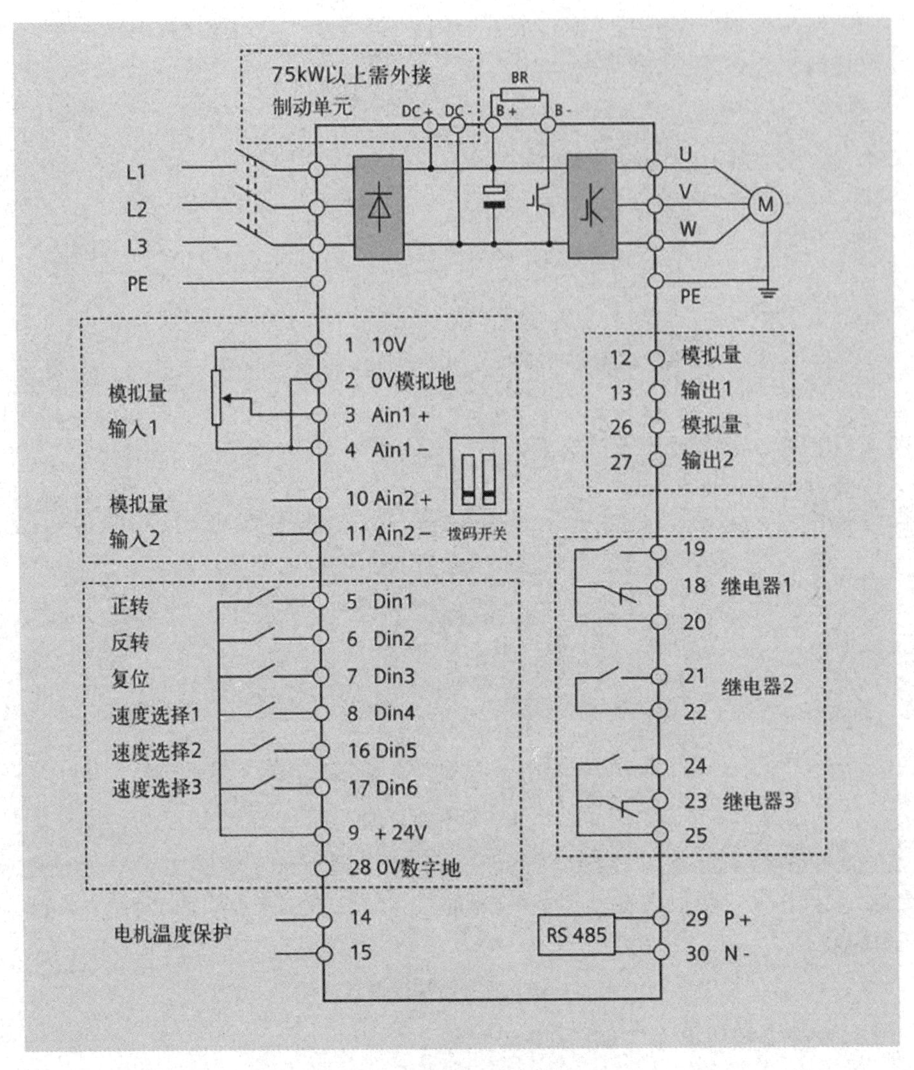

图 11-66　变频器接线参考图

十一、十字路口交通灯控制人机界面设计

1. 训练目的

（1）掌握西门子触摸屏的接线和参数设置。

（2）熟练掌握 HMI 的画面组态设计方法。

（3）掌握触摸屏与 PLC 之间通信和调试的方法。

（4）熟悉西门子 PLC 编程软件及触摸屏的使用，能够熟练运用 PLC 编程软件编写一些简单程序并用触摸屏控制。

2. 项目介绍

在当今自动化控制领域，PLC、触摸屏技术的综合应用相当广泛，PLC 具有功能强、可靠性高等一系列优点；触摸屏逐步取代过去设备的操作面板和指示仪表，成为应用越来越广泛的人机界面(HMI)。十字路口交通信号灯在日常生活中经常可以遇到，其控制通常采用数字电路控制或单片机控制都可以达到目的，这里以图 11-67 所示的十字路口交通灯为控制对象，利用西门子 PLC 和 HMI 模拟实现交通灯的控制和上位机设计，并完成项目的调试。控制要求如下：R1、Y1、G1 分别为南北方向上的红、黄、绿指示灯。R2、Y2、G2 分别为东西方向上的红、黄、绿指示灯。

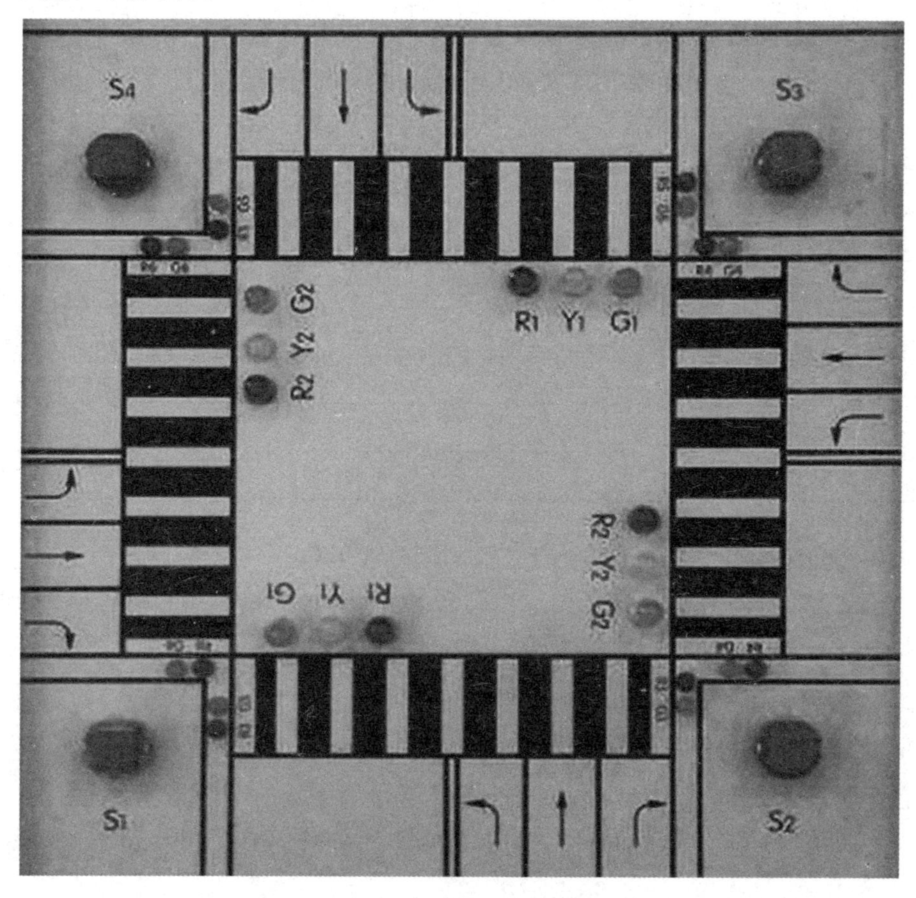

图 11-67　十字路口交通灯模型

(1)初始状态。装置投入运行时，所有灯都不亮，等待程序执行命令。

(2)启动操作。按下启动按钮 START，装置开始按下列给定规律运转：东西向绿灯亮 25s 后，闪烁 3 次(1s/次)，接着东西向黄灯亮，2s 后东西向红灯亮，25s 后东西向绿灯又亮……如此不断循环，直至停止工作；南北向红灯亮 30s 后，南北向绿灯亮，25s 后南北向绿灯闪烁 3 次(1s/次)，接着南北向黄灯亮，2s 后南北向红灯又亮……如此不断循环，直至停止工作。

(3)停止操作。按下停止按钮 STOP 后，所有灯都熄灭，等待下次程序执行命令。

3. 项目实施步骤

(1)完成 HMI 和 PLC 以及之间的硬件接线。

(2)完成红绿灯 PLC 控制程序的编写和调试。

PLC 进行交通信号灯控制的 I/O 地址分配如表 11-3 所示。

表 11-3　交通信号灯控制 I/O 分配表

输入		输出	
地址	说明	地址	说明
M0.0	启动按钮	Q0.0	R1
M0.1	停止按钮	Q0.1	Y1
		Q0.2	G1
		Q0.3	R
		Q0.4	Y2
		Q0.5	G2

(3)完成触摸屏画面的设计与组态。界面要求如下：

①制作画面模板，在模板画面中显示“交通灯控制模拟项目”和系统日期时钟。

②系统完成两个画面组态，一个为初始主画面，一个为系统画面。两画面之间能进行自由切换。

③在系统画面中作出交通灯控制的系统图。

(4)测试系统。完成触摸屏和 PLC 之间的通信和调试。

十二、物流线仓库库存控制系统设计

1. 训练目的

(1)了解 PLC 控制系统典型的应用设计。

(2)熟练掌握 HMI 的组态设计方法。

(3)掌握 PLC 与触摸屏联合实现人机交互现场控制的设计方法。

(4)掌握系统的调试和诊断方法，能够解决控制系统设计中的问题。

2. 项目介绍

仓库的自动化管理在整个物流系统中至关重要，可以通过 PLC 和 HMI 实现物流仓库库存的显示。假设一物流线有可以存放 100 件包裹的临时仓库区，包裹的入库、出库通过两条传送带运输，传送带 1 将包裹运送至临时仓库，传送带 1 靠近仓库一侧安装的光电传感器 1 确定有多少包裹运送至仓库区。传送带 2 将仓库区中的包裹运送至货场，卡车从此处取走包裹并发送给用户，传送带 2 靠近仓库一侧安装的光电传感器 2 确定有多少包裹运送至货场。库存状态由一块显示面板指示，面板上有五个指示灯，分别显示“仓库区空”“仓库区不空”“仓库区装入 50%”“仓库区装入 90%”和“仓库区满”五种库存状态。如图 11-68 为该控制系统的示意图。

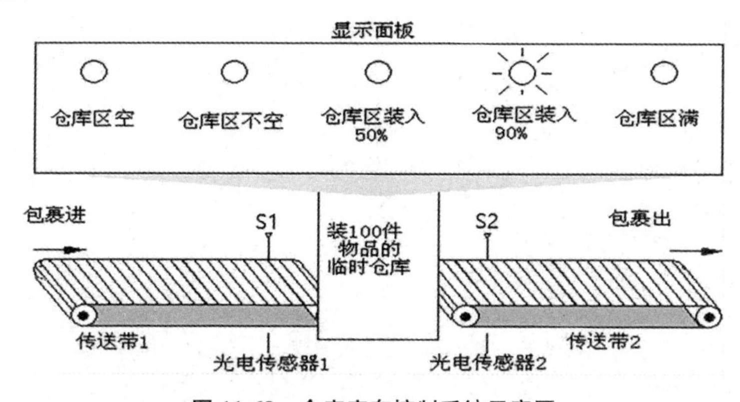

图 11-68　仓库库存控制系统示意图

3. 项目实施步骤

(1)完成 HMI 和 PLC 以及之间的硬件接线。

(2)完成 PLC 控制程序的编写和调试。

根据物流线仓库库存控制系统的控制要求，确定系统所需的输入/输出设备，系统 I/O 分配，如表 11-4 所示。

表 11-4　仓库库存控制系统 I/O 分配表

输入		输出	
地址	说明	地址	说明
I0.0	仓库入库传感器 S1	Q0.0	“仓库区空”指示
I0.1	仓库出库传感器 S2	Q0.1	“仓库区不空”指示
I0.2	复位按钮	Q0.2	“仓库区装入 50%”指示
		Q0.3	“仓库区装入 90%”指示
		Q0.4	“仓库区满”指示

根据仓库库存系统的控制工艺，清空库存之后，当一个包裹由传送带 1 送入，入库光电传感器 S1 发出一个脉冲用于计数；而当一个包裹由传送带 2 送出，出库光电传感器 S2 发出一个脉冲同样用于计数。根据入库数和出库数即可计算出包裹库存数。

根据控制逻辑分析，控制程序可以采用线性化编程方式编写。系统的参考程序如图 11-69 所示。

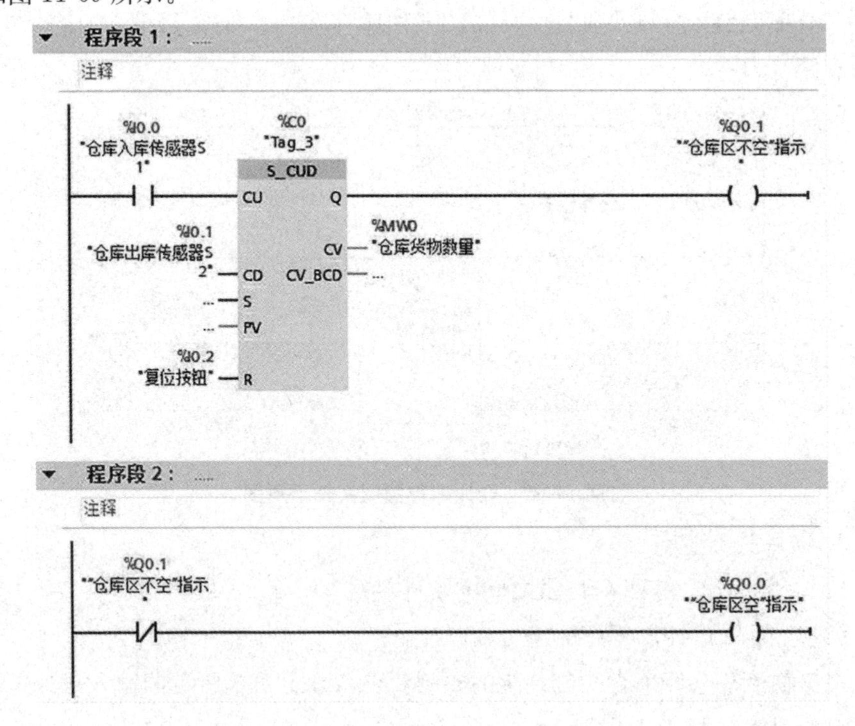

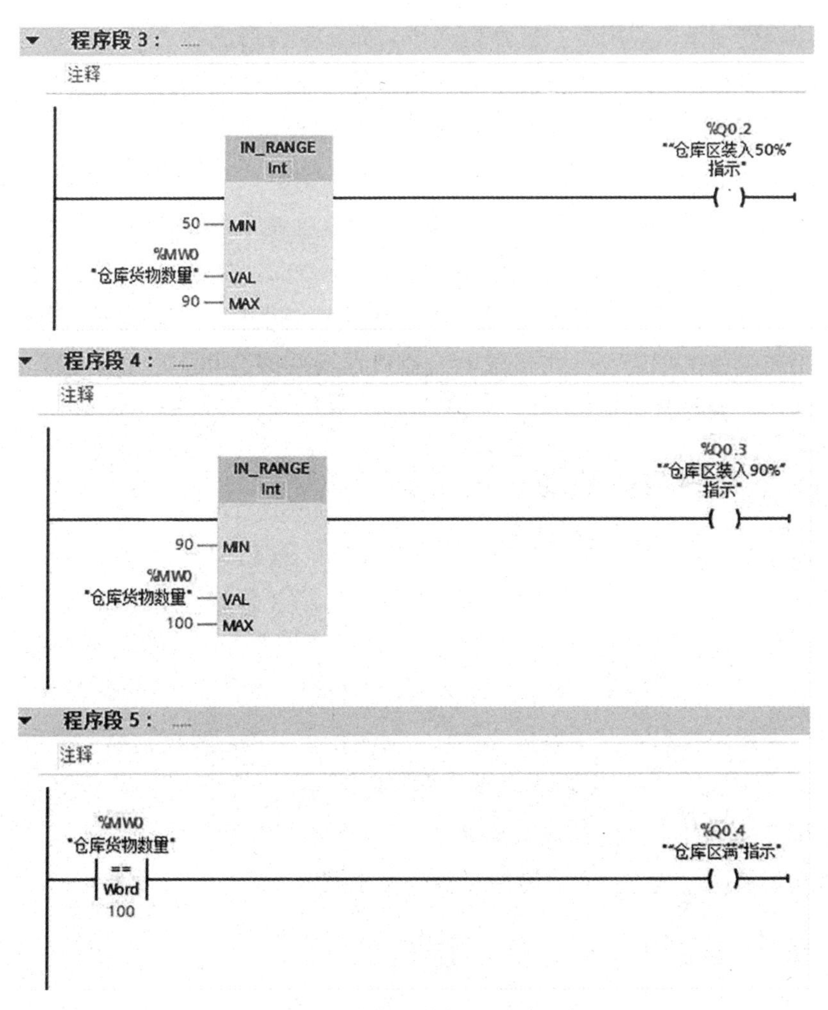

图 11-69　仓库库存控制系统程序

(3)根据仓库库存控制系统的功能，完成触摸屏画面的设计与组态。

(4)将用户程序、设备组态、HMI 画面组态分别下载到 CPU 中，并连接好线路，完成系统的故障诊断和测试，来验证调试现象和系统的控制要求是否一致。

附录 4　校外实践教育基地建设方案

为全面落实全国教育大会精神和新时代全国高等学校本科教育工作会议的要求，进一步加强本科高校实践教学环节，提升学生的实践能力、创新精神、综合素质，加快创新型、应用型、复合型人才培养，加快形成高水平人才培养体系，培养德智体美劳全面发展的社会主义建设者和接班人，根据《河南省教育厅关于开展河南省本科高校大学生校外实践教育基地建设工作的通知》(教高〔2020〕82号)文件精神，结合国家级和省级一流专业建设工作，进一步深化我院人才培养模式改革，强化实践育人能力，提升高校和行业企业单位联合培养人才的水平，提升大学生的工程意识、实践能力、社会责任感和就业能力，培养能够适应社会经济发展需要的高水平应用型人才，缩短毕业生就业适应期，结合专业实践实际，申报南阳理工学院——郑州微力工业机器人有限公司实践教育基地建设项目，具体建设方案如下。

一、校外实践教育基地建设目标

实践基地建设与教学实施，树立“以学生产出为导向，以实践能力提升为核心，培养具有创新精神的高素质应用型人才”的指导思想，以立德树人为根本，建设面向自动化、机器人工程、电气工程及其自动化等专业的实践教学基地，满足每年近300人次的学生实习、实践要求，搭建学生实践能力培养、教师工程能力提升、开展校企深度合作的实践平台。通过校企共建，实施实际工程项目全链条实践的新模式，培养“双师双能型”教师队伍，提升学生的实践能力、创新精神、工程意识、社会责任感和就业能力，提升校企合作育人水平，为培养能更好满足社会经济、行业、企业急需的复合型人才提供保障。

二、校外实践教育基地建设思路

坚持以学生为中心的OBE教学理念，与基地所依托企业密切合作，进一步创新实践基地管理运行机制，提升校企合作的深度和广度，优化实践教学体系和内容，扩大现有实践基地规模，改善基地条件，充实和改革实践内容，增强对学生的实践能力提高评价，提高学生的实践能力和综合素质。

通过专业实践基地的建设，使学生更多接触到实际工程项目的设计、安装以及调试等生产过程，提高工程意识，具备一定的工程实践能力。实现实践基地的建设可以从以下6个方面进行。

(1)硬件环境建设。在不影响生产的基础上，创造良好的硬件环境，为学生实习提供必需的硬件基础和衣食住行等后勤保障。

(2)创新能力培养。以企业实际工程项目学习为载体，培养学生创新精神和工程意识；通过参与企业项目，或老师带领参与校企合作项目，提高学生的实际动手能力和项目协作能力。

(3)师资队伍建设。加强由企业导师和校内骨干教师所组成的校外实践基地的师资队伍建设，优化师资队伍结构，同时，聘请实习基地导师到校内为专业课程做讲座，提高学生学习兴趣，使其及早了解企业工程需求。

(4)课程建设。校企联合进行课程建设，尤其是针对工程实践性较强的课程，如可编程序控制器、机器人控制技术、嵌入式控制技术等课程，共同进行的课程案例开发、教学资源建设等工作。

(5)强化质量监控。建立和完善校外实习实践基地的实践教学体系及质量监控与评价体系，充分体现产出为导向的教育理念。

(6)创新实践形式。学生以岗位实习的方式，深度参与企业项目，提高学生的实践动手能力和综合设计能力，为企业建立人力资源储备，促进企业经济增值，提高社会资源的利用率，实现双赢效果；另外，通过将企业测试样机转移到学校实验室，为学生提供更充分的研究与实践机会，使学生有更充分的时间开展工程实践，也为更多学生提供实践条件。

三、校外实践教育基地建设需求

1. 实践专业

根据传统工科开展新工科建设的需要，以及学院新开办的新工科专业机器人工程专业建设的实践教学需求，拓展校外实践基地建设项目，本实践基地重点面向南阳理工学院、南阳师范学院、中原工学院等高校自动化、机器人工程两个专业，也可为电气工程及其自动化、测控技术与仪器、机械设计制造及其自动化等专业，为学生在工业机器人应用及系统集成领域的工程实践能力培养提供实习实践条件。

2. 实践形式

根据实践课程的不同，实践形式主要分为三种形式：一是带领学生到企业实习，在校企双导师带领下，开展实践教学，包括认知实习、专业实习等；二是由校企双导师开展学生毕业设计指导工作，通过这种方式，将实际的企业项目作为毕业设计的内容，更加符合培养学生创新能力，提高工程实践能力的需要；三是构建协同育人平台，促进校企优质资源共享，在南阳理工学院建立了工业机器人技术研发中心，并共建“微力机器人”产业学院，由校企双方带领学生，开展个性自动化产品研发。

3. 实践内容及实践课程

根据专业人才培养方案，结合实践基地依托企业的生产实际，从认知实习、课程实习和生产项目实习“三结合”来实现完整的实践教学内容体系。具体实践基地主要拟开设的实践课程包括：认知实习、专业课程实习(部分控制类相关课程：《机器人控制技术集成实训》《可编程序控制器》《伺服运动控制技术》等)、生产实习、社会实践，以及毕业设计(论文)等。与共建企业共同制定相关课程的教学目标、教学内容，以及教学方案，建设校外实践教学的课程体系和考核方案。具体各课程实践内容见表 11-5 所列。

表 11-5 实践教育基地承担的实践教学内容

序号	实践课程	实习内容
1	认知实习	实地参观郑州微力工业机器人有限公司，了解企业文化、经营范围、产品种类、安全知识；认识自动化生产线、工业机器人及控制设备等，了解工业机器人的发展现状、应用前景，以及中国制造 2025，建立对智能制造的感性认识
2	生产实习	深入企业生产一线，了解典型自动化生产流水线或自动化产品的设计、工艺、制造以及其控制设备、检测设备和执行器等，巩固、加深和扩展有关自动化工程设计、产品集成、运行维护、技术服务等方面的知识。了解产品生产和装配的组织形式、工艺流程和实际操作，从成本和效率分析评价工厂的生产组织管理。能分析评价企业产品或技术在生产过程中可能造成的影响，如人员安全与健康，环境污染与保护等。要按实际产品要求、技术标准、操作规范和流程等，读懂电路图，完成控制柜接线，或元器件焊接等工序，对重点工序进行分析，画出示意图，进行原理分析。学习工厂的生产经验、技术更新和科研成果，能够根据对企业产品的功能了解并操作使用，分析评价产品对社会和个体的影响，并使其成为今后从事研发、产品设计时需要考虑的因素。能够描述实习所在企业的先进技术和先进管理体制，认知工程技术人员、生产管理人员等在生产或企业运作中的分工和职责

续表

序号	实践课程	实习内容
3	机器人控制技术集成实训	通过参与工业机器人应用集成设计过程，了解工业机器人与 PLC 技术控制集成领域的复杂工程问题，能够针对系统需求，结合专业知识，学会制定合理的设计方案，规划系统软硬件功能，编写工业机器人控制程序，设计满足控制要求的 PLC 控制系统。同时学会 PLC 与工业机器人系统集成的设计方法和设计步骤，在方案设计和实现过程中理解并遵守工程职业道德和规范；学会不断改进、完善设计方案，提高综合分析问题和解决问题的能力
4	可编程序控制器	通过参与自动化生产线的设计，学会选择或设计控制器，检测、执行装置，通信系统，监控系统等硬件单元系统；并能够根据控制要求进行控制程序设计，以及人机界面设计，完成一个完整的 PLC 控制系统设计。同时学会应用工程管理与经济决策方法进行项目规划与管理，并进行经济效益分析
5	伺服运动控制技术	通过机器人和自动化生产线运动控制的调试，了解伺服控制系统的基本单元设计，通过选择主控制器、驱动元件、检测装置等硬件平台，能够根据控制要求进行控制程序设计，以及人机界面设计；并能够完成系统功能调试。结合生产实际，具备分析和解决自动化专业领域运动控制相关的复杂工程问题的能力
6	毕业设计（论文）	结合企业实际项目，将其部分单元或子系统作为毕业设计的题目，通过企业、学校双导师方式，进行毕业生的毕业设计(论文)指导。在老师指导下完成选题、调研、文献综述、方案论述、系统设计、性能分析、工作交流、毕业设计验收、论文撰写与答辩等相关训练环节，使学生获得工程实际项目的开发经验，培养学生正确的设计思想、理论联系实际的工作作风和科学严谨的工作态度，进一步提高学生综合运用所学专业知识分析、解决自动化领域复杂工程问题的能力

四、校外实践教育基地实施计划

基地预计建设期为 2 年(2022.09—2024.08)，具体建设计划及安排如下。

1. 制度建设(2022.09—2022.12)

在建设期内，双方将编制实践基地建设进度表，进一步优化基地的管理机制，并落实责任分工，进一步完善实习制度的建设，既要保障实习学生的权益，又要提升实习质量，确保学习效果，既要符合企业的规章制度，确保学生安全，又要严格遵守校纪校规。

2. 环境建设(2023.01—2023.07)

在多年建设的基础上，郑州微力机器人有限公司目前一次能安排实习学生60人以上，有固定的食宿地点，卫生状况良好，有安全保障措施，未发生安全事故；公司仪器设备配套齐全，应用状况良好，能满足实习教学需要，有便于讨论、自学的固定教室，有与实践教学紧密相关、方便学生自学的模拟仿真软件及音频、视频资料。

在建设期内，将加大工作力度，完成基地环境的改造以及相关设施设备的装配。在配套设施方面，加大食宿和实习环境建设方面的投入，确保学生外出实习的体验感；同时，进一步加大企业工作环境的安全隐患排查，确保学生实习环境的绝对安全。

3. 师资队伍、实践课程建设(2023.01—2024.06)

在实践过程中，加强师资建设，确保高水平指导教师与实习学生比例达到1∶5。

在建设期内，双方将完成基地实践课程体系规划与开发、教学资料准备，并合作开发项目，以此为载体，引导学生深度参与，培养学生的创新能力；另外，双方将合作进行课程建设，在可编程序控制器、机器人控制技术，嵌入式控制技术等课程建设中，共同建设教学资源，聘请企业教师参与理论教学，同时改进考核方式，确保实习质量和相关理论课程教学质量的提升。

根据目前行业需求，补充数字虚拟仿真相关实践内容，以及配套软、硬件，完成教学讲义等教学材料的准备，以满足学生自主学习和教师教学的需要。

4. 总结、验收和推广(2024.07—2024.08)

自查总结，拾遗补缺，评估实践基地运行效果，总结基地建设经验，为形成更加成熟的基地建设模式和进一步推广创造条件。同时接受学校和教育厅的验收。

五、校外实践教育基地建设办法与建设内容

由南阳理工学院智能制造学院和郑州微力工业机器人有限公司共同成立基地建设领导小组，对基地建设进行管理。负责人分别由南阳理工学院智能制造学院主管科研副院长和微力工业机器人有限公司董事长担任，成员包括：学院各教研

室主任、实验实训中心主任、相关骨干教师，和微力公司相关技术、管理人员组成。双方建立定期沟通机制，并安排专人负责具体事宜。

1. 共同制订实践实训培养方案

体现应用型、实践性和开放性的要求，双方合作开展行业调研，根据企业岗位要求，实施工作任务分析和行动领域归纳，重构工作过程导向的课程体系，形成工学结合的“双元制”人才培养方案，企业培训和学校教育互相补充、互相支持，企业深层次渗透到整个人才培养过程。

该基地结合学院应用型人才培养的定位，以学生产出为导向，联合制定实践阶段培养方案。主要完成以下的教学环节的设计：共同制定校外实践基地的教学目标和培养方案；共同制定校外实践基地所开设实践环节的质量标准；共同制定校外实践基地的课程体系和教学内容；共同制定实践/实习教学大纲和指导书；共同制订与基地情况相配套的实践/实习计划；设计开发实践/实习项目，以及音频视频资源；共同制定实践课程考试考核方法，以及达成情况评价方案。

针对实践课程具体方案如下。

(1)认知实习：认知实习安排在第 3 学期，重点使学生对所学专业建立感性认识，以更好学习和理解后续的专业理论；也能加强同学们对所学专业的认识，激发学生的学习热情。实习的内容主要是利用公司开发的自动化生产线，组织学生参观和进行现场教学，让学生认识专业知识在生产实践中的应用和使用等，比如结合生产线的供配电系统、传感器系统、控制系统等，让学生认识相关产品的结构和功能。

(2)课程实习：课程实习通过双方开发课程案例，使学生完成案例设计和综合性的课程设计。课程实习可以使学生学到单纯的书本学不到的知识，能够提高学生的创新能力、独立分析问题能力、解决复杂工程问题的能力。

郑州微力机器人有限公司在非标自动化控制系统设计方面具有丰富的实践经验，主要客户为汽车制造、采矿和大型养殖等行业企业，我院自动化、机器人工程等专业学生在机器人技术集成、PLC 控制和嵌入式控制方面进行了理论知识的学习，企业需要在技术创新方面得到学校的技术支持，学校需要在相关课程实践教学，成果转化方面得到企业的帮助，因此，课程实习建设期内，双方将在“机器人控制技术集成”方面开展深度合作和交流，机器人技术集成包括机器人末端执行器设计、机器人控制器设计、机器人通讯模块设计、机器人视觉部分设计等。

计划在双方的共同努力下，由自动化、机器人工程专业学生完成机器人控制器的设计、机器人通讯模块设计和机器人视觉部分设计，由郑州微力完成机器人末端执行器设计，并在郑州微力，由实习学生、指导老师和企业工程师通力协作，完成机器人的组装和调试。

将该项目作为校企合作的一个特色项目进行培育，是提升校企合建设水平，提高学生培养质量的重要途径。

(3)生产项目实习：生产项目实习让学生全程深度参与企业的实际工程项目，提高工程实践能力和专业动手能力。

2. 共同制订实践教学基地建设方案

学校本着应用型、技术性、共享性、开放性的原则，遵循学生实践能力培养的基本规律，以真实工作任务及其工作过程为依据，制定满足实践教学需要的建设方案。

企业根据自身对专业高技能人才和行业的了解，对实践教学基地初步方案提出合理化建议，并指导甲方完善方案，为实践教学提供真实的工程环境，满足学生了解企业实际、体验企业文化的需要。

3. 共同实施课程的教学过程

双方根据企业岗位能力要求，参照企业资格标准，建立突出实践能力培养的课程标准和实施标准；编写工学结合特色教材或讲义，开发专业技术类课程；建立初步的课程考核标准；根据教学要求，开发课件、案例、习题、实训实习项目、学习指南等教学相关资料，建立教学资源库，满足网络课程教学需要。

4. 共建实践教育基地软硬件平台

根据基地人才培养的情况，经双方协商，共建符合产、学、研一体化要求的大学生校外实践软硬件平台，仪器设备双方统一管理。郑州微力工业机器人有限公司主要从事机器人系统集成、工厂自动化设计、PLC 产品集成，其项目和相关技术涉及自动化、机器人、电气工程及其专业的核心课程，与我校智能制造学院相关专业契合度较高。

该基地企业有自己完整的培训系统和场地，拥有企业培训讲师和较为先进的现代化电教设备，有自己的员工食堂和公寓。根据校企双方前期的合作共建以及运行发展，对现有的场地和设备根据新确定的培养方案进一步投资升级后可满足多个专业学生实践教学的使用。

例如，针对新增设虚拟调试相关实践培训内容，需进一步完善传统设备的数字接口、数字传感等硬件，同时根据培训要求，完善相关软件培训资料和授课讲义，并在实践的过程中不断补充培训案例。

5. 共同指导学生企业实习和负责学生管理

双方负责做好校外实训前的准备工作和实训前的安全教育；学生在企业实训期间，需遵守企业的相关安全管理规定，学校指导教师负责学生在实训期间的生活管理工作并和企业共同维持学习纪律；学习结束后，双方应根据事先确定的考核方案对学生进行考核鉴定，将考核成绩记入学生的学习档案。

6. 共同打造高素质的“双师双能型”师资队伍

基地依托单位师资队伍建设内容：第一，郑州微力工业机器人有限公司拥有实力雄厚的研发队伍和工程技术人员，自身还具备完善的员工培训体系和培训队伍。在实践基地的建设运行过程中，公司可为实习学生配备经验丰富的技术人员作为企业“导师”，公司的自身培训队伍亦可以对学生进行完整的培训和指导；第二，基地建设期间，为使企业教师及时了解当前高等教育的基本规律和要求，明确专业的培养目标和毕业要求，学校将定期为企业指导教师开展培训，以形成合力，达到校企协同，方向一致；第三，我校重视教师队伍的“双师双能型”建设，在基地的运行过程中，邀请公司的相关人员担任我校相关专业的兼职教师，承担专业课部分内容的教学，参与专业建设、毕业设计指导等，既可以加强校企双方的合作交流，也进一步优化了我校的师资队伍结构，还可以通过教学基本功的锻炼提升企业工程技术人员的教学水平。

学校师资队伍建设内容：第一，选派青年教师定期赴企业学习、提高，以弥补部分教师缺乏企业锻炼、工作的经历，缺乏工程实践经验的现状，也为赴企业指导实习打下基础；第二，根据学校企事业挂职锻炼的要求，选派中青年骨干教师、博士教师等脱产半年到企业从事实际生产研发(挂职期间免教学工作量，保留薪酬待遇)，提高社会服务能力；第三，鼓励支持教师到企业进行学术交流，解决企业面临的问题，参与企业项目开发，提高教师的工程技术能力、实践能力；第四，聘请企业实践经验丰富的工程师、技术人员等参与部分专业课程的教学，同时也强化与校内专业教师进行工程实践经验的交流、指导和传授；第五，聘请企业实践经验丰富的专家，定期参加校内专业建设研讨与人才培养方案的论证，同时参与指导教师教学和科研工作，促进学校教师能力的提升。

7. 合作开展企业应用研究和技术服务

学院利用学校的师资队伍和社会资源，为企业举办员工培训；企业进行技术革新或改造时，学院利用学校的教学科研优势，选派优秀教师、学生承担力所能及的相应工作，从技术上给予支持。

六、校外实践基地建设保障条件

1. 双方经费投入

建设期内，基地共建双方根据建设职责，各自将经费投入列入年度经费计划，保证实践基地建设经费专款专用。

2. 管理办法

由南阳理工学院智能制造学院和郑州微力工业机器人有限公司共同成立基地建设领导小组，制订实习管理文件，对基地建设进行管理。学生实习期间，单独成立实习工作组，指派责任心强、有实践经验的实习带队教师或联络教师，与实践基地保持经常性联系。将实习生的管理纳入实习基地管理范畴，同时建立实习管理工作和实习生实习资料档案，做好实习工作总结。

在保证实践基地建设工作的正常运行的同时，加强对实习生的思想政治、组织纪律、道德诚信、安全等方面的教育，教育学生在实习期间遵守有关法规和实习基地的管理制度。

3. 教学质量保障

学院院长负责全院实践基地的规划、发挥宏观管理、组织协调和监督检查作用；专业负责人是实践基地建设以及各专业开展实习的主体和第一责任人，根据专业需要，制定实习方案、实践教学计划、教学大纲等，有计划、有目的、有步骤地开展实习工作，并定期开展实践教学检查。通过现场观摩、企业导师访谈、学生访谈等形式，对实践环节的教学质量进行评估与监控。

同时，与企业导师一起，根据教学目标，拟定实习实训的考核方案，认真组织考核，并对考核结果进行达成情况评价，客观评价实习实训的效果，总结经验，以及存在的问题，并针对问题制定整改措施，将改进措施用于下一轮的实习实训教学，达到持续改进，从而保证实践教学质量。

七、校外实践基地建设预期成果

(1)使校外实践基地建设、运行更加规范、高效，使基地的软硬件条件得到进一步提高，至少可保障未来3～5年为自动化、机器人工程、电气工程及其自动化等专业学生提供一个优秀的符合当前行业需求的实习环境。

（2）“微力机器人”产业学院合作项目的推进，将进一步提升自动化、机器人工程专业在机器人技术集成等领域的行业地位和技术积累，提高教师服务社会的能力，以及专业的办学知名度和办学质量。

（3）通过专业实践环节在企业的开展，加快相关专业课程的建设深度。如可编程序控制器、机器人控制技术、嵌入式控制技术等，通过“课程合作实习”项目的推进，将进一步拉近企业员工和学校的距离，由企业员工和专业教师共同进行课程建设，共同为学生授课，不但可以提升课程的建设质量，更可以提升课程的教学质量，从而推动专业建设的发展和专业毕业生质量的提升。预期成果的呈现形式包括实现可编程序控制器、机器人控制技术、嵌入式控制技术三门课程实习教学资源的共同开发，包括讲稿、教学案例、教学素材、网络资源、录制视频等。

（4）建立一支师德高尚、结构合理、专兼结合，能够满足专业实践教学的教师队伍。

（5）夯实校企合作平台，建立较为稳固的合作关系，为进一步凝练教学成果和技术应用成果奠定基础。

总之，通过校外实践基地建设的推进，将促进师生实践动手能力、综合设计能力、创新精神、综合素质，以及团结合作能力的大幅度提升，也为专业建设提供有力的支撑。

八、校外实践教育基地建设学生预期受益情况

校外实践基地的建设，学生是最大的受益者，主要表现在以下几个方面。

（1）通过基地实践课程的实施，可以使学生将理论知识和实际工程项目联系起来，熟悉自动化、机器人等专业核心技术的相关工程应用。

（2）学生能够形成工程项目意识，显著地提升学生动手能力和实践能力，以及项目实施的沟通能力和分析能力，提高项目实施报告的撰写水平。

（3）通过深度参与企业实际项目，进一步提升学生的创新能力和解决复杂工程问题的能力，学生的就业能力也将显著提高。

（4）学生经过企业的实践锻炼，通过接触企业和社会，学生的知识面、工作能力以及人际交流能力都将获得较大提高。

（5）通过在真实的环境中参与实训，使学生对于项目管理和预算、成本等有了更深刻的认识。

九、校外实践教育基地建设共享及示范辐射作用

本校外实践基地在建设过程中，也加入了其他兄弟高校的参与，包括河南职业技术学院、许昌电气职业学院、中原工学院、南阳师范学院等。

(1)基地建设完成一个周期之后，首先面向本校信息工程学院相关专业，如：电子信息工程、物联网工程，以及河南省内其他学校相关专业的学生开放，如：黄淮学院、平顶山学院、城建学院等，将南阳理工学院一郑州微力工业机器人有限公司实践教育基地作为其相关专业的实践教学基地，在工业机器人系统集成与应用、PLC 系统集成、工业流水线设计开发，以及机器人视觉等相关实习实训案例，用于其实践实习训练，提高学生工程意识和工程实践能力，培养其创新精神，使郑州及周边高校的相关专业学生都成为受益者。

(2)通过校外实践基地建设，积累了一定开展实践训练和深入开展校企合作，深化提高教师服务社会能力的经验，也可向校内其他工科专业，及兄弟院校进行推广应用。

(3)通过校外实践基地建设，同时也带动了部分专业课程的建设，为一流专业和一流课程建设积累教学资源，可作为学院其他专业，以及其他兄弟院校同类专业的可借鉴资源进行推广。

参考文献

[1]刘忠超．西门子 S7－1500 PLC 编程及项目实践[M]. 北京：化学工业出版社，2020.09.

[2]刘忠超，范灵燕，盖晓华，等．工程教育专业认证背景下可编程序控制器课程改革探索[J]. 现代农机，2023，171(1)：90-93.

[3]刘忠超，肖东岳，翟天嵩，等．以学生为中心的“可编程序控制器”课程教学改革[J]. 科技风，2021，473(33)：107-109.

[4]刘忠超，盖晓华．基于 CDIO 和 OBE 的 PLC 课程教学改革与实践[J]. 科技视界，2020，328(34)：32-34.

[5]杨旭，刘忠超，田金云．基于知识分类的“电机及电力拖动”教学方法改革与实践[J]. 教育现代化，2017，4(24)：41-43.

[6]李小真，刘忠超，翟天嵩，等．“自动控制原理”线上线下混合式教学改革研究[J]. 现代农机，2023，174(4)：98-101.

[7]肖东岳，陶太洋，刘忠超，等．协同育人模式在“电气控制与 PLC”课程教学改革中的应用与探索[J]. 科技风，2022，503(27)：94-96.

[8]盖晓华，张丹．工程专业认证背景下的自动控制原理实验教学改革与实践[J]. 教育现代化，2018，5(29)：41-42，44.

[9]陶太洋，田斐，肖东岳，等．融入课程思政的《电机学》教学模式改革探讨[J]. 教育现代化，2021，8(105)：70-73.

[10]翟天嵩，王海红，刘忠超．以学生为中心的课程标准与课程评价体系的建设与实践——以自动化专业为例[J]. 科技风，2021，476(36)：25-27.

[11]侯江华．面向工程教育认证的专业改革与实践[D]. 河南科技学院，2020.

[12]尤园．基于工程教育专业认证的本科人才培养模式研究[D]. 西南科技

大学，2018.

[13]刘醒省．工程教育专业认证背景下毕业要求达成度评价研究[D]. 华东师范大学，2022.

[14]于金林．工程教育专业认证背景下地方大学工科专业课程改革研究[D]. 东北石油大学，2021.

[15]翟天嵩，刘忠超．提高自动化专业毕业设计质量的研究与实践[J]. 南阳理工学院学报，2010，2(02)：118-121.

[16]教育部高等学校机械类专业教学指导委员会．智能制造工程教程[M]. 北京：高等教育出版社，2022.07.

[17]罗艳艳，孙倩．淮阴师范学院电子技术实验室管理改革的探索[J]. 实验室科学，2015，18(4)：155-156.

[18]丁金林，王峰．CDIO 在 PLC 教学改革中的应用[J]. 苏州市职业大学学报，2013(1)：74-76.

[19]宋跃，胡胜，余炽业，等．基于 OBE 的嵌入式测控技术课程群研究与实践[J]. 实验技术与管理，2016(2)：4-6.

[20]李萍，祁鲲，刘丽华．解决复杂工程问题能力培养的 PLC 课程实践教学方法探索[J]. 中国现代教育装备，2018(9)：33-35.

[21]姜国强，周立，荣德生，等．“电气控制与 PLC 应用”课程教学模式改革与探索[J]. 实验室科学，2013，16(2)：66-69.

[22]白敬彩，吴君晓．基于 CDIO 的“PLC 技术与工程应用”课程教学改革[J]. 河南机电高等专科学校学报，2016，24(3)：70-72.

[23]刘海燕．“以学生为中心的学习”：欧洲高等教育教学改革的核心命题[J]. 教育研究，2017(12)：119-128.

[24]凤权．OBE 教育模式下应用型人才培养的研究[J]. 安徽工程大学学报，2016，31(3)：81-85.

[25]方贵盛，王红梅，戴曦．工程教育认证背景下《电气控制与 PLC》课程理实一体化教学模式探索[J]. 浙江水利水电学院学报，2020，32(5)：83-88.

[26]张楠，史建华，柴常，等．“新工科＋工程教育认证”背景下 PBL 教学模式在《电气控制与 PLC》的研究与实践[J]. 中国电力教育，2021(11)：90-91.

[27]段春霞，姬宣德，李慧欣．新工科背景下的《电气控制与 PLC》课程工程认证标准教学[J]．办公自动化，2021，26(8)：38-39，8.

[28]张荣．“三全育人”背景下推动高校课程思政建设的路径探究[J]．教育现代化，2020，7(65)：111-114.

[29]陈淑丽．协同育人视域下高校课程思政建设的现实困境与应对机制[J]．教学与研究，2021(3)：89-95.

[30]陈杭平．民事诉讼法学“三位一体”教学模式探索[J]．中国大学教学，2020(Z1)：60-65.

[31]刘艳君，丁锋．《系统辨识》课程本科教学改革模式探讨[J]．教育现代化，2018，5(4)：69-70，73.

[32]杨晟颢，尚春江，郑雅茜．新时代优化中华优秀传统文化融入大学生思想政治教育路径探究[J]．教育教学论坛，2019(5)：18-19.

[33]陶洪峰，刘艳君，熊伟丽，等．新工科工程教育背景下自动控制原理课程建设改革模式探讨[J]．高教学刊，2020(3)：124-126.

[34]王万良．“自动控制原理”课程教学中的几个关键问题[J]．中国大学教学，2011(8)：48-51.

[35]田军南，严运彩．“自动控制原理”课程中关键问题的探讨[J]．轻工科技，2022(4)：135-136，170.

[36]崔国增．新工科背景下自动控制原理教学改革探索[J]．中国电力教育，2020，(10)：67-68.

[37]张倩，张德祥，李国丽．“自动控制原理”线上线下混合教学模式研究[J]．电气电子教学学报，2021(6)：31-34，60.

[38]白圣建，徐婉莹，郑永斌，等．“自动控制原理”课程的教学改革探索[J]．教育教学论坛，2021，(30)：54-57.

[39]冯晓英，孙雨薇，曹洁婷．“互联网+”时代的混合式学习：学习理论与教法学基础[J]．中国远程教育，2019(2)：7-16，92.

[40]赵月容．疫情防控特殊时期“自动控制原理”线上教学模式的实践与思考[J]．黑龙江教育(理论与实践)，2020(12)：66-67.

[41]崔国增．新工科背景下自动控制原理教学改革探索[J]．中国电力教育，

2020，(10)：67-68.

[42]王宪磊，张洪洲，裴玖玲，等."自动控制原理"一流本科课程思政育人的探索与实践[J]. 现代职业教育，2022(17)：13-15.

[43]汪东霞，李沙沙，田晓光，等.《自动控制原理》课程思政建设研究[J]. 中外企业文化，2021(5)：160-161.

[44]梅双喜，梅辉，黄芳一，等. 基于"超星学习通"的混合式教学模式探析——以"生物化学实验"为例[J]. 安徽化工，2021(6)：191-194.

[45]赵荣丽，王中任，肖光润，等. 工程教育专业认证背景下的课程教学研究——以"机器视觉技术"课程为例[J]. 教育教学论坛，2022(27)：121-124.

[46]祁鲲，李萍. 基于成果导向的《电气控制与 PLC 技术》教学探索与实践[J]. 教育教学论坛，2018(15)：111-112.

[47]张春峰，武丽，姜官武. 电气控制与 PLC 课程教学与建设研究[J]. 中国现代教育装备，2022(7)：82-84.

[48]石秀敏，邓三鹏，刘朝华，等. 基于专业认证的"机床电控及 PLC"课程改革[J]. 职业教育研究，2022(3)：71-77.

[49]阮岩. 融合工程教育理念的 PLC 课程体系的教学变革[J]. 高教学刊，2018(9)：127-129.

[50]赵国勇，许云理，曲宝军，等. 面向工程教育认证的电气控制技术与 PLC 课程改革[J]. 中国现代教育装备，2020(5)：57-59.

[51]曾新然."PLC 控制技术"课程融合"教学做"的教学探索[J]. 韶关学院学报，2021，42(06)：98-102.

[52]张海红."以学为中心"建设高阶教学目标下的"金课"[J]. 大学教育，2021(1)：79-80，87.

[53]赵荣荣，魏红梅，张炜炜. 以学生能力培养为中心的机械原理课程教学改革[J]. 汽车实用技术，2021，46(13)：150-152，185.

[54]尹亚南，宗海焕，胡香玲. 以学生为中心的"可编程控制器"课程改革[J]. 中国电力教育，2013(25)：122-123，128.

[55]谢富珍. 以学生为中心的 PLC 课堂教学改革探索[J]. 才智，2013(9)：101.

[56]董霞，张晓玉，高雪琴．以学生为中心的旅游统计学课程混合式教学改革与实践[J]. 大学教育，2021(7)：89-91.

[57]王艳芳，李智强，郑维．以“学”为中心的电气控制与 PLC 课程教学综合设计[J]. 河南教育(高教)，2020，(2)：22-24.

[58]罗朋，李一峰，陈景贤，等．以“三菱电机杯”全国大学生电气与自动化大赛促“电机学”教学改革[J]. 高教学刊，2019(16)：130-131，134.

[59]戈宝军，梁艳萍，温嘉斌．电机学(第三版)[M]. 北京：中国电力出版社，2016.

[60]张昌华，陈峦，王科盛等．《电机学》课程研究型教学改革的探索与实践[J]. 中国电力教育，2020(10)：75-76.

[70]李志义，赵卫兵．我国工程教育认证的最新进展[J]. 高等工程教育研究，2021，190(5)：39-43.

[71]李志义．中国工程教育专业认证的“最后一公里”[J]. 高教发展与评估，2020，36(3)：1-13，109.

[72]刘龙，申华，韩雪，等．基于工程教育专业认证的毕业要求与课程目标达成评价方法研究[J]. 计算机教育，2021，320(8)：175-180.

[73]欧珺，吴福根，杨文斌．基于以学生为中心理念的实验教学质量评价实证研究[J]. 实验室研究与探索，2021，40(7)：209-212，224.

[74]李擎，崔家瑞，杨旭等．自动化专业“三创”能力强化培养体系的构建与实践[J]. 高等工程教育研究，2023，201(4)：171-175.

[75]王玉．专业教育的成果评价及持续改进研究[D]. 大连：大连理工大学，2017.

[76]李志义．解析工程教育专业认证的成果导向理念[J]. 中国高等教育，2014，528(17)：7-10.

[77]王宝慧，刘倡，王琪皓，等．OBE 理念下的机器人产业人才需求调研分析[J]. 高等工程教育研究，2023，201(4)：65-72.

[78]胡德鑫，纪璇．中国工程教育专业认证制度四十年回眸：演变、特征与革新路径[J]. 国家教育行政学院学报，2022，300(12)：72-78，95.

[79]陈厚丰，张凡稷．近十年我国高等工程教育的发展轨迹、困境与路径抉

择[J]. 大学教育科学，2021，189(5)：60-68.

[80]孟佳娜，薛明亮，李威 . 工程教育认证下专业课教学中课程思政的实施[J]. 高教学刊，2023，9(18)：177-180.

[81]工程教育认证标准(2022 版)[Z].

[82]刘立霞，陈洪芳，于贝 . 基于工程教育认证的工程技术人才非技术能力培养研究[J]. 中国校外教育，2018，656(36)：78，93.

[83]王锋，张青，包健，等 . 工程教育认证非技术能力要求在专业课程中的达成——以核反应堆物理分析为例[J]. 高等工程教育研究，2023(S1)：126-129.

[84]吴岩 . 新工科：高等工程教育的未来——对高等教育未来的战略思考[J]. 高等工程教育研究，2018，173(6)：1-3.

[85]何杭锋，刘姝廷，史旭华，等 . 信息化背景下基于 OBE 理念的《电气控制》课程改革探索[J]. 中国设备工程，2022，500(12)：238-240.

[86]王希凤，初红霞，秦进平，等 . 基于工程教育专业认证的电气工程专业自动控制原理课程改革研究[J]. 中国现代教育装备，2020，345(17)：48-49，62.

[87]阮岩 . 融合工程教育理念的 PLC 课程体系的教学变革[J]. 高教学刊，2018，81(9)：127-129.

[88]彭志华，尹进田，唐杰，等 . 工程教育认证背景下应用技术型高校电机学课程教学大纲的改革研究与实践[J]. 现代农机，2022，169(5)：84-86.

[89]敖伟智，谢辉 . 基于工程教育认证背景下的电机学课程教学改革探索[J]. 科技风，2021，453(13)：54-55.

[90]程卫东，鹿芳媛，郑元坤 . 基于 OBE 理念的工厂电气控制拓展性实验探索[J]. 中国教育技术装备，2020，496(22)：124-126，131.

[91]许瑾，蒋林，赵万明 . 以能力培养为目标的电机学课程改革[J]. 高教学刊，2020，147(25)：121-124.

[92]王金聪，谢永华，宋文龙，等 . 基于“工程教育专业认证”的三相异步电机拆装实训教学改革[J]. 科技创新与生产力，2021，325(2)：76-79.

[93]卜迟武，孙智慧，唐庆菊 . 面向工程教育认证标准的“机电传动控制”课程教学改革[J]. 黑龙江教育(理论与实践)，2020，1311(3)：53-54.

[94]杜世勤．提升“电机设计”课程教学效果的探索[J]．科技与创新，2018，119(23)：68-69.

[95]杜怿，孙宇新，潘伟，等．面向工程教育专业认证的电机学课程改革探索与实践[J]．中国现代教育装备，2018，301(21)：32-35.

[96]孙强，孟芳芳，李珊红，等．工程教育认证背景下“电机及拖动基础”的改革与探索[J]．合肥学院学报(综合版)，2016，33(4)：140-144.

[97]宋强，彭鹤，姚彦博．依据工程教育认证标准，改革工科专业课程教学[J]．广东化工，2017，44(5)：184-185.

[98]孙慧，夏建国．国际工程教育认证及其对我国高等教育改革的启示[J]．职教论坛，2010，407(7)：33-35.

[99]张佳薇，贾鹤鸣，刘一琦，等．工程教育认证理念下的电力拖动基础考核模式改革探索[J]．科技创新与生产力，2018，294(7)：110-111，114.

[100]韩继超，陶大军，肖芳．工程教育专业认证背景下 MOOC 教学模式在电机学课程中的研究与实践[J]．黑龙江教育(理论与实践)，2019，1284(6)：21-22.

[101]刘忠超．西门子 S7-300 PLC 编程入门及工程实践[M]．北京：化学工业出版社，2015.

[102]刘忠超．电气控制与可编程自动化控制器应用技术[M]．西安：西安电子科技大学出版社，2016.

[103]刘忠超．组态软件实用技术教程[M]．西安：西安电子科技大学出版社，2016.

[104]刘忠超．西门子 S7-300/400 PLC 编程入门及工程实例[M]．北京：化学工业出版社，2019.

[105]张冬妍，郑纲，王金聪，等．思政视域下自动控制原理课程教学改革研究[J]．高教学刊，2023，9(17)：26-29.

[106]张新荣．工程教育认证背景下自动控制原理课课程思政教学探索与实践[J]．高教学刊，2023，9(14)：189-192.

[107]刘冲，李军红，陈琛，等．“自动控制原理”实验多维度教学模式实践[J]．电气电子教学学报，2023，45(02)：219-222.

[108]张允，胡议丹，李方竹，等．新工科背景下应用型本科《自动控制原理》课程改革与实践[J]．长春工程学院学报(社会科学版)，2023，24(1)：105-110.

[109]刘艳君，陶洪峰，刘成林，等．面向新工科的自动控制原理课程“金课”建设与实践[J]．高教学刊，2023，9(1)：94-96，101.

[110]黎萍，潘奇明．新工科背景下的自动控制原理课程教学改革[J]．中国现代教育装备，2023，405(5)：91-93，96.

[111]贾克明，荣守范，李俊刚，等．基于工程教育认证的材料成型及控制工程专业毕业要求达成度评价体系研究[J]．铸造设备与工艺，2022，237(6)：50-53.

[112]孙伟民，李玉祥，耿涛，等．基于工程教育认证的学生毕业要求达成度评价体系设计——以光电信息科学与工程专业为例[J]．高教学刊，2022，8(10)：86-89.

[113]戴先忠，马旭东．自动化学科概论[M]．北京：高等教育出版社，2016.06.

[114]郭伟，张勇，解其云，等．以加入《华盛顿协议》为契机开启中国高等教育新征程——访教育部高等教育教学评估中心主任吴岩[J]．世界教育信息，2017，30(01)：8-11.

[115]王孙禺，赵自强，雷环．中国工程教育认证制度的构建与完善——国际实质等效的认证制度建设十年回望[J]．高等工程教育研究，2014，148(05)：23-34.

[116]王飞，刘胜辉，崔玉祥．工程教育专业认证背景下的地方工科院校新工科建设的思考[J]．高教学刊，2021，161(03)：63-66.

[117]方峥．中国工程教育认证国际化之路——成为《华盛顿协议》预备成员之后[J]．高等工程教育研究，2013，143(06)：72-76，175.

[118]陆勇．浅谈工程教育专业认证与地方本科高校工程教育改革[J]．高等工程教育研究，2015，155(06)：157-161.

[119]陈雪琴．工程教育认证下的化工专业人才培养模式优化研究[D]．厦门：厦门大学，2020.

[120]胡德鑫，纪璇．中国工程教育专业认证制度四十年回眸：演变、特征与革新路径[J]. 国家教育行政学院学报，2022，300(12)：72-78，95.

[121]李志义．解析工程教育专业认证的学生中心理念[J]. 中国高等教育，2014，532(21)：19-22.

[122]李志义．解析工程教育专业认证的持续改进理念[J]. 中国高等教育，2015，548(Z3)：33-35.